Betriebswirtschaftliche Studien

Betriebswirtschaftliche Studien

(ehemals Heidelberger betriebswirtschaftliche Studien)

Informationen über frühere in der Reihe erschienene Bände sendet Ihnen auf Anfrage gerne der Verlag.

Ewert, R.: Wirtschaftsprüfung und asymmetrische Information. 1990. *Vergriffen*

Schuster, P.: Erfolgsorientierte Steuerung kleiner und mittlerer Unternehmen. Funktionale, instrumentelle und organisatorische Aspekte eines größengerechten Controlling-Systems. 1991. *Vergriffen*

Laux, H., Schenk-Mathes, H. Y.: Lineare und nichtlineare Anreizsysteme. Ein Vergleich möglicher Konsequenzen. 1992. ISBN 3-7908-0596-3

Schwinger, R.: Einkommens- und konsumorientierte Steuersysteme. Wirkungen auf Investition, Finanzierung und Rechnungslegung. 1992. ISBN 3-7908-0597-1

Pfaff, D.: Kostenrechnung, Unsicherheit und Organisation. 1993. *Vergriffen*

Schöbel, R.: Kapitalmarkt und zeitkontinuierliche Bewertung. 1995. ISBN 3-7908-0835-0

Sander, M.: Internationales Preismanagement. 1997. ISBN 3-7908-0991-8

König, R.: Wirtschaftliche Effizienz und Steuerreformen. 1997. ISBN 3-7908-0998-5

Ossadnik, W.: Mehrzielorientiertes strategisches Controlling. 1998. ISBN 3-7908-1088-6

Dyckhoff, H., Ahn, H. (Hrsg.): Produktentstehung, Controlling und Umweltschutz. 1998. ISBN 3-7908-1098-3

Diedrich, R.: Entscheidungen bei Ungewißheit. 1999. ISBN 3-7908-1167-X

Klose, W.: Standortplanung in distributiven Systemen. 2001. ISBN 3-7908-1410-5

Krafft, M.: Kundenbindung und Kundenwert. 2002. ISBN 3-7908-1445-8

Pfnür, A.: Betriebliche Immobilienökonomie. 2002. ISBN 3-7908-1487-3

Martin Wallmeier

Der Informationsgehalt von Optionspreisen

Mit 62 Abbildungen und 31 Tabellen

Physica-Verlag
Ein Unternehmen
des Springer-Verlags

Professor Dr. Martin Wallmeier
Lehrstuhl für Rechnungswesen
und Finanzmanagement
Universität Fribourg
Miséricorde 5139
1700 Fribourg
Schweiz
martin.wallmeier@unifr.ch

ISBN 3-7908-0036-8 Physica-Verlag Heidelberg

Bibliografische Information Der Deutschen Bibliothek
Die Deutsche Bibliothek verzeichnet diese Publikation in der Deutschen Nationalbibliografie; detaillierte bibliografische Daten sind im Internet über <http://dnb.ddb.de> abrufbar.

Physica-Verlag Heidelberg
ein Unternehmen der BertelsmannSpringer Science+Business Media GmbH

Umschlaggestaltung: Erich Kirchner, Heidelberg

SPIN 10912676 88/3130-5 4 3 2 1 0 – Gedruckt auf säurefreiem Papier

Vorwort

Die vorliegende Arbeit wurde im Juli 2002 von der Wirtschaftswissenschaftlichen Fakultät der Universität Augsburg als Habilitationsschrift angenommen. Sie markiert den Abschluss meiner Tätigkeit als wissenschaftlicher Assistent am Augsburger Lehrstuhl für Finanz- und Bankwirtschaft.

Dazu, dass es eine lehrreiche, spannende und auch erfolgreiche Zeit wurde, hat mein akademischer Lehrer, Prof. Dr. Manfred Steiner, entscheidend beigetragen. Ihm möchte ich an erster Stelle danken. Prof. Steiner förderte mich während unserer langjährigen Zusammenarbeit in vielerlei Hinsicht und unterstützte mich vorbehaltlos auch in beschwerlichen Projektphasen. Für die Übernahme des Zweitgutachtens und wertvolle Anregungen danke ich sehr herzlich Prof. Dr. Günter Bamberg.

Ein besonderer Dank gilt meinen Augsburger Kollegen. An unserem Lehrstuhl herrschte stets eine sehr freundschaftliche und kooperative Atmosphäre, die das Anfertigen der Arbeit wesentlich erleichterte. Für das genaue, zeitaufwändige Korrekturlesen danke ich Dipl.-Math.oec. Bernhard Brunner, Dipl.-Kfm. Wolfgang Mader und Dipl.-Math.oec. Gerhard Schweimayer. Schließlich bin ich Dipl.-Kfm. Reinhold Hafner zu großem Dank verpflichtet. Die Ergebnisse unserer gemeinsamen Projekte sowie viele fruchtbare Diskussionen sind in diese Arbeit eingeflossen.

Fribourg, im November 2002 *Martin Wallmeier*

Inhaltsverzeichnis

1. Einleitung

Die internationalen Finanzmärkte erfüllen heute nicht mehr allein die Aufgabe, Kapital durch Vermittlung zwischen Kapitalanbietern und -nachfragern in die produktivsten Verwendungen zu lenken. Eine ebenso wichtige Funktion besteht darin, den Transfer finanzwirtschaftlicher Risiken zu ermöglichen. Durch den Einsatz von Finanzderivaten in ihren vielfältigen Ausgestaltungsformen können zins-, aktienkurs- oder wechselkursinduzierte Risiken gezielt gesteuert und von der operativen Geschäftstätigkeit getrennt werden. Grundsätzlich stärkt die damit einhergehende Neuverteilung der Risiken den Handlungsspielraum der einzelnen Unternehmen und die Stabilität des Finanzsystems insgesamt.[1]

Neben Futures und Swaps bilden Optionen die wichtigste Klasse von Finanzderivaten. Der Optionshandel hat börslich wie auch außerbörslich seit den siebziger Jahren ein starkes Wachstum erlebt, das nicht zuletzt durch die Veröffentlichung des Bewertungsmodells von Black/Scholes (1973) begünstigt wurde. Das Modell liefert einen eindeutigen, „fairen" Wert für eine Option, die an einem idealtypischen Kapitalmarkt gehandelt wird und deren Basispapier normalverteilte (stetige) Renditen aufweist. Unter den Modellbedingungen können bedingte Zahlungsansprüche, die sich auf einen festen Termin beziehen, mit Hilfe eines selbstfinanzierenden Portfolios erzeugt werden. Ein dazu geeignetes Portfolio enthält das Basispapier der Option und einen risikolosen Finanztitel, wobei die Gewichte kontinuierlich adjustiert werden müssen. Wenn Arbitrage ausgeschlossen ist, entspricht der Preis einer Option genau dem Anfangswert des Portfolios, das exakt das gleiche Zahlungsprofil generiert. Auf diese Weise ergibt sich eine Bewertung, die den Preiszusammenhang zwischen Option und originärem Wertpapier ausnutzt, so dass keine explizite Modellierung der Präferenzstruktur der Marktteilnehmer erforderlich ist (präferenzfreie Bewertung).

Nach wie vor bildet das Black/Scholes-Modell häufig den Ausgangspunkt von Überlegungen zur Optionsbewertung. Allerdings hat seine empirische Überprüfung an verschiedenen Finanzmärkten ökonomisch bedeutsame und statistisch signifikante Abweichungen der beobachteten Marktpreise von den

[1] Vgl. für viele Figlewski (1998), S. 159. Diese Einschätzung wird nicht durch einzelne Krisen widerlegt, die durch den unsachgemäßen Einsatz von Finanzderivaten oder als Folge der Übernahme hoher Risiken entstanden sind.

Vorhersagen des Modells ergeben. Um die Diskrepanzen zu verdeutlichen, wird der Marktpreis in der Regel als implizite Volatilität ausgedrückt, also als eine Zahl, die für den Parameter ‚Volatilität' im Black/Scholes-Modell eingesetzt werden muss, um den betreffenden Marktpreis zu erhalten. Bei Standardoptionen bildet die implizite Volatilität – sofern die übrigen Preisdeterminanten gegeben sind – eine bijektive, monoton ansteigende Funktion des Optionspreises. Daher eignen sich die impliziten Volatilitäten als anschauliche Art der Kursnotierung, deren Verwendung noch nichts über die Gültigkeit des Black/Scholes-Modells aussagt. Trifft allerdings das Modell zu, stimmen die impliziten Volatilitäten aller Optionen auf das gleiche Basispapier unabhängig von ihrem Basispreis und ihrer Restlaufzeit überein. Im Gegensatz dazu ergaben Studien in mehreren Ländern eine charakteristische Basispreis- und Fälligkeitsstruktur der impliziten Volatilitäten, die unter dem Begriff „Smile-Effekt" bekannt ist.[2] Allem Anschein nach richten sich die Marktteilnehmer bei der Bemessung der Werthaltigkeit einer Option *nicht* (durchgängig) nach dem Black/Scholes-Modell.

Sowohl aus theoretischer als auch anwendungsorientierter Sicht stellt sich die Frage, worauf die systematischen Preisunterschiede zur Modellbewertung zurückzuführen sind. Da die Existenz des Smile-Effekts eine Verletzung der Annahmen des Black/Scholes-Modells anzeigt, kommen zur Erklärung des Phänomens grundsätzlich Marktunvollkommenheiten und ein andersartiger Prozess für den Kurs des Basispapiers in Betracht. Die vorliegende Arbeit zielt darauf ab, die unterschiedlichen Erklärungsansätze zu vergleichen und ihre Relevanz empirisch am Beispiel der DAX-Option zu überprüfen. Dabei liegt ein Schwerpunkt auf der Analyse von Kursprozessen mit einer deterministisch in Abhängigkeit vom Basispreis und der Restlaufzeit veränderlichen Volatilität (Modell mit deterministischer Volatilitätsfunktion – DVF-Modell). Diese Modellrichtung geht auf Beiträge von Rubinstein (1994), Dupire (1994) und Derman/Kani (1994) zurück. Mit Hilfe der von ihnen entwickelten impliziten Baumverfahren lässt sich ein Kursprozess für das Basispapier finden, der mit den beobachteten Marktpreisen von Standardoptionen kompatibel ist. Der implizite Kursprozess soll eine genauere Ermittlung von Hedgekennziffern für Standardoptionen und eine marktkonforme Bepreisung exotischer Optionen ermöglichen. Der Ansatz stellt eine naheliegende Erweiterung des Black/Scholes-Modells dar, weil der Kurs des Basispapiers weiterhin die einzige Unsicherheitsquelle bildet (Einfaktormodell). Die Volatilität variiert zwar, folgt aber keiner *eigenständigen* stochastischen Bewegung. Aus diesem Grund kann das Zahlungsprofil einer Option auch unter den erweiterten Modellannahmen perfekt dupliziert werden.

Die impliziten Baumverfahren erscheinen attraktiv, weil sich mit ihrer Hilfe ein Kursprozess gewinnen lässt, der nicht bloß dem grundsätzlichen Verlauf der Optionspreise entspricht, sondern die Marktpreise nahezu perfekt repro-

[2] Die einschlägigen Arbeiten werden in Abschnitt 2.3 zitiert und genauer beschrieben.

duziert. Natürlich existieren aber auch andere Erklärungsmöglichkeiten für den Smile-Effekt. Daher ist ungeachtet der genauen *Anpassung* an die Marktpreise die Frage zu klären, ob das erweiterte Black/Scholes-Modell zugleich auch eine mit den Daten vereinbare *Erklärung* der Preisstrukturen liefert: „In sum, the appropriateness of the one-factor model assumption depends on whether a one-factor process generates the observed smile or whether inferring such a model from the smile constitutes model overfitting, i.e., making a one-factor model consistent with a set of option prices that are actually generated by a multiple-factor process.“[3] „[T]he proper way to evaluate such an assumption is by examining the data.“[4] Die DAX-Option bietet sich als Gegenstand für einen empirischen Test an, weil sie zu den weltweit meistgehandelten Aktienindexoptionen gehört und Daten aus dem elektronischen Handelssystem der Eurex in hoher Qualität verfügbar sind.

Das Verständnis der Gründe für den Smile-Effekt ist eine Voraussetzung für die Bewertung ‚exotischer‘ Optionen. Hierzu zählen alle Optionen, die bestimmte Vertragsmerkmale von Standardoptionen modifizieren.[5] Der größte Anteil am stark wachsenden außerbörslichen (OTC-)Markt für exotische Optionen entfällt auf Barrier-Optionen.[6] Sie weisen im Vergleich zu Standardoptionen die Besonderheit auf, dass der Kurs des Basispapiers während der Optionslaufzeit einen vereinbarten Schwellenwert (Barrier) erreichen muss, um das Optionsrecht zu aktivieren, oder das Optionsrecht sofort erlischt, wenn die Barrier über- oder unterschritten wird. Am Beispiel von Barrier-Optionen lassen sich die Konsequenzen der Erklärungsmodelle für den Smile-Effekt deutlich herausarbeiten, weil Marktunvollkommenheiten und die Besonderheiten des Kursprozesses des Basispapiers den Optionswert stark beeinflussen. Daher wird diese Optionsart in verschiedenen Teilen der Arbeit genauer analysiert.

Von Spezialfällen abgesehen, erfordern sowohl die Bewertung von Barrier-Optionen als auch die Schätzung impliziter Kursprozesse die Anwendung numerischer Bewertungsmethoden. Aus diesem Grund wird in einem weiteren Schwerpunkt dieser Arbeit die Anwendbarkeit der numerischen Verfahren auf die vorliegende Problemstellung untersucht. Die Baumverfahren werden dabei nicht als eigenständige Bewertungsmethoden aufgefasst, sondern als diskrete Approximationen zeitkontinuierlicher Modelle. Überwiegend wird in dieser Arbeit das Trinomialmodell eingesetzt, das sich gegenüber dem Binomialmodell durch vorteilhafte Konvergenzeigenschaften auszeichnet.

Die Untersuchung ist wie folgt aufgebaut (s. Abb. 1.1). In **Kapitel 2** wird nach einer einführenden Darstellung der präferenzfreien Optionsbewertung die Anwendung des Bewertungsprinzips auf die verschiedenen Varian-

---

[3] Brenner (1996), S. 308.

[4] Brenner (1996), S. 307. Siehe ähnlich, wenngleich nicht speziell auf Modelle mit deterministisch veränderlicher Volatilität bezogen, Müller (1985), S. 125.

[5] Einen Überblick geben Schwarz/Zimmer (2001).

[6] Nach Lin (1999), S. 3, entfällt 50% des Handelsvolumens aller exotischen Optionen auf Barrier-Optionen.

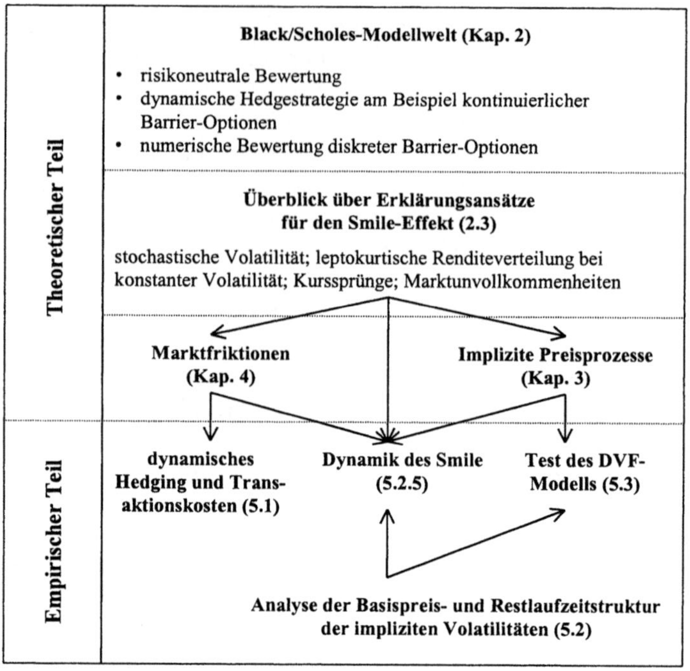

Abb. 1.1. Aufbau der Untersuchung

ten von Barrier-Optionen erörtert (Abschn. 2.1.5). Dabei zeigt sich, dass für kontinuierliche Barrier-Optionen in der Black/Scholes-Umgebung zwar eine eindeutige selbstfinanzierende Duplikationsstrategie existiert, ihre praktische Implementierung zur Absicherung von Optionsrisiken aber größere Probleme bereitet als bei Standardoptionen. Die Risiken liegen zum einen in augenblicklichen Änderungen der Hedgekennzahlen bei Erreichen der Kursschranke („Pin Risk"), zum anderen in wechselhaften Verläufen der Sensitivitätskennzahlen in Abhängigkeit vom Aktienkurs („Risk Reversal"). Insbesondere im Hinblick auf Barrier-Optionen mit einer im Geld befindlichen Kursschranke muss daher bezweifelt werden, dass sich ihr Risiko in der Praxis durch eine dynamische Handelsstrategie eliminieren lässt. Somit können Abweichungen der Marktpreise von den Modellpreisen nach Black/Scholes ohne Verstoß gegen das Arbitragefreiheitspostulat auftreten.

Während für Optionen mit einer kontinuierlich überprüften Barrier in der Black/Scholes-Modellwelt analytische Bewertungsformeln existieren, ist der Anwender im Fall einer Barrier-Überprüfung in diskreten Zeitabständen auf numerische Bewertungsmethoden angewiesen. Diese erreichen jedoch bei vertretbarem Rechenaufwand nur dann eine hohe Genauigkeit, wenn sie an die besonderen Merkmale der Option angepasst werden. In Abschnitt 2.2 wird eine von Steiner et al. (1999b) entwickelte Modifikation des Trinomialmodells dargestellt, die gegenüber den anderen Verfahren unter anderem den Vorteil besitzt, dass sie auch auf die im folgenden Kapitel behandelten impliziten Baumverfahren anwendbar ist.

Kapitel 3 untersucht die theoretische und numerische Bestimmung der impliziten Zustandspreisdichte und des impliziten Kursprozesses aus gegebenen Preisen von Standardoptionen. Die Verfahren werden, auch im Hinblick auf die spätere empirische Untersuchung, verglichen und beurteilt. Außerdem wird eine theoretisch begründete Modifikation des Trinomialbaumverfahrens von Derman/Kani/Chriss (1996) vorgestellt, die das Konvergenzverhalten verbessert und eine robuste Schätzung des Kursprozesses ermöglicht. Jüngste Erweiterungen aus der Literatur auf Kursprozesse mit einer eigenständigen Stochastik der Volatilität werden in Abschnitt 3.3 erörtert und anhand von Anwendungsbeispielen veranschaulicht.

Kapitel 4 soll Aufschluss darüber geben, wie sich Handelsbeschränkungen und Transaktionskosten auf das Ergebnis dynamischer Duplikations- und Hedgestrategien auswirken. Handelsgebühren und andere Transaktionskosten haben zur Folge, dass an einem arbitragefreien Finanzmarkt ein Intervall zulässiger Optionspreise existiert. Welcher Preis aus der möglichen Bandbreite tatsächlich zustande kommt, hängt von der jeweiligen Angebots- und Nachfragekonstellation ab. Oft wird argumentiert, dass Optionshändler sich insbesondere bei aus dem Geld befindlichen Verkaufsoptionen einer hohen Nachfrage des Nichtbankensektors gegenübersehen, die sie zwingt, das Risiko aus den übernommenen Short-Positionen dynamisch abzusichern. Für die damit verbundenen Transaktionskosten verrechnen sie einen Aufschlag auf den Verkaufspreis der Optionen. Ein solcher nach Basispreisen gestaffelter Preiszuschlag könnte grundsätzlich den Smile-Effekt hervorrufen oder zumindest verstärken. Um die Höhe des nach dieser Argumentation bestehenden Einflusses der Transaktionskosten auf den Optionswert abzuschätzen, werden in Abschnitt 4.2.2 Monte-Carlo-Simulationen durchgeführt und numerische Beispielrechnungen erstellt.

Die beiden bekanntesten Modelle zur Berücksichtigung von Transaktionskosten in der Optionsbewertung stammen von Leland (1985) und Boyle/Vorst (1992). Überraschenderweise geht das zeitdiskrete Modell von Boyle/Vorst (1992) bei infinitesimal kleinen Teilperioden nicht in das kontinuierliche Modell von Leland (1985) über. Die Bewertungsformeln unterscheiden sich durch einen konstanten, nicht vernachlässigbaren Faktor. In Abschnitt 4.2.3 wird die Verbindung zwischen beiden Bewertungsformeln hergestellt, so dass sich der scheinbare Widerspruch auflöst.

Kapitel 5 beinhaltet die empirischen Untersuchungen für die DAX-Option. Im *ersten Teil* (Abschn. 5.1) wird die Simulationsanalyse des Kapitels 4 ergänzt um eine empirische Ermittlung der Genauigkeit und der Kosten dynamischer Handelsstrategien. Der Erfolg der Strategien hängt entscheidend von der Qualität der Volatilitätsschätzungen ab. Die mit dem DAX-Volatilitätsindex VDAX erreichten Verbesserungen des Delta-Hedging deuten darauf hin, dass aus beobachteten Optionspreisen wertvolle Informationen für die Festlegung von Hedgekennziffern gewonnen werden können. Vor diesem Hintergrund bieten sich die Verfahren der impliziten Preisprozesse als erfolgversprechende Erweiterung an.

Der *zweite Teil* der Empirie (Abschn. 5.2) untersucht die Struktur der impliziten Volatilitäten der DAX-Option im Zeitraum von 1995 bis Ende 2000 sowie die Einflussgrößen der Strukturveränderungen. Im Unterschied zur Mehrzahl der bisherigen Studien beruht die Untersuchung nicht auf Schlusskursen sondern auf Transaktionsdaten. Dies ermöglicht eine nahezu perfekte Synchronisierung von Optionspreisen und Basiskursen, womit eine wichtige Fehlerquelle bei der Ermittlung der impliziten Volatilitäten wegfällt. Als wichtig erweist es sich, den Indexstand um steuerliche Wirkungen von Dividendenzahlungen zu bereinigen, weil sonst Verzerrungen auftreten, die sich in vermeintlichen Verstößen gegen die Put-Call-Parität widerspiegeln. Die notwendige Korrektur wird theoretisch hergeleitet und in ein implizites Schätzverfahren für den Korrekturterm überführt. Neben der Basispreis- wird auch die Fälligkeitsstruktur der impliziten Volatilitäten einbezogen. Sie eignet sich in besonderer Weise, um zu entscheiden, ob die empirischen Daten eher mit Sprungdiffusionsmodellen oder Optionsmodellen mit stochastischer Volatilität kompatibel sind. Dem Vergleich verschiedener Erklärungshypothesen für den Smile-Effekt dient auch die Analyse der Dynamik der Preisstrukturen mittels fundamentaler Bestimmungsfaktoren. Die verwendeten Variablen werden so ausgewählt, dass sie die konkurrierenden Erklärungsansätze möglichst gut abbilden.

Der Test der impliziten Baumverfahren im *dritten Teil* der empirischen Untersuchung (Abschn. 5.3) baut direkt auf der vorherigen Analyse des Smile-Effekts auf, weil die beobachteten Optionspreise als Eingabedaten in die Bestimmung der impliziten Kursprozesse eingehen. Die bislang einzige empirische Studie zu impliziten Baumverfahren am deutschen Optionsmarkt wurde von Neumann (1999) veröffentlicht. Sie kommt anhand eines einjährigen Untersuchungszeitraums zu einem wesentlich günstigeren Ergebnis als eine umfassende Untersuchung von Dumas et al. (1998) am US-Kapitalmarkt. In der vorliegenden Arbeit wird aufgrund der detaillierten Voruntersuchung des Smile-Effekts eine andere Methode als in der Studie von Neumann (1999) angewendet. Ziel ist es, differenzierte Aussagen darüber abzuleiten, inwieweit der tatsächliche Verlauf des DAX durch den impliziten Preisprozess adäquat beschrieben wird und unter welchen Bedingungen die Anwendung des DVF-Modells sinnvoll erscheint.

Insgesamt ist zu erwarten, dass eine einfaktorielle Erklärung des Smile-Effekts eine starke Vereinfachung bedeutet und der Komplexität der Realität nicht vollständig gerecht wird. Vor diesem Hintergrund dienen die in dieser Arbeit durchgeführten Untersuchungen dazu, die relative Bedeutung der verschiedenen Preiseinflüsse und Erklärungshypothesen zu beurteilen.

2. Stetige Optionsbewertung und diskrete Approximationen

2.1 Standardmodell

2.1.1 Finanzmarktannahmen und Aktienkursprozess

Das Black/Scholes-Modell trifft die folgenden Annahmen über die Struktur des Finanzmarkts:[1]

- An allen Zeitpunkten $t \in [0, T]$ können Handelsabschlüsse getätigt werden.
- Beim Handel entstehen keine Transaktionskosten und es werden keine Steuern erhoben.
- Die Wertpapiere können in beliebigen Stückelungen gehandelt werden.
- Der Informationsverlauf wird durch eine Filtration $\{\mathcal{F}_t\}_{t\in[0,T]}$ auf dem Wahrscheinlichkeitsraum $(\Omega, \mathcal{F}, \mathcal{P})$ beschrieben.
- Es werden drei Finanzgüter gehandelt, die als Zerobond, Aktie und Option bezeichnet werden und nachfolgend näher beschrieben werden.

Es wird angenommen, dass der *Zerobond* im Fälligkeitszeitpunkt T zum Nennwert von 1 sicher zurückgezahlt wird. Die risikolose kontinuierliche Zinsrate r sei konstant. Der Bondpreis $B(t, T) = B_t$ folgt damit dem deterministischen Prozess:

$$B_t = e^{-r(T-t)},$$

woraus folgt:

$$dB = rBdt.$$

Die *Aktie* betreffend wird angenommen, dass im Zeitraum $[0, T]$ weder Dividenden ausgeschüttet werden noch sonstige Entnahmen oder Einlagen erfolgen. Der Aktienkursprozess wird als exogen bestimmt angenommen. Rückwirkungen der Handelsgeschäfte auf die Kursentwicklung sind ausgeschlossen. Auch spielt keine Rolle, ob eine Option auf diese Aktie eingeführt wird. Der

[1] Vgl. z. B. Sandmann (1999), S. 252-254. Die in Anhang A, S. 245, zusammengestellten Definitionen der Wahrscheinlichkeitstheorie werden im Folgenden als bekannt vorausgesetzt.

Aktienkurs gehorcht einem stochastischen Prozess $S : [0,T] \times \Omega \to \mathbb{R}_{\geq 0}$, der durch die stochastische Differenzialgleichung:

$$dS_t = \mu S_t dt + \sigma S_t dW_t \tag{2.1}$$

mit konstanten Parametern $\mu \in \mathbb{R}$ und $\sigma > 0$ definiert wird. In Integralschreibweise lautet diese Gleichung:

$$S_t = S_0 + \mu \int_0^t S_s ds + \sigma \int_0^t S_s dW_s,$$

wobei der letzte Term ein stochastisches Integral darstellt.[2] Der Parameter μ entspricht dem momentanen (bzw. lokalen) Erwartungswert der diskreten Aktienrendite, der Parameter σ der momentanen Volatilität[3], jeweils berechnet unter dem Wahrscheinlichkeitsmaß $\mathcal{P}$. $\{W_t\}_{t \in [0,T]}$ bezeichnet eine (standardisierte) Brownsche Bewegung. Nach dem Modell (2.1) unterliegt der Aktienkurs also einem konstanten Trend, der von einer zufallsabhängigen Bewegung überlagert wird. Da die Stochastik des Aktienkursprozesses vollständig auf die Brownsche Bewegung zurückgeht, wird die Informationsstruktur durch die natürliche Filtration des Prozesses $\{W_t\}_{t \in [0,T]}$ beschrieben.[4] Die σ-Algebra $\mathcal{F}_t$ umfasst demnach alle bis einschließlich t beobachtbaren Kurspfade.

Die eindeutige Lösung der Differenzialgleichung (2.1) lautet:

$$S_t = S_0 e^{(\mu - 1/2\sigma^2)t + \sigma W_t}. \tag{2.2}$$

Der Aktienkursprozess $\{W_t\}_{t \in [0,T]}$ gemäß (2.2) heißt *geometrische Brownsche Bewegung* mit Drift $\left(\mu - \frac{1}{2}\sigma^2\right)$ und Volatilität σ. Aus (2.2) folgt, dass die logarithmierten Kursveränderungen in einem diskreten Zeitraum von t bis $t + \Delta t$ normalverteilt sind mit:

$$\ln\left(\frac{S_{t+\Delta t}}{S_t}\right) \sim N\left(\left(\mu - \frac{\sigma^2}{2}\right)\Delta t, \sigma^2 \Delta t\right).$$

Das Aktienkursmodell (2.1) erfüllt die *Markov-Eigenschaft*, das heißt bei Kenntnis des aktuellen Aktienkurses hängt der bedingte Erwartungswert späterer Aktienkurse nicht davon ab, ob auch die Kurshistorie vor dem Gegenwartszeitpunkt bekannt ist. Für Wahrscheinlichkeitsaussagen über künftige Aktienkurse beinhaltet also der vergangene Kurspfad keinen Informationswert über den aktuellen Kurs hinaus.

Neben dem Zerobond und der Aktie existiert als drittes Finanzgut eine *europäische Option*, die im Fälligkeitszeitpunkt T eine vom Aktienkurs S_T abhängige Auszahlung $h(S_T)$ leistet.[5] Da die Markov-Eigenschaft vom

---

[2] Vgl. zur stochastischen Integrationstheorie z. B. Irle (1998), S. 167 ff.

[3] Die Volatilität wird als Quadratwurzel aus der Varianz definiert.

[4] Vgl. Musiela/Rutkowski (1997), S. 110 f.

[5] Pfadabhängige Optionen, bei denen die Höhe der Auszahlung im Fälligkeitszeitpunkt vom realisierten Kurspfad abhängt, werden somit an dieser Stelle ausgeschlossen.

Aktienkursprozess auf den Preisprozess der (nicht pfadabhängigen) Option übergeht, ist der Wert f_t der Option mit $t \in [0, T]$ ausschließlich eine Funktion der Zeit und des jeweils aktuellen Aktienkurses: $f_t = f(S_t, t)$ wobei $f(S_T, T) = h(S_T)$ ist.[6] Damit ist das Itô-Lemma anwendbar, wonach für die zeitliche Änderung des Optionspreises die folgende stochastische Differenzialgleichung gilt:[7]

$$\begin{aligned} df(S,t) &= \frac{\partial f(S,t)}{\partial t}dt + \frac{\partial f(S,t)}{\partial S}dS + \frac{1}{2}\frac{\partial^2 f(S,t)}{\partial S^2}(dS)^2 \\ &= \frac{\partial f(S,t)}{\partial t}dt + \frac{\partial f(S,t)}{\partial S}(\mu S dt + \sigma S dW_t) + \frac{1}{2}\frac{\partial^2 f(S,t)}{\partial S^2}S^2\sigma^2 dt. \end{aligned} \tag{2.3}$$

Gesucht wird eine Funktion f, die obige Gleichung löst, so dass $f(S_0, 0)$ dem fairen Optionspreis in $t = 0$ entspricht. In Integralschreibweise lautet (2.3):

$$f(S,t) = f(S,0) + \int_0^t \frac{\partial f(S,s)}{\partial S}dS_s + \int_0^t \left(\frac{\partial f(S,s)}{\partial s} + \frac{1}{2}\frac{\partial^2 f(S,s)}{\partial S^2}S^2\sigma^2\right)ds. \tag{2.4}$$

2.1.2 Duplikationsstrategie

Die in diesem Abschnitt behandelte Optionsbewertung im dargestellten Finanzmarktmodell geht auf Black/Scholes (1973) und Merton (1973) zurück. Eine *Handelsstrategie* sei ein Paar von reellwertigen, vorhersehbaren stochastischen Prozessen $(\{\varphi_t\}_{t\in[0,T]}, \{\beta_t\}_{t\in[0,T]})$, das die technischen Bedingungen:

$$\mathcal{P}\left(\int_0^T \beta_t^2 dt < \infty\right) = 1 \quad \text{und} \quad \mathcal{P}\left(\int_0^T \varphi_t^2 dt < \infty\right) = 1 \tag{2.5}$$

erfüllt.[8] Die *Vorhersehbarkeit* bedeutet, dass φ_t und β_t messbar sind in Bezug auf die σ-Algebra, die durch den Aktienkursprozess *vor* dem Zeitpunkt t erzeugt wird.[9] Intuitiv drückt diese Eigenschaft aus, dass die Portfoliogewichte erst in Reaktion auf eine eingetretene Aktienkursveränderung, also in gewisser Weise verzögert, angepasst werden. Die Zufallsvariable φ_t gibt die Anzahl der im Zeitpunkt t im Portfolio enthaltenen Aktien an, die Zufallsvariable β_t den Betrag der risikolos investierten Mittel. Die Zahl der gehaltenen Zerobonds im Zeitpunkt t berechnet sich nach $\beta_t / e^{-r(T-t)} = \beta_t e^{r(T-t)}$, weil der Zerobondpreis $e^{-r(T-t)}$ beträgt. Der Wert des Portfolios im Zeitpunkt t beläuft sich auf:

---

6 Vgl. Sandmann (1999), S. 254.

7 Der Index t beim Aktienkurs S wird nachstehend zur Vereinfachung der Notation weggelassen.

8 Vgl. Duffie (1992), S. 78.

9 Vgl. Sandmann (1999), S. 255.

$$V_t = \varphi_t S_t + \beta_t, \quad t \in [0, T].$$

Die Handelsstrategie $(\{\varphi_t\}_{t\in[0,T]}, \{\beta_t\}_{t\in[0,T]})$ heißt *selbstfinanzierend*, wenn keine Entnahmen oder Einschüsse erfolgen, so dass der Portfoliowert in t der Summe aus dem Anfangswert des Portfolios und allen seither erzielten Handelsgewinnen entspricht:[10]

$$V_t = V_0 + \int_0^t \varphi_s dS_s + r \int_0^t \beta_s ds, \quad t \in [0, T]. \tag{2.6}$$

Die obigen technischen Bedingungen (2.5) gewährleisten, dass die Integrale in (2.6) wohldefiniert sind.[11]

Wählt man unter der Voraussetzung $r > 0$ eine Handelsstrategie mit den Portfoliobestandteilen:

$$\varphi_t = \frac{\partial f(S,t)}{\partial S} \quad \text{und} \quad \beta_t = \frac{1}{r}\left(\frac{\partial f(S,t)}{\partial t} + \frac{1}{2}\frac{\partial^2 f(S,t)}{\partial S^2} S^2 \sigma^2\right), \tag{2.7}$$

und substituiert die entsprechenden Terme in (2.4), so ergibt sich die Beziehung:

$$f(S,t) = f(S,0) + \int_0^t \varphi_s dS_s + r \int_0^t \beta_s ds, \quad t \in [0, T]. \tag{2.8}$$

Aus dem Vergleich von (2.6) und (2.8) ergibt sich, dass die Handelsstrategie gemäß (2.7) genau dann eine selbstfinanzierende Duplikationsstrategie darstellt, wenn gilt:

$$V_t = \varphi_t S_t + \beta_t = f(S,t) \quad \forall\, t \in [0, T]. \tag{2.9}$$

Durch Einsetzen von (2.7) in (2.9) erhält man als Ergebnis der Herleitung die partielle Differenzialgleichung:[12]

$$rf(S,t) - rS\frac{\partial f(S,t)}{\partial S} - \frac{1}{2}\sigma^2 S^2 \frac{\partial^2 f(S,t)}{\partial S^2} - \frac{\partial f(S,t)}{\partial t} = 0, \tag{2.10}$$

die unter der Randbedingung $f(S_T, T) = h(S_T)$ eine eindeutige Lösung besitzt.

Nach (2.3) läßt sich die momentane Rendite der Option schreiben als:

$$\frac{df(S,t)}{f(S,t)} = a(S,t)dt + b(S,t)dW_t \tag{2.11}$$

mit:

[10] Vgl. Duffie (1992), S. 82.
[11] Vgl. Irle (1998), S. 220, Musiela/Rutkowski (1997), S. 112.
[12] Vgl. Black/Scholes (1973).

$$a(S,t) = \frac{1}{f(S,t)} \left(\frac{\partial f(S,t)}{\partial t} + \frac{\partial f(S,t)}{\partial S} \mu S + \frac{1}{2} \frac{\partial^2 f(S,t)}{\partial S^2} S^2 \sigma^2 \right),$$
$$b(S,t) = \frac{1}{f(S,t)} \left(\frac{\partial f(S,t)}{\partial S} \sigma S \right).$$

Folglich gehorcht der Optionspreis $f(S,t)$ einem Itô-Prozess, so dass die Markov-Eigenschaft erfüllt ist. Der Überschuss der Driftrate $a(S,t)$ über den risikolosen Zinssatz r, bezogen auf die Volatilität $b(S,t)$, kann als eine Renditeprämie pro Risikoeinheit interpretiert werden. Diese Kennziffer berechnet sich unter Berücksichtigung der Differenzialgleichung (2.10) nach:

$$\frac{a(S,t) - r}{b(S,t)} = \frac{\mu - r}{\sigma} = \theta. \tag{2.12}$$

Die erwartete Momentanrendite und die Momentanvolatilität der Option, die beide im Zeitablauf variieren, sind gemäß (2.12) so aufeinander bezogen, dass die Risikoprämie konstant bleibt. Der Parameter θ wird als *Marktpreis des Risikos* bezeichnet.[13]

2.1.3 Risikoneutrale Bewertung

2.1.3.1 Grundprinzip

Nach der oben beschriebenen Methode zur Bestimmung arbitragefreier Optionspreise wird im ersten Schritt aus dem exogen vorgegebenen Aktienkursprozess eine stochastische Differenzialgleichung für den unbekannten Preisprozess der Option hergeleitet. Diese reduziert sich im zweiten Schritt durch die Wahl einer geeigneten Handelsstrategie auf eine partielle Differenzialgleichung, die schließlich mit Randbedingungen entsprechend dem Auszahlungsprofil der Option zu lösen ist. Die Bewertung ist unter den Annahmen des Black/Scholes-Modells präferenzfrei, weil ein selbstfinanzierendes Duplikationsportfolio für die Option existiert. Der Anfangswert dieses Portfolios muss an einem arbitragefreien Finanzmarkt dem Optionspreis entsprechen. Unter den gesetzten Prämissen ermöglicht bereits das Arbitragefreiheitspostulat eine eindeutige Bewertung, weshalb die Risikoneigung der Marktteilnehmer keine Rolle spielt. Sie spiegelt sich lediglich im aktuellen Aktienkurs S_0 und dem risikolosen Zinssatz r wider und fließt auf diese Weise indirekt in die Bewertung ein. Eine offenkundige Konsequenz der Präferenzfreiheit des Modells ist das Fehlen der erwarteten Rendite μ in der partiellen Differenzialgleichung (2.10).

Von dieser Beobachtung ausgehend, haben Cox/Ross (1976) eine neue Bewertungstechnik in die Literatur eingeführt. Sie beruht auf folgender Argumentation: Wenn die Optionsbewertung bei jeder denkbaren Präferenzstruktur der Marktteilnehmer immer zum gleichen Ergebnis führt, kann man der

[13] Vgl. Hull (2000), S. 500.

Einfachheit halber so rechnen, *als ob* die Anleger jene Präferenzen besäßen, welche die mathematische Formulierung und Lösung des Bewertungsproblems möglichst stark vereinfachen. Dafür bietet sich die Annahme der Risikoneutralität aller Marktteilnehmer an. Sie hat zur Folge, dass die erwarteten Renditen sämtlicher Wertpapiere mit der risikolosen Verzinsung identisch sind. Der faire Optionspreis muss daher dem risikolos diskontierten Erwartungswert der Optionsauszahlung in einer fiktiven, gedanklich konstruierten Welt mit risikoneutralen Anlegern entsprechen.

In der risikoneutralen Welt stellen die diskontierten Preisprozesse Martingale dar, das heißt der Erwartungswert eines diskontierten zukünftigen Kurses ist mit dem aktuellen Kurs identisch. Für derartige Prozesse stellt die mathematische Martingaltheorie Ergebnisse bereit, die in der Folgezeit des – eher intuitiv als streng formal begründeten – Bewertungsvorschlags von Cox und Ross auf das Gebiet der Optionsbewertung übertragen wurden. Vor allem interessiert die Frage, welche Bedingungen an den Aktienkursprozess zu stellen sind, damit die entscheidende Voraussetzung für die Anwendung des Prinzips der risikoneutralen Bewertung, nämlich die Existenz einer selbstfinanzierenden Duplikationsstrategie, erfüllt ist. Die folgende Darstellung beschränkt sich zunächst auf den Martingalansatz für den Fall einer nicht pfadabhängigen europäischen Option auf eine Aktie mit einer geometrischen Brownschen Kursbewegung. Die allgemeinen Zusammenhänge zwischen Arbitragefreiheit und Bewertung nach dem Martingalansatz werden daraufhin in Abschnitt 2.1.3.4 skizziert.

2.1.3.2 Äquivalentes Martingalmaß im Black/Scholes-Modell

Aus dem Aktienkursmodell (2.2) folgt für den diskontierten Aktienkurs $\widetilde{S}_t = e^{-rt}S_t$ der Prozess:

$$\widetilde{S}_t = S_0 e^{(\mu - r - 1/2\sigma^2)t + \sigma W_t},$$

der in der Notation als stochastische Differenzialgleichung lautet:

$$d\widetilde{S}_t = (\mu - r)\widetilde{S}_t dt + \sigma \widetilde{S}_t dW_t = \sigma \widetilde{S}_t (\theta dt + dW_t) = \sigma \widetilde{S}_t dW_t^*. \tag{2.13}$$

Dabei ist θ wie in Gleichung (2.12) definiert und $\{W_t^*\}_{t\in[0,T]}$ ein stochastischer Prozess mit $W_t^* = W_t + \theta t$.

Ein zu $\mathcal{P}$ äquivalentes Wahrscheinlichkeitsmaß $\mathcal{Q}$ auf dem Messraum $(\Omega, \mathcal{F})$ heißt äquivalentes Martingalmaß für den Prozess $\{\widetilde{S}_t\}_{t\in[0,T]}$, wenn $\{\widetilde{S}_t\}$ ein Martingal unter $\mathcal{Q}$ ist. Definiert man $\mathcal{Q}$ durch die Radon-Nikodym-Dichte:

$$\frac{d\mathcal{Q}}{d\mathcal{P}} = e^{-\theta W_T - 1/2\theta^2 T}, \tag{2.14}$$

so ist nach dem Satz von Girsanov der Prozess $\{W_t^*\}_{t\in[0,T]}$ ein standardisierter Wiener Prozess bezüglich $\mathcal{Q}$.[14] Damit folgt aus Gleichung (2.13), dass in Bezug auf das Wahrscheinlichkeitsmaß $\mathcal{Q}$ der diskontierte Aktienkursprozess ein Martingal ist. Bezogen auf $\mathcal{Q}$, wird der Aktienkursprozess durch:

$$S_t = e^{rt}\widetilde{S}_t = e^{rt}S_0 e^{-1/2\sigma^2 t+\sigma W_t^*} = S_0 e^{\left(r-1/2\sigma^2\right)t+\sigma W_t^*}$$

charakterisiert. Ein Vergleich mit der Darstellung von S_t unter dem Wahrscheinlichkeitsmaß $\mathcal{P}$ zeigt, dass die Driftrate μ unter dem äquivalenten Martingalmaß $\mathcal{Q}$ durch die risikolose Verzinsung r zu ersetzen ist. Daran wird das Prinzip der risikoneutralen Bewertung deutlich. Es lässt sich nachweisen, dass $\mathcal{Q}$ gemäß Gleichung (2.14) das eindeutige äquivalente Martingalmaß im Black/Scholes-Modell darstellt.[15]

2.1.3.3 Risikoneutrale Bewertung nicht pfadabhängiger Optionen

Für eine selbstfinanzierende Handelsstrategie $(\{\varphi_t\}_{t\in[0,T]}, \{\beta_t\}_{t\in[0,T]})$ mit φ_t Aktien und einem risikolosen Anlagebetrag von β_t gilt mit V_t als Wert im Zeitpunkt t die Beziehung (vgl. die Integralschreibweise in Gleichung 2.6):

$$dV_t = \varphi_t dS_t + r\beta_t dt.$$

Die Selbstfinanzierungseigenschaft ist äquivalent zu der Aussage, dass der Prozess des diskontierten Werts $\{\widetilde{V}_t\}$ mit $\widetilde{V}_t = e^{-rt}V_t$ unter dem risikoneutralen Wahrscheinlichkeitsmaß $\mathcal{Q}$ ein Martingal bildet, denn:[16]

$$\begin{aligned} d\widetilde{V}_t &= -re^{-rt}V_t dt + e^{-rt}dV_t \\ &= -re^{-rt}\left(\varphi_t S_t + \beta_t\right)dt + e^{-rt}\left(\varphi_t dS_t + r\beta_t dt\right) \\ &= \varphi_t\left(-re^{-rt}S_t dt + e^{-rt}dS_t\right) = \varphi_t d\left(e^{-rt}S_t\right) = \varphi_t d\widetilde{S}_t \\ &= \varphi_t \sigma \widetilde{S}_t dW_t^*. \end{aligned} \tag{2.15}$$

In Abschnitt 2.1.2 wurde gezeigt, dass in der Black/Scholes-Welt jede pfadunabhängige europäische Option, deren Preis einem Markov-Prozess folgt, durch eine selbstfinanzierende Handelsstrategie repliziert werden kann. Also verhält sich nicht nur der diskontierte Wert des Handelsportfolios entsprechend (2.15), sondern auch die diskontierte Auszahlung der Option bei Fälligkeit. Daraus ergibt sich der Zusammenhang:

$$\widetilde{V}_t = E_{\mathcal{Q}}\left(\widetilde{V}_T \mid S_t\right) = E_{\mathcal{Q}}\left(e^{-rT}V_T \mid S_t\right) = E_{\mathcal{Q}}\left(e^{-rT}h(S_T) \mid S_t\right),$$

und somit:

[14] Vgl. z. B. Musiela/Rutkowski (1997), S. 114, Irle (1998), S. 153.
[15] Vgl. Irle (1998), S. 153.
[16] Vgl. Fouque et al. (2000), S. 20.

$$V_t = e^{rt}\widetilde{V}_t = E_Q\left(e^{-r(T-t)}h(S_T) \mid S_t\right).$$

Dabei bezeichnet $E_Q(\cdot)$ den Erwartungswert einer Zufallsvariable unter dem eindeutigen äquivalenten Martingalmaß Q. Mit $V_t = f(S_t, t)$ (s. Gleichung 2.9) erhält man die Bewertungsgleichung:

$$f(S_t, t) = E_Q\left(e^{-r(T-t)}h(S_T) \mid S_t\right).$$

2.1.3.4 Allgemeine Zusammenhänge

Die dargestellten Zusammenhänge lassen sich, wie Harrison/Pliska (1981) gezeigt haben, wesentlich verallgemeinern.[17] Die zentralen Aussagen werden nachstehend ohne Beweis wiedergegeben. Es sei angenommen, dass auf einem Finanzmarkt ein risikoloser Zerobond mit konstanter stetiger Rendite und NA ($NA \geq 1$) Aktien gehandelt werden, deren Kurse stets positiv sind und kontinuierlichen adaptierten Prozessen auf dem Wahrscheinlichkeitsraum $(\Omega, \mathcal{F}, \mathcal{P})$ mit der Filtration $\{\mathcal{F}_t\}_{t\in[0,T]}$ gehorchen. Diese Prozesse werden nicht näher eingegrenzt und insbesondere nicht auf eine geometrische Brownsche Bewegung beschränkt. Wenn ansonsten die Annahmen des bisher benutzten Marktmodells zutreffen, sind folgende Aussagen äquivalent:[18]

1. Der Finanzmarkt ist arbitragefrei.
2. Es existiert ein zu $\mathcal{P}$ äquivalentes Wahrscheinlichkeitsmaß $\mathcal{Q}$ mit der Eigenschaft, dass der diskontierte Wert aller Aktien ein Martingalprozess unter $\mathcal{Q}$ ist.
3. Jede selbstfinanzierende Handelsstrategie mit dem Zerobond und den NA Aktien ist ein Martingalprozess unter $\mathcal{Q}$.

In der Optionsbewertung stellt sich die zentrale Frage, unter welchen Bedingungen eine Option durch andere marktgehandelte Basisinstrumente dupliziert werden kann. Arbitragefreiheit allein gewährleistet nicht, dass selbstfinanzierende Handelsstrategien aus dem Bond und den NA Aktien das gesamte Spektrum möglicher Auszahlungsprofile von Optionen aufspannen. Eine so verstandene Vollständigkeit des Finanzmarkts ist fest mit der Existenz eines eindeutigen äquivalenten Martingalmaßes für die Aktienkursprozesse verbunden. Folgende Aussagen sind äquivalent:[19]

[17] Der Aufsatz baut auf dem früheren Beitrag von Harrison/Kreps (1979) auf, in dem die Optionsbewertung bei diskreter Zeiteinteilung behandelt wird.

[18] Vgl. Harrison/Pliska (1981), S. 236. Es ist darauf hinzuweisen, dass die Autoren die Äquivalenz von 1. und 2. im stetigen Fall nicht formal nachweisen, sondern nur auf die Möglichkeit des Beweises als Generalisierung eines entsprechenden Theorems im diskreten Modell verweisen. Zum Beweis der gleichartigen Äquivalenzaussage im diskreten Fall vgl. Harrison/Kreps (1979), S. 386 f. u. Harrison/Pliska (1981), S. 228 f.

[19] Zu einer weiteren äquivalenten Darstellungsweise, dem Martingal-Repräsentationstheorem, vgl. Harrison/Pliska (1981), S. 240 f.

1. Der Finanzmarkt ist arbitragefrei und vollständig. Letzteres bedeutet, dass jeder bedingte Anspruch, dessen Auszahlung h im Zeitpunkt T sich durch eine $\mathcal{F}_T$-messbare Zufallsvariable beschreiben lässt, durch eine selbstfinanzierende Handelsstrategie $\mathcal{P}$-fast sicher repliziert werden kann.
2. Es existiert ein *eindeutiges*, zu $\mathcal{P}$ äquivalentes Wahrscheinlichkeitsmaß $\mathcal{Q}$ mit der Eigenschaft, dass der diskontierte Wert aller Aktien ein Martingalprozess unter $\mathcal{Q}$ ist.

Aussage 2. bedeutet, dass sich der Wert eines bedingten Anspruchs mit der $\mathcal{F}_T$-messbaren Auszahlung h im Zeitpunkt T für $t \in [0, T]$ verhält nach:

$$V_t = E_{\mathcal{Q}}\left(e^{-r(T-t)}h \mid \mathcal{F}_t\right).$$

Darin kommt in allgemeinerer Form das in Abschnitt 2.1.3.3 vorgestellte Prinzip der risikoneutralen Bewertung zum Ausdruck. Weil hier im Gegensatz zur früheren Analyse kein Markov-Prozess für den Optionswert unterstellt wird, ist der Erwartungswert unter der Informationsmenge $\mathcal{F}_t$ zu bilden, die neben den Kursen im Zeitpunkt t auch den bis dahin realisierten Kursprozess enthält.

Ob ein Finanzmarkt vollständig ist, hängt entscheidend von der Gestalt des Aktienkursprozesses ab. Der im Black/Scholes-Modell angenommenen geometrischen Brownschen Bewegung lässt sich ein eindeutiges äquivalentes Martingalmaß zuordnen, weshalb die Vollständigkeit des Marktes sichergestellt ist. Dass gerade diese Eigenschaft die Attraktivität des Modells ausmacht, betonen Harrison/Pliska (1981): „It can be argued that the important and interesting feature of the model ... is its completeness, not the fact that it yields [an] explicit valuation formula .. for call options."[20] Die Vollständigkeit des Marktes bleibt im Falle einer mehrdimensionalen Brownschen Bewegung für die Kurse der gehandelten Aktien erhalten.[21] Außerdem ist bekannt, dass auch ein geometrischer Poisson-Prozess[22] die Duplikation jeder europäischen Option ermöglicht.[23] Überlagern sich jedoch eine Brownsche Bewegung und ein Poisson-Prozess, geht die Vollständigkeit des Marktes verloren,[24] womit der risikoneutralen Bewertung die Grundlage entzogen wird.

2.1.4 Sensitivitätsanalyse

2.1.4.1 Europäische Standardoptionen

Die eindeutige Lösung der partiellen Differenzialgleichung (2.10) lässt sich im Spezialfall einer europäischen Kaufoption, die durch die Auszahlungsfunktion

---

[20] Harrison/Pliska (1981), S. 221.
[21] Vgl. Harrison/Pliska (1981), S. 242.
[22] Vgl. zur Definition eines Poisson-Prozesses z. B. Dothan (1990), S. 262.
[23] Vgl. Harrison/Pliska (1981), S. 242, Müller (1985), S. 13.
[24] Vgl. Müller (1985), S. 13.

$f(S_T, T) = h(S_T) = (S_T - X)^+$ gekennzeichnet ist, analytisch angeben als[25]:

$$f(S_t, t) = C(S_t, t) = S_t N(d_1) - X e^{-r(T-t)} N(d_2), \tag{2.16}$$

wobei:

$$d_1 = \frac{\ln(S_t/X) + (r + \frac{1}{2}\sigma^2)(T-t)}{\sigma\sqrt{T-t}}, \tag{2.17}$$

$$d_2 = d_1 - \sigma\sqrt{T-t} \tag{2.18}$$

und:

$$N(z) = \int_{-\infty}^{z} n(y)dy \quad \text{mit} \quad n(y) = \frac{1}{\sqrt{2\pi}} e^{-y^2/2}.$$

Hiermit folgt die Formel für den Preis $P(S_t, t)$ eines europäischen Put (Auszahlung $(X - S_T)^+$) unmittelbar aus der Put-Call-Parität.

Um das Risiko eines Portfolios, das Optionen beinhaltet, abschätzen zu können, benötigt der Halter Informationen darüber, wie der Portfoliowert auf Veränderungen der wertbestimmenden Einflussgrößen reagiert. Wenn sich die Umweltsituation in der Realität wandelt, können davon mehrere Determinanten gleichzeitig betroffen sein. Um jedoch einen ersten Überblick über das Risikoprofil zu gewinnen, wird in der Regel von solchen Interdependenzen abstrahiert und die Preiswirkung jeder Einflussgröße einzeln analysiert. Dazu dienen die Sensitivitätskennzahlen aus dem Black/Scholes-Modell. Unter den Annahmen des Modells gehen Optionspreisänderungen auf zwei Einflüsse zurück: die (deterministische) Verkürzung der Restlaufzeit und die (stochastische) Variation des Aktienkurses. Alle übrigen Parameter, die in der Bewertungsformel vorkommen, sind annahmegemäß konstant. Trotzdem werden diese Größen, insbesondere die Volatilität, oft als Variablen verstanden, nach denen die Callpreisfunktion differenziert werden kann. Die Ableitung nach der Volatilität beispielsweise wird dann als Sensitivität des Optionspreises gegenüber Volatilitätsänderungen interpretiert. Genau genommen zeigt aber diese Ableitung die Preisdifferenz zwischen Optionen auf *verschiedene* Basispapiere mit marginal unterschiedlichen Renditevolatilitäten an. Um die Wirkung einer Volatilitätsänderung auf den Preis *einer ganz bestimmten* Option zu analysieren, müsste man ein Bewertungsmodell heranziehen, das veränderliche Volatilitäten zulässt. Die Ableitung der Black/Scholes-Formel liefert dafür allenfalls eine Näherung.

Tabelle 2.1 enthält die Formeln für wichtige Sensitivitätskennzahlen aus dem Black/ Scholes-Modell,[26] wobei für die Restlaufzeit der Option das Symbol τ eingeführt wird ($\tau = T - t$). Partielle Ableitungen werden durch einen

[25] Vgl. Black/Scholes (1972) und Merton (1973). Es wird angenommen, dass während der Laufzeit der Option keine Dividenden ausgeschüttet werden.

[26] Vgl. z. B. Musiela/Rutkowski (1997), S. 131 f., sowie mit anschaulichen Abbildungen Steiner/Bruns (2000), S. 336 ff.

tiefgestellten Index kenntlich gemacht. So steht zum Beispiel C_S für den Ausdruck $\partial C(S, \tau, X, r, \sigma)/\partial S$. Weitere Sensitivitätskennzahlen sind in Anhang B zusammengestellt.

Delta	$C_S = N(d_1) > 0$	$P_S = N(d_1) - 1 = -N(-d_1) < 0$
Gamma	$C_{SS} = \frac{n(d_1)}{S\sigma\sqrt{\tau}} > 0$	$P_{SS} = C_{SS} > 0$
Vega	$C_\sigma = S\sqrt{\tau}n(d_1) > 0$	$P_\sigma = C_\sigma > 0$
Theta	$-C_\tau = -\frac{S\sigma}{2\sqrt{\tau}}n(d_1) - Xre^{-r\tau}N(d_2) < 0$	$-P_\tau = -\frac{S\sigma}{2\sqrt{\tau}}n(d_1) + Xre^{-r\tau}N(-d_2) < 0$
Rho	$C_r = \tau Xe^{-r\tau}N(d_2) > 0$	$P_r = \tau Xe^{-r\tau}(N(d_2) - 1) < 0$
$C_X; P_X$	$C_X = -e^{-r\tau}N(d_2) < 0$	$P_X = e^{-r\tau}(1 - N(d_2)) > 0$

Tabelle 2.1. Sensitivitätskennzahlen im Black/Scholes-Modell

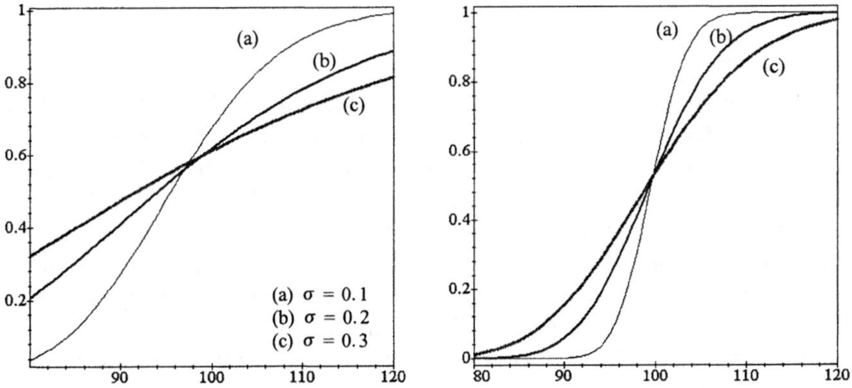

Abb. 2.1. Optionsdelta in Abhängigkeit vom Aktienkurs für einen Call mit den gemeinsamen Inputdaten $X = 100$ und $r = 0,04$; *linke Grafik:* $T - t = 1$; *rechte Grafik:* $T - t = 0,1$

Das Delta einer Option beschreibt die Reaktion des Optionspreises auf eine marginale Kursbewegung des Basispapiers. In Abbildung 2.1 ist das Delta für Calls mit unterschiedlichen Volatilitäten und Restlaufzeiten als Funktion des Aktienkurses eingezeichnet. Mit einer höheren Volatilität geht ceteris paribus ein niedrigeres Delta einher, wenn der Call sich im Geld befindet, und umgekehrt. Der genaue Übergang ergibt sich aus der partiellen Ableitung der

Funktion des Delta nach der Volatilität.[27] Aus:[28]

$$\frac{\partial C_S}{\partial \sigma} = n(d_1)\left(\sqrt{\tau} - \frac{d_1}{\sigma}\right) = n(d_1)\left(-\frac{d_2}{\sigma}\right)$$

ergibt sich ein positiver (negativer) Wert genau dann, wenn d_2 kleiner (größer) null ist. Da $N(d_2)$ die risikoneutrale Wahrscheinlichkeit dafür angibt, dass die Option sich bei Fälligkeit im Geld befindet, ist wegen $N(0) = 0,5$ die Nullstelle gerade dann erreicht, wenn die Option in der risikoneutralen Welt mit 50%iger Wahrscheinlichkeit ausgeübt würde:

$$\frac{\partial C_S}{\partial \sigma} = 0 \Longleftrightarrow d_2 = 0 \Longleftrightarrow \ln S = \ln X - \left(r - \frac{\sigma^2}{2}\right)\tau.$$

Dieser Punkt kann zur definitorischen Abgrenzung von Optionen im und aus dem Geld verwendet werden. An der gleichen Stelle liegt wegen:

$$\frac{\partial^2 C}{\partial S \partial \sigma} = \frac{\partial C_S}{\partial \sigma} = \frac{\partial C_\sigma}{\partial S}$$

das Maximum der Funktion des Optionsvega in Abhängigkeit vom Aktienkurs (s. Abb. 2.3[29]).

Das Delta ist, wie die Herleitung des Black/Scholes-Modells gezeigt hat, identisch mit der Aktienanzahl im Duplikationsportfolio. Die Kennzahl wird deshalb auch als „Hedge Ratio“ bezeichnet. Bei kontinuierlichem Delta-Hedging einer Optionsposition wird unter den Black/Scholes-Bedingungen eine perfekte Absicherung erreicht. In der Praxis ist aber eine permanente Anpassung wegen der damit verbundenen Transaktionskosten nicht realisierbar. Auch behindern Handelspausen und Verzögerungen in der Orderausführung die theoretisch notwendigen Umschichtungen. Aus diesen Gründen muss der Anwender auf eine zeitdiskrete Handelsstrategie ausweichen. Zwischen den Anpassungszeitpunkten treten folglich diskrete Aktienkursveränderungen ein. Für die durch einen Kurssprung bewirkte Wertänderung der Option ermöglicht das Delta eine Taylorreihenapproximation erster Ordnung.[30] Die Näherung ist tendenziell umso genauer, je weniger sensitiv das Delta auf Veränderungen des Aktienkurses reagiert. Diese Sensitivität wird durch das Gamma gemessen, das in die Taylorapproximation zweiter Ordnung eingeht. Es entspricht mathematisch der zweiten partiellen Ableitung der Optionspreisformel nach dem Kurs des Basispapiers. Gekaufte Optionen

[27] Diese Ableitung ist für Calls und Puts die gleiche, weil die entsprechenden Optionsdeltas nur um den konstanten Abstand von 1 differieren ($C_S - P_S = 1$).

[28] Vgl. die Übersicht in Anhang B, S. 249.

[29] Das Vega wird in der Abbildung als Optionspreisänderung pro Prozentpunkt der Volatilität angegeben. Der Betrag gemäß der Vega-Formel aus Tabelle 2.1 wurde also durch 100 geteilt.

[30] Änderungen der übrigen wertbestimmenden Einflussgrößen werden dabei ausgeschlossen.

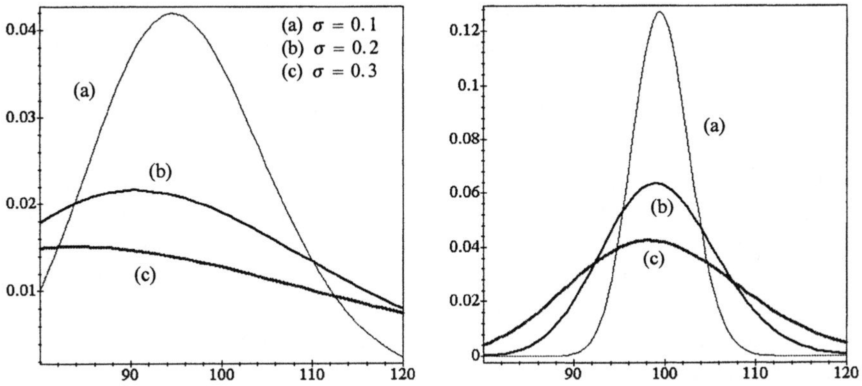

Abb. 2.2. Optionsgamma in Abhängigkeit vom Aktienkurs mit den gemeinsamen Inputdaten $X = 100$ und $r = 0,04$; *linke Grafik:* $T-t = 1$; *rechte Grafik:* $T-t = 0,1$

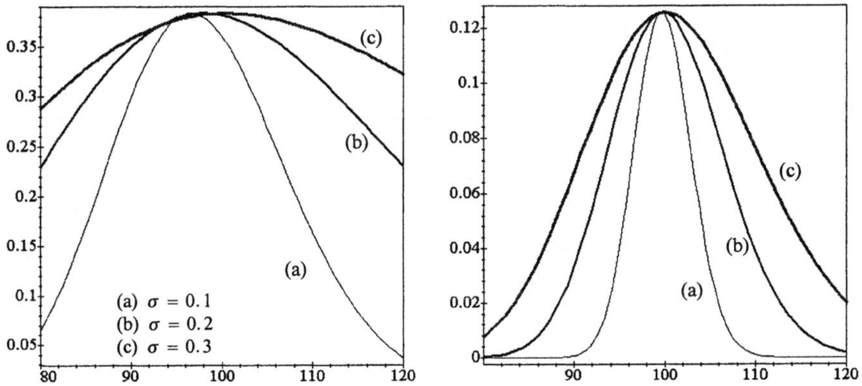

Abb. 2.3. Optionsvega in Abhängigkeit vom Aktienkurs mit den gemeinsamen Inputdaten $X = 100$ und $r = 0,04$; *linke Grafik:* $T-t = 1$; *rechte Grafik:* $T-t = 0,1$

weisen positive und verkaufte Optionen negative Gammas auf. Der Käufer einer Delta-gesicherten Option (positives Gamma) profitiert von (beiderseitigen) Veränderungen des Aktienkurses.[31] Spiegelbildlich schaden sie dem Stillhalter (negatives Gamma). Das Restrisiko des Delta-Hedging in diskreten Zeitabständen kann durch den Aufbau einer gammaneutralen Position weiter reduziert werden (Delta-Gamma-Hedging). Dafür ist aber ein Instrument

[31] Der Optionswert kann als fairer Preis für diesen Vorteil verstanden werden.

notwendig, dessen Wert nicht linear vom Aktienkurs abhängt. Der höchste Gammawert einer Standardoption wird, wenn nur der Aktienkurs variiert und alle anderen Einflussgrößen gleich bleiben, bei einem Aktienkurs von:[32]

$$\ln S = \ln X - (r + \frac{3}{2}\sigma^2)\tau$$

erreicht. Ein Call befindet sich an dieser Stelle aus dem Geld, ein Put im Geld (s. Abb. 2.2). Bei Aktienkursen in der Nähe dieses Maximums wirkt sich eine erhöhte Volatilität mindernd auf das Gamma aus, während das Gamma in den äußeren Aktienkursbereichen steigt. Die Übergänge verschieben sich mit einer längeren Restlaufzeit weiter nach außen.

Das maximale Gamma nimmt zu, wenn sich die Option dem Fälligkeitstermin nähert. Am Ende der Laufzeit können daher größere Umschichtungen des Duplikationsportfolios erforderlich werden. Befindet sich zum Beispiel ein Call, den der Stillhalter mittels Delta-Hedging absichert, unmittelbar vor Ende der Laufzeit exakt am Geld, so enthält das Hedgeportfolio ungefähr 0,5 Stücke des Basispapiers für jede verkaufte Option. Der Call endet einen Moment später entweder im Geld oder aus dem Geld. Im ersten Fall muss der Stillhalter die fehlenden 0,5 Stücke des Basispapiers hinzukaufen, um sie dem Optionskäufer zu liefern, im zweiten Fall muss er den Bestand des Basispapiers sofort auflösen. Während diese Anpassungen im theoretischen Modell reibungslos ablaufen, besteht in der Praxis die Gefahr, die Transaktionen nicht schnell genug oder wegen ihrer Größe nicht zu einem einheitlichen Preis durchführen zu können.[33]

Die Hebelwirkung der Verschuldung im Duplikationsportfolio eines Call kommt deutlicher zum Vorschein, wenn die Preisänderung nicht absolut sondern prozentual gemessen wird. Eine so konstruierte Kennzahl ist die Optionspreiselastizität, die definiert wird als:[34]

$$\frac{\partial C(S,t)/C(S,t)}{\partial S/S} = N(d_1)\frac{S}{C(S,t)} > 1$$

sowie:

$$\frac{\partial P(S,t)/P(S,t)}{\partial S/S} = (N(d_1) - 1)\frac{S}{P(S,t)} < 1.$$

Wie in Abbildung 2.4, sinkt typischerweise die Elastizität des Call, wenn der Aktienkurs, die Volatilität oder die Restlaufzeit ansteigen.

Für alle angesprochenen Sensitivitäten gilt: Die Sensitivitätskennzahl für ein Portfolio aus Basispapier und Optionen erhält man durch gewichtete Addition der Kennzahlen aller Komponenten des Portfolios. Häufig wird der

[32] Siehe die Formel $\partial Gamma/\partial S$ in Anhang B, S. 249.
[33] Vgl. auch die Ausführungen zum „Expiration Pin Risk" bei Taleb (1997), S. 222.
[34] Vgl. z. B. Musiela/Rutkowski (1997), S. 132.

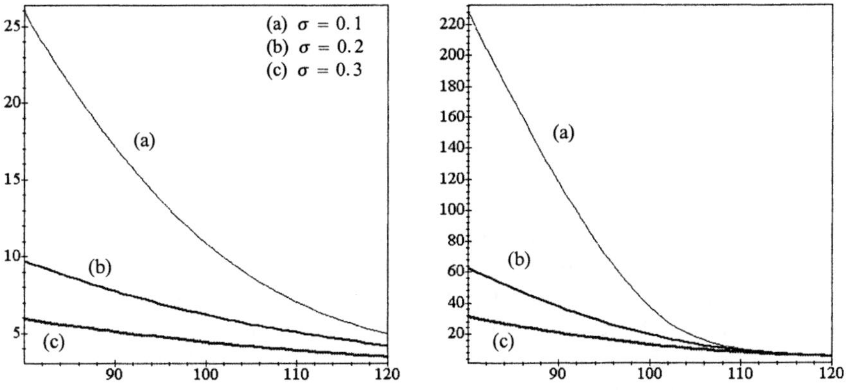

Abb. 2.4. Optionselastizität in Abhängigkeit vom Aktienkurs für einen Call mit den gemeinsamen Inputdaten $X = 100$ und $r = 0,04$; *linke Grafik:* $T - t = 1$; *rechte Grafik:* $T - t = 0,1$

Wert Π eines Portfolios von Optionen auf das gleiche Basispapier als Funktion des Aktienkurses S, der Zeit t und der Volatilität σ aufgefasst. Andere Einflussgrößen wie der risikofreie Zinssatz werden als konstant angenommen. Die Taylorsche Reihe für die Wertfunktion, ausgehend von der Entwicklungsstelle (S, t, σ), lautet bei Entwicklung bis zum Grad 2:[35]

$$\begin{aligned}\Pi(S + \Delta S, t + \Delta t, \sigma + \Delta\sigma) &= \Pi(S, t, \sigma) + \frac{\partial \Pi}{\partial S}\Delta S + \frac{\partial \Pi}{\partial \sigma}\Delta\sigma + \frac{\partial \Pi}{\partial t}\Delta t \\ &+ \frac{1}{2}\left(\frac{\partial^2 \Pi}{\partial S^2}(\Delta S)^2 + \frac{\partial^2 \Pi}{\partial \sigma^2}(\Delta\sigma)^2 + \frac{\partial^2 \Pi}{\partial t^2}(\Delta t)^2\right) \\ &+ \frac{\partial^2 \Pi}{\partial S \partial \sigma}\Delta S\Delta\sigma + \frac{\partial^2 \Pi}{\partial S \partial t}\Delta S\Delta t + \frac{\partial^2 \Pi}{\partial \sigma \partial t}\Delta\sigma\Delta t + R_2,\end{aligned}$$

wobei R_2 das Restglied bezeichnet.[36] Die allein restlaufzeitbezogene Wertänderung ist deterministisch, wohingegen die im zukünftigen Zeitintervall Δt eintretenden Aktienkurs- und Volatilitätsveränderungen ΔS und $\Delta\sigma$ stochastischen Charakter haben. Ein Delta-gehedgtes Portfolio zeichnet sich durch die Eigenschaft $\partial\Pi/\partial S = 0$ aus. In einem Delta-Gamma-neutralen Portfolio verschwindet außerdem das Optionsgamma $\partial^2\Pi/\partial S^2$. Werden die Portfoliogewichte ferner noch so austariert, dass das Optionsvega $\partial\Pi/\partial\sigma$ Null beträgt, spricht man von einem Delta-Gamma-Vega-Hedging. In kleinen Zeitintervallen Δt sind die übrigen Terme in der Regel vernachlässigbar. Sofern sich im Portfolio nur europäische Standardoptionen befinden, die in Abhängigkeit

[35] Vgl. Hull (2000), S. 341.

[36] Vgl. zur Berechnung des Restglieds z. B. Bronstein et al. (1997), S. 380.

der Größen (S, t, σ) nach Black/Scholes bewertet werden, gelten für die partiellen Ableitungen in obiger Gleichung die in Tabelle 2.1 und in Anhang B angegebenen Formeln.

2.1.4.2 Barrier-Optionen

2.1.4.2.1 Charakterisierung

In einer Black/Scholes-Umgebung lassen sich nicht nur Standardoptionen, sondern beliebige bedingte Ansprüche europäischen Typs bewerten. Es existiert also jeweils ein Duplikationsportfolio, das eine perfekte, dynamische Absicherung offener Optionspositionen erlaubt. Die Merkmale der Preisfunktion nicht standardmäßiger Verträge erschweren aber zum Teil die praktische Implementierung der dynamischen Hedgestrategien. Das soll im Folgenden am Beispiel von Barrier-Optionen verdeutlicht werden.[37]

Optionen, deren Vertragsbestandteile von der „Normalnorm" abweichen, werden generell als „exotisch" eingestuft. Innerhalb dieser Gruppe der „Exoten" gehören Barrier-Optionen zu den pfadabhängigen Optionen. Für die Auszahlung bei Fälligkeit ist hierbei nicht nur der Endkurs des Basispapiers maßgeblich, sondern auch der während der Laufzeit realisierte Kurspfad. Im Falle von Barrier-Optionen hängt die Auszahlung entscheidend davon ab, ob bestimmte, vertraglich vereinbarte Kursschwellen (Barrier) durchbrochen wurden oder nicht. In der Variante als *Knock-Out-Option* erlischt das Optionsrecht, sobald der Kurs des Underlying die festgelegte Schranke erreicht. Im Gegensatz dazu werden *Knock-In-Optionen* durch das Erreichen der Schwelle erst aktiviert. Von der Schwellenbedingung abgesehen, handelt es sich jeweils um gewöhnliche Optionen mit der Standardauszahlung für Calls und Puts.[38]

Zur Klassifizierung von Barrier-Optionen ist weiter danach zu differenzieren, ob die Kursschranke ober- oder unterhalb des anfänglichen Aktienkurses liegt (*Up*- versus *Down-Optionen*). Daraus ergeben sich mit der Trennung in Puts und Calls insgesamt acht Grundformen. Die Variantenzahl verdoppelt sich noch durch die Unterscheidung zwischen einer kontinuierlichen und einer diskreten Barrier-Überprüfung. Im ersten Fall erfolgt die Prüfung der Schwellenbedingung laufend, im diskreten Fall nur zu bestimmten, im Optionskontrakt spezifizierten Zeitpunkten. Da nur für die kontinuierlich überprüften Optionen analytische Bewertungsformeln bekannt sind, werden nur sie in diesem Abschnitt behandelt. Auf den Fall der diskreten Kontrollzeitpunkte geht der nächste Abschnitt über numerische Bewertungsverfahren näher

[37] Zur Bewertung dieser Optionen in der Black/Scholes-Welt vgl. bereits Merton (1973), S. 175 f.

[38] Natürlich lassen sich auch in das Auszahlungsprofil von Barrier-Optionen weitere Besonderheiten einbauen. Zhang (1997) differenziert deshalb zwischen standardmäßigen und exotischen Barrier-Optionen. Hier werden aber nur die gewöhnlichen Formen betrachtet.

ein. Der Inhaber von Knock-Out-Optionen erhält zum Teil eine vertragsgemäße Rückvergütung – „Rebate“ genannt –, wenn das Optionsrecht erlischt. Solche Zahlungen lassen sich grundsätzlich ohne Weiteres in die Bewertung integrieren, sie werden jedoch im Folgenden ausgeklammert.[39]

Wie Standardoptionen auch, dienen Barrier-Optionen zur Erzielung von Arbitragegewinnen, zur Spekulation oder zur Absicherung. Ihr Optionspreis fällt verglichen mit ansonsten gleich ausgestatteten Standardoptionen niedriger aus, weil die Auszahlung mit einer zusätzlichen Restriktion belegt wird. Dadurch könnten sie manchen Anlegern attraktiv erscheinen.[40] Entscheidend ist aber letztlich, ob der Preisnachlass in den Augen eines Optionskäufers den Nachteil der Auszahlungsrestriktion aufwiegt und aus der Sicht des Optionsverkäufers die verringerte Ausübungswahrscheinlichkeit höher zu werten ist als der reduzierte Prämienerlös. Faktisch gehören Barrier-Optionen am außerbörslichen Markt zu den ältesten und verbreitetsten Vertretern exotischer Optionen.[41] Als Optionsscheine haben sie sich auch im Börsenhandel, vor allem im Währungsbereich, etabliert.[42]

2.1.4.2.2 Allgemeine Bewertungszusammenhänge

Die Kombination aus einer Knock-In-Option und einer Knock-Out-Option desselben Typs (Call oder Put) mit gleicher Laufzeit und Kursschranke sowie identischem Basispapier und Basispreis ergibt eine europäische Standardoption. Denn sofern der Kurs die Schranke während der Laufzeit nicht tangiert, bleibt die Knock-Out-Option erhalten, während die Knock-In-Option wertlos verfällt, weil sie nicht aktiviert wurde. Erreicht dagegen der Kurs die Barrier, so lebt die Knock-In-Option auf, während das andere Optionsrecht erlischt. In jedem Fall erhält der Inhaber beider Optionen bei Fälligkeit exakt die Auszahlung eines gewöhnlichen Call oder Put:[43]

$$\text{Knock-In-Option} + \text{Knock-Out-Option} = \text{Standardoption}. \tag{2.19}$$

Folglich kann bei bekanntem Wert der einen der Wert der anderen Optionsvariante leicht ermittelt werden. Die nachstehende Analyse bezieht sich auf die häufiger vorkommenden Knock-Out-Optionen[44]. Ihr Auszahlungsprofil ist aus Tabelle 2.2 ersichtlich.[45]

Solange der Aktienkurs die Barrier H noch nicht erreicht hat, gilt für den Wert einer Knock-Out-Option die von Black/Scholes (1973) entwickelte partielle Differenzialgleichung (2.10).[46] Die dortige Herleitung trifft auch

[39] Ihre Einbeziehung bringt keine wesentlich neuen Erkenntnisse.

[40] Vgl. Hull (2000), S. 462.

[41] Vgl. Cox/Rubinstein (1985), S. 409, Thomas (1996), S. 112, Nelken (2000), S. 166.

[42] Vgl. Nelken (2000), S. 147.

[43] Vgl. z. B. Taleb (1997), S. 318.

[44] Vgl. Thomas (1996), S. 112.

[45] Quelle: Sandmann (1999), S. 59.

[46] Vgl. S. 10 dieser Arbeit.

Bezeichnung	Auszahlung bei Fälligkeit
UaOC	$\begin{cases} (S_T - X)^+ & \text{falls } S_t < H \; \forall \, t \in [0,T] \\ 0 & \text{sonst} \end{cases}$
UaOP	$\begin{cases} (X - S_T)^+ & \text{falls } S_t < H \; \forall \, t \in [0,T] \\ 0 & \text{sonst} \end{cases}$
DaOC	$\begin{cases} (S_T - X)^+ & \text{falls } S_t > H \; \forall \, t \in [0,T] \\ 0 & \text{sonst} \end{cases}$
DaOP	$\begin{cases} (X - S_T)^+ & \text{falls } S_t > H \; \forall \, t \in [0,T] \\ 0 & \text{sonst} \end{cases}$

Tabelle 2.2. Auszahlungsprofil von Knock-Out-Optionen

auf diesen Fall zu, weil der Optionswert unter der Bedingung, dass die Kursschranke noch nicht durchbrochen wurde, nicht von der Kurshistorie, sondern nur vom gegenwärtigen Aktienkurs und der Restlaufzeit abhängt. Die Differenzialgleichung ist unter der zusätzlichen Nebenbedingung zu lösen, dass der Optionspreis $f(S_t, t, H)$ dauerhaft Null beträgt, sobald die Kursschranke erreicht wird.[47]

	Kursschranke	
	ITM	OTM
UaOC	$S_0 < H; H > X$	$S_0 < H; H \leq X$
UaOP	$S_0 < H; H < X$	$S_0 < H; H \geq X$
DaOC	$S_0 > H; H > X$	$S_0 > H; H \leq X$
DaOP	$S_0 > H; H < X$	$S_0 > H; H \geq X$

Tabelle 2.3. Varianten von Knock-Out-Optionen

Für die konkrete Lösung der partiellen Differenzialgleichung unter den relevanten Nebenbedingungen muss eine weitere Unterscheidung nach der Lage der Barrier getroffen werden.[48] Die Kursschranke befindet sich entweder im in-the-money (ITM)- oder im out-of-the-money (OTM)-Bereich. Dabei wird die ITM-Kursschranke bei einem Call durch die Bedingung $H > X$ und bei einem Put durch $H < X$ definiert. Analog dazu soll von einer OTM-Kursschranke im Falle $H \leq X$ für Calls und $H \geq X$ für Puts gesprochen werden.[49] Tabelle 2.3 fasst die Beziehungen zwischen dem anfänglichen Aktienkurs, der Barrier und dem Basispreis in den Grundformen der Knock-Out-Optionen zusammen. Das obere und untere Feld der rechten Spalte (UaOC-OTM und DaOP-OTM) von Tabelle 2.3 kennzeichnen triviale Fälle, in denen die Option wertlos ist. Der Grund besteht darin, dass die Optionen erst

[47] Vgl. Merton (1973), S. 175, Neftci (1996), S. 266, Fouque et al. (2000), S. 29 f.
[48] Vgl. Buchen (2001), Rich (1994), Haug (1998), S. 70 f.
[49] Auch wenn die Optionen mit OTM-Kursschranke überwiegen, sind Optionen mit ITM-Kursschranke inzwischen durchaus gebräuchlich, vgl. Brenner (1996), S. 298.

rechnerisch ins Geld kommen können, wenn sie die Barrier durchstoßen haben. Dann aber ist das Optionsrecht zwangsläufig erloschen. Aus (2.19) folgt sofort, dass die zugehörigen Knock-In-Optionen mit europäischen Standardoptionen übereinstimmen.

Die analytischen Bewertungsformeln für kontinuierliche Barrier-Optionen sind aus der Literatur bekannt.[50] In der Darstellungsweise von Buchen (2001) werden bei einem gegebenen, festen Y mit den Größen:

$$h_{1,Y} = \frac{\ln(S_t/Y) + (r + \frac{1}{2}\sigma^2)\tau}{\sigma\sqrt{\tau}}; \quad h_{2,Y} = h_{1,Y} - \sigma\sqrt{\tau}$$

$$z_{1,Y} = \frac{\ln(\frac{H^2}{S_t Y}) + (r + \frac{1}{2}\sigma^2)\tau}{\sigma\sqrt{\tau}}; \quad z_{2,Y} = z_{1,Y} - \sigma\sqrt{\tau}$$

die folgenden Wertfunktionen definiert:

$$\begin{aligned}
Cb_Y(S_t,\tau) &= S_t N(h_{1,Y}) - Xe^{-r\tau}N(h_{2,Y}) \\
Pb_Y(S_t,\tau) &= Xe^{-r\tau}N(-h_{2,Y}) - S_t N(-h_{1,Y}) \\
Cb_Y^*(S_t,\tau) &= \left(\frac{H}{S_t}\right)^{\left(\frac{2r}{\sigma^2}-1\right)} \left[\frac{H^2}{S_t}N(z_{1,Y}) - Xe^{-r\tau}N(z_{2,Y})\right] \\
Pb_Y^*(S_t,\tau) &= \left(\frac{H}{S_t}\right)^{\left(\frac{2r}{\sigma^2}-1\right)} \left[Xe^{-r\tau}N(-z_{2,Y}) - \frac{H^2}{S_t}N(-z_{1,Y})\right].
\end{aligned}$$

Mit ihrer Hilfe lassen sich die arbitragefreien Preise der Knock-Out-Optionen in der Black/Scholes-Welt wie in Tabelle 2.4 darstellen, solange die Kursschranke noch nicht erreicht wurde.[51]

	Kursschranke	
	ITM	OTM
UaOC	$Cb_X - Cb_X^* - (Cb_H - Cb_H^*)$	0
UaOP	$Pb_H - Pb_H^*$	$Pb_X - Pb_X^*$
DaOC	$Cb_H - Cb_H^*$	$Cb_X - Cb_X^*$
DaOP	$Pb_X - Pb_X^* - (Pb_H - Pb_H^*)$	0

Tabelle 2.4. Preise von Knock-Out-Optionen

Die folgende Sensitivitätsanalyse beschränkt sich auf Calls, weil sich die Ergebnisse spiegelbildlich auf Puts übertragen lassen. Die Sensitivitätskennzahlen für die Callpreise resultieren aus der additiven Verknüpfung der partiellen Ableitungen der einzelnen Wertkomponenten nach dem Aktienkurs, der

[50] Vgl. Rubinstein/Reiner (1991), Rich (1994), Buchen (2001), Thomas (1996).

[51] Vgl. Buchen (2001), S. 8. Die unabhängigen Variablen S_t und τ werden in der Tabelle zur Vereinfachung der Notation weggelassen.

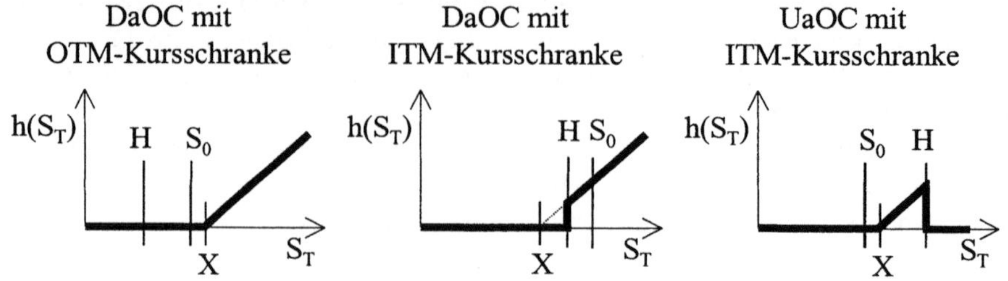

Abb. 2.5. Auszahlungsprofile von Knock-Out-Calls unter der Bedingung, dass der Kurs die Barrier während der Optionslaufzeit nicht berührt hat

Volatilität und der Restlaufzeit. Diese sind in Anhang C zusammengestellt.[52] Die Analyse wird vorwiegend grafisch unterstützt, weil die Formeln größtenteils keine leicht überschaubare Struktur mehr besitzen. Die Auszahlungsprofile der drei nachfolgend analysierten Optionsvarianten sind aus Abbildung 2.5 ersichtlich.

2.1.4.2.3 Sensitivitätsanalyse für Down-and-Out-Calls mit out-of-the-money Kursschranke

Je weiter sich die Kursschranke einer Barrier-Option im OTM-Bereich befindet, umso geringer ist ihr Einfluss auf den Optionspreis und die zugehörigen Sensitivitätskennzahlen. Die Barrier verliert außerdem bei steigendem Aktienkurs immer mehr an Bedeutung, weil die Wahrscheinlichkeit schwindet, die Kursschranke noch zu durchbrechen. Die Sensitivitätskennzahlen nähern sich daher denen eines Standardcall an. Die besondere Charakteristik der Barrier-Option wird im Wertverlauf nahe der Kursschranke erkennbar. Wie Abbildung 2.6 veranschaulicht, springt das Delta an der Stelle der Barrier von einem positiven Betrag auf Null. Dieses „Gap-Delta“[53] bedeutet, dass der gesamte Aktienbestand, der zum Hedging einer verkauften Option gehalten wird, sofort zum Kurs in Höhe der Barrier aufgelöst werden muss. In der Black/Scholes-Welt kann tatsächlich exakt zur Kursschranke gehandelt werden, weil der Kursprozess kontinuierlich verläuft. Überdies gibt es keine Restriktionen hinsichtlich des Handelsvolumens. In der Realität jedoch ist die Situation prekär, weil keine Gewähr dafür besteht, dass die gewünschte Menge zum vorgesehenen Preis platziert werden kann. Insbesondere an einem Markt mit geringer Breite und Tiefe[54] stößt die Hedgestrategie an ihre Grenzen. Der realisierbare Verkaufspreis wird oftmals unterhalb der Kursschranke

[52] Vgl. zu einer vollständigen Übersicht in anderer Schreibweise Rich (1994), S. 296-308.
[53] Vgl. Taleb (1997), S. 300.
[54] Vgl. zur Definition dieser Strukturmerkmale der Marktliquidität Schmidt (1988), S. 25 f.

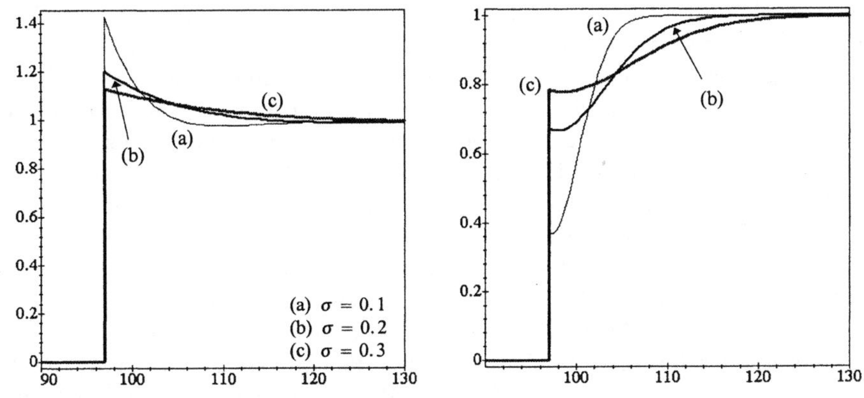

Abb. 2.6. Delta eines Down-and-Out-Call mit den Parametern $X = 100$, $H = 97$, $r = 0,04$; *linke Grafik:* Restlaufzeit 1 Jahr; *rechte Grafik:* Restlaufzeit 1 Monat

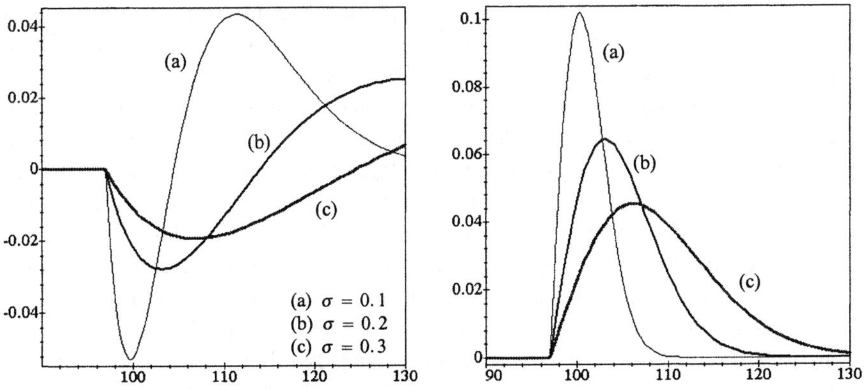

Abb. 2.7. Vega eines Down-and-Out-Call mit den Parametern $X = 100$, $H = 97$, $r = 0,04$; *linke Grafik:* Restlaufzeit 1 Jahr; *rechte Grafik:* Restlaufzeit 1 Monat

liegen. Ein ähnliches Problem stellt sich bei Standardoptionen, wenn sie kurz vor Fälligkeit exakt am Geld notieren.[55] Allerdings ist hier der Zeitpunkt, in dem dieses besondere Risiko existiert, von vornherein bekannt und kann dadurch leichter überwacht werden. Auch tritt dieser Fall mit geringerer Wahrscheinlichkeit ein als der Schrankenkontakt bei einer Barrier-Option, deren Kursschranke nicht zu weit aus dem Geld liegt.

[55] Vgl. Thomas (1996), S. 121.

Das Problem des „Delta-Gap" schwächt sich gegen Ende der Laufzeit ab, weil sich die Option bei einem Kurs nahe der Barrier aus dem Geld befindet und im Falle einer kurzen Restlaufzeit eine geringe Wahrscheinlichkeit für die Ausübung besteht. Bei Fälligkeit konvergiert das Delta der Barrier-Option gegen das einer sonst gleich ausgestatteten Standardoption. Tendenziell reduziert sich der Delta-Sprung mit abnehmender Laufzeit stärker bei Optionen mit einer niedrigen Volatilität. In den üblichen Parameterbereichen weisen die Barrier-Optionen in aller Regel ein höheres Delta auf als Standardoptionen. Der Wertzuwachs bei steigendem Aktienkurs fällt höher aus, weil die Relevanz der wertmindernden Kursschranke immer weiter abnimmt. Gerade bei längerer Restlaufzeit kann das Delta deutlich über Eins liegen.

Die Steigung der Delta-Kurven in Abbildung 2.6 wechselt bei manchen Parameterkonstellationen ihr Vorzeichen („Risk Reversal"[56]). Anders als bei Standardoptionen sind negative Gamma-Werte möglich, weshalb der Käufer einer Delta-gesicherten Barrier-Option anders als bei Standardoptionen nicht notwendigerweise von Aktienkursveränderungen profitiert.

Das in Abbildung 2.7 abgetragene Vega dient als Indikator für das durch Änderungen der Volatilität hervorgerufene Kursrisiko. Eine höhere Volatilität wirkt sich einerseits positiv auf den Wert der involvierten Standardoption aus, erhöht aber andererseits die Wahrscheinlichkeit für den Durchbruch der Schranke. Welcher Effekt überwiegt, lässt sich nicht allgemein sagen. In der Beispieloption aus Abbildung 2.7 treten bei der längeren Restlaufzeit in der Nähe der Barrier negative Vega-Werte auf, bis bei höheren Aktienkursen der positive Einfluss einer Volatilitätsveränderung die Oberhand gewinnt. Die Vega-Funktion weist im Gegensatz zum Delta und Gamma an der Stelle der Barrier keine Sprungstelle auf, sondern sinkt kontinuierlich bis zum Schrankenkontakt auf Null. In unmittelbarer Nähe der Schranke verhält sich der Optionspreis demnach immun gegenüber Volatilitätsschwankungen. Allerdings zeigen die Grafiken in Abbildung 2.7 deutliche Ausschläge der Funktion bei leicht ansteigenden Aktienkursen. Insgesamt erfordert die Kontrolle des Vega wegen dieses Kurvenverlaufs eine sorgfältigere Analyse als bei Standardoptionen, wenngleich der Betrag der Kennzahl in der Regel geringer ausfällt.

2.1.4.2.4 Sensitivitätsanalyse für Down-and-Out-Calls mit in-the-money Kursschranke

Im oben betrachteten Fall führt das dynamische Delta-Hedging trotz der diskutierten Besonderheiten zu ähnlichen Ergebnissen wie bei Standardoptionen.[57] Größere Probleme wirft die praktische Implementierung der Hedgestrategie auf, wenn sich die Kursschranke im Geld befindet. Offensichtlich tritt hier im Moment des Schrankenkontakts ein größerer Wertsprung ein

[56] Vgl. Taleb (1997), S. 135.

[57] Vgl. die Simulationsstudie von Tompkins (1997). Siehe auch Nelken (2000), S. 155.

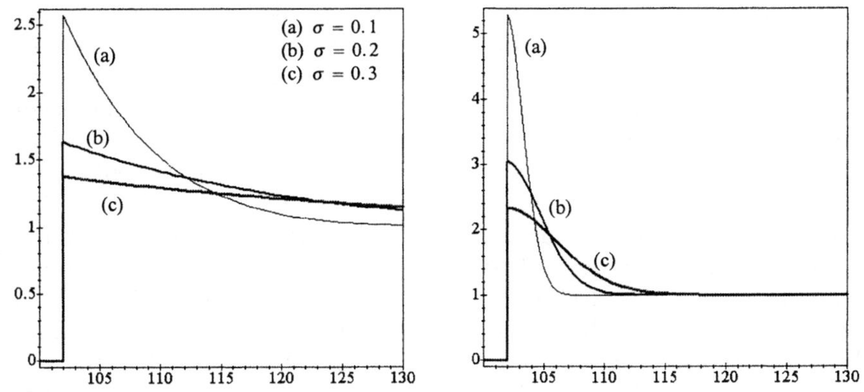

Abb. 2.8. Delta eines Down-and-Out-Call mit den Parametern $X = 95$, $H = 102$, $r = 0,04$; *linke Grafik:* Restlaufzeit 1 Jahr; *rechte Grafik:* Restlaufzeit 1 Woche

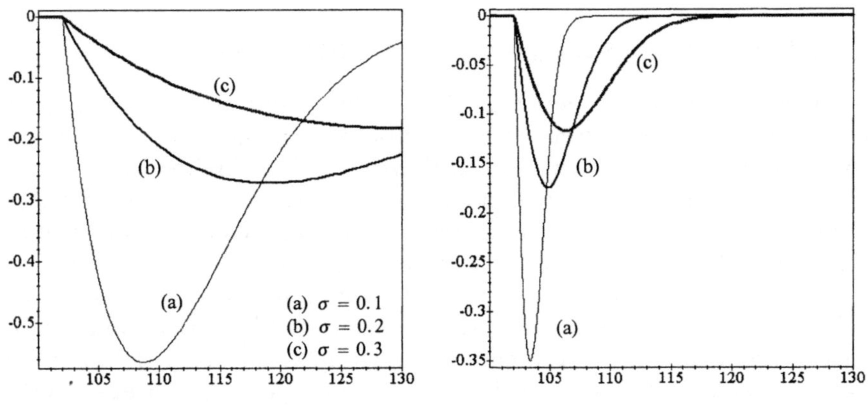

Abb. 2.9. Vega eines Down-and-Out-Call mit den Parametern $X = 95$, $H = 102$, $r = 0,04$; *linke Grafik:* Restlaufzeit 1 Jahr; *rechte Grafik:* Restlaufzeit 1 Woche

als bei der OTM-Barrier im vorigen Abschnitt, denn es geht nicht nur die Zeitprämie sondern auch der innere Wert der Option verloren.[58] In diesem Abschnitt wird eine Barrier-Option betrachtet, die sich stets im positiven Auszahlungsbereich bewegt und bei einem niedrigeren als dem anfänglichen Aktienkurs ausgelöscht wird.

[58] Vgl. Nelken (2000), S. 135 f.

Wie für alle Knock-Out-Calls gilt auch hier, dass die Preise bei steigenden Aktienkursen gegen den Wert einer Standardkaufoption konvergieren. Das Delta dieser Variante von Barrier-Optionen nähert sich dem Wert Eins asymptotisch von oben an (s. Abb. 2.8). Es kommen keine Deltas kleiner als Eins vor, weil zum einen nur der linear ansteigende Teil des Auszahlungsprofils relevant ist und sich somit die Wertsteigerung des Basispapiers vollständig auf die Option überträgt. Zum anderen erhöht sich mit dem Aktienkurs auch die Entfernung von der wertmindernden Kursschranke.

Die strukturellen Eigenschaften der Preisfunktion ähneln bei langen Laufzeiten dem vorher behandelten Down-and-Out-Call mit OTM-Kursschranke.[59] Während aber dort das „Delta-Gap" bei Annäherung an die Fälligkeit bis auf Null zurückgeht, bleibt die sprunghafte Änderung hier erhalten. Sie nimmt nahe dem Verfallsdatum sogar zu, wie Abbildung 2.8 beispielhaft veranschaulicht. Je weiter die Barrier sich im positiven Auszahlungsbereich befindet, umso ausgeprägter tritt dieser Effekt auf.

Sowohl das Gamma als auch das Vega der Down-and-Out-Calls mit ITM-Kursschranke sind unabhängig vom Aktienkurs negativ (vgl. Abb. 2.9). Der im Fall der OTM-Kursschranke beobachtete Vorzeichenwechsel ist ausgeschlossen, was die Steuerung dieser Optionsrisiken vereinfacht.

2.1.4.2.5 Sensitivitätsanalyse für Up-and-Out-Calls

Die Kursschranke von Up-and-Out-Calls befindet sich notwendigerweise im positiven Auszahlungsbereich, weil die Schrankenbedingung anderenfalls ausgelöst würde, ehe der Aktienkurs den Basispreis überschreiten kann.

Von Null beginnend, wirkt sich ein höherer Aktienkurs zunächst vorteilhaft auf den Wert der Option aus. Dieser Einfluss wird aber zunehmend durch die größere Nähe zur Schranke konterkariert. Das Delta verläuft daher erst im positiven, danach im negativen Bereich. Auf diese Vorzeichenumkehr geht die Bezeichnung „Reverse-Barrier"-Optionen zurück.[60] Die Deltafunktion besitzt wiederum an der Kursschwelle eine Unstetigkeitsstelle. Sie fällt aber bei längeren Restlaufzeiten weniger drastisch aus als bei den zuvor analysierten Optionen. Dies erklärt sich dadurch, dass die Wertänderung der eingebetteten Standardoption und der Wertbeitrag der Schrankenbedingung sich nicht mehr in die gleiche Richtung entwickeln. Nahe der Fälligkeit nimmt aber die Sprunghöhe in grundsätzlich gleicher Weise wie vorher zu (vgl. Abb. 2.10).

Die Funktion des Vega in Abhängigkeit vom Aktienkurs kann einen Vorzeichenwechsel aufweisen (s. Abb. 2.11), ähnelt aber sonst in hohem Maße dem Verlauf für die Down-and-Out-Calls mit ITM-Kursschranke. Das Minimum der Funktion verschiebt sich mit fortschreitender Laufzeit immer weiter zur Kursschranke, wo sich schließlich das bekannte „Pin-Risk" ausbildet.

---

59 Eine genaue Abgrenzung einer „langen Restlaufzeit" kann nicht gegeben werden. Dazu müssten auch die übrigen Inputparameter einbezogen werden. Im Regelfall gilt die Aussage aber zumindest ab einer Laufzeit von etwa einem Jahr.

60 Vgl. z. B. Thomas (1996), S. 114.

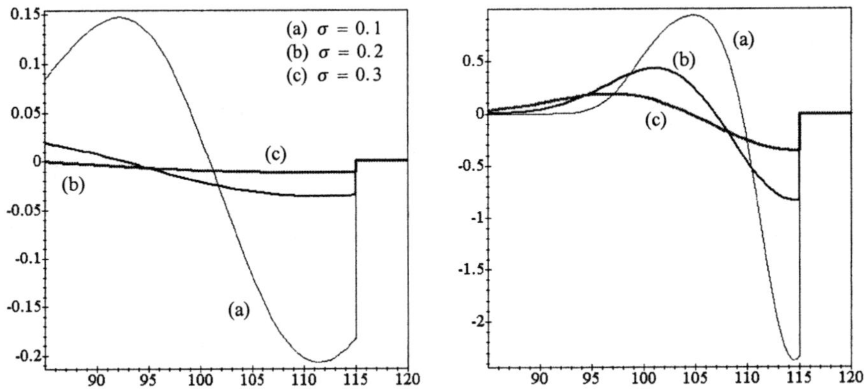

Abb. 2.10. Delta eines Up-and-Out-Call mit den Parametern $X = 100$, $H = 115$, $r = 0,04$; *linke Grafik:* Restlaufzeit 1 Jahr; *rechte Grafik:* Restlaufzeit 1 Monat

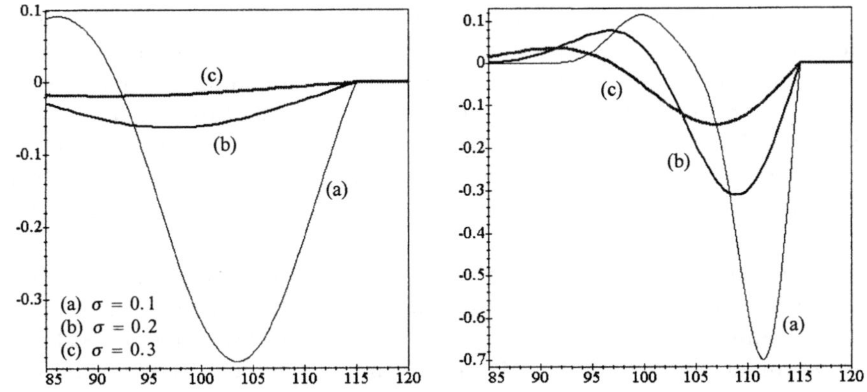

Abb. 2.11. Vega eines Up-and-Out-Call mit den Parametern $X = 100$, $H = 115$, $r = 0,04$; *linke Grafik:* Restlaufzeit 1 Jahr; *rechte Grafik:* Restlaufzeit 1 Monat

Zusammenfassend lässt sich festhalten, dass für kontinuierliche Barrier-Optionen in der Black/Scholes-Umgebung eine eindeutige selbstfinanzierende Duplikationsstrategie existiert, ihre praktische Anwendung zur Absicherung von Optionsrisiken aber größere Probleme bereitet als bei Standardoptionen. Die Risiken liegen zum einen in augenblicklichen Delta-Änderungen bei Erreichen der Kursschranke („Pin Risk"), zum anderen in wechselhaften Verläufen der Sensitivitätskennzahlen in Abhängigkeit vom Aktienkurs („Risk Reversal"). Insbesondere im Hinblick auf Barrier-Optionen mit ITM-Kursschranke muss daher bezweifelt werden, ob ihr Risiko sich in der Praxis durch eine dynamische Handelsstrategie mit akzeptablen Kosten weitgehend eliminieren lässt. Als Alternative zum dynamischen Hedging kommen statische Strategien in Betracht, die aber ihrerseits von der wenig realistischen Annahme ausgehen, dass Standardoptionen mit beliebigen Basispreisen und Restlaufzeiten verfügbar sind.[61] Unter Umständen besteht die effektivste Absicherung in der Diversifikation der Risiken in einem großen Handelsportfolio. Darin sollte jede einzelne Barrier-Option nur einen geringen Anteil repräsentieren und die Schrankenereignisse sollten möglichst wenig korrelieren.

2.2 Numerische Bewertungsverfahren

2.2.1 Verfahrensüberblick

Nach dem Martingalansatz der Bewertung können in einer Black/Scholes-Umgebung die fairen Preise einer Vielzahl von Optionen durch einen bedingten Erwartungswert unter dem risikoneutralen Wahrscheinlichkeitsmaß ausgedrückt werden. Nur in wenigen Spezialfällen gelingt es aber, den Erwartungswert in eine explizite, analytische Berechnungsformel zu überführen.[62] In den übrigen Fällen sind die Anwender auf numerische Näherungsverfahren angewiesen. Die Analyse der numerischen Bewertung konzentrierte sich zunächst auf die weit verbreiteten amerikanischen Verkaufsoptionen.[63] Später wurden auf dieser Grundlage Verfahrensvarianten für speziellere, „exotische" Optionsverträge entwickelt. Ziel war es, Algorithmen zu finden, die bei einem vorgegebenen Rechenaufwand eine möglichst große Bewertungsgenauigkeit erreichen.[64]

Als besonders erfolgreich haben sich *Baumverfahren* erwiesen, weil sie sehr flexibel einsetzbar sind.[65] Sie diskretisieren den Aktienkursprozess so, dass er sich bei immer feinerer Periodeneinteilung dem „wahren" kontinuierlichen Prozess immer mehr annähert. Beginnend mit der letzten Teilperiode, werden durch Anwendung des Prinzips der risikoneutralen Bewertung sukzessive die früheren, von der Zeit und dem Aktienkurs abhängigen Optionspreise ermittelt, bis sich schließlich der aktuelle Optionspreis ergibt. Als wichtigster

---

[61] Vgl. den Überblick bei Wilmott (1998), Kapitel 30.

[62] Vgl. Broadie/Detemple (1997), S. 43.

[63] Zu einem Überblick vgl. Broadie/Detemple (1996). Einen Teil der diesbezüglichen Literatur kritisiert Taleb (1997), S. vi, mit der Bemerkung: „Much of the common option literature has been concerned with details of the pricing of instruments (...). These works often provide insignificant answers to insignificant problems, such as the search for precision in the pricing of American options with constant volatility or interest rates (penny wisdom and dollar insensitivity)."

[64] Einen ausführlicheren Überblick über numerische Verfahren zur Optionsbewertung geben z. B. Hull (2000), Kap. 16, und Duffie (1992), Kap. 10.

[65] Vgl. z. B. Briys et al. (1998), S. 259.

Vertreter der Baumverfahren gilt das *Binomialmodell* von Cox et al. (1979). Der darin angenommene diskrete Aktienkursverlauf führt in einem diskreten Modellrahmen zu einem vollständigen Finanzmarkt, so dass es als eigenständiges, auf einen speziellen Kursverlauf bezogenes Bepreisungsmodell aufgefasst werden kann. Die eigentliche Bedeutung des Modells liegt aber in der numerischen Approximation der zeitkontinuierlichen Bewertung. Für diesen Zweck wurde als erweitertes Baumverfahren das *Trinomialmodell* entwickelt.

Die Baumverfahren lassen sich als Spezialfälle der *Finite-Differenzen-Methode* einordnen.[66] Diese Verfahrensgruppe bestimmt eine approximative Lösung der jeweils relevanten partiellen Differenzialgleichung für den Optionspreis. Die Differenziale werden dabei durch Differenzenquotienten ersetzt. Von den Randbedingungen ausgehend, werden in einem Aktienkurs-Zeit-Gitter aus den Differenzenbeziehungen die Optionspreise hergeleitet.

Die von Boyle (1977) in die Optionsbewertung eingeführte *Monte Carlo Simulation* berechnet näherungsweise die erwartete Auszahlung bei Optionsfälligkeit in einer risikoneutralen Welt. Dazu werden Aktienkurspfade bei Risikoneutralität simuliert und die pfadabhängigen Auszahlungen gemittelt. Dieser Mittelwert, der einen Schätzer für den risikoneutralen Erwartungswert der Auszahlung bildet, wird mit dem risikolosen Zinssatz diskontiert, um einen Schätzwert für den Optionspreis zu erhalten. Gerade bei pfadabhängigen Optionen besteht ein Nachteil der Monte Carlo Simulation in einem hohen Rechenaufwand, weil eine große Zahl von Simulationsläufen erforderlich ist, um ein hinreichend genaues Abbild der Wahrscheinlichkeitsverteilung der Auszahlung zu erhalten. Wenn Baumverfahren für ein konkretes Bewertungsproblem eingesetzt werden können, wird ihnen daher in der Regel der Vorzug vor der Monte Carlo Simulation gegeben.

In einigen Fällen kann der gesuchte Erwartungswert als Integral geschrieben werden, für das zwar keine einfache, analytische Darstellungsweise bekannt ist, das aber mit Verfahren der *numerischen Integration* berechnet werden kann. Insgesamt ist somit festzustellen, dass die verschiedenen numerischen Verfahren an den äquivalenten Darstellungsformen eines arbitragefreien Optionspreises anknüpfen. Die Vorteilhaftigkeit der Methoden muss von Fall zu Fall verglichen werden.

Eine Alternative zu numerischen Verfahren bilden analytische Approximationen. Solche expliziten Bewertungsformeln besitzen Vorteile in der Handhabung und der Berechnungsgeschwindigkeit, dafür fehlt aber ein Parameter, mit dem die Genauigkeit des Ergebnisses gesteuert werden kann. Typischerweise erreichen die Formeln im Regelfall, das heißt bei normalen Ausgangsdaten, eine gute Annäherung. Ungewöhnliche Parameterkonstellationen können aber hohe Bewertungsfehler hervorrufen.[67]

---

[66] Die Methode wurde erstmalig von Brennan/Schwartz (1977) und Schwartz (1977) zur Optionsbewertung eingesetzt. Eine ausführliche Behandlung findet sich bei Wilmott et al. (1993).

[67] Vgl. als Beispiel die analytische Approximation des Werts diskreter Barrier-Optionen von Broadie et al. (1997) und die Diskussion bei Steiner et al. (1999a).

Ein wesentlicher Teil dieser Arbeit beschäftigt sich mit der Optionsbewertung bei Aktienkursprozessen mit variabler Volatilität.[68] Hierfür bietet sich der Einsatz von Baumverfahren an. Die ermittelten impliziten Prozesse dienen nicht zuletzt der Bewertung exotischer Optionen. Im folgenden Abschnitt wird daher die Leistungsfähigkeit der Baumverfahren am Beispiel von Barrier-Optionen näher untersucht. Es wird eine Modifikation der Berechnung vorgestellt, die das Konvergenzverhalten wesentlich verbessert. Im Gegensatz zu anderen Vorschlägen aus der Literatur ist diese Modifikation auf den später betrachteten, erweiterten Kursprozess mit deterministisch veränderlicher Volatilität übertragbar.

2.2.2 Konvergenzverhalten von Baumverfahren am Beispiel diskreter Barrier-Optionen

2.2.2.1 Problemstellung

Eine wichtige Einflussgröße für den Wert einer Barrier-Option ist die Häufigkeit, mit der die Schwellenbedingung überprüft wird.[69] Im diskreten Fall erfolgt die Prüfung nur zu bestimmten, im Optionskontrakt spezifizierten Zeitpunkten.[70] Je größer die Zeitspanne zwischen den Überprüfungszeitpunkten (Kontrollzeitpunkten) ausfällt, desto wertvoller ist ceteris paribus die Knock-Out-Option, weil die Wahrscheinlichkeit eines vorzeitigen Ausfalls sinkt.

Grundsätzlich eignen sich Baumverfahren nicht ohne weiteres zur Bewertung pfadabhängiger Optionen. Knock-Out-Optionen stellen jedoch einen Spezialfall dar. Sie lassen sich, wie Cox/Rubinstein (1985) gezeigt haben, mit den Baumverfahren auf einfache Weise bewerten. Allerdings können im Binomialmodell selbst bei mehreren Tausend Baumstufen noch erhebliche Bewertungsfehler auftreten. Die berechneten Optionswerte folgen in Abhängigkeit von der Baumtiefe einem charakteristischen „Sägezahnmuster“, das heißt ausgehend von einer Fehlerspitze geht der relative Fehler mit zunehmender Baumtiefe gleichmäßig bis auf fast Null zurück, um dann in einem Sprung wieder auf die nächste Fehlerspitze anzusteigen.[71] Der Bewertungsfehler ist bei kontinuierlicher Barrier-Überprüfung immer dann minimal, wenn die Barrier exakt auf einem Knoten des Binomialbaums liegt. Reimer/Sandmann (1993) und Boyle/Lau (1994) haben deshalb vorgeschlagen, die Baumtiefe nach diesem Kriterium auszuwählen.[72] Alternativ dazu entwickeln Derman et al. (1995) und Reimer (1997) Interpolationsverfahren, mit denen die Optionswerte an einzelnen Knoten des Binomialbaums entsprechend der Lage der

---

[68] Vgl. Kapitel 3, S. 63 ff.

[69] Dieser Abschnitt wurde mit dem Einverständnis der Koautoren größtenteils unverändert aus Steiner et al. (1999a) übernommen.

[70] Verkürzt wird in diesem Zusammenhang von *diskreten Barrier-Optionen* gesprochen. Teilweise wird synonym der Begriff *lokale Barrier-Option* verwendet, vgl. Reimer/Sandmann (1995), S. 11.

[71] Vgl. Reimer/Sandmann (1993), Boyle/Lau (1988).

[72] Siehe auch Kat/Verdonk (1995) und Lyuu (1998).

Barrier modifiziert werden.[73] Dadurch verschwindet das skizzierte Zackenmuster der Optionspreise. Im Trinomialmodell steht ein zusätzlicher Freiheitsgrad zur Strukturierung des Baums zur Verfügung. Durch eine geschickte Parameterwahl kann deshalb erreicht werden, dass die Barrier wie gewünscht mit einem Kurs des Trinomialprozesses, also mit einer horizontalen Knotenschicht, zusammenfällt.[74]

Im Fall einer Barrier-Überprüfung in diskreten Zeitabständen sollten die Baumverfahren im Gegensatz zur kontinuierlichen Barrier-Überprüfung nunmehr so ausgerichtet werden, dass die Barrier genau *in der Mitte* zweier Knoten liegt.[75] Im Binomialmodell wird die gewünschte Lage der Barrier nur bei ganz bestimmten Baumtiefen erreicht. Daher können unter Umständen keine äquidistanten Zeitabstände zwischen den Überwachungsknoten gewährleistet werden. Beträgt zum Beispiel eine günstige Baumtiefe 540 Stufen bei 52 Überwachungszeitpunkten, so müsste rein rechnerisch jeder 10,4te Knoten überprüft werden.

Hier wird für den Fall der diskreten Barrier-Überprüfung ein Interpolationsverfahren beschrieben, mit dem das Binomial- und das Trinomialmodell so modifiziert werden können, dass sie unabhängig von der Lage der Barrier hinreichend genaue Optionspreise liefern. Die Grundidee des Verfahrens ergibt sich aus der Analyse des Zusammenhangs zwischen Barrier, Baumstruktur und Bewertungsergebnis. In ihrem Prinzip ähnelt die Korrektur der Interpolation von Derman et al. (1995). Allerdings behandeln Derman et al. (1995) nur kontinuierliche Barrier-Optionen. Nach ihrem Verfahren wird der ohne Korrekturen erhaltene Optionspreis modifiziert, indem die Barrier gedanklich in die optimale Position überführt wird. Dafür ist eine zweifache Berechnung des Binomialbaums erforderlich, die bei dem hier vorgeschlagenen Verfahren entfällt. Die Anpassung, die nach Cox/Rubinstein zur Berücksichtigung der Barrier erforderlich ist, soll schon bei geringer Baumtiefe so vorgenommen werden, *als ob* eine sehr feine Baumstruktur vorläge. Das Verfahren wird für Down-and-Out-Optionen entwickelt, lässt sich aber problemlos auf Up-and-Out-Optionen übertragen.

2.2.2.2 Spezifikation diskreter Down-and-Out-Optionen

Bezeichne S_t den Kurs des Underlying im Zeitpunkt t, X den Basispreis der Option, H die konstante Barrier und R die fixe Rebate. Die Rebate sei nicht erst bei Fälligkeit der Option zu zahlen, sondern sofort bei Erreichen bzw. Unterschreiten der Barrier („at hit"). Der Bewertungszeitpunkt sei t_0, der

[73] Vgl. ähnlich auch Rogers/Stapleton (1998), die allerdings eine Baumstruktur ohne fest vorgegebene Zeitschritte wählen. Modifiziert werden die Übergangswahrscheinlichkeiten an den Knoten nahe der Barrier.

[74] Vgl. Ritchken (1995), Cheuk/Vorst (1996), Tian (1997). Die gewünschte Position der Barrier erreichen Ritchken (1995) und Cheuk/Vorst (1996) durch stufenabhängige Baumparameter auch im Fall einer veränderlichen Barrier.

[75] Vgl. Tian (1997), S. 201, Cheuk/Vorst (1996), S. 10.

Fälligkeitszeitpunkt T. An Kp Zeitpunkten $t_1, t_2, ..., t_{Kp}$ mit $0 = t_0 < t_1 < ... < t_{Kp} = T$ wird die Barrier-Bedingung überprüft.[76] Anfangs liege der Aktienkurs oberhalb der Barrier: $S_0 > H$. Die Zahlung h_{t_k}, die der Käufer eines europäischen Down-and-Out-Call im Zeitpunkt t_k ($k = 1, ..., Kp - 1$) erhält, lässt sich darstellen als:

$$h_{t_k} = \begin{cases} R \text{ falls} & (S_{t_k} \leq H) \wedge (S_{t_z} > H \ \forall \ z \in \{1, ..., k-1\}) \\ 0 \text{ sonst.} & \end{cases} \tag{2.20}$$

Bei Fälligkeit ($t_{Kp} = T$) beträgt der Wert der Option:

$$h_T = \begin{cases} \max[S_T - X, 0] & \text{falls} \quad S_{t_z} > H \ \forall \ z \in \{1, ..., Kp\} \\ R & \text{falls} \quad (S_{t_{Kp}} \leq H) \wedge (S_{t_z} > H \ \forall \ z \in \{1, ..., Kp-1\}) \\ 0 & \text{sonst.} \end{cases} \tag{2.21}$$

Hiervon unterscheidet sich die Auszahlungsfunktion für einen europäischen Down-and-out-Put mit diskreter Barrier-Überprüfung nur im Zeitpunkt T, in dem gilt:

$$h_T = \begin{cases} \max[X - S_T, 0] & \text{falls} \quad S_{t_z} > H \ \forall \ z \in \{1, ..., Kp\} \\ R & \text{falls} \quad (S_{t_{Kp}} \leq H) \wedge (S_{t_z} > H \ \forall \ z \in \{1, ..., Kp-1\}) \\ 0 & \text{sonst.} \end{cases} \tag{2.22}$$

Im Folgenden seien zur Vereinfachung äquidistante Überprüfungszeitpunkte angenommen, d.h. $t_k - t_{k-1} = T/Kp = \text{const}$ ($k = 1, ..., Kp$).

2.2.2.3 Binomialmodell

2.2.2.3.1 Grundmodell und Anpassung an Barrier-Optionen

Das Binomialmodell unterteilt die Restlaufzeit T der Option in M äquidistante Zeitperioden der Länge $\Delta t = T/M = \text{const}$. Angenommen wird, dass der Aktienkurs ausgehend vom Wert $S = S_t$ im Zeitpunkt t zu Beginn einer Periode entweder auf den Wert uS ($u > 1$) im Zeitpunkt $t + \Delta t$ steigt oder auf den Wert dS ($0 < d < 1$) fällt. Die risikoneutralen Wahrscheinlichkeiten für einen Anstieg oder Verfall q_1, q_2 und die Kursmultiplikatoren u und d sind so zu bestimmen, dass zum einen die diskontierten Aktien- und Optionspreise die Martingaleigenschaft erfüllen und zum anderen die binomiale Verteilung der logarithmierten Aktienkurse gegen die Normalverteilung konvergiert, die sich für $\mu = r$ aus der geometrischen Brownschen Bewegung ergibt. Damit

---

[76] Hier wird angenommen, dass die Barrier auch bei Fälligkeit überprüft wird ($t_{Kp} = T$). Die folgenden Formeln müßten aber nur leicht abgewandelt werden, um den Fall $t_{Kp} < T$ zu erfassen.

muss gelten: $u > e^{r\Delta t} > d > 0$. Ein von Cox et al. (1979) vorgeschlagenes Parameterset, das beide Bedingungen asymptotisch erfüllt, lautet:[77]

$$q_1 = \frac{e^{r\Delta t} - d}{u - d} \quad \text{und} \quad q_2 = 1 - q_1, \tag{2.23}$$

$$u = e^{\sigma\sqrt{\Delta t}} \quad \text{und} \quad d = \frac{1}{u} = e^{-\sigma\sqrt{\Delta t}}. \tag{2.24}$$

Dabei steht r für die zeitkontinuierliche risikolose Verzinsung.

Der mit diesen Parametern konstruierte Binomialbaum ist rekombinierend. Im Zeitpunkt $m\Delta t$ $(0 \leq m \leq M)$ enthält der Binomialbaum deshalb $m + 1$ Knoten. Der Aktienkurs im Zeitpunkt $m\Delta t$ und Knoten n $(n = 0, 1, ..., m)$ sei mit $S_{m,n}$ bezeichnet, wobei die Knoten so nummeriert werden, dass $S_{m,n} > S_{m,n-1}$ $\forall\, n = 1, ..., m$. Es gilt:

$$S_{m,n} = Sd^{m-n}u^n = Su^{2n-m}, \qquad n = 0, 1, ..., m. \tag{2.25}$$

Der Wert einer Option im Zeitpunkt $m\Delta t$ und Knoten n wird mit $f_{m,n}$ bezeichnet.

Soll das Binomialmodell zur Bewertung von Down-and-Out-Optionen eingesetzt werden, so ist nach Cox/Rubinstein (1985) der Optionspreis $f_{m,n}$ immer dann auf die Rebate R zu setzen, wenn die Barrier erreicht oder unterschritten wird. Diese Korrektur wird in allen Zeitpunkten vorgenommen, in denen vertragsgemäß die Barrier zu überprüfen ist. Damit die Überprüfungszeitpunkte mit Zeitstufen des Binomialmodells zusammenfallen, seien im Folgenden nur Baumtiefen M betrachtet, die ein Vielfaches von Kp bilden.[78] Kontrollstufen sind somit alle $m \in \mathbf{M} = \left\{\frac{M}{Kp}, 2\frac{M}{Kp}, ..., Kp\frac{M}{Kp}\right\}$.

Da angenommen wird, dass der Zeitpunkt $M\Delta t$ Kontrollzeitpunkt ist $(t_{Kp} = T)$, berechnen sich die Optionswerte $f_{M,n}$ $(n = 0, 1, ..., m)$ der letzten Zeitstufe nach:

$$f_{M,n} = \begin{cases} h_{M,n} \text{ falls } & S_{M,n} > H \\ R \quad \text{sonst,} & \end{cases} . \tag{2.26}$$

mit $h_{M,n} = h(S_{M,n}, M\Delta t)$. Im Falle einer klassischen Kaufoption gilt zum Beispiel:

$$h_{M,n} = \max[S_{M,n} - X, 0]. \tag{2.27}$$

---

[77] Die Varianz der logarithmierten binomialen Aktienkurse entspricht bei Wahl dieser Parameter nur approximativ der Varianz der kontinuierlichen Normalverteilung, vgl. genauer z. B. Hull (1997), S. 345.

[78] Dies stellt keine gravierende Einschränkung dar, weil die Zahl der Überprüfungszeitpunkte in aller Regel sehr gering im Verhältnis zur erforderlichen Baumtiefe bleibt. Tian (1997) lässt beliebige Baumtiefen zu und nimmt dabei in Kauf, dass der im Binomialmodell unterstellte Kontrollzeitpunkt nicht immer mit dem tatsächlichen Überprüfungszeitpunkt exakt übereinstimmt.

Mittels Rückwärtsinduktion können dann die europäischen Knock-Out-Optionswerte $f_{m,n}$ der Stufen $m = M - 1, ..., 0$ berechnet werden. Auf den Kontrollstufen $m \in \mathbf{M} \setminus \{M\}$ ergibt sich der Wert $f_{m,n}$ als:[79]

$$f_{m,n} = \begin{cases} e^{-r\Delta t} \left(f_{m+1,n+1} \cdot q_1 + f_{m+1,n} \cdot q_2 \right) & \text{falls} \quad S_{m,n} > H \\ R & \text{sonst} \end{cases} . \tag{2.28}$$

In den übrigen Zeitpunkten gilt:

$$f_{m,n} = e^{-r\Delta t} \left(f_{m+1,n+1} \cdot q_1 + f_{m+1,n} \cdot q_2 \right) . \tag{2.29}$$

Durch dieses rückwärts-rekursive Verfahren wird sukzessive der faire Preis $f = f_{0,0}$ der Option ermittelt.

Beispiel

Beispielhaft soll mit Hilfe des Binomialmodells der Optionspreis eines Down-and-Out-Calls mit folgenden Parametern berechnet werden:

- $S_0 = 100$, $X = 100$, $H = 95$, $R = 0$,
- $r = 5\%$, $\sigma = 20\%$,
- $T = \frac{26}{52} = 0,5$ Jahre,[80]
- $Kp = 26$, d. h. die Barrier wird in wöchentlichen Abständen überprüft.

Die Optionspreise, die sich für Baumtiefen von $26, 52, ..., 2600$ Stufen ergeben, zeigt der obere Teil der Abbildung 2.12 (linke Skala). Die ermittelten Optionspreise streuen bei Erhöhung der Baumtiefe in einem wiederkehrenden Muster um den „wahren" Optionspreis, der hier mit dem Binomialmodell bei extrem hoher Baumtiefe (52000) approximiert wurde[81] (obere horizontale Linie in Abb. 2.12). Die Fehlerausschläge nehmen nur sehr langsam ab. Selbst etwa 2600 Baumstufen reichen nicht aus, um sicherzustellen, dass sich der Bewertungsfehler in einer für praktische Zwecke akzeptablen Größenordnung bewegt.

Aufgrund der diskreten Modellierung des Aktienkursverlaufs existiert im Binomialmodell bei gegebener Baumtiefe stets ein genau definiertes Intervall, in dem der Schwellenwert variiert werden kann, ohne das Bewertungsergebnis zu beeinflussen („Barrier-Intervall"). So ergäbe die Berechnung des Baums in Abbildung 2.13 mit den Überwachungszeitpunkten t_1, t_2, t_3, t_4 immer die gleichen Werte, solange sich die logarithmierte Barrier im schraffierten Bereich befindet ($\ln S_{2,0} = \ln S_{4,1} \leq \ln H < \ln S_{1,0} = \ln S_{3,1}$). Wäre der Schwellenwert nur in den Zeitpunkten t_2 und t_4 zu prüfen, würde das Intervall sogar auf den Wertebereich $\ln S_{2,0} = \ln S_{4,1} \leq \ln H < \ln S_{2,1} = \ln S_{4,2}$ ausgedehnt.

[79] Bei konstanter Barrier H genügt es, nur den Optionspreis am ersten Knoten unterhalb der Barrier auf die Rebate zu setzen.

[80] Die Berechnungen beruhen auf 250 Handelstagen pro Jahr. Ein Jahr umfasst 52 Handelswochen und 12 Handelsmonate.

[81] Der Wert beträgt 5,412.

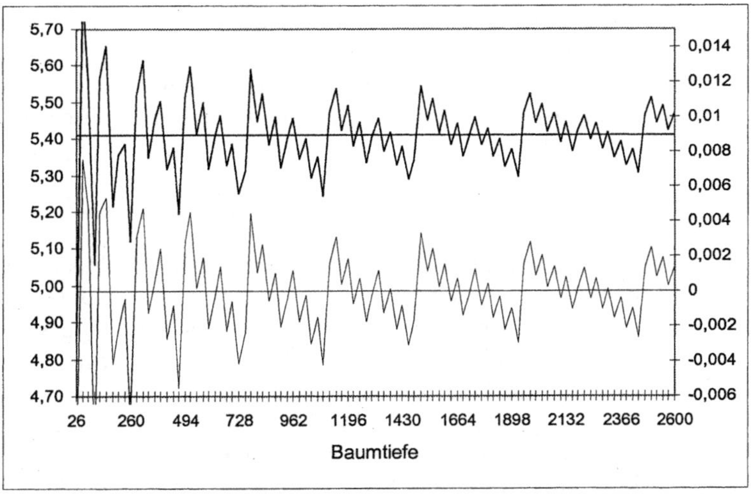

Abb. 2.12. Naives Binomialmodell; *oben:* Optionspreise (linke Skala); *unten:* Abstand der logarithmierten Barrier von der Mitte des Barrier-Intervalls in der $\ln S$-Ebene (rechte Skala)

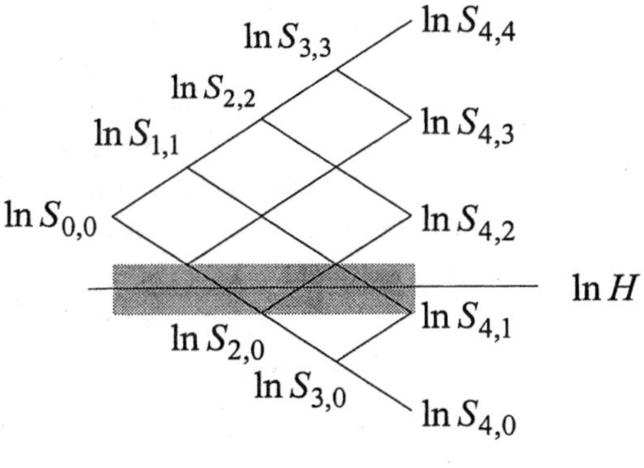

Abb. 2.13. Barrier-Intervall

Der untere Teil von Abbildung 2.12 weist den Abstand der logarithmierten Barrier von der Mitte des in logarithmierten Aktienkursen angegebenen Barrier-Intervalls aus (rechte Skala). Das „Zackenmuster" der berechneten Optionspreise findet sich in nahezu perfekter Übereinstimmung in dem Abstandsmaß für die Lage der Barrier wieder. Liegt die Schranke im oberen Teil des Barrier-Intervalls, werden die Optionspreise überschätzt, im umgekehrten Fall unterschätzt.

Die Größe des Barrier-Intervalls hängt entscheidend davon ab, ob die Baumtiefe einem geraden oder einem ungeraden Vielfachen der Zahl der Kontrollstufen entspricht. Dies wurde bereits anhand von Abbildung 2.13

veranschaulicht. Im Falle des geraden Vielfachen sind die Aktienkurse, die den Schwellenwert umschließen, in jedem Überprüfungszeitpunkt die gleichen. Bezeichnet S_o den oberen und S_u den unteren Aktienkurs, so lässt sich die Breite des (logarithmierten) Barrier-Intervalls unter Verwendung von $d = \frac{1}{u}$ und (2.25) schreiben als:

$$\ln S_o - \ln S_u = \ln (u/d \cdot S_u) - \ln S_u = \ln \left(u^2 S_u\right) - \ln S_u = 2 \ln u. \qquad (2.30)$$

Wenn die Baumtiefe einem ungeraden Vielfachen der Kontrollzeitpunkte entspricht, wechseln die umschließenden Aktienkurse von einer Kontrollstufe zur nächsten alternierend zwischen zwei Wertepaaren. Es seien zum Beispiel die oberen und unteren Aktienkurse einer beliebigen Kontrollstufe m_1 mit S_{o1} und S_{u1} bezeichnet. Im vorherigen und im nächsten Kontrollzeitpunkt kommen die Aktienkurse S_{o1} und S_{u1} nicht vor, weil alle Aktienkurse um eine Aufwärts- oder Abwärtsbewegung verschoben sind. Für die neuen oberen und unteren Aktienkurse S_{o2} und S_{u2} mit $\ln S_{o2} - \ln S_{u2} = 2 \ln u$ gilt deshalb: $|\ln S_{o1} - \ln S_{o2}| = |\ln S_{u1} - \ln S_{u2}| = \ln u$. Daraus folgt für die Breite des Barrier-Intervalls:[82]

$$\min [\ln S_{o1}, \ln S_{o2}] - \max [\ln S_{u1}, \ln S_{u2}] = \ln u. \qquad (2.31)$$

Da somit die Intervallbreite $\ln u$ anstelle von $2 \ln u$ beträgt, ist zu erwarten, dass bei Baumtiefen von $1Kp, 3Kp, 5Kp$,usw. insgesamt geringere Bewertungsfehler auftreten als bei Baumtiefen von $2Kp, 4Kp, 6Kp$,usw. Dies bestätigen die Abbildungen 2.14 und 2.15, die genauso aufgebaut sind wie Abbildung 2.12. Die höheren Abweichungen des Schwellenwerts von der Mitte des Barrier-Intervalls übertragen sich in Abbildung 2.15 auf höhere Abweichungen des Optionspreises vom korrekten Wert.

2.2.2.3.2 Modifikationen zur Verbesserung des Konvergenzverhaltens

Modifikation 1. Ein Vergleich der Verteilungsfunktionen der Binomial- mit der Normalverteilung zeigt, warum die Position der Barrier im Binomialbaum das Bewertungsergebnis maßgeblich beeinflusst. Zur Veranschaulichung wird ein für die obigen Beispieldaten aufgestellter Binomialbaum mit 260 Zeitstufen ($M = 260$) betrachtet. Wegen der wöchentlichen Barrier-Überprüfung ist jeder zehnte Zeitschritt eine Überwachungsstufe. Auf der ersten dieser Kontrollstufen können jene elf Aktienkurse auftreten, die in Abbildung 2.16 auf der Abszisse abgetragen wurden. Die Verteilungsfunktion der Binomialverteilung (Treppenfunktion von Abb. 2.16) gibt die Wahrscheinlichkeit dafür an, dass sich im Binomialprozess auf dieser Zeitstufe ein (logarithmierter) Aktienkurs kleiner oder gleich dem Abszissenwert einstellt. Tatsächlich gehorchen

[82] Dies setzt voraus, dass es mindestens zwei Kontrollzeitpunkte gibt.

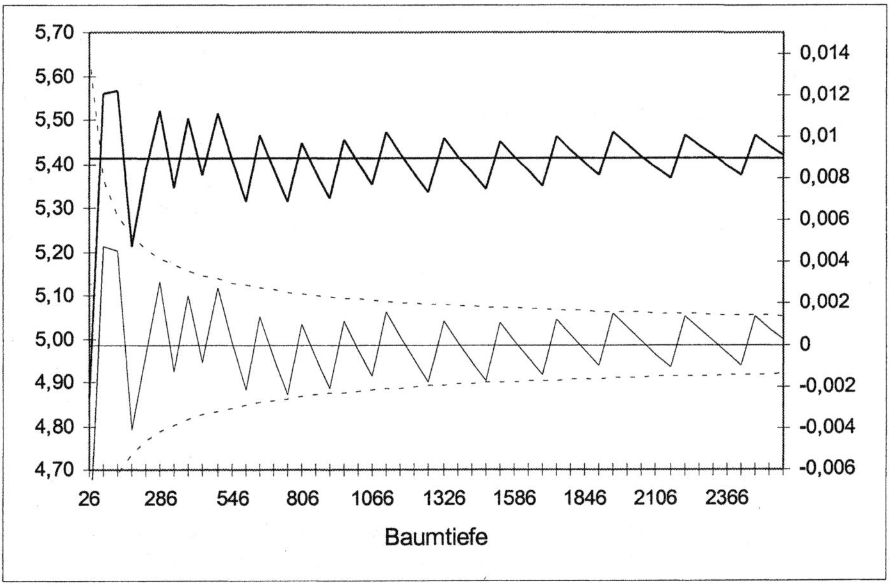

Abb. 2.14. Naives Binomialmodell, ungerade Vielfache; *oben:* Optionspreise (linke Skala); *unten:* Abstand der logarithmierten Barrier von der Mitte des Barrier-Intervalls in der $\ln S$-Ebene (rechte Skala)

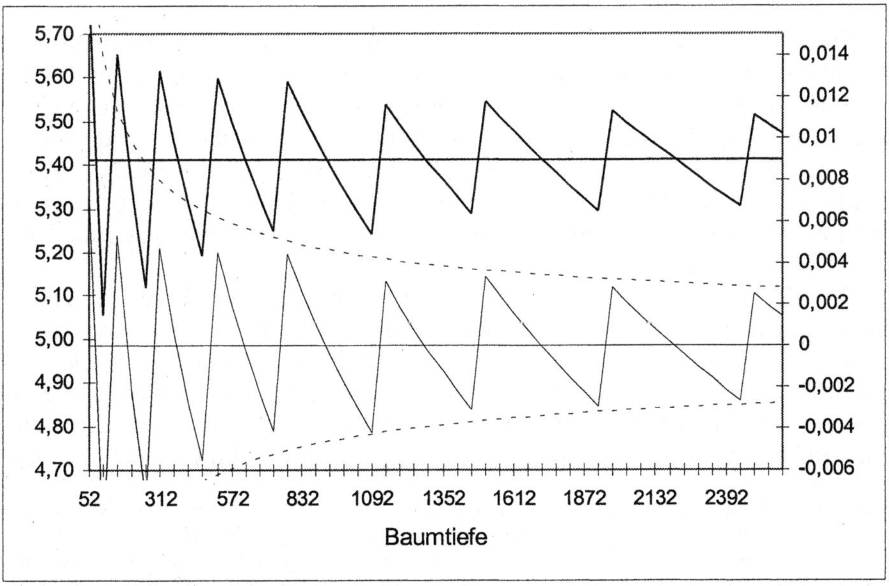

Abb. 2.15. Naives Binomialmodell, gerade Vielfache; *oben:* Optionspreise (linke Skala); *unten:* Abstand der logarithmierten Barrier von der Mitte des Barrier-Intervalls in der $\ln S$-Ebene (rechte Skala)

die logarithmierten Aktienkurse annahmegemäß einer Normalverteilung, deren Verteilungsfunktion ebenfalls in Abbildung 2.16 zu sehen ist. Würde der Binomialbaum immer weiter verfeinert, so würde sich die Binomialverteilung der eingezeichneten Normalverteilung immer weiter annähern.

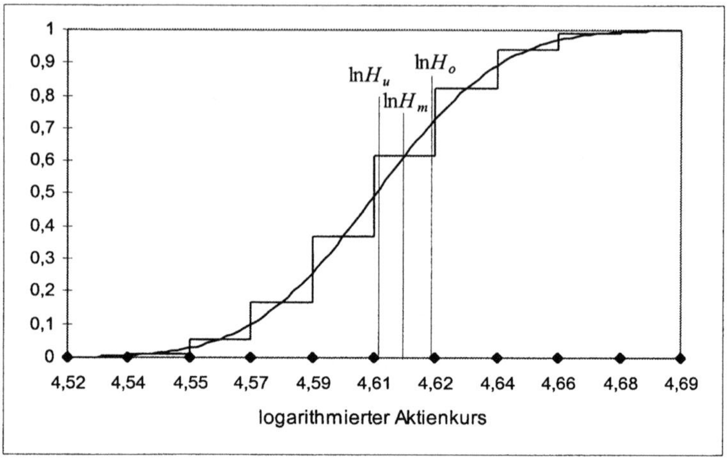

Abb. 2.16. Verteilungsfunktionen der Binomial- und Normalverteilung

Nach dem Verfahren von Cox/Rubinstein (1985) wird bei der rekursiven Baumberechnung der Optionspreis an einem Knoten immer dann auf die Rebate gesetzt, wenn der Aktienkurs unter der Barrier liegt oder ihr genau entspricht. Die vom Informationsstand im Zeitpunkt 0 ausgehende Wahrscheinlichkeit, mit der die so zu „korrigierenden" Knoten erreicht werden, also die Wahrscheinlichkeit für einen Aktienkurs kleiner gleich H auf der jeweils betrachteten Stufe des Binomialmodells, soll als „Korrekturwahrscheinlichkeit" bezeichnet werden.[83]

Die Verteilungsfunktion der Normalverteilung an der Stelle $\ln H$ entspricht der Korrekturwahrscheinlichkeit, die im Grenzfall eines extrem feinen Baums mit gegen Null strebenden Zeitabständen verrechnet wird. Die tatsächlich aufgrund des unterstellten Binomialprozesses berücksichtigte Korrekturwahrscheinlichkeit wird durch den Wert der Verteilungsfunktion der Binomialverteilung an der Stelle $\ln H$ angegeben. Abbildung 2.16 zeigt, dass

[83] Die Korrekturwahrscheinlichkeit einer bestimmten Baumstufe entspricht weder der Wahrscheinlichkeit dafür, dass die Option genau auf dieser Stufe ausgeknockt wird, noch der insgesamt bis zu diesem Zeitpunkt bestehenden Knock-Out-Wahrscheinlichkeit. Die Wahrscheinlichkeit für den Schrankenkontakt muss nach dem Cox/Rubinstein-Ansatz nicht explizit berechnet werden. Sie wird vielmehr implizit durch die rekursive Baumberechnung berücksichtigt. Gleiches gilt für den hier beschriebenen modifizierten Ansatz.

beide Korrekturwahrscheinlichkeiten je nach Lage der Barrier mehr oder weniger stark voneinander abweichen können.

Angenommen, das Knock-Out-Niveau betrage $\ln H_m$. Dann beruht die Binomialbewertung auf der korrekten Korrekturwahrscheinlichkeit, weil sich die beiden Verteilungsfunktionen bei einem logarithmierten Aktienkurs von $\ln H_m$ schneiden (Abb. 2.16). Daraus resultiert eine vergleichsweise gute Annäherung an den theoretischen Optionspreis. Bei logarithmierten Barrier-Werten von $\ln H_u$ und $\ln H_o$ hingegen setzt das Binomialmodell zu hohe bzw. zu niedrige Korrekturwahrscheinlichkeiten an, erkennbar an der Diskrepanz der Funktionswerte der beiden Verteilungsfunktionen. Die Optionspreise werden deshalb unter- bzw. überschätzt. Dies erklärt die in den Abbildungen 2.12 bis 2.14 gezeigte Abhängigkeit des Bewertungsfehlers von der Lage der Barrier. Die nachfolgend beschriebene Modifikation dient dazu, die Berechnung der Optionswerte im Binomialbaum so an die Position der Barrier anzupassen, dass auf jeder Kontrollstufe näherungsweise die richtige, bei extrem feiner Baumstruktur gegebene Korrekturwahrscheinlichkeit angesetzt wird.[84]

Der Optionspreis wird in jedem Überwachungszeitpunkt an demjenigen Knoten $n^* = n^*(m)$, der der Barrier am nächsten liegt, korrigiert.[85] Dieser Knotenwert wurde bisher entweder mit der Rebate R (bei $S_{m,n^*} \leq H$) oder mit dem diskontierten Erwartungswert $e^{-r\Delta t}\left(f^*_{m+1,n+1} \cdot q_1 + f^*_{m+1,n} \cdot q_2\right)$ der Optionspreise der nachfolgenden Stufe (bei $S_{m,n^*} > H$) gleichgesetzt. Das modifizierte Verfahren setzt hingegen für den Optionspreis am Knoten n^* einen gewichteten Durchschnitt beider Werte an. Dabei entspricht das Gewicht der Rebate der aus der Normalverteilung abgeleiteten Korrekturwahrscheinlichkeit.

Eine Korrektur unterbleibt, wenn sich die Barrier unterhalb des niedrigsten Aktienkurses der betrachteten Stufe des Binomialbaums befindet. Eine solche Konstellation bedeutet, dass im Binomialmodell ein Kontrollzeitpunkt faktisch weggelassen wird. Dies ist problematisch, weil in Wirklichkeit auf jeder Kontrollstufe eine positive Knock-Out-Wahrscheinlichkeit besteht. Diese ist aber unter Umständen vernachlässigbar, weil der Einfluss der Barrier auf den Optionspreis ceteris paribus um so geringer ausfällt, je niedriger die Barrier liegt. Würde man nur Baumtiefen zulassen, die in jedem Kontrollzeitpunkt mindestens einen Aktienkurs unterhalb der Barrier gewährleisten, müssten für einen Teil der Optionen mit einer tiefen Barrier sehr viele Zeitstufen berechnet werden, obwohl ein viel kleinerer Baum völlig ausreichend

[84] Mit größerer Baumtiefe werden die Modifikationen daher immer unbedeutender, so dass sich im Limit der gleiche Optionspreis ergibt wie nach dem Cox/Rubinstein-Ansatz.

[85] Es gilt somit: $|\ln S_{m,n^*} - \ln H| \leq |\ln S_{m,n} - \ln H| \; \forall \; n = 0, 1, ..., m$.

wäre, um ein akzeptables Genauigkeitsniveau zu erreichen.[86] Daher wird auf eine solche Restriktion verzichtet.

Im Folgenden sei mit $B_m(\ln S_{m,n})$ die Wahrscheinlichkeit bezeichnet, dass der Aktienkurs im Zeitpunkt $m\Delta t$ bei dem unterstellten Binomialprozess nach (2.23) bis (2.25) höchstens $S_{m,n}$ beträgt; dabei wird vom Informationsstand im Zeitpunkt 0 ausgegangen. $N_m(\cdot)$ steht für den Funktionswert der kumulierten Normalverteilung mit Erwartungswert $\ln S_0 + \left(r - \frac{\sigma^2}{2}\right) m\Delta t$ und Standardabweichung $\sigma\sqrt{m\Delta t}$.

Die Wahrscheinlichkeit, im Binomialprozess den Knoten n^* zu erreichen, beträgt:

$$B_m\left(\ln S_{m,n^*}\right) - B_m(\ln S_{m,n^*-1}). \tag{2.32}$$

Von dieser Wahrscheinlichkeit ist der Betrag:

$$N_m\left(\ln H\right) - B_m\left(\ln S_{m,n^*-1}\right) \tag{2.33}$$

als Korrekturwahrscheinlichkeit zu behandeln, damit die auf der Stufe m des Binomialmodells insgesamt zugrunde gelegte Korrekturwahrscheinlichkeit:

$$B_m\left(\ln S_{m,n^*-1}\right) + \left[N_m\left(\ln H\right) - B_m\left(\ln S_{m,n^*-1}\right)\right] \tag{2.34}$$

mit dem korrekten Wert $N_m(\ln H)$ übereinstimmt. Um die bei großem n sehr rechenaufwändige Ermittlung der Werte der binomialen Verteilungsfunktion zu vermeiden, werden diese in den Gleichungen (2.32) bis (2.34) mit Hilfe der Normalverteilung approximiert:[87]

$$B_m(\ln S_{m,n}) \approx N_m(\ln S_{m,n} + \ln u).$$

[86] Als Beispiel sei eine Down-and-Out Option mit den Parametern $S_0 = 100$, $X = 100$, $H = 80$, $R = 0$, $r = 5\%$, $T = 0{,}5$ und $Kp = 26$ betrachtet. Ihr „wahrer" Wert beträgt $6{,}8873$. Lässt man die Barrier ganz außer Betracht und bewertet die Option mit dem Black/Scholes-Modell, ergibt sich ein Preis von $6{,}8887$. Die Barrier von 80 ist also unter den hier getroffenen Annahmen ökonomisch irrelevant. Ein Baumverfahren kann die Option sehr gut bepreisen, selbst wenn auf *keiner* der Kontrollstufen ein Aktienkurs unterhalb der Barrier liegt.

[87] Der Wert $\ln S_{m,n} + \ln u$ entspricht der Mitte des Intervalls $[\ln S_{m,n}; \ln S_{m,n+1}]$. Durch die mit dem Summanden $\ln u$ bewirkte Stetigkeitskorrektur erhält man im Allgemeinen einen besseren Näherungswert als durch die Approximation:

$$B_m(\ln S_{m,n}) \approx N_m(\ln S_{m,n}).$$

Dies ist in Abbildung 2.16 daran erkennbar, dass sich die Verteilungsfunktionen regelmäßig ungefähr in der Mitte zwischen zwei logarithmierten Aktienkursen des Binomialprozesses treffen. Vgl. zur Approximation der Binomial- durch die Normalverteilung (Moivre-Laplace-Theorem) z. B. Fisz (1989), S. 229-234. Zur Stetigkeitskorrektur siehe z. B. Schlittgen (1990), S. 230 f. und Tsokos (1972), S. 497-499. Eine Alternative zur hier verwendeten Approximation der Binomialverteilung bietet das Verfahren von Peizer/Pratt (1968); vgl. dazu Reimer (1997), S. 52-55.

Die modifizierte Binomialberechnung („BIN1") lässt sich formal wie folgt beschreiben:

Sei $x_m = x(m)$ definiert als:[88]

$$x_m = \frac{N_m(\ln H) - N_m(\ln S_{m,n^*} - \ln u)}{N_m(\ln S_{m,n^*} + \ln u) - N_m(\ln S_{m,n^*} - \ln u)}. \tag{2.35}$$

Im Fälligkeitszeitpunkt $M\Delta t$ wird folgende Auszahlungsfunktion zugrunde gelegt:

$$f_{M,n}^{\mathrm{BN1}} = \begin{cases} f_{M,n} & \text{falls } n \neq n^* \vee S_{M,0} > H \\ x_M R + (1 - x_M) h_{M,n} & \text{falls } n = n^* \wedge S_{M,0} \leq H \end{cases}. \tag{2.36}$$

Ist m eine Kontrollstufe vor Fälligkeit, d.h. $m \in \mathbf{M} \setminus \{M\}$, so berechnet sich der Optionspreis im Rahmen der rückwärts-rekursiven Berechnung des Binomialbaums nach:

$$f_{m,n}^{\mathrm{BN1}} = \begin{cases} e^{-r\Delta t}\left(f_{m+1,n+1}^{\mathrm{BN1}} \cdot q_1 + f_{m+1,n}^{\mathrm{BN1}} \cdot q_2\right) & \text{falls } [(n \neq n^* \wedge S_{m,n} > H) \vee S_{m,0} > H] \\ R & \text{falls } n \neq n^* \wedge S_{m,n} \leq H \\ x_m R + (1 - x_m) e^{-r\Delta t}\left(f_{m+1,n+1}^{\mathrm{BN1}} \cdot q_1 + f_{m+1,n}^{\mathrm{BN1}} \cdot q_2\right) & \text{falls } [n = n^* \wedge S_{m,0} \leq H] \end{cases}. \tag{2.37}$$

Für $m \notin \mathbf{M}$ gilt:

$$f_{m,n}^{\mathrm{BN1}} = e^{-r\Delta t}\left(f_{m+1,n+1}^{\mathrm{BN1}} \cdot q_1 + f_{m+1,n}^{\mathrm{BN1}} \cdot q_2\right). \tag{2.38}$$

Die Berechnung der Optionspreise nach (2.35) bis (2.38) ergibt im obigen Beispiel den in Abbildung 2.18 mit BIN1 bezeichneten Verlauf in Abhängigkeit von der Baumtiefe. Wie deutlich zu erkennen ist, nähern sich die Optionspreise wesentlich schneller als im „naiven" Binomialmodell dem korrekten Preis an. Würde man das unmodifizierte Binomialmodell auf der gleichen Ordinatenskalierung abtragen, würden die Werte erratisch zwischen dem oberen und unteren Rand hin und her pendeln und in den Spitzen noch bei mehr als 2500 Baumstufen über den gewählten Bereich hinausragen. Starke Fehlerausschläge, bedingt durch die Lage der Barrier, sind dagegen im Modell BIN1 nicht mehr zu beobachten. Es fällt allerdings auf, dass die berechneten Optionswerte fast immer *unter* dem theoretischen Preis liegen.

Modifikation 2. Die bisherige Modifikation lässt sich noch verbessern, indem nicht nur die Wahrscheinlichkeiten angepasst werden, sondern auch die damit gewichteten Optionspreise. Der Binomialprozess wird dabei als diskrete Annäherung an den kontinuierlichen Aktienkursverlauf in der Weise verstanden, dass der Knoten n^* alle logarithmierten Aktienkurse des Intervalls:

[88] Wegen $\ln S_{m,n} = \ln S_{m,n-1} + 2\ln u$ gilt: $N_m(\ln S_{m,n-1} + \ln u) = N_m(\ln S_{m,n} - \ln u)$.

$$[\ln S_{m,n^*} - \ln u; \ln S_{m,n^*} + \ln u]$$

repräsentiert. In einem Binomialbaum mit einer sehr großen Zahl von Baumstufen würde dieses Intervall durch viele Knoten und ebenso viele Optionspreise abgedeckt. Deren (gewichteter) Durchschnittswert soll durch die erweiterte Korrektur angenähert werden. Von allen Aktienkurspfaden, die nach der Zeit $m\Delta t$ im angegebenen Intervall landen, führt ein Anteil von x_m in den Knock-Out-Bereich $[\ln S_{m,n^*} - \ln u; \ln H]$, ein Anteil von $(1 - x_m)$ in den oberhalb der Barrier angesiedelten Bereich $(\ln H; \ln S_{m,n^*} + \ln u]$. Die erwartete Zahlung aus den Pfaden, die zum Knock-Out der Option führen, lässt sich leicht ermitteln: Sie beträgt $x_m R$ und wurde auch in dieser Höhe im Modell BIN1 berücksichtigt. Der Erwartungswert für das obere Intervall weicht jedoch systematisch vom bisher angesetzten Betrag ab. Die Wahrscheinlichkeit $(1 - x_m)$ wurde mit dem Optionspreis an der Stelle S_{m,n^*} multipliziert, obwohl $\ln S_{m,n^*}$ zum Beispiel im Falle $S_{m,n^*} > H$ stets in der unteren Hälfte des Intervalls $(\ln H; \ln S_{m,n^*} + \ln u]$ liegt (vgl. Abb. 2.17). Eine bessere Annäherung an den Erwartungswert der Optionspreise für die in das Intervall $(\ln H; \ln S_{m,n^*} + \ln u]$ führenden Kurspfade ist zu erwarten, wenn der zum *mittleren* Aktienkurs dieses Intervalls gehörende Optionspreis mit $(1 - x_m)$ multipliziert wird. Dieser Optionspreis kann durch eine lineare Interpolation angenähert werden.

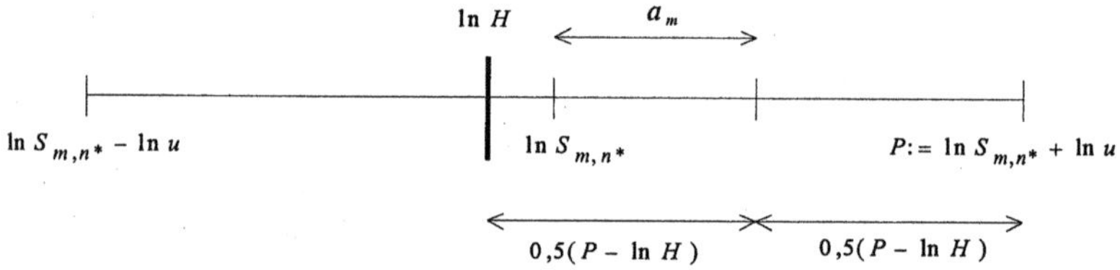

Abb. 2.17. Modifikation 2 des Binomialmodells, dargestellt am Beispiel $S_{m,n^*} > H$

Die Interpolation wird, soweit möglich, zwischen den Optionspreisen in den Baumknoten $n^* + 1$ und $n^* - 1$ vorgenommen. Gibt es keinen Knoten $n^* - 1$, so wird zwischen den Preisen in $n^* + 1$ und n^* interpoliert.[89] Dieses Vorgehen wird abschließend formal gefasst.

Der Abstand der Mitte des Intervalls $(\ln H; \ln S_{m,n^*} + \ln u]$ zum Aktienkurs im Knoten n^* beträgt (s. Abb. 2.17):

$$a_m = 0,5\,(\ln H + \ln S_{m,n^*} + \ln u) - \ln S_{m,n^*} = 0,5\,(\ln H + \ln u - \ln S_{m,n^*})\,. \tag{2.39}$$

Die Auszahlungsfunktion im Fälligkeitszeitpunkt $M\Delta t$ lautet:

[89] Sieht man von der Wurzel des Binomialbaums ($m = 0$) ab, existiert stets ein oberer Knoten $n^* + 1$, da vorausgesetzt wurde, dass $H > S_0$.

$$f_{M,n}^{\mathrm{BN2}} = \begin{cases} f_{M,n} & \text{falls } n \neq n^* \vee S_{M,0} > H \\ x_M R + (1 - x_M)\left(h_{M,n} + \frac{h_{M,n+1} - h_{M,n-1}}{4 \ln u} \cdot a_M\right) & \text{falls } \begin{matrix}[n = n^* \wedge \\ n^* > 0]\end{matrix} \\ x_M R + (1 - x_M)\left(h_{M,n} + \frac{h_{M,n+1} - h_{M,n}}{2 \ln u} \cdot a_M\right) & \text{falls } \begin{matrix}[n = n^* = 0 \\ \wedge S_{M,0} \leq H].\end{matrix} \end{cases} \tag{2.40}$$

Der Optionspreis auf einer Kontrollstufe $m \in \mathbf{M} \backslash \{M\}$ berechnet sich nach:

$$f_{m,n}^{\mathrm{BN2}} = \begin{cases} e^{-r\Delta t}\left(f_{m+1,n+1}^{\mathrm{BN2}} \cdot q_1 + f_{m+1,n}^{\mathrm{BN2}} \cdot q_2\right) & \text{falls } \begin{matrix}[(n \neq n^* \wedge S_{m,n} > H) \vee \\ S_{m,0} > H]\end{matrix} \\ R & \text{falls } [n \neq n^* \wedge S_{m,n} \leq H] \\ x_m R + (1 - x_m)\left(k_{m,n} + \frac{k_{m,n+1} - k_{m,n-1}}{4 \ln u} \cdot a_m\right) & \text{falls } \begin{matrix}[n = n^* \wedge \\ n^* > 0]\end{matrix} \\ {}_m R + (1 - x_m)\left(k_{m,n} + \frac{k_{m,n+1} - k_{m,n}}{2 \ln u} \cdot a_m\right) & \text{falls } \begin{matrix}[n = n^* = 0 \wedge \\ S_{m,0} \leq H],\end{matrix} \end{cases} \tag{2.41}$$

wobei:

$$k_{m,n} = e^{-r\Delta t}\left(f_{m+1,n+1}^{\mathrm{BN2}} \cdot q_1 + f_{m+1,n}^{\mathrm{BN2}} \cdot q_2\right), \tag{2.42}$$
$$\text{mit: } n = n^* - 1, n^*, n^* + 1.$$

Im Falle $m \notin \mathbf{M}$ beträgt der Optionswert:

$$f_{m,n}^{\mathrm{BN2}} = e^{-r\Delta t}\left(f_{m+1,n+1}^{\mathrm{BN2}} \cdot q_1 + f_{m+1,n}^{\mathrm{BN2}} \cdot q_2\right). \tag{2.43}$$

Abbildung 2.18 zeigt in der Graphik „BIN2“ die Optionspreise, die sich für das frühere Beispiel aus der Anwendung dieses zweifach modifizierten Binomialmodells ergeben. Es leistet im Vergleich zum Modell „BIN1“ eine nochmals schnellere und gleichmäßigere Annäherung an den korrekten Preis der Option. Ab einer Baumtiefe von etwa 650 Stufen sinkt der Bewertungsfehler durchgängig auf weniger als 1 Cent oder 0,2%.

2.2.2.4 Trinomialmodell

2.2.2.4.1 Grundmodell und Anpassung des Dispersionsparameters

Das Trinomialmodell ist eine einfache Erweiterung des Binomialmodells.[90] Die dem Verfahren zugrunde liegenden Bäume werden als Trinomialbäume bezeichnet. Gegeben sei die bereits bekannte Diskretisierung der Optionsrestlaufzeit T in M äquidistante Zeitperioden der Länge $\Delta t = T/M$. Im Trinomialmodell wird unterstellt, dass der Aktienkurs während einer Periode ausgehend vom Kurs S mit Wahrscheinlichkeit q_1 auf uS steigt, mit Wahrscheinlichkeit q_3 auf dS fällt, oder aber mit Wahrscheinlichkeit q_2 nach yS

[90] Der hier vorgestellte Modelltyp geht auf Boyle (1988) zurück.

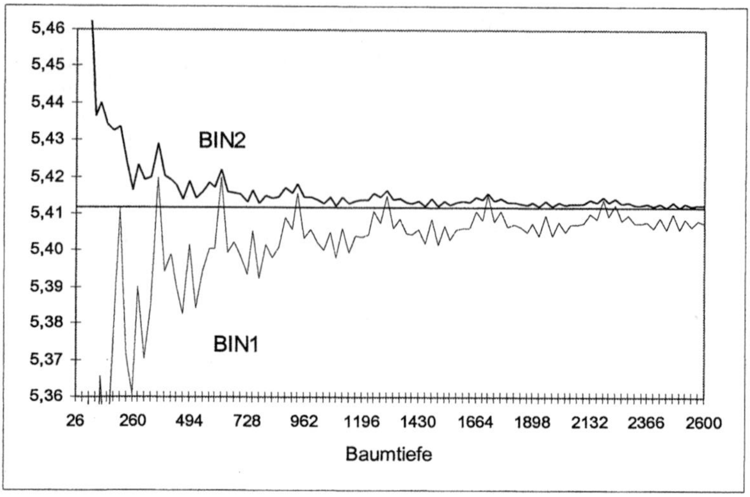

Abb. 2.18. Modifizierte Binomialmodelle

wechselt. Dabei gilt $u > y > d$. Die risikoneutralen Wahrscheinlichkeiten q_1, q_2, q_3 addieren sich zu Eins.

Die im Trinomialmodell zu spezifizierenden Parameter u, y, d, q_1, q_2 und q_3 determinieren eindeutig die Aktienkursentwicklung, aus der sich nach dem Martingalansatz der faire Optionspreis berechnet. Wie im Binomialmodell müssen die Parameter so gewählt werden, dass die diskrete Trinomialverteilung der Aktienkurse gegen die kontinuierliche, risikoneutrale Lognormalverteilung konvergiert. Diese Kriterien erfüllen verschiedene Parametereinstellungen, von denen hier die Spezifikation von Boyle (1988) ausgewählt wird:

$$y = 1, \qquad u = e^{\lambda\sigma\sqrt{\Delta t}} \qquad \text{und} \qquad d = \frac{1}{u} = e^{-\lambda\sigma\sqrt{\Delta t}}, \tag{2.44}$$

$$q_1 = \frac{u\left(\mathcal{V} + \mathcal{M}^2 - \mathcal{M}\right) - (\mathcal{M} - 1)}{(u-1)\left(u^2-1\right)}, \tag{2.45}$$

$$q_3 = \frac{u^2\left(\mathcal{V} + \mathcal{M}^2 - \mathcal{M}\right) - u^3(\mathcal{M} - 1)}{(u-1)\left(u^2-1\right)} \tag{2.46}$$

und:

$$q_2 = 1 - q_1 - q_3, \tag{2.47}$$

wobei:

$$\mathcal{M} = e^{r\Delta t} \qquad \text{und} \qquad \mathcal{V} = \mathcal{M}^2\left(e^{\sigma^2\Delta t} - 1\right). \tag{2.48}$$

Der Dispersionsparameter λ muss größer oder gleich Eins sein, kann aber sonst frei festgelegt werden. Seine Höhe ist für die Genauigkeit des Trinomialmodells von ausschlaggebender Bedeutung. Hier wird der von Omberg (1988) aufgrund theoretischer Überlegungen[91] vorgeschlagene Parameterwert:

$$\lambda_0 = \frac{1}{2}\sqrt{2\pi} \tag{2.49}$$

verwendet. Die naive Anwendung des Trinomialmodells weist wie das unmodifizierte Binomialmodell das Problem auf, dass die Ergebnisse maßgeblich von der Lage der Barrier zwischen den umschließenden Knoten abhängen.[92] Dieses Problem kann einerseits durch die analoge Anwendung des zuvor für das Binomialmodell vorgestellten Korrekturverfahrens gelöst werden. Andererseits besteht die Möglichkeit, den Dispersionsparameter bei gegebener Baumtiefe so zu wählen, dass die Barrier die optimale Position im Baum einnimmt und damit die oben in Bezug auf das Binomialmodell beschriebenen Verzerrungen von vornherein ausgeschlossen werden.[93] Der zuletzt genannte Lösungsweg wurde von Ritchken (1995) für kontinuierliche Barrier-Optionen vorgestellt und von Tian (1997) auf diskrete Barrier-Optionen übertragen. Das Verfahren ist leicht zu implementieren, hat aber zur Folge, dass λ in aller Regel nicht exakt auf jenen Wert λ_0 nach (2.49) gesetzt werden kann, der ein möglichst gutes Konvergenzverhalten sichern soll. Das Korrekturverfahren ist hingegen flexibler, weil es auch bei Optionen mit deterministisch zeitvariabler Barrier anwendbar ist. Der Wert λ_0 aus (2.49) kann bei diesem Verfahren beibehalten werden.

Die Barrier liegt genau dann in der Mitte zwischen zwei horizontalen Knotenschichten des Trinomialbaums[94], wenn die Gleichung:

$$S_0 d^{w-0,5} = H, \tag{2.50}$$

die wegen (2.44) äquivalent ist zu

$$w(\lambda) = 0,5 + \frac{\ln(S_0/H)}{\lambda\sigma\sqrt{\Delta t}}, \tag{2.51}$$

für ein $w \in \mathbb{N}$ erfüllt ist.

Der mit $\lambda = \lambda_0$ berechnete Wert $w_0 = w(\lambda_0)$ ist nur in Ausnahmefällen ganzzahlig. Er wird deshalb auf die nächste natürliche Zahl auf- oder abgerundet. Das Ergebnis lässt sich unter Verwendung der Integerfunktion schreiben

---

[91] Omberg (1988) untersucht, bei welcher Struktur des Trinomialbaums eine Option möglichst gut mit dem Basispapier und der risikolosen Anlage repliziert werden kann. Die Minimierung des von *Omberg* verwendeten Replikationsfehlers führt zu dem hier genannten Parameterwert.

[92] Vgl. Tian (1997).

[93] Vgl. Ritchken (1995), Tian (1997).

[94] Genauer gesagt liegt die *logarithmierte* Barrier in der Mitte der *logarithmierten* Aktienkurse, die zu den angesprochenen Knotenschichten gehören.

als $\text{int}(w_0 + 0,5)$. Dabei gibt $\text{int}(x)$ die größte natürliche Zahl zurück, die kleiner oder gleich x ist. Anschließend wird λ_{mod} so festgelegt, dass der Trinomialprozess rechnerisch nach genau $\text{int}(w_0 + 0,5) - 0,5$ Abwärtsschritten die Barrier erreicht:

$$\lambda_{\text{mod}} = \frac{\ln(S_0/H)}{[\text{int}(w_0 + 0,5) - 0,5]\sigma\sqrt{\Delta t}}. \tag{2.52}$$

Auf diese Weise erhält man einen λ-Wert, der die gewünschte Lage der Barrier sichert und zugleich möglichst wenig von λ_0 abweicht.

Die Auszahlungsfunktion bei Fälligkeit lautet für $n = 0, ..., 2M$:

$$f_{M,n}^{TR1} = \begin{cases} f_{M,n} \text{ falls } & S_{M,n} > H \\ R & \text{sonst.} \end{cases} \tag{2.53}$$

Mittels Rückwärtsinduktion können analog zur Berechnung des Binomialbaums die europäischen Knock-Out-Optionswerte $f_{m,n}^{TR1}$ der Stufen $m = M-1, ..., 0$ berechnet werden. Auf den Kontrollstufen $m \in \mathbf{M} \backslash \{M\}$ ergibt sich der Wert $f_{m,n}^{TR1}$ als:

$$f_{m,n}^{TR1} = \begin{cases} e^{-r\Delta t}\left(f_{m+1,n+2}^{TR1} \cdot q_1 + f_{m+1,n+1}^{TR1} \cdot q_2 + f_{m+1,n}^{TR1} \cdot q_3\right) & \text{falls } S_{m,n} > H \\ R & \text{sonst.} \end{cases} \tag{2.54}$$

In den übrigen Zeitpunkten gilt:

$$f_{m,n}^{TR1} = e^{-r\Delta t}\left(f_{m+1,n+2}^{TR1} \cdot q_1 + f_{m+1,n+1}^{TR1} \cdot q_2 + f_{m+1,n}^{TR1} \cdot q_3\right). \tag{2.55}$$

Das durch (2.52) bis (2.55) charakterisierte Trinomialmodell soll mit „TRIN1" bezeichnet werden. Es entspricht in den wesentlichen Elementen dem Modell von Tian (1997). Kleinere Abweichungen bestehen nur in der Wahl des Startwerts λ_0[95] und den Parametereinstellungen für den Aktienkursprozess des Trinomialmodells[96]. Nach den Auswertungen von Tian weist dieses Modell ein sehr gutes, mit dem Ansatz von Cheuk/Vorst (1996) vergleichbares Konvergenzverhalten auf.

2.2.2.4.2 Korrekturverfahren

Die oben beschriebene Modifikation des Binomialmodells lässt sich auch auf das Trinomialmodell anwenden. Dabei ist lediglich die Besonderheit zu be-

[95] Tian (1997) verwendet (ohne nähere Begründung) die Einstellung $\lambda_0 = \sqrt{1,5}$. Aus diesem Startwert wird in gleicher Weise wie hier der eigentliche Dispersionsparameter λ_{mod} berechnet. In vielen Fällen führen die Startwerte λ_0 nach *Tian* und *Omberg* zu exakt gleichen λ_{mod}-Werten. Tian bezeichnet die Unterschiede beider Einstellungen daher als unwesentlich (S. 207). Hier wird bei allen Baumverfahren der besser begründete Wert nach *Omberg* benutzt.

[96] Die Abweichung von den in dieser Arbeit verwendeten Parametereinstellungen, die auf Boyle (1988) zurückgehen, bezeichnet Tian (1997) als "slight variation" (S. 196).

achten, dass der Abstand zweier Knoten in einer gegebenen Baumstufe m nicht $2\ln u$ beträgt, sondern nur $\ln u$.

Der Abstand der Mitte des Intervalls $(\ln H; \ln S_{m,n^*} + 0,5\ln u]$ zum Aktienkurs im Knoten n^* beträgt damit nur:

$$\begin{aligned} a_m &= 0,5\left(\ln H + \ln S_{m,n^*} + 0,5\ln u\right) - \ln S_{m,n^*} = \\ &\quad 0,5\left(\ln H + 0,5\ln u - \ln S_{m,n^*}\right). \end{aligned} \tag{2.56}$$

Mit:

$$x_m = \frac{N_m(\ln H) - N_m(\ln S_{m,n^*} - 0,5\ln u)}{N_m(\ln S_{m,n^*} + 0,5\ln u) - N_m(\ln S_{m,n^*} - 0,5\ln u)}$$

lautet die Auszahlungsfunktion im Fälligkeitszeitpunkt $M\Delta t$:

$$f_{M,n}^{TR2} = \begin{cases} f_{M,n} & \text{falls} \quad n \neq n^* \vee S_{M,0} > H \\ x_M R + (1 - x_M)\left(h_{M,n} + \frac{h_{M,n+1} - h_{M,n-1}}{2\ln u} \cdot a_M\right) & \text{falls } \begin{matrix}[n = n^* \wedge \\ n^* > 0]\end{matrix} \\ x_M R + (1 - x_M)\left(h_{M,n} + \frac{h_{M,n+1} - h_{M,n}}{\ln u} \cdot a_M\right) & \text{falls } \begin{matrix}[n = n^* = 0 \\ \wedge S_{M,0} \leq H].\end{matrix} \end{cases} \tag{2.57}$$

Der Optionspreis im Knoten n einer Kontrollstufe $m \in \mathbf{M} \backslash \{M\}$ berechnet sich nach:

$$f_{m,n}^{TR2} = \begin{cases} R \quad \text{falls} \quad n \neq n^* \wedge S_{m,n} \leq H \\ \begin{matrix}[e^{-r\Delta t}(f_{m+1,n+2}^{TR2} \cdot q_1 \\ + f_{m+1,n+1}^{TR2} \cdot q_2 + f_{m+1,n}^{TR2} \cdot q_3]\end{matrix} & \text{falls } \begin{matrix}[(n \neq n^* \wedge S_{m,n} > H) \\ \vee S_{m,0} > H]\end{matrix} \\ x_m R + (1 - x_m)\left(k_{m,n} + \frac{k_{m,n+1} - k_{m,n-1}}{2\ln u} \cdot a_m\right) & \text{falls } \begin{matrix}[n = n^* \wedge \\ n^* > 0]\end{matrix} \\ x_m R + (1 - x_m)\left(k_{m,n} + \frac{k_{m,n+1} - k_{m,n}}{\ln u} \cdot a_m\right) & \text{falls } \begin{matrix}[n = n^* = 0 \\ \wedge S_{m,0} \leq H],\end{matrix} \end{cases} \tag{2.58}$$

wobei:

$$k_{m,n} = e^{-r\Delta t}\left(f_{m+1,n+2}^{TR2} \cdot q_1 + f_{m+1,n+1}^{TR2} \cdot q_2 + f_{m+1,n}^{TR2} \cdot q_3\right) \tag{2.59}$$
$$\text{mit: } n = n^* - 1, n^*, n^* + 1.$$

Für $m \notin \mathbf{M}$ beträgt der Optionswert:

$$f_{m,n}^{TR2} = e^{-r\Delta t}\left(f_{m+1,n+2}^{TR2} \cdot q_1 + f_{m+1,n+1}^{TR2} \cdot q_2 + f_{m+1,n}^{TR2} \cdot q_3\right). \tag{2.60}$$

Dieses durch (2.49) und (2.56) bis (2.60) gekennzeichnete Trinomialmodell wird als „TRIN2“ benannt. Die Bewertung der obigen Beispieloption mit den Modellen TRIN1 und TRIN2 erbringt die in Abbildung 2.19 graphisch dargestellten Ergebnisse. Beide Modelle nähern den korrekten Optionspreis schon bei vergleichsweise geringen Baumtiefen auf weniger als 0,1% an.

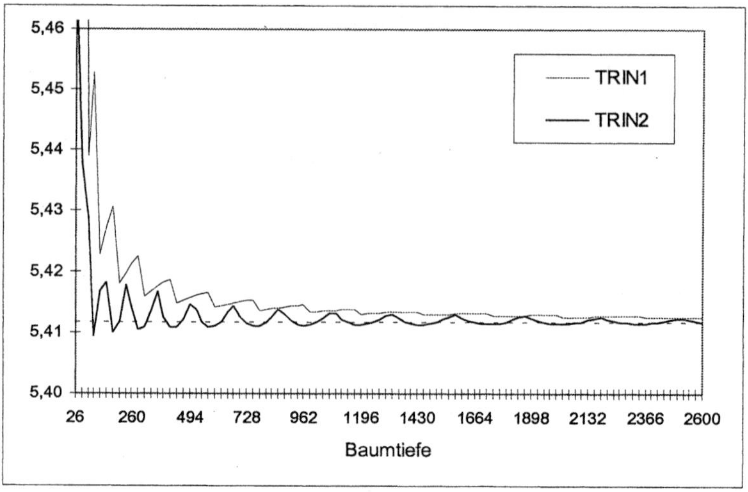

Abb. 2.19. Trinomialmodelle TRIN1 und TRIN2 im Vergleich

2.2.2.4.3 Konvergenzordnung

Das mathematische Konzept der Konvergenzordnung übertragen Leisen (1996), Leisen/Reimer (1996) und Reimer (1997) auf die Bewertung von Optionen mit Baumverfahren. Zur Anwendung des Konzepts auf diskrete Down-and-Out-Optionen wird eine Folge von Binomial- oder Trinomialbäumen mit zunehmenden Baumtiefen $M \in \{Kp, 2Kp, 3Kp, ...\}$ und den zugehörigen Optionspreisen f_M betrachtet. Die Baumfolge besitzt die Konvergenzordnung $\rho > 0$, wenn eine Konstante $co > 0$ dergestalt existiert, dass sich für den Absolutbetrag des Bewertungsfehlers $e_M = |f_M - f_{exakt}|$ folgende obere Schranke angeben lässt:[97]

$$\forall M \in \{Kp, 2Kp, 3Kp, ...\} : e_M \leq \frac{co}{M^\rho}.$$

Eine höhere Konvergenzordnung zeigt an, dass sich die obere Schranke für den Absolutbetrag des Bewertungsfehlers mit steigender Zahl von Baumstufen schneller reduziert.

Für Baumverfahren zur Bewertung diskreter Barrier-Optionen sind aus der Literatur im Gegensatz zu kontinuierlichen Barrier-Optionen[98] keine mathematischen Beweise bestimmter Konvergenzordnungen bekannt. Ein optischer Eindruck von der (vermutlichen) Konvergenzordnung lässt sich aber exemplarisch aus Grafiken gewinnen, in denen der logarithmierte Absolutbetrag des Bewertungsfehlers gegen die logarithmierte Baumtiefe abgetragen

[97] Die Konvergenzordnung ist nicht eindeutig. Eine Baumfolge mit Konvergenzordnung ρ besitzt auch jede Konvergenzordnung ρ^* mit $0 < \rho^* < \rho$.
[98] Vgl. Reimer (1997), S. 73 ff.

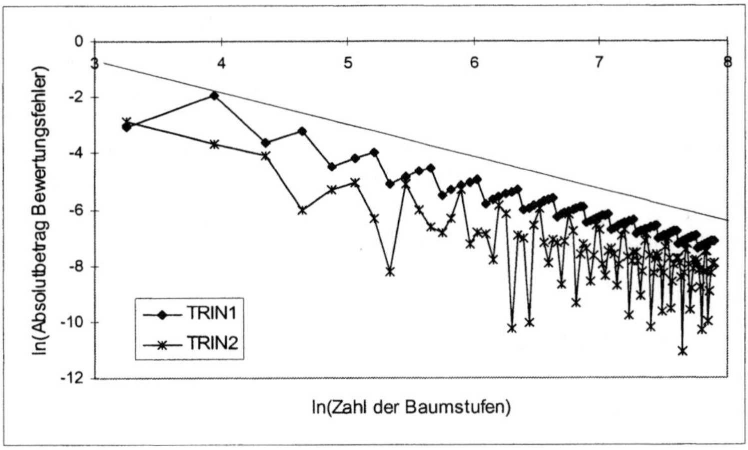

Abb. 2.20. Grafische Abschätzung der Konvergenzordnung; Optionsparameter: $S_0 = X = 100$, $H = 95$, $K = 26$, $r = 5\%$, $\sigma = 20\%$, $T = 0,5$, $\delta = R = 0$

wird.[99] In einer solchen Grafik stellt wegen $\ln \frac{co}{M^\rho} = \ln co - \rho \ln M$ die obere Schranke für $\ln e_M$ eine Gerade mit dem Ordinatenabschnitt lnco und der Steigung $(-\rho)$ dar. Abbildung 2.20 zeigt beispielhaft das Konvergenzverhalten der Modelle TRIN1 und TRIN2 bei der Bewertung einer Down-and-Out-Option mit den Parametern $S_0 = X = 100$, $H = 95$, $R = 0$, $r = 5\%$, $\sigma = 20\%$, $T = 0,5$ und $Kp = 26$. Die Grafik suggeriert jeweils eine Konvergenzordnung von etwa 1. Die entsprechenden – hier nicht gezeigten – Grafiken für weitere Optionen lassen die Tendenz erkennen, dass die Konvergenzordnung des TRIN2-Modells mit größerer Zahl von Überwachungszeitpunkten abnimmt. Das naive Binomialmodell weist bei den analysierten Optionen eine deutlich geringere Konvergenzordnung von etwa 0,5 auf. Der Ordinatenabschnitt $\ln co$, der die Anfangsgenauigkeit der Modelle misst, fällt in den meisten Fällen beim TRIN2-Modell am günstigsten aus.

Ein genauer Verfahrensvergleich auf der Basis simulierter Optionspreise bestätigt das aus den Beispielrechnungen erkennbare günstige Konvergenzverhalten des modifizierten Algorithmus.[100] Schon bei 200 Baumstufen des Trinomialmodells TRIN2 ergibt sich für 1000 simulierte Optionen eine fast vernachlässigbare mittlere Abweichung von 0,2% vom fairen Optionspreis. Im Vergleich mit den Alternativverfahren fällt darüber hinaus der weitaus niedrigere maximale Fehler auf. Er beträgt für die 1000 Simulationsrechnungen 2,9%.

Das grundsätzliche Korrekturverfahren kann auch beibehalten werden, wenn aufgrund einer vom Aktienkurs und der Zeit abhängigen lokalen Vo-

---

[99] Vgl. Leisen/Reimer (1996).

[100] Vgl. Steiner et al. (1999a) und für die besonders kritischen Situationen mit einer Barrier nahe dem aktuellen Aktienkurs Steiner et al. (1999b).

latilität die Aktienkurse auf einer Kontrollstufe nicht logarithmisch normalverteilt sind. Lediglich die Gewichte der Nachbarknoten der Barrier müssten an die neue Verteilung angepasst werden. Wenn eine analytische Formel für die Wahrscheinlichkeitsverteilung nicht bekannt ist, kann diese vereinfachend durch eine abschnittsweise lineare Funktion mit Abschnittsgrenzen jeweils in der Mitte zweier Knotenschichten approximiert werden. In den obigen Beispielrechnungen ergäbe sich durch eine solche Linearisierung ein nur geringfügig ungünstigeres Konvergenzmuster.

2.3 Der „Smile-Effekt"

2.3.1 Charakterisierung

Das Optionspreismodell von Black/Scholes (1973) ist in verschiedenen Ländern und auf diversen Märkten sorgfältigen Tests unterzogen worden.[101] Die Überprüfung des Modells sieht sich mit der grundsätzlichen Schwierigkeit konfrontiert, dass die Volatilität der Rendite des Basispapiers in der Realität unbekannt ist damit ein wichtiger Parameter für die Bestimmung fairer Modellpreise fehlt. Um trotzdem eine Beurteilung der Modellaussagen zu ermöglichen, werden in der Literatur vorwiegend drei Untersuchungsrichtungen verfolgt. Der erste Ansatz ordnet einem beobachteten Optionspreis diejenige Volatilität zu, die zur Übereinstimmung des Marktpreises mit dem Modellwert nach Black/Scholes führt. Wegen des durchgehend positiven Vega kann es bei Standardoptionen nur einen passenden Betrag geben. Dieser heißt implizite Black/Scholes-Volatilität oder kürzer *implizite Volatilität.* Durch eine Analyse der nachfolgenden Zeitreihe der Renditen des Basispapiers wird daraufhin die Hypothese getestet, dass die implizite Volatilität der wahren Renditestreuung entspricht.

Eine zweite Untersuchungsrichtung konzentriert sich auf die Kursverlaufsannahme des Modells. Wenn sich der Kurs des Basispapiers nicht entsprechend einer geometrischen Brownschen Bewegung verhält, sind systematische Abweichungen der Marktpreise von der Modellbewertung zu erwarten. Je stärker die Annahmen verletzt sind, umso geringer ist prinzipiell die Aussagekraft des Modells einzustufen.

Die genannten Ansätze werten in einer Zeitreihenbetrachtung Renditen des Basispapiers aus. Zum Teil reicht dabei die Datengrundlage nicht aus, um Schlussfolgerungen mit einer akzeptablen statistischen Signifikanz abzusichern. Die dritte Untersuchungsrichtung vermeidet dieses Problem der Längsschnittanalyse, indem sie die Frage, ob die implizite mit der wahren Volatilität identisch ist, indirekt mit Hilfe einer Querschnittsanalyse überprüft. Die Datenbasis umfasst zeitgleich notierte Preise von Optionen auf das

[101] Zu einem systematischen Überblick vgl. Bates (1996b).

gleiche Basispapier, aber mit unterschiedlichen Basispreisen und Restlaufzeiten. Die zugehörigen impliziten Volatilitäten müssten übereinstimmen, wenn das Black/Scholes-Modell zutrifft. Tatsächlich aber stellte sich heraus, dass an einigen Märkten die implizite Volatilität umso höher ausfiel, je weiter der Basispreis der Option vom aktuellen Aktienkurs entfernt lag. Die grafische Darstellung der impliziten Volatilität in Abhängigkeit vom Basispreis gab dem Phänomen den Namen *„Smile“* oder *„Smile-Effekt“*.

Das vorherrschende Muster der impliziten Volatilitäten variiert nach Marktsegmenten (Aktien- versus Währungsoptionen) und veränderte sich im Zeitablauf.[102] So hat sich am US-Markt für Aktienindexoptionen der Smile der achtziger Jahre nach dem Börsencrash im Oktober 1987 zu einer Kurve verschoben, die im relevanten Basispreisbereich monoton fällt.[103] Teilweise wird ein solcher Verlauf in Abgrenzung zum Smile als „Skew“ bezeichnet. In dieser Arbeit jedoch soll der Smile-Effekt als Oberbegriff für die Basispreis- und Restlaufzeitabhängigkeit der impliziten Volatilität verstanden werden, wenn nicht ausdrücklich etwas anderes gesagt wird.[104]

Die Existenz des Smile-Effekts bedeutet, dass das Black/Scholes-Modell die Optionsbewertung in der Realität nicht vollständig und exakt beschreibt. Zugleich kann eine implizite Volatilität nicht mehr mit der Volatilität der Rendite des Underlying gleichgesetzt werden. Die implizite Volatilität ist, wie Rebonato formuliert, „the wrong number to put in the wrong formula to obtain the right price“.[105] Trotzdem bietet die Verwendung dieses abstrakten Parameters Vorteile. Die Übersetzung von Optionspreisen in implizite Volatilitäten liefert zwar an sich keine neuen Informationen; in praktischen Anwendungen und empirischen Untersuchungen wirkt sich aber vorteilhaft aus, dass die implizite Volatilität als Funktion von Basispreis und Restlaufzeit weniger stark variiert als der Optionspreis.[106] Besonderheiten der Bewertung, die das Modell nicht erfasst, können daher in der Struktur impliziter Volatilitäten anschaulich aufgezeigt werden.[107] Das Black/Scholes-Modell dient dabei als ein Bezugspunkt, von dem ausgehend Optionskurse in der Form von impliziten Volatilitäten notiert werden. Diese Sichtweise entspricht der gängigen Praxis von Optionshändlern, zwar die Bewertungsformel des Black/Scholes-Modells zu verwenden, aber den Eingabeparameter „Volatilität“ zu variieren,

---

[102] In den ersten Jahren des Optionshandels an der CBOE nahmen die impliziten Volatilitäten mit steigendem Basispreis c.p. zu, vgl. Black (1975). Im Jahr 1976 kehrte sich der Zusammenhang um, ehe zwei Jahre später wieder die alte Beziehung zu beobachten war (s. MacBeth/Merville (1979)). Insgesamt sind die von Rubinstein (1985) für Aktienoptionen im Zeitraum von 1976 bis 1978 festgestellten Unterschiede zwischen den impliziten Volatilitäten zwar statistisch signifikant, aber im Vergleich zum Smile der achtziger und neunziger Jahre gering.

[103] Vgl. Shimko (1993), Rubinstein (1994).

[104] So auch Rebonato (1999), S. 74.

[105] Rebonato (1999), S. 78. Siehe ähnlich Mayhew (1995), S. 14.

[106] Vgl. Bouchaud/Potters (2000), S. 147, Schönbucher (1999), S. 2073.

[107] Vgl. z. B. Gemmill (1993), S. 118.

um vom Modell abweichende Effekte zu berücksichtigen. Von einem theoretischen Standpunkt aus betrachtet, ist dieses Vorgehen wegen des ad hoc-Charakters der Anpassungen unbefriedigend. Es stellt sich die Frage, worauf die systematischen Preisunterschiede zur Modellbewertung zurückzuführen sind. Aus der Ursachenanalyse könnte schließlich ein verbessertes Bepreisungsmodell hervorgehen.

2.3.2 Mögliche Ursachen im Überblick

2.3.2.1 Stochastische Volatilität

Die Existenz des Smile-Effekts zeigt eine Verletzung der Annahmen des Black/Scholes-Modells an. Daher kommen zur Erklärung des Phänomens grundsätzlich Marktunvollkommenheiten und ein andersartiger Prozess für den Kurs des Basispapiers in Frage.[108] Die Black/Scholes-Annahme normalverteilter logarithmischer Renditen wird in vielen Studien verworfen, weil die empirische Renditeverteilung in der Regel zu breite Enden („fat tails") zu besitzen scheint. Außerdem ist sie häufig zu einer Seite geneigt, also rechts- oder linksschief. Unklar ist, ob die Schiefe und Leptokurtosis Eigenschaften der wahren Verteilung sind oder ob sie in der empirischen Verteilung erscheinen, weil in den Teilperioden zwar immer die Normalverteilungsannahme erfüllt ist, die Volatilität sich aber verändert.[109] Eberlein et al. (1998) stellen auf den ersten Fall ab und schlagen vor, für die Aktienrendite über einen diskreten Zeitraum eine hyperbolische Verteilung anzunehmen. Für die fünf von Eberlein et al. (1998) untersuchten deutschen Aktien erreicht das hyperbolische Modell eine hohe Anpassungsgüte.

Innerhalb der Erklärungshypothese stochastischer Volatilitäten nimmt eine neuere Modellrichtung an, dass die Schwankungen der Volatilität in deterministischer Weise an die Zeit und den Aktienkurs gebunden sind. Der postulierte enge Zusammenhang von Volatilitätsveränderungen und Aktienrenditen wird durch empirische Beobachtungen gestützt, die bestätigen, was Black bereits 1976 als Hypothese formuliert hat: „I have believed for a long time that stock returns are related to volatility changes. When stocks go up, volatilities seem to go down; and when stocks go down, volatilities seem to go up."[110] Ein solcher negativer Korrelationszusammenhang kann den fallenden Verlauf der impliziten Volatilitäten, der typischerweise bei Aktienindexoptionen beobachtet wird, grundsätzlich hervorrufen. Ein möglicher Grund für den Anstieg der Volatilität bei sinkenden Aktienkursen ist die durch den Kursverfall bedingte Erhöhung des Verschuldungsgrades in Marktwerten.[111] Das erhöhte Verschuldungsrisiko überträgt sich entsprechend dem

108 Vgl. Mayhew (1995), S. 14.
109 Vgl. Figlewski (1997), S. 34.
110 Black (1976b), S. 177.
111 Vgl. Christie (1982).

Leverage-Effekt auf die Streuung der Renditen.[112] Die Wirkung ist indes nicht stark genug, um die hohe negative Korrelation zu erklären.[113] Auch Figlewski/Wang (2000) kommen in einer neueren Untersuchung zu dem Ergebnis, dass die Veränderungen der Volatilität nur in geringem Maße direkt auf den Verschuldungsgrad zurückgeführt werden können. Eine alternative Erklärung entwickeln Grossman/Zhou (1996) aus einem Modell, in dem eine Gruppe der Marktteilnehmer ihr Portfolio absichert („Portfolio Insurance“). Die Gleichgewichtsanalyse ergibt, dass die momentane Volatilität bei schlechten Nachrichten steigt und umgekehrt.

Unabhängig von den Gründen für die negative Korrelation von Aktienkurs- und Volatilitätsveränderungen kann mit Verfahren von Derman/Kani (1994), Dupire (1994) und Rubinstein (1994) die unbekannte Volatilitätsfunktion aus Optionspreisen extrahiert werden. Der so erhaltene implizite Kursprozess müsste, wenn die Annahme über den Volatilitätsprozess zutrifft, mit der tatsächlichen Entwicklung des Underlyingkurses übereinstimmen. Diese Modellrichtung bildet eine natürliche Erweiterung des Black/Scholes-Modells, weil die Möglichkeit einer präferenzfreien Bewertung erhalten bleibt. Der Ansatz wird in dieser Arbeit in Kapitel 3 vertieft behandelt und im empirischen Teil für die an der Eurex gehandelte DAX-Option empirisch überprüft.

Eine Vielzahl von Modellen, darunter Hull/White (1987), Heston (1993b) und Stein/Stein (1991), behandelt die Optionsbewertung mit einer eigenständigen stochastischen Bewegung der Volatilität.[114] Der Aktienkurs und die Volatilität stehen dabei zwar nicht in einer festen Beziehung zueinander, können aber korreliert sein. Von der Höhe des Korrelationskoeffizienten hängen die Wahrscheinlichkeitsverteilung der Renditen in diskreten Zeitintervallen und der Verlauf der impliziten Volatilitäten ab. Wenn beide Variablen unkorreliert sind, ergibt sich eine symmetrische Smile-Struktur, wie sie vorwiegend bei Währungsoptionen beobachtet wird. Die Stärke des Smile wird durch die übrigen Parameter, insbesondere die Volatilität der Volatilität, bestimmt. Ein negativer Korrelationskoeffizient führt zu dem für Aktienindexoptionen typischen Skew der impliziten Volatilitäten. Nach Untersuchungen für den US-Aktienmarkt stoßen die Modelle mit stochastischer Volatilität auf Widersprüche bei kurzen Optionslaufzeiten. Es müssten unrealistisch hohe Werte für die Streuung der Volatilität eingesetzt werden, um den stark ausgeprägten, empirisch beobachteten Smile zu erklären.[115]

112 Vgl. z. B. Perridon/Steiner (1999), S. 473-479.

113 Vgl. Black (1976b), Bollerslev et al. (1992), S. 24.

114 Siehe zusammenfassend die vergleichende Studie von Taylor (1994).

115 Vgl. Andersen/Andreasen (1999), S. 3, Das/Sundaram (1999), S. 213, Bates (1996a), Bates (1996b), S. 603, Jiang (1999), S. 427. Gleiches gilt nach Untersuchungen von Taylor/Xu (1994) auch für Devisenoptionen.

2.3.2.2 Kurssprünge

Die Veränderung des Profils der impliziten Volatilitäten am US-Optionsmarkt nach dem Börsencrash 1987 deutet darauf hin, dass die Marktteilnehmer seit diesem Ereignis einen extremen Kurssturz für wahrscheinlicher halten als vorher.[116] Nicht zuletzt diese Strukturveränderung verleiht einem weiteren Erklärungsansatz für den Smile, den Kurssprüngen, große Attraktivität.[117] Wenn Kurssprünge auftreten, verläuft der Preisprozess diskontinuierlich. Es existiert keine dynamische Duplikationsstrategie mit dem Basispapier und einem risikolosen Zerobond, weshalb das Prinzip der präferenzfreien Bewertung nicht anwendbar ist.[118]

Die Auswirkung von Kurssprüngen auf die Optionsbewertung wurde zuerst von Merton (1976b) untersucht. Das Merton-Modell kombiniert einen kontinuierlichen Diffusionsprozess für den Aktienkurs mit einer diskontinuierlichen Sprungkomponente. Die stochastische Differenzialgleichung für die Kursentwicklung lautet:[119]

$$\frac{dS_t}{S_t} = (\mu - \lambda j_e)dt + \sigma dW_t + (J_t - 1)dQ_t(\lambda), \tag{2.61}$$

mit:

μ	=	konstanter momentaner Erwartungswert der Aktienrendite,
λ	=	mittlere Anzahl von Kurssprüngen je Zeiteinheit,
J	=	über die Zeit identisch und unabhängig verteilte Zufallsvariable, die angibt, um welchen Faktor sich der Aktienkurs im Falle eines Kurssprungs verändert,
j_e	=	$E(J-1)$ = Erwartungswert des relativen Kurssprungs,
Q	=	Poisson-Prozess mit einer identischen und unabhängigen Verteilung über die Zeit.

Die Veränderungen der Brownschen Bewegung dW_t und des Poisson-Prozesses dQ_t seien stochastisch unabhängig. Das Sprungdiffusionsmodell (2.61) unterstellt, dass der Preisprozess meistens einer geometrischen Brownschen Bewegung gehorcht, aber im Durchschnitt λ mal pro Jahr um einen zufälligen Betrag springt. Im Spezialfall $\lambda = 0$ geht die Kursdynamik in die bekannte Prozessannahme des Black/Scholes-Modells über. Annahmen über die Präferenzen der Marktteilnehmer werden im Merton-Modell durch die Unterstellung vermieden, dass die Sprungkomponente ein diversifizierbares, unsystematisches Risiko darstellt, das aus diesem Grund im Marktgleichgewicht nicht mit einer Risikoprämie entgolten wird. Der eindeutige Wert eines Call lässt sich dann schreiben als:

---

116 Diese veränderte Einschätzung wird zum Teil als „crash-o-phobia" bezeichnet; vgl. Andersen/Brotherton-Ratcliffe (1997/98).

117 Vgl. die empirischen Ergebnisse von Bates (1991), der die hohe implizite Volatilität von out-of-the-money Puts im Vorfeld des Börsencrashs als eine Art Versicherungsprämie gegen das Risiko eines Kurssturzes interpretiert (S. 1037).

118 Vgl. Merton (1976b), S. 132.

119 Die nachfolgende Modelldarstellung bezieht sich auf Merton (1976b).

$$C^M(S_t,\tau,X,r,\sigma)=\sum_{n=0}^{\infty}\frac{1}{n!}e^{-\lambda\tau}(\lambda\tau)^n E_{J(n)}\left[C(S_tJ(n)e^{-\lambda j_e\tau},\tau,X,r,\sigma)\right], \tag{2.62}$$

wobei C^M und C die Callpreise im Merton- bzw. Black/Scholes-Modell darstellen, jeweils als Funktion vom Kurs des Underlying, der Restlaufzeit ($\tau = T - t$), dem Basispreis, dem risikolosen Zinssatz und der Volatilität. Das Symbol $E_{J(n)}[\cdot]$ steht für den Erwartungsoperator über die Verteilung der Zufallsvariablen $J(n)$. Für diese gilt: $J(0) = 1$ und $J(n) = \prod_{i=1}^n J_i$ für $n \geq 1$ mit J_i ($i = 1, \ldots, n$) als identisch und unabhängig verteilte Kurssprünge.

Gleichung (2.62) vereinfacht sich zu einer geschlossenen Lösungsformel, wenn man annimmt, dass die Zufallsvariable J logarithmisch normalverteilt ist mit der Varianz $Var(\ln J) = \delta^2$ und dem Erwartungswert $E(\ln J) = \ln(j_e + 1) - \frac{1}{2}\delta^2$:[120]

$$C^M(S_t,\tau,X,r,\sigma)=\sum_{n=0}^{\infty}\frac{1}{n!}e^{-\lambda'\tau}(\lambda'\tau)^n C(S_t,\tau,X,r_n,\sigma_n), \tag{2.63}$$

mit:

$$\lambda' = \lambda(1+j_e), \quad r_n = r - \lambda j_e + \frac{n\ln(1+j_e)}{\tau} \quad \text{und} \quad \sigma_n^2 = \sigma^2 + \frac{n\delta^2}{\tau}.$$

Der Callpreis entspricht demnach der gewichteten Summe von Black/Scholes-Preisen, die einzeln unter der Annahme von genau n Kurssprüngen während der Optionslaufzeit berechnet werden. Als Gewichtungsfaktor dient die Wahrscheinlichkeit, dass bei einem Prozess mit einer mittleren Zahl λ' von Kurssprüngen je Zeiteinheit gerade n Kurssprünge auftreten.

In einer Folgearbeit geht Merton (1976a) der Frage nach, wie stark die Optionspreise seines Kurssprungmodells von den Black/Scholes-Preisen differieren. Dazu betrachtet er einen Investor, der den wahren Sprung-Diffusionsprozess nach (2.61) nicht kennt und fälschlicherweise von einer geometrischen Brownschen Bewegung ausgeht. Der Anleger schätzt die Volatilität aus einer historischen Renditezeitreihe für das Basispapier und setzt sie in die Black/Scholes-Gleichung ein, um den fairen Preis einer Option zu ermitteln. Trotz der falschen Prozessannahme erhält der Investor einen unverzerrten Schätzwert für die Volatilität, weil die Kurssprünge sich in den Renditen niederschlagen und dadurch automatisch in die Schätzung eingehen.[121] Für einen Vergleich der Modellpreise liegt daher die Annahme nahe, dass die Gesamtvarianz exakt ermittelt wird. Sie beträgt:[122]

---

[120] Für eine lognormalverteilte Zufallsvariable J mit $\ln J \sim N(E(\ln J), \delta^2)$ gilt: $E(J) = e^{E(\ln J)+\frac{1}{2}\delta^2}$, vgl. Hartung (1999), S. 151 f. Wegen der vorher eingeführten Definition $j_e = E(J-1)$ folgt $j_e = e^{E(\ln J)+\frac{1}{2}\delta^2} - 1$ und daraus die angegebene Formel.

[121] Zum formalen Nachweis vgl. Merton (1976a), S. 336 f.

[122] Vgl. z. B. Bates (1991), S. 1023.

$$\sigma^2 + \lambda\left(\alpha_j^2 + \delta^2\right) \quad \text{mit} \quad \alpha_j = E(\ln J). \tag{2.64}$$

Diesen Wert setzt der Anleger in die Black/Scholes-Formel ein, um den fairen Optionspreis zu errechnen. Dabei entsteht ein Bewertungsfehler, weil in Wahrheit annahmegemäß das Merton-Modell mit Kurssprüngen zutrifft. Merton (1976a) betrachtet den Fall eines Erwartungswerts der Sprunghöhe von Null ($j_e = 0$), woraus folgt: $\alpha_j = E(\ln J) = -\frac{1}{2}\delta^2$.[123] Diese Situation wird im Weiteren als *symmetrischer* Kurssprung bezeichnet.[124] Abbildung 2.21 zeigt im linken Abschnitt die Bewertungsfehler bei Anwendung des Black/Scholes-Modells, wobei die Preisdifferenz in Prozent vom diskontierten Ausübungspreis angegeben wird. Für die gleichen Parameterkonstellationen sind aus der rechten Hälfte der Abbildung jene Volalitäten ersichtlich, die in die Black/Scholes-Formel eingesetzt werden müssten, um den korrekten Preis des Merton-Modells zu erhalten. Der obere Teil der Abbildung beruht auf Parametern, die zu einer gesamten Standardabweichung der Renditen von 34, 8% führen, woran die kurssprungbedingte Streuung einen Anteil von 67% besitzt. Im Durchschnitt treten zwei Kurssprünge pro Jahr auf. Der mittlere Teil der Abbildung unterscheidet sich davon durch eine geringere Sprunghäufigkeit von durchschnittlich einem Sprung in zwei Jahren. Die gesamte Standardabweichung sinkt damit auf 24, 5%, wozu die Sprünge etwa ein Drittel beitragen. Im unteren Teil der Abbildung wird schließlich ein sehr seltener, aber unter Umständen extremer Kurssprung unterstellt.

Die Struktur der Kurvenverläufe ähnelt sich in den verschiedenen Parameterkonstellationen in hohem Maße. Die größten Preisdifferenzen treten bei Optionen am Geld auf: Sie werden vom Black/Scholes-Modell zu hoch bewertet, so dass ihre implizite Volatilität unterhalb der gesamten Renditestandardabweichung liegt. Der Wert aus dem Geld befindlicher Optionen wird hingegen mit der Black/Scholes-Formel unterschätzt. Die impliziten Volatilitäten weisen dadurch den typischen Smile auf. Er ist bei einer einwöchigen Restlaufzeit deutlich ausgeprägt, wird aber mit längerer Laufzeit schwächer. Bereits bei einer Optionslaufzeit von einem Monat sind im praktisch relevanten Bereich von Basispreis-Aktienkurs-Verhältnissen zwischen etwa 0,8 und 1,2 keine nennenswerten Unterschiede mehr feststellbar. Kurssprünge in der hier vorgestellten Gestalt können daher nur einen Smile bei kurzlaufenden Optionen erklären.[125]

---

123 In einer Reihe von Quellen wird dieser Fall angenommen und gleichzeitig im Widerspruch zu (2.64) eine Gesamtvarianz von $\sigma^2 + \lambda\delta^2$ unterstellt. Dazu gehören neben den Originalarbeiten von Merton (1976b) und Merton (1976a) die Untersuchungen von Jiang (1999), Ball/Torous (1985) und Jorion (1988). Auf diese Inkonsistenz weist Navas (2000) hin und analysiert im Detail die daraus resultierenden Konsequenzen für den Modellvergleich. Die in dieser Arbeit angeführten Berechnungen beruhen auf der genauen Varianzformel (2.64).

124 Siehe gleichermaßen Jiang (1999).

125 Diese aus den Beispielrechnungen abgeleitete Vermutung stimmt mit den Ergebnissen der ausführlichen Untersuchung von Das/Sundaram (1999) zur Auswirkung von Kurssprüngen überein.

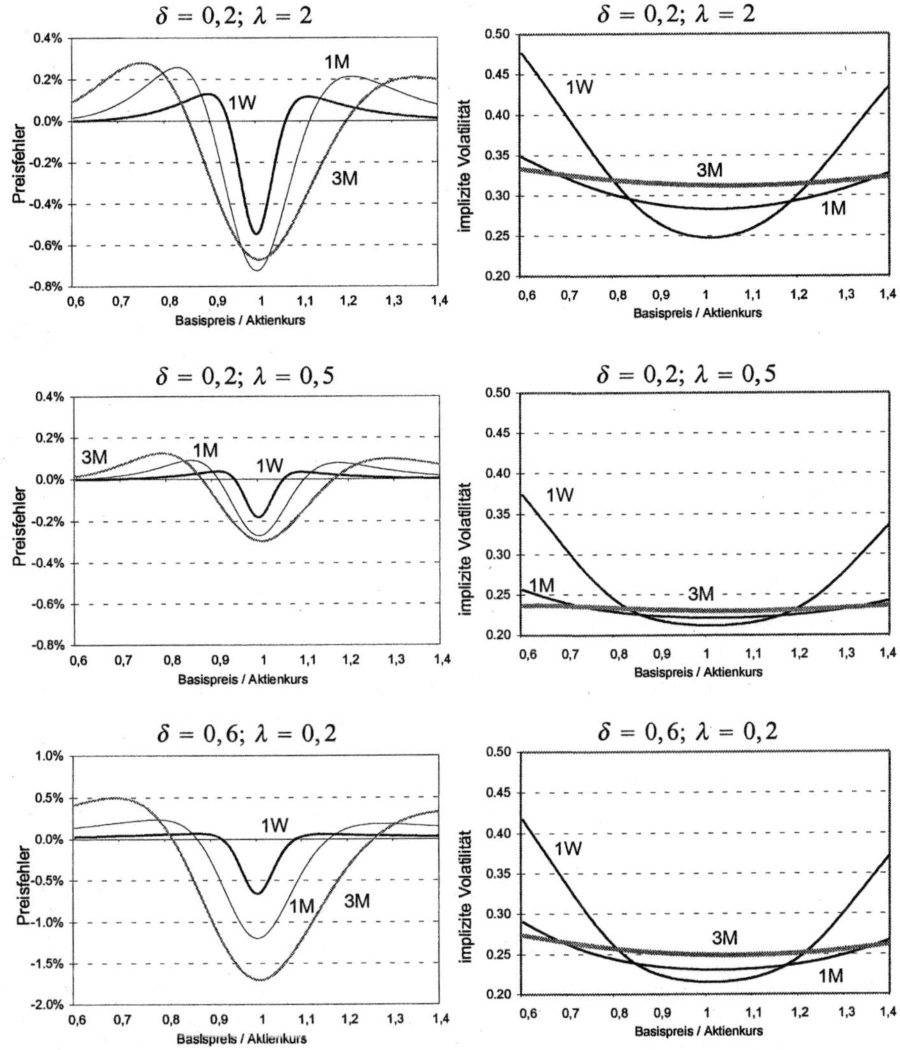

Abb. 2.21. Symmetrische Kurssprünge. *Links:* Differenz des „wahren" Werts nach dem Merton-Modell abzüglich Wert aus der Black/Scholes-Formel, ausgedrückt in Prozent vom diskontierten Ausübungspreis. *Rechts:* Implizite Black/Scholes-Volatilität. Feste Parameter: $k = 0$; $S_0 = 100$; $\sigma = 0,2$; $r = 0,05$. Restlaufzeit 1 Woche (1W), 1 Monat (1M) bzw. 3 Monate (3M)

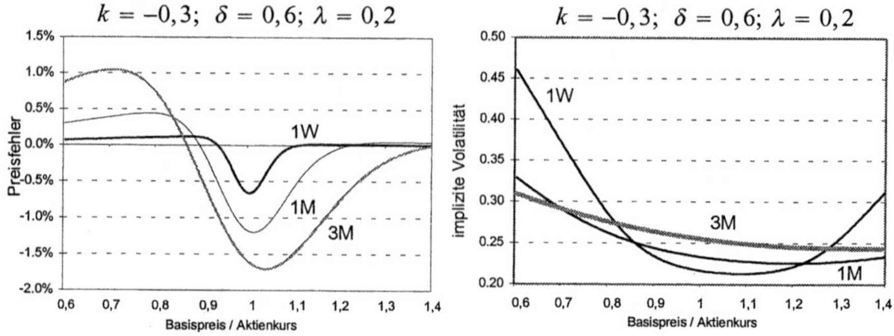

Abb. 2.22. Asymmetrische Kurssprünge. *Links:* Differenz des „wahren" Werts nach dem Merton-Modell abzüglich Wert aus der Black/Scholes-Formel, ausgedrückt in Prozent vom diskontierten Ausübungspreis. *Rechts:* Implizite Black/Scholes-Volatilität. Feste Parameter: $S_0 = 100$; $\sigma = 0,2$; $r = 0,05$. Restlaufzeit 1 Woche (1W), 1 Monat (1M) bzw. 3 Monate (3M)

Abbildung 2.22 zeigt die Auswirkung eines negativen Erwartungswerts der Sprunghöhe, also eines *asymmetrischen* Kurssprungs. In der betrachteten Parameterkonstellation gilt: $E(\ln J) = -0,537$. Durch die stark negative Rendite soll die Gefahr eines Börsencrash abgebildet werden. Jetzt verläuft auch die Smile-Kurve asymmetrisch; sie entspricht in ihrer Struktur dem typischen, an Aktienmärkten seit dem Börsencrash beobachteten Muster. Auch hier ist aber mit zunehmender Restlaufzeit eine starke Angleichung der impliziten Volatilitäten für verschiedene Basispreise zu beobachten.

2.3.2.3 Marktunvollkommenheiten

Eine andere Erklärung für den Smile-Effekt verweist auf Marktunvollkommenheiten wie Transaktionskosten, Handelsbeschränkungen und mangelnde Marktliquidität. Sie behindern den Arbitragemechanismus, auf dem das Black/Scholes-Modell beruht, so dass Wilmott feststellt: „Of course, the reality of the situation is that there are many reasons why risk-free hedging is impossible"[126]. Unter diesen Bedingungen existiert kein eindeutiger arbitragefreier Optionspreis, sondern eine Bandbreite von Preisen, die alle mit dem Arbitragefreiheitspostulat vereinbar sind. In einer empirischen Untersuchung von S&P 100-Indexoptionen findet Longstaff (1995) starke Anhaltspunkte für einen wesentlichen Einfluss von Transaktionskosten und Liquiditätseffekten. Allerdings betont Constantinides (1997) nach einer theoretischen Analyse, dass der Smile nicht in vollem Umfang auf Transaktionskosten zurückgeführt werden kann.

[126] Wilmott (1998), S. 334.

Da Transaktionskosten die Implementierung einer dynamischen Handelsstrategie erschweren, werden Optionshändler bestrebt sein, ein ausgewogenes Handelsbuch zu halten, in dem Kauf- und Verkaufspositionen sich ungefähr ausgleichen. Ist dies nicht möglich, weil die Mehrzahl der Kunden zu kaufen wünscht, werden sie für die davon betroffenen Optionen einen höheren Preis verlangen. Dieser Fall tritt in der Praxis oft bei aus dem Geld befindlichen Puts auf, die als Absicherungsinstrument begehrt sind, aber ohne einen Preisaufschlag keine Verkäufer finden.[127] Die Wirkung von Transaktionskosten auf die Optionsbewertung und das Hedging von Optionsrisiken wird im späteren Kapitel 4 dieser Arbeit näher untersucht.

[127] Vgl. McMillan (1996), Cochrane/Saá-Requejo (1997), Boyle/Vorst (1992), S. 285.

3. Optionspreise, implizite Verteilungen und implizite Kursprozesse

Der traditionelle Weg der Optionsbewertung beginnt mit einer Annahme über den Kursprozess des Basispapiers und entwickelt daraus einen arbitragefreien Wert für das derivative Finanzinstrument an einem vollkommenen Kapitalmarkt. Wenn die so erhaltenen Modellpreise von den empirisch beobachteten Optionspreisen systematisch abweichen, könnte versucht werden, die Prozessannahme so zu verändern, dass eine bessere Übereinstimmung erreicht wird. Solche Anpassungen laufen letztlich darauf hinaus, einen Kursprozess zu finden, der zu den Optionspreisen „passt“ und folglich mit dem Smile-Effekt kompatibel ist („Smile consistent option models“). Die Marktpreise dienen dabei als Informationsquelle für die Parameter des zugrunde liegenden Preisprozesses. Im einfachsten Fall gelangt man auf diese Weise zu einer „impliziten Volatilität“: Bereits ein einziger Optionspreis reicht bei Gültigkeit des Black/Scholes-Modells aus, um die Volatilität des Basispapiers zu berechnen. Analog dazu können bei Gültigkeit einer bestimmten, verallgemeinerten Kursverlaufsannahme die Parameter des Preisprozesses eindeutig aus einer Menge von Optionspreisen extrahiert werden. Der „implizite Preisprozess“ stimmt mit dem wahren überein, sofern eine erweiterte Form des Black/Scholes-Modells zutrifft. Die genauen Zusammenhänge, die der Gewinnung von Informationen aus Optionspreisen zugrunde liegen, sollen in diesem Kapitel beschrieben werden. Dabei geht es zunächst um die Bestimmung der Zustandspreisdichte für die durch den Aktienkurs ausgedrückten Umweltzustände im späteren Fälligkeitstermin. Im darauf folgenden Abschnitt wird auch der Kursverlauf bis zur Fälligkeit betrachtet.

Die skizzierte Richtung der Optionsbewertung hat große Bedeutung erlangt, seit in verschiedenen Ländern eine umfangreiche Datenbasis für Handelsabschlüsse an Terminbörsen zur Verfügung steht. Die Anwendungen impliziter Verteilungen und Prozesse sind vielfältig. Zu den wichtigsten Zielsetzungen gehört die Bepreisung exotischer Optionen, die in der Regel nicht an einem liquiden Marktplatz gehandelt werden. Die impliziten Prozessinformationen ermöglichen es, diese Optionen im Einklang mit Standardoptionen auf das gleiche Basispapier zu bewerten. Darauf wird in der Praxis großer Wert gelegt, weil ein Modell, das bereits die Marktpreise von Standardoptionen nur ungenau repliziert, bei exotischen Optionen noch erheblich größere Differenzen zwischen Modell- und Marktpreisen mit sich bringen kann. Die impliziten Informationen können außerdem im Risikomanagement eingesetzt werden, um Hedgekennzahlen für offene Optionsrisiken zu ermitteln.[1] In einer Reihe von Arbeiten wird des Weiteren untersucht, wie sich die impliziten Verteilungen nach bedeutenden politischen oder ökonomischen Ereignissen verändern.[2] Diese Art der Erfassung der Kapitalmarktreaktion bildet eine Alternative zu klassischen Ereignisstudien, in denen die Auswirkung eines Ereignisses anhand der abnormalen Aktienrendite gemessen wird. Schließlich dienen implizite Verteilungen auch dazu, Näheres über die Risikoeinstellung der Marktteilnehmer in Erfahrung zu bringen.[3]

3.1 Implizite Zustandspreisdichte

3.1.1 Theoretische Zusammenhänge

Auf Breeden/Litzenberger (1978) geht die Erkenntnis zurück, dass die Preise im Zeitpunkt t von europäischen Calls mit Fälligkeit im Termin T die Preise von Basiswertpapieren einschließen. Ein *Basiswertpapier* gewährt einen Zahlungsanspruch von 1, wenn bei Fälligkeit der Preis des Optionsunderlying einem ganz bestimmten Wert entspricht. Sonst verfällt das Basiswertpapier wertlos. Bei gegebenen Preisen aller möglichen Basiswertpapiere kann jeder andere Finanztitel, der eine vom Kurs des Underlying abhängige Zahlung leistet, eindeutig arbitragefrei bewertet werden. Bei der folgenden Herleitung wird ein vollkommener Kapitalmarkt vorausgesetzt, an dem keine Transaktionskosten, Steuern oder Handelsbeschränkungen existieren. Leerverkäufe sind kostenlos und unbeschränkt möglich. Arbitragegewinne sind ausgeschlossen.[4]

Es sei angenommen, dass der Kurs S_T des Underlying bei Fälligkeit nur Ausprägungen aus der Menge $\mathbf{K}$ annehmen kann, wobei $\mathbf{K}$ eine endliche geometrische Folge von realisierbaren Preisen ist, die im Bereich zwischen $S_t u^{-M}$ und $S_t u^M$ liegen:

$$\mathbf{K} = \{K : K = S_t u^i, i = 0, \pm 1, \pm 2, \dots, \pm M\}, \text{ mit } u > 1.$$

Der Bewertungszeitpunkt wird durch t gekennzeichnet. Der Preis in t eines europäischen Call mit Basispreis X und Fälligkeit im Zeitpunkt T sei mit $C'_t(X,T)$ bezeichnet. Das Symbol $\pi_t(K,T)$ für $K \in \mathbf{K}$ steht für den Preis eines Basiswertpapiers, das im Falle $S_T = K$ im Zeitpunkt T den Betrag 1 auszahlt. Dieser Preis heißt aus dem State-Preference-Ansatz heraus auch

[1] Vgl. z. B. Ait-Sahalia/Lo (2000).

[2] Vgl. z. B. Melick/Thomas (1997) und Gemmill/Saflekos (2000).

[3] Vgl. Rubinstein/Jackwerth (1997), Ait-Sahalia/Lo (2000), Jackwerth (2000) und Coutant (2000).

[4] Die Herleitung orientiert sich an Breeden/Litzenberger (1978). Für die möglichen, diskret verteilten Aktienkurse wird allerdings hier eine geometrische Folge unterstellt, während Breeden/Litzenberger (1978) von einer arithmetischen Folge mit äquidistanten Aktienkursabständen ausgehen.

Arrow-Debreu-Preis (AD-Preis). Jeder dieser Preise ist größer oder gleich null. Ihre Summe über alle möglichen Aktienkurse entspricht dem Wert eines Zerobond mit einer sicheren Rückzahlung von 1 in T:

$$\sum_{i=-M}^{M} \pi_t(S_t u^i, T) = e^{-r(T-t)}.$$

Falls alle Basiswertpapiere am Markt vorhanden sind und zum Preis von $\pi_t(K,T)$ notieren, kann jedes pfadunabhängige europäische Derivat mit einer zustandsabhängigen Auszahlung in Höhe von $h(S_t u^i)$ als Portfolio aus Basiswertpapieren dargestellt werden. Der arbitragefreie Wert $f(S_t, t)$ dieses Derivats lautet daher:

$$\begin{aligned} f(S_t, t) &= \sum_{i=-M}^{M} h(S_t u^i) \cdot \pi_t(S_t u^i, T) \\ &= e^{-r(T-t)} \sum_{i=-M}^{M} h(S_t u^i) \cdot \left[\pi_t(S_t u^i, T) e^{r(T-t)}\right]. \end{aligned} \tag{3.1}$$

Der Preis kann demnach berechnet werden, indem man $\pi_t(S_t u^i, T)e^{r(T-t)}$ als Eintrittswahrscheinlichkeit für das Ereignis $S_T = S_t u^i$ auffasst und den auf dieser Grundlage ermittelten Erwartungswert der späteren Auszahlung risikolos diskontiert.

Aktienkurs-bereich	Auszahlung 1. Long Call	Auszahlung 2. Long Call	Auszahlung Short Call	Auszahlung gesamt
$S_T \leq K/u$	0	0	0	0
$S_T = K$	0	1	0	1
$S_T \geq Ku$	$\frac{S_T - Ku}{K(u-1)}$	$\frac{u(S_T - K/u)}{K(u-1)}$	$-\frac{(1+u)(S_T-K)}{K(u-1)}$	0

Tabelle 3.1. Auszahlungsstruktur eines Butterfly-Spread

Es sei angenommen, dass Calls mit Fälligkeit T und beliebigen Basispreisen $K \in \mathbf{K}$ gehandelt werden. Die AD-Preise ergeben sich dann aus dem Arbitragefreiheitspostulat. Um dies zu zeigen, wird ein *Butterfly-Spread* konstruiert, der aus

- $\frac{1}{K(u-1)}$ Calls mit Basispreis Ku (1. Long Call),
- $\frac{u}{K(u-1)}$ Calls mit Basispreis K/u (2. Long Call), sowie
- einer Short-Position von $\frac{1+u}{K(u-1)}$ Calls mit Basispreis K

besteht. Tabelle 3.1 beschreibt die Auszahlungsstruktur dieses Portfolios. Die Auszahlung bei einem Aktienkurs $S_T = K$ beträgt:

$$\frac{u}{K(u-1)}(K - K/u) = 1,$$

weil nur die Option mit Basispreis K/u ausgeübt wird. Bei jedem Aktienkurs $S_T \neq K$ heben sich Gewinne und Verluste der einzelnen Komponenten des Portfolios zu einer Gesamtauszahlung von Null auf. Zu beachten ist, dass die Ereignisse $K/u < S_T \leq K$ und $K < S_T \leq Ku$ wegen der diskreten Modellierung des Aktienkurses zu $S_T = K$ bzw. $S_T = Ku$ vereinfacht werden können. Aufgrund der gleichen Zahlungsstruktur entspricht an einem arbitragefreien Markt der AD-Preis dem Wert des Butterfly-Spread:[5]

$$\pi_t(K,T) = \frac{C_t'(Ku,T) - (1+u)C_t'(K,T) + uC_t'(K/u,T)}{K(u-1)}, \quad K \in \mathbf{K}. \quad (3.2)$$

Beim Grenzübergang zur kontinuierlichen Verteilung des Aktienkurses bei Fälligkeit ($u \to 1, M \to \infty$) geht (3.1) über in:

$$f(S_t,t) = e^{-r(T-t)} \int_0^\infty h(s) \cdot q_t(s,T) ds \quad (3.3)$$

mit:

$$q_t(s,T) = \lim_{u \to 1} \frac{\pi_t(s,T) e^{r(T-t)}}{s(u-1)}, \quad s = S_t u^i, \quad i \in \mathbb{Z}.$$

Dabei bezeichnet $h : \mathbb{R}^+ \to \mathbb{R}$ nunmehr die kontinuierliche Auszahlungsfunktion in Abhängigkeit vom Aktienkurs bei Fälligkeit. Die äquivalente Darstellungsweise von (3.2):

$$\frac{\pi_t(K,T)}{K(u-1)} = \frac{\frac{C_t'(Ku,T) - C_t'(K,T)}{K(u-1)} - \frac{C_t'(K,T) - C_t'(K/u,T)}{K(1-1/u)}}{K(u-1)} \quad (3.4)$$

verdeutlicht, dass der Term $\frac{\pi_t(K,T)}{K(u-1)}$ eine Änderung von Differenzenkoeffizienten der Callpreisfunktion widerspiegelt. Infolgedessen entspricht der Grenzwert $\lim_{u \to 1} \frac{\pi_t(s,T)}{s(u-1)}$ der zweiten Ableitung der (kontinuierlichen) Callpreisfunktion nach dem Basispreis an der Stelle $X = s$. Folglich gilt unter der Voraussetzung der zweifachen Differenzierbarkeit der Callpreisfunktion nach dem Basispreis:

$$q_t(s,T) = e^{r(T-t)} \frac{\partial^2 C_t'(X,T)}{\partial X^2} \bigg|_{X=s} . \quad (3.5)$$

Wie (3.3) demonstriert, kann die Funktion q_t, in Analogie zur Funktion π_t im diskreten Fall, als Wahrscheinlichkeitsdichte interpretiert werden. Die zugehörige Verteilungsfunktion $\int_0^x q_t(s,T)ds$ gibt die implizite Wahrscheinlichkeit dafür an, dass die Zufallsgröße S_T unterhalb von x liegt, gegeben die Callpreise im Zeitpunkt t. Unter diesem Wahrscheinlichkeitsmaß entspricht damit der diskontierte Erwartungswert der Auszahlung eines beliebigen europäischen Derivats auf das betrachtete Underlying dem eindeutigen

[5] Vgl. auch Britten-Jones/Neuberger (2000), S. 842.

arbitragefreien Gegenwartswert des Derivats. Weil die Funktion q_t für die Zwecke der Bewertung als Wahrscheinlichkeitsdichte aufgefasst werden darf, auch wenn sie nicht die Wahrscheinlichkeiten für das Eintreffen der möglichen Umweltzustände in der realen Welt wiedergibt, spricht man von „Als-ob-Wahrscheinlichkeiten" oder „Pseudowahrscheinlichkeiten". Diese werden gemäß (3.5) eindeutig durch die Callpreisfunktion determiniert.

Das Bewertungsergebnis beruht allein auf der Tatsache, dass es an einem vollkommenen Kapitalmarkt möglich ist, durch geschickte Kombination von Calls mit einer bestimmten Restlaufzeit jedes beliebige Zahlungsprofil bei Fälligkeit zu erzeugen. Daher kann es kein pfadunabhängiges europäisches Derivat mit identischer Laufzeit und gleichem Underlying geben, das dem Kapitalmarkt ein innovatives Zahlungselement hinzufügt. Die vorhandenen Standardoptionen decken bereits alle denkbaren Zahlungsprofile ab. Die Preise der Calls für beliebige Basispreise implizieren deshalb die eindeutigen arbitragefreien Preise aller anderen pfadunabhängigen europäischen Derivate.

Für die Herleitung von (3.3) und (3.5) ist es unerheblich, ob ein Call durch eine dynamische Handelsstrategie mit dem zugrunde liegenden Wertpapier und einem Zerobond perfekt dupliziert werden kann. In diesem Sinne wurde keine Vollständigkeit des Marktes vorausgesetzt. Mithin musste auch keine Annahme über den Prozess des Underlyingkurses getroffen werden.[6] Da keine präferenzfreie Bewertung der Calls vorliegen muss, ist in diesem Zusammenhang die Bezeichnung von q als „risikoneutrale Wahrscheinlichkeitsdichte" potenziell irreführend.[7] In dieser Arbeit wird stattdessen der Begriff der Zustandspreisdichte verwendet.[8] Die Zustandspreise werden dabei gemäß (3.5) als Forwardpreise ausgedrückt.

3.1.2 Numerische Berechnungsverfahren

In Anbetracht von (3.5) könnte die Zustandspreisdichte problemlos ermittelt werden, wenn die exakten Callpreise für alle möglichen Basispreise von Null bis unendlich bekannt wären.[9] Diese Prämisse ist aber in der Realität nie erfüllt, weil die verfügbaren Basispreise in der Regel lückenhaft sind. Insbesondere fehlen oft Optionen mit sehr niedrigen und sehr hohen Basispreisen, so dass die Daten nur wenig Informationen über die Ränder der impliziten Verteilung enthalten.[10] Durch eine begrenzte Zahl von Optionspreisen wird

---

[6] Siehe auch Breeden/Litzenberger (1978), S. 628, und Cont (1997), S. 6.

[7] Er wird gleichwohl in diesem Zusammenhang oft verwendet, vgl. z. B. Jackwerth (1999), S. 67, Skiadopoulos (1999), S. 3, und Bondarenko (2000), S. 6.

[8] So auch Cont (1997), S. 6.

[9] Vgl. Jackwerth/Rubinstein (1996), S. 1618 f.

[10] Vgl. Bondarenko (2000), S. 2. Informationen über die Randwahrscheinlichkeiten können aus der ersten Ableitung der Callpreisfunktion nach dem Basispreis gewonnen werden, vgl. Neuhaus (1995), S. 41 f. Diese Ableitung führt, mit negativem Vorzeichen, zur Zustandspreis*verteilung*, während man nach dem Verfahren von Breeden/Litzenberger die Zustandspreis*dichte* erhält.

die Zustandspreisdichte nicht eindeutig determiniert, weil die Verteilung ohne vorgegebene Restriktionen unendlich viele Freiheitsgrade besitzt.[11] Die in der Literatur vorgeschlagenen Berechnungsverfahren unterscheiden sich hauptsächlich in den Kriterien, nach denen eine Auswahl aus den möglichen Verteilungen getroffen wird. Die Methoden setzen entweder an Formel (3.5) oder an der Bewertungsgleichung (3.3) an. Im ersten Fall (Abschn. 3.1.2.1) wird zunächst auf der Basis der bekannten Optionspreise die kontinuierliche Funktion des Callpreises in Abhängigkeit vom Basispreis geschätzt. Die zweite Ableitung dieser Funktion nach dem Basispreis ergibt gemäß (3.5) die gesuchte Zustandspreisdichte. Im zweiten Fall (Abschn. 3.1.2.2) wird aus einer Menge von Verteilungsfunktionen, die bestimmte ökonomisch plausible Eigenschaften erfüllen, diejenige ausgewählt, die eine größtmögliche Übereinstimmung mit den beobachteten Optionspreisen herstellt.[12] Im Folgenden wird ohne den Anspruch auf Vollständigkeit ein kurzer Überblick über die wichtigsten Methoden gegeben.

3.1.2.1 Modellierung der Basispreisstruktur der impliziten Volatilitäten

Wenn Optionen mit diskreten Basispreisabständen gehandelt werden, könnte die zweite Ableitung der Callpreisfunktion mit Hilfe finiter Differenzen gemäß (3.4) angenähert werden. Bekanntlich unterliegt aber die Schätzung von Ableitungen aus messfehlerbehafteten diskreten Daten einer großen Ungenauigkeit.[13] Deshalb wird meist versucht, zunächst die Funktion des Callpreises in Abhängigkeit vom Basispreis aufzustellen. Diese Funktion wird daraufhin analytisch oder numerisch differenziert, um die Zustandspreisdichte zu erhalten.

Die Callpreisfunktion nimmt bei einem Basispreis von Null den Wert des Aktienkurses an und nähert sich bei steigendem Basispreis asymptotisch der Nulllinie. Ein solcher Verlauf ließe sich nur durch eine nichtlineare Regressionsfunktion abbilden. Dabei ist aber zum einen unklar, welcher Funktionstyp die Daten korrekt beschreibt, zum anderen wirft eine nichtlineare Regressionsfunktion Schätzprobleme auf. Aus diesen Gründen liegt es vor dem Hintergrund des oben beschriebenen Smile-Effekts nahe, anstelle der Optionspreise die implizite Black/Scholes-Volatilität als abhängige Variable des Regressionsmodells zu verwenden.[14] Die Basispreisstruktur der impliziten Volatilitäten lässt sich danach leicht und eindeutig in die Callpreisfunktion überführen.

Abbildung 3.1 zeigt beispielhaft drei Verläufe der impliziten Volatilitäten und die jeweils zugehörige Zustandspreisdichte. Der Verlaufstyp 1 entspricht

[11] Vgl. Cont (1997), S. 18.

[12] Ein Überblick über die Methoden findet sich auch bei Jackwerth (1999) und Cont (1997).

[13] Vgl. Bondarenko (2000), S. 2, Cont (1997), S. 17.

[14] Dieser Ansatz geht auf Shimko (1993) zurück.

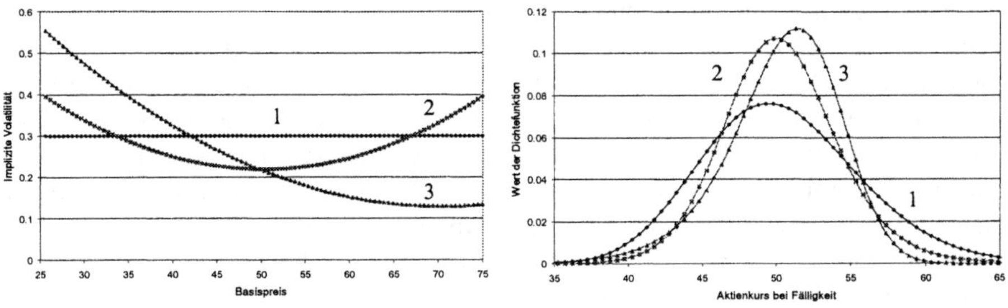

Abb. 3.1. Basispreisstrukturen impliziter Volatilitäten und zugehörige Zustandspreisdichten. Zugrunde liegende Daten: aktueller Aktienkurs: 50, stetiger risikofreier Zinssatz: 5%, Restlaufzeit: 45 Kalendertage

dem Black/Scholes-Fall einer konstanten Volatilität und demzufolge einer Lognormalverteilung der Zustandspreise. Ein „echter" Smile (Typ 2) oder Skew (Typ 3) impliziert jeweils eine leptokurtische Dichte. Diese bildet eine linksschiefe Form aus, wenn die impliziten Volatilitäten monoton abnehmen (Typ 3).

Jenseits des Spektrums verfügbarer Basispreise wird man die Regressionsfunktion nicht unbegrenzt extrapolieren können, weil sie an den Rändern nicht durch Marktpreise abgesichert wird. Mangels besserer Informationen fügt Shimko (1993) der geschätzten Dichtefunktion lognormalverteilte Enden hinzu, wobei sich aber Verstöße gegen das Postulat der Arbitragefreiheit ergeben. Diesen Nachteil behebt ein neues Verfahren von Brunner/Hafner (2002). Die separate Modellierung der Verteilungsenden soll nach einem Vorschlag von Malz (1997) vermieden werden, indem ein Regressionszusammenhang zwischen dem Optionsdelta und der impliziten Volatilität geschätzt wird.[15] Dieser soll für den gesamten Definitionsbereich des Delta gelten. Für die genaue Modellierung des Smile werden in der Literatur zum Teil quadratische Polynome verwendet,[16] häufig aber auch erweiterte Spline-Regressionsmodelle[17]. Darüber hinaus können nicht-parametrische Schätzverfahren eingesetzt werden.[18]

3.1.2.2 Optimierte Anpassung an beobachtete Optionspreise

In diesem Abschnitt werden Verfahren beschrieben, die unmittelbar auf dem Bewertungszusammenhang (3.3) aufbauen. Eine erste Untergruppe dieser

---

[15] Siehe auch Bliss/Panigirtzoglou (1999).

[16] Vgl. Shimko (1993).

[17] Vgl. z. B. Brown/Toft (1999), Campa et al. (1998) und Bliss/Panigirtzoglou (1999).

[18] Zur Anwendung solcher Verfahren in der Optionsbewertung vgl. z. B. Hermann (1999).

Methoden fordert eine exakte Übereinstimmung mit den Marktpreisen von Optionen. Unter dieser Restriktion wird das Ziel verfolgt, bestimmte wünschenswerte Eigenschaften der Zustandspreisdichte zu optimieren. Bei den Verfahren der zweiten Untergruppe sind die Bezüge von Zielsetzung und Restriktionen vertauscht. Die Restriktionen beziehen sich nun auf die Merkmale der Dichtefunktion, indem entweder nur bestimmte parametrische Funktionstypen zugelassen oder Anforderungen an die „Glätte" der Funktion gestellt werden. Ziel ist es, ein Maß für den Abstand zwischen errechneten und beobachteten Optionspreisen zu minimieren.

3.1.2.2.1 Optimierung der Zustandspreisdichte unter der Restriktion der genauen Erklärung der Marktpreise

Eine begrenzte Zahl verfügbarer Optionspreise ist mit mehr als einer Dichtefunktion vereinbar.[19] Um dennoch zu einer eindeutigen Lösung zu gelangen, haben Buchen/Kelly (1996) und Stutzer (1996) die Anwendung des *Prinzips der maximalen Entropie* vorgeschlagen. In der Informationstheorie bezeichnet die Entropie ein Maß für den Informationsgehalt einer Wahrscheinlichkeitsverteilung.[20] Sie wird hier im diskreten Modell vorgestellt. Sei $\mathbf{p} \in \mathbb{R}^L$ ein Wahrscheinlichkeitsvektor mit den Elementen p_l, dann heißt:

$$H(\mathbf{p}) = -\sum_{l=1}^{L} p_l \ln(p_l) \tag{3.6}$$

Entropie von $\mathbf{p}$. Dabei gilt die Konvention $0 \cdot \ln(0) = 0$. Der Informationsgehalt der Verteilung ist maximal, wenn nur eines der Ereignisse l möglich ist und alle anderen Wahrscheinlichkeiten Null betragen. Es ergibt sich dann ein Funktionswert $H(\mathbf{p}) = 0$. Für gegebenes L ist der Informationsgehalt umgekehrt am geringsten, wenn jeder Zustand gleich wahrscheinlich ist, so dass $p_l = 1/L \; \forall l$. In diesem Fall erreicht die Funktion $H(\mathbf{p})$ ihr Maximum in Höhe von $-\ln(1/L)$. Offensichtlich steigt das Maximum mit wachsender Anzahl L potenzieller Zustände an. Eine Gleichverteilung der Wahrscheinlichkeiten wird man sinnvollerweise nur annehmen, wenn keinerlei Informationen vorliegen, die eine Differenzierung der Eintrittswahrscheinlichkeiten verschiedener Zustände erlauben. Allgemein fordert das Prinzip der maximalen Entropie, den Funktionswert $H(\mathbf{p})$ unter Beachtung der eventuell vorhandenen Informationen zu maximieren. Gesucht wird also die Wahrscheinlichkeitsverteilung, die zwar die gegebenen Informationen berücksichtigt, unter dieser Restriktion aber den geringsten Informationsgehalt aufweist. Man könnte diese

[19] Es existiert allerdings keine mit den Preisen kompatible Dichtefunktion, wenn das Arbitragefreiheitspostulat verletzt ist.

[20] Vgl. zum Begriff der Entropie Shannon (1948) sowie zum Prinzip der maximalen Entropie als Schätzmethode unter unvollständigen Informationen Jaynes (1957).

Wahrscheinlichkeiten als die vorurteilsfreisten bezeichnen. Sie weisen von allen in Frage kommenden Verteilungen die geringst mögliche Differenzierung nach Zuständen auf.

Angewendet auf das Problem der Schätzung der Zustandspreisverteilung, wird $H(\mathbf{p})$ gemäß (3.6) unter der Nebenbedingung maximiert, dass alle im Zeitpunkt $t = 0$ beobachteten Callpreise $C'(X_i, T), i = 1, \ldots, N$, korrekt reproduziert werden, so dass gilt:

$$C'(X_i, T) = e^{-rT} \sum_{l=1}^{L} (S_{Tl} - X_i)^+ p_l \quad \forall\, i,$$

mit S_{Tl} als Aktienkurs bei Fälligkeit im Zustand l. Auch der gegenwärtige Preis der Aktie kann einbezogen werden, indem die Aktie als Kaufoption auf sich selbst mit einem Ausübungspreis von Null interpretiert wird. Außerdem sind die Bedingungen:

$$\sum_{l=1}^{L} p_l = 1 \quad \text{und} \quad p_l \geq 0, \ l = 1, \ldots, L,$$

zu beachten.

Unter Umständen liegen Informationen über den unbekannten Wahrscheinlichkeitsvektor $\mathbf{p}$ in Form eines *a priori-Wahrscheinlichkeitsvektors* $\mathbf{q} = (q_1, q_2, \ldots, q_L)'$ vor. So nimmt Rubinstein (1994) a priori eine (diskretisierte) Lognormalverteilung für den Aktienkurs bei Fälligkeit an. Ziel ist es nunmehr, den Abstand der geschätzten zur a priori-Wahrscheinlichkeitsverteilung zu minimieren. Als Abstandsmaß dient in dieser Situation oft der *Kullback-Leibler-Informationskoeffizient*, der auch *Cross-Entropie* genannt wird und in Anlehnung an die Entropie wie folgt definiert ist:[21]

$$\begin{aligned} I(\mathbf{p}) &= \sum_{l=1}^{L} p_l \ln\left(\frac{p_l}{q_l}\right) \\ &= \sum_{l=1}^{L} p_l \ln(p_l) - \sum_{l=1}^{L} p_l \ln(q_l). \end{aligned}$$

Die informationsökonomischen Entropiemaße zeichnen sich durch die Definition eines begründeten, wenig willkürlichen Optimierungskriteriums aus. Das Fehlen jeglicher Anforderungen an die „Glätte" der Funktion hat aber den Nachteil, dass sich in der praktischen Anwendung stark gezackte Verteilungen ergeben.[22] Solche abrupten Änderungen der Zustandspreisverteilung

---

[21] Vgl. Kullback/Leibler (1951). Nach Berechnungen von Jackwerth/Rubinstein (1996), S. 1621, führen andere Zielkriterien wie die Minimierung der Summe der absoluten Differenzen der Wahrscheinlichkeiten p_l und q_l bei Analyse von Preisen der S&P 500-Optionen oft zu ähnlichen Ergebnissen wie das Kriterium der Cross-Entropie.

[22] Vgl. Cont (1997), S. 19, Jackwerth/Rubinstein (1996), S. 1621.

erscheinen ökonomisch nicht plausibel und werden normalerweise auf ungenaue Daten zurückzuführen sein. Zum Beispiel kann die Anforderung, alle Optionspreise zeitgleich in einer Momentaufnahme zu erheben, in der Realität nie vollständig erfüllt werden. Je geringer die Marktliquidität, umso größer muss in der Regel das Zeitfenster gewählt werden, um ein ausreichendes Spektrum von Basispreisen abzudecken. Dann aber beziehen sich die Optionspreise nicht mehr alle auf den gleichen Preis des Basistitels. Für derartige Situationen ungenauer Daten schlagen Jackwerth/Rubinstein (1996) vor, die Entropie durch ein Zielkriterium zu ersetzen, das die Glätte der Funktion reflektiert.[23]

3.1.2.2.2 Optimierung der Preisanpassung unter der Restriktion bestimmter Eigenschaften der Zustandspreisdichte

Methoden mit Restriktionen hinsichtlich der Zustandspreisdichte können in die drei Gruppen der gemischten Verteilungen, der Reihenentwicklung und der Ansätze mit anderen, durch spezielle Funktionen darstellbaren Verteilungen eingeteilt werden.

Die einfachste und verbreitetste Form der Mischungsverfahren modelliert die Zustandspreisverteilung als Kombination von unterschiedlichen Lognormalverteilungen. Durch Variation der enthaltenen Parameter und der Gewichte der einzelnen Verteilungen wird eine möglichst genaue Preisanpassung angestrebt.[24] Die Attraktivität dieses Verfahrens beruht insbesondere auf der engen Verbindung zum Black/Scholes-Modell. Der Preis einer Option entspricht in diesem Mischungsansatz dem gewichteten Mittelwert der Black/Scholes-Preise für die angenommenen Volatilitäten. Es handelt sich daher um eine mathematisch gut handhabbare Möglichkeit, gegenüber der Lognormalverteilung mehr Flexibilität zu gewinnen, um die notierten Optionspreise nachzubilden und breitere Enden der Verteilung im Vergleich zu einer einzelnen Lognormalverteilung zu modellieren. Eine ökonomische Begründung für die Mischungsannahme kann darin bestehen, dass aus der Sicht des Bewertungszeitpunkts unterschiedliche Regime der Aktienkursentwicklung möglich erscheinen, deren Eintritt zum Beispiel von einer bevorstehenden Wahl oder einer Zentralbankentscheidung abhängt.[25]

Eine zweite Gruppe von Verfahren geht davon aus, dass sich der Zusammenhang zwischen einer vorab bestimmten Wahrscheinlichkeitsdichte – zum Beispiel der Lognormalverteilung – und der gesuchten Zustandspreisdichte durch eine Integraltransformation[26] beschreiben lässt. Die Zustandspreisdichte kann dann asymptotisch durch eine Reihenentwicklung des Integrals be-

[23] Vgl. Jackwerth/Rubinstein (1996), S. 1621 f.

[24] Vgl. zur Anwendung auf verschiedene Optionsmärkte Melick/Thomas (1997).

[25] Kritisch zur ökonomischen Rechtfertigung der Mischungsannahme äußert sich Cont (1997).

[26] Vgl. zur Definition einer Integraltransformation z. B. Bronstein et al. (1997), S. 658.

stimmt werden. Wird die unendliche Reihe nach einer begrenzten Zahl von Summanden abgeschnitten, erhält man eine Approximation der gesuchten Zustandspreisdichte. Diese wiederum wird verwendet, um – auf analytischem oder numerischem Wege – theoretische Callpreise zu errechnen. Die freien Parameter der Formel für die Zustandspreisdichte werden daraufhin so festgelegt, dass die beobachteten Marktpreise möglichst gut erklärt werden.[27] Ein Problem dieser Methode besteht darin, dass negative Werte der approximierten Zustandspreisverteilung auftreten können.[28]

Die dritte Verfahrensgruppe greift auf spezielle Funktionen zur Beschreibung der Zustandspreisdichte zurück. In den meisten Fällen werden dafür Funktionen ausgewählt, die eine größere Zahl von Parametern beinhalten als die Lognormalverteilung und deswegen auch eine größere Flexibilität besitzen. Hierzu gehören zum Beispiel verallgemeinerte Beta-Funktionen.[29]

Zwar bestehen große methodische Unterschiede zwischen den in diesem Kapitel skizzierten Verfahren zur Schätzung der Zustandspreisdichte, gleichwohl haben Vergleichsstudien ergeben, dass die Ergebnisse nur bei Vorliegen einer sehr geringen Zahl von Optionspreisen oder ungenauer Daten deutlich auseinanderfallen.[30] Solche Datenmängel sind bei der im empirischen Teil dieser Arbeit untersuchten DAX-Option nicht zu erwarten. Dort erweist sich die Modellierung der Basispreisstruktur der impliziten Volatilitäten (s. Abschn. 3.1.2.1) als einfache, zugleich robuste und anschauliche Methode zur Schätzung der Zustandspreisdichte.

3.2 Impliziter risikoneutraler Kursprozess auf vollständigen Märkten

3.2.1 Theoretische Zusammenhänge

Um pfadabhängige Optionen zu bewerten oder Hedgekennzahlen für Standardoptionen zu berechnen, reicht die Kenntnis der Zustandspreisdichte für die Optionsfälligkeit nicht aus. Benötigt wird zusätzlich der Kursprozess, der die Endverteilung generiert. Dieser lässt sich nicht eindeutig aus den Zustandspreisdichten für alle Zeitpunkte bis zur Fälligkeit bestimmen.[31] Mit

---

[27] Varianten dieses Verfahrens sind die Edgeworth Reihenentwicklung, angewendet u. a. von Jarrow/Rudd (1982), die Gram-Charlier Reihenentwicklung, eingesetzt von Corrado/Su (1996) und Navatte/Villa (2000), sowie die Reihenentwicklung mit Hermiteschen Polynomen, siehe Madan/Milne (1994) und Coutant (2000).

[28] Vgl. Jackwerth (1999), S. 68, Cont (1997), S. 12.

[29] Verallgemeinerte Beta-Funktionen mit vier Parametern werden von Bookstaber/McDonald (1987) herangezogen. Diese beinhalten unter anderem die Lognormalverteilung als Spezialfall.

[30] Vgl. Campa et al. (1998), Jackwerth (1999), S. 71, Navatte/Villa (2000), S. 43.

[31] Vgl. Dupire (1997), S. 106, Jackwerth (1999), S. 73, und im diskreten Fall Britten-Jones/Neuberger (2000), S. 845.

den impliziten Verteilungen können zum Beispiel verschiedene Prozesse mit Kurssprüngen oder stochastischen Volatilitäten kompatibel sein. Beschränkt man sich allerdings auf verallgemeinerte Diffusionsprozesse der Form:

$$dS_t = \mu(S_t, t)S_t dt + \sigma(S_t, t)S_t dW_t \tag{3.7}$$

bzw., in Integralschreibweise:

$$S_t = S_0 + \int_0^t \mu(S_s, s)S_s ds + \int_0^t \sigma(S_s, s)S_s dW_s,$$

so existiert – unter einigen technischen Regularitätsbedingungen – genau ein Prozess, der die Zustandspreisverteilungen und damit die beobachteten Callpreise erklärt.[32] Aus der Funktion gegenwärtiger Callpreise in Abhängigkeit von beliebigen Laufzeiten und Basispreisen kann dann der zugrunde liegende Kursprozess eindeutig bestimmt werden. Dieser wird schließlich zur Bewertung pfadabhängiger Optionen herangezogen. Die Erweiterung gegenüber den Black/Scholes-Annahmen besteht in der Modellierung der momentanen erwarteten Rendite μ und der Volatilität σ als deterministische Funktion der Zeit und des Aktienkurses (DVF-Modell): $\mu : [0,T] \times \mathbb{R}^+ \longrightarrow \mathbb{R}$ und $\sigma : [0,T] \times \mathbb{R}^+ \longrightarrow \mathbb{R}^+$.[33] Die Anwendung der auf die Diffusion (3.7) bezogenen Erkenntnisse der Theorie stochastischer Prozesse auf die vorliegende Problemstellung geht auf Dupire (1994) und Dupire (1997) zurück. An diesen Originalaufsätzen sowie den Beiträgen von Andersen/Brotherton-Ratcliffe (1997/98) und Derman/Kani (1994)[34] orientieren sich die Ausführungen dieses Abschnitts.

Trifft die verallgemeinerte Diffusionsgleichung (3.7) zu, so existiert weiterhin eine dynamische Handelsstrategie mit der Aktie und einem risikofreien Zerobond, die das Auszahlungsprofil einer europäischen, nicht pfadabhängigen Option perfekt nachbildet. Die Vollständigkeit des Marktes bleibt erhalten, weil unverändert nur eine Unsicherheitsquelle – der Aktienkurs – vorhanden ist. Mit den gleichen Argumenten wie in Abschnitt 2.1.2 kann daher gezeigt werden, dass bei Arbitragefreiheit die parabolische partielle Differenzialgleichung:

$$\frac{\partial f(S,t)}{\partial t} = rf(S,t) - rS\frac{\partial f(S,t)}{\partial S} - \frac{1}{2}\sigma^2(S,t)S^2\frac{\partial^2 f(S,t)}{\partial S^2} \tag{3.8}$$

als Verallgemeinerung des Falls einer konstanten Volatilität gemäß (2.10) gilt.[35]

[32] Vgl. zur Existenz und Eindeutigkeit einer Lösung der stochastischen Differenzialgleichung (3.7) z. B. Kloeden/Platen (1999), S. 127-134.

[33] Ein Spezialfall eines solchen Volatilitätsprozesses ist der „Constant Elasticity of Variance (CEV)" Prozess, der bereits von Cox/Ross (1976) in die Optionsbewertung eingeführt wurde.

[34] Vgl. Derman/Kani (1994), S. 39.

[35] Vgl. z. B. Fouque et al. (2000), S. 38, Andersen/Brotherton-Ratcliffe (1997/98), S. 9.

Die Vollständigkeit des Finanzmarkts schließt insbesondere die Möglichkeit ein, Standardcalls mit beliebigen Basispreisen und Fälligkeiten mittels einer dynamischen Duplikationsstrategie zu kreieren. Mit den Ergebnissen aus Abschnitt 3.1.1 lässt sich der Preis eines europäischen Derivats daher nach (3.3) als diskontierter Erwartungswert der Fälligkeitszahlung unter der risikoneutralen Wahrscheinlichkeitsdichte q_t schreiben.[36] Diese Dichtefunktion erfüllt bei gegebenem Wert S_t die Fokker-Planck-Gleichung (Kolmogorov „forward equation"):

$$\frac{\partial q_t(s,t')}{\partial t'} = \frac{1}{2}\frac{\partial^2\left(\sigma^2(s,t')s^2 q_t(s,t')\right)}{\partial s^2} - r\frac{\partial\left(s q_t(s,t')\right)}{\partial s}, \quad t' \in (t,T],\ s \in \mathbb{R}^+.$$

Setzt man Beziehung (3.5) in diese Gleichung ein, ergibt sich nach Division durch $e^{r(T-t)}$ für $t' \in (t,T]$, $X \in \mathbb{R}^+$:

$$\frac{\partial^2}{\partial X^2}\frac{\partial C_t'(X,t')}{\partial t'} + r\frac{\partial^2 C_t'(X,t')}{\partial X^2} = \frac{1}{2}\frac{\partial^2\left(\sigma^2(X,t')X^2\frac{\partial^2 C_t'(X,t')}{\partial X^2}\right)}{\partial X^2} - r\frac{\partial\left(X\frac{\partial^2 C_t'(X,t')}{\partial X^2}\right)}{\partial X}.$$

Zweifaches Integrieren der Terme auf beiden Gleichungsseiten nach der Variable X führt zu:

$$\frac{\partial C_t'(X,t')}{\partial t'} + rC_t'(X,t') = \frac{1}{2}\sigma^2(X,t')X^2\frac{\partial^2 C_t'(X,t')}{\partial X^2} - r\left(X\frac{\partial C_t'(X,t')}{\partial X} - C_t'(X,t')\right) + A_1(t')X + A_2(t'),$$

wobei $A_1(t')$ und $A_2(t')$ beliebige Funktionen der Zeit darstellen. Der Callpreis nähert sich asymptotisch dem Wert Null, wenn der Basispreis unbegrenzt steigt. Es sei die ökonomisch plausible Annahme getroffen, dass alle Terme der vorstehenden Gleichung, in denen C_t' vorkommt, mit steigendem X gegen Null konvergieren. Folglich muss auch die Summe $A_1(t')X + A_2(t')$ verschwinden, und man erhält für die Callpreise die partielle Differenzialgleichung:

$$\frac{\partial C_t'(X,t')}{\partial t'} = \frac{1}{2}\sigma^2(X,t')X^2\frac{\partial^2 C_t'(X,t')}{\partial X^2} - rX\frac{\partial C_t'(X,t')}{\partial X}. \tag{3.9}$$

Nach $\sigma^2(X,t')$ umgeformt, verdeutlicht diese Gleichung, dass die Volatilitätsfunktion unter den getroffenen Annahmen eindeutig durch die gegebene

[36] An dieser Stelle kann von einer risikoneutralen Wahrscheinlichkeitsdichte gesprochen werden, weil ein vollständiger Finanzmarkt angenommen wird. Da dieser in Abschnitt 3.1.1 nicht notwendigerweise vorlag, wurde dort der Begriff der Zustandspreisdichte verwendet.

Funktion der aktuellen Callpreise in Abhängigkeit vom Basispreis und der Fälligkeit bestimmt wird:

$$\sigma^2(X,t') = 2\frac{\frac{\partial C_t'(X,t')}{\partial t'} + rX\frac{\partial C_t'(X,t')}{\partial X}}{X^2\frac{\partial^2 C_t'(X,t')}{\partial X^2}}. \tag{3.10}$$

3.2.2 Numerische Berechnungsverfahren

Numerische Berechnungsverfahren dienen dazu, mit der Menge beobachteter Callpreise die Volatilitätsfunktion nach (3.10) zu schätzen und daraufhin die Optionspreise anzunähern, die unter gegebenen Randbedingungen die partielle Differenzialgleichung (3.8) erfüllen. Grundsätzlich können die gleichen Methoden eingesetzt werden wie in einer Black/Scholes-Welt mit konstanter Volatilität, also im Wesentlichen Baumverfahren, Finite-Differenzen-Methoden und die Monte-Carlo-Simulation.[37] Letztere ist auf europäische Optionen universell anwendbar, aber bei pfadabhängigen Kontrakten mit einem hohen Rechenaufwand verbunden. Im Hinblick auf amerikanische Optionen tritt erschwerend hinzu, dass auf der Basis eines einzelnen simulierten Kurspfades nicht entschieden werden kann, ob sich die vorzeitige Ausübung der Option lohnt.[38] Daher werden zur Bewertung pfadabhängiger Optionen im Einklang mit europäischen Standardoptionen in der Literatur überwiegend Baumverfahren und Finite-Differenzen-Methoden vorgeschlagen. Die Baumverfahren diskretisieren den risikoneutralen Kursprozess, beschrieben durch (3.7) mit $\mu(S_t,t) = r$. Die Parameter, die den Baumaufbau bestimmen, werden so festgelegt, dass die lokalen Volatilitäten einer diskretisierten Form von (3.10) genügen. Dabei entspricht die *lokale Volatilität* jener Streuung, die in einem bestimmten Baumknoten für die nächste Zeitstufe gilt. Aus dem so spezifizierten Kursbaum ergeben sich durch die übliche Rückwärtsberechnung die arbitragefreien Optionspreise. Im Unterschied zu den Baumverfahren geht die Finite-Differenzen-Methode nicht vom Kursprozess (3.7) aus, sondern diskretisiert unmittelbar die partielle Differenzialgleichung (3.8). Dabei ist wiederum der Zusammenhang von lokalen Volatilitäten und Callpreisen gemäß (3.10) zu beachten.

3.2.2.1 Binomialbaum nach Rubinstein und Generalisierung durch Jackwerth

Für eine gegebene Optionsfälligkeit stellt Rubinstein (1994) zunächst eine mit den verfügbaren Optionspreisen konforme, diskrete Zustandspreisverteilung auf.[39] Sie repräsentiert an einem vollständigen Finanzmarkt zugleich die

[37] Vgl. Abschnitt 2.2, S. 32.

[38] Inzwischen sind Ansätze entwickelt worden, die den Einsatz der Monte-Carlo-Simulation auch zur Bewertung amerikanischer Optionen ermöglichen, vgl. Tilley (1993) und Longstaff/Schwartz (2001).

[39] Vgl. Abschnitt 3.1.2.2.1, S. 70.

risikoneutrale Wahrscheinlichkeitsverteilung. Die Wahrscheinlichkeiten werden den Endknoten eines rekombinierenden Binomialbaums zugeordnet. Im zweiten Schritt wird ein binomialer Kursprozess hergeleitet, der diese Endverteilung herbeiführt. Dazu geht Rubinstein von einem konstanten risikolosen Zinssatz aus und trifft die zusätzliche Annahme, dass alle Kurspfade, die zum gleichen Endknoten führen, gleich wahrscheinlich sind.[40] Unter dieser, auch in der Standardversion des Binomialmodells von Cox et al. (1979) gültigen Bedingung kann der Kursprozess induktiv, beginnend im Fälligkeitszeitpunkt, aufgebaut werden.

Eine Schwäche des Verfahrens ist in der Forderung nach gleichen risikoneutralen Wahrscheinlichkeiten für alle Wege zu einem bestimmten Endknoten zu sehen. Sie entbehrt einer plausiblen ökonomischen Rechtfertigung und wird primär zur Rechenvereinfachung eingeführt. Die damit vorgenommene Festlegung hinsichtlich der Baumstruktur schränkt die Flexibilität des Verfahrens stark ein. Marktpreise von Optionen mit früheren Fälligkeiten können beim Baumaufbau nicht berücksichtigt werden. Somit wird die erstrebenswerte Konformität mit diesen Optionspreisen nicht gewährleistet.

Diesen Kritikpunkt greift Jackwerth (1997) auf, indem er eine generalisierte Form von impliziten Binomialbäumen entwickelt, die auch Optionspreise früherer Fälligkeitstermine als Informationsquelle nutzt. Jackwerth betrachtet die Übergangswahrscheinlichkeiten von Knoten der Baumstufe $n-1$ zu einem ganz bestimmten Knoten der Baumstufe n. Wegen des binomialen Kursprozesses kommen nur zwei Vorgängerknoten in Betracht, an den Rändern sogar nur jeweils ein Knoten. Unter der Bedingung, dass der betrachtete Knoten der Stufe n erreicht wird, steht fest, dass vorher einer der Vorgängerknoten durchlaufen wurde. Welche bedingte Wahrscheinlichkeit dabei auf die einzelnen Vorgängerknoten entfällt, ergibt sich im Rubinstein-Modell aus der Annahme über die Pfadwahrscheinlichkeiten. Jackwerth hingegen gibt diese Annahme auf und führt stattdessen eine Gewichtungsfunktion ein, mit der die angesprochenen bedingten Wahrscheinlichkeiten gesteuert werden können. Dadurch wird die Flexibilität des Baums wesentlich erhöht. Der Baumaufbau stellt sicher, dass keine Arbitragemöglichkeiten bestehen. Der Nachteil des Verfahrens liegt aber in einem hohen rechentechnischen Aufwand, der erforderlich ist, um die Gewichtungen an die verfügbaren Optionspreise anzupassen.[41]

3.2.2.2 Baumverfahren nach Derman, Kani und Chriss

Ein alternativer Weg, implizite Kursbäume zu konstruieren, stammt von Derman/Kani (1994) und Derman/Kani/Chriss (1996).[42] Sie entwickeln den

[40] Diese und die folgenden Aussagen beziehen sich stets auf die risikoneutralen Wahrscheinlichkeiten.

[41] Vgl. Neumann (1999), S. 115.

[42] Siehe auch die ausführliche Diskussion bei Chriss (1997).

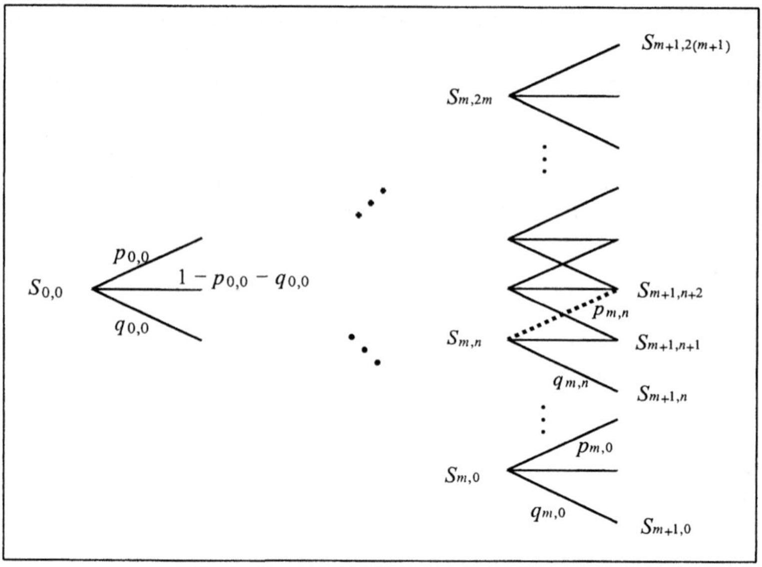

Abb. 3.2. Ausschnitt aus Trinomialbaum

Kursbaum im Unterschied zu den bisher behandelten, rückwärts gerichteten Ansätzen ausgehend vom Bewertungszeitpunkt sukzessive bis zur Fälligkeit.[43] Im impliziten *Binomialmodell* von Derman/Kani (1994) werden sowohl die Kursabstufungen als auch die Übergangswahrscheinlichkeiten variiert, um Übereinstimmung mit den Preisen von Standardoptionen zu erreichen.[44] Damit sind die Freiheitsgrade des Baums erschöpft, so dass es zum Beispiel nicht möglich ist, eine Knotenschicht auf die Kursschranke einer Barrier-Option zu legen. Die größere Flexibilität stellt einen Vorteil des impliziten *Trinomialmodells* von Derman/Kani/Chriss (1996) dar.[45] Außerdem benötigt das Trinomialmodell bei vorgegebener Genauigkeit in aller Regel eine geringere Rechenzeit als das Binomialmodell. Daher soll hier der Ansatz von Derman/Kani/Chriss (1996) eingehender behandelt werden.

Wie schon in Abschnitt 2.2.2.4 für die Black/Scholes-Welt beschrieben, wird der kontinuierliche Entwicklungsprozess des Aktienkurses durch einen diskreten rekombinierenden Trinomialprozess approximiert. Die Gesamtperiode wird in M äquidistante Abschnitte eingeteilt, aus denen die Baumstufen $m = 0, 1, \ldots, M$ resultieren. Die Baumstufe $m = 0$ kennzeichnet die Wurzel

---

[43] Ein solches „Vorwärts-Induktionsverfahren“ wurde zuerst von Jamshidian (1991) zur Konstruktion eines impliziten Binomialbaums für die Bewertung von Zinsinstrumenten vorgestellt.

[44] Zu diesem Modell haben Barle/Cakici (1998) Modifikationen entwickelt, die eine wesentliche Verbesserung der numerischen Eigenschaften herbeiführen.

[45] Eine spezielle Form von Trinomialbäumen verwenden auch Nagot/Trommsdorff (1999), um den impliziten Preisprozess zu ermitteln.

des Baums, die Baumstufen m mit $M \geq m \geq 1$ beziehen sich auf das Ende der Subperiode m. Die zugehörigen Zeitpunkte werden mit t_m bezeichnet, so dass $t_0 = 0$ für den Bewertungszeitpunkt und $t_M = M\Delta t$ für die Optionsfälligkeit steht. Dabei gilt: $\Delta t = t_m - t_{m-1}$ für alle $m \geq 1$. Das Symbol n mit $n = 0, 1, \ldots, 2M$ kennzeichnet die Nummer eines Knotens auf der Baumstufe m, abgezählt in aufsteigender Anordnung der Aktienkurse. Mit $\lambda_{m,n}$ sei der in t_0 gültige Preis eines Wertpapiers bezeichnet, das eine Zahlung in Höhe von 1 bietet, wenn im Zeitpunkt t_m der Aktienkurs $S_{m,n}$ beträgt. Diese Werte heißen Arrow-Debreu-Preise (AD-Preise). $C'(X,t)$ bezeichnet den in $t_0 = 0$ gültigen Preis eines europäischen Call mit Basispreis X und Fälligkeitszeitpunkt t. Die Funktion des Callpreises in Abhängigkeit von Basispreis und Fälligkeitstermin wird als bekannt vorausgesetzt.[46] Schließlich gibt $p_{m,n}$ die risikoneutrale Wahrscheinlichkeit dafür an, dass der Aktienkurs, ausgehend vom Knoten n auf der Baumstufe m, im nächsten Schritt ansteigt; $q_{m,n}$ ist die entsprechende Wahrscheinlichkeit für einen Abwärtsschritt. Die Struktur des Baums wird in Abbildung 3.2 grafisch veranschaulicht. Die Anpassung an die Preise der Standardoptionen erfolgt im Modell von Derman/Kani/Chriss (1996) allein über die risikoneutralen (impliziten) Wahrscheinlichkeiten. Die Spreizung des Baums wird unabhängig von den Marktpreisen festgelegt nach der Regel:

$$S_{m+1,n} = dS_{m,n}; \quad S_{m+1,n+1} = S_{m,n}; \quad S_{m+1,n+2} = uS_{m,n} \qquad (3.11)$$
$$\text{mit } 0 < d < 1 \text{ und } d = \frac{1}{u}.$$

Die stufenweisen Berechnungen des Verfahrens zielen darauf ab, mit Hilfe bekannter AD-Preise einer Baumstufe m die entsprechenden Preise der Baumstufe $m+1$ zu erschließen. Da der AD-Preis in der Baumwurzel bekannt ist ($\lambda_{0,0} = 1$), können dann durch Induktionsschluss sukzessive alle AD-Preise bis zur Optionsfälligkeit bestimmt werden. Im Folgenden wird dargelegt, wie bei gegebenen AD-Preisen der Stufe m jene der Stufe $m+1$ hergeleitet werden können.

Damit der diskontierte Aktienkurs einem Martingalprozess gehorcht, muss gelten:

$$p_{m,n}S_{m+1,n+2} + (1 - p_{m,n} - q_{m,n})S_{m+1,n+1} + q_{m,n}S_{m+1,n} = S_{m,n}e^{r\Delta t}. \qquad (3.12)$$

[46] In ihrem Originalbeitrag schlagen Derman/Kani/Chriss (1996) vor, eine Hälfte des Baums mit Hilfe von Putpreisen und die andere Hälfte mit Callpreisen zu kalibrieren. Dadurch sollen numerische Probleme der Berechnung der impliziten Volatilitäten von weit im Geld befindlichen Optionen vermieden werden. Dieses Problem stellt sich aber in der späteren empirischen Untersuchung der vorliegenden Arbeit nicht, weil die impliziten Volatilitäten aus der zuvor geschätzten Smile-Kurve übernommen werden. Aus diesem Grund kann das numerische Problem hier außer Acht gelassen und der Algorithmus allein mit Callpreisen dargestellt werden. Alle Putpreise werden gemäß der Put-Call-Parität in äquivalente Callpreise umgerechnet.

Dies ist wegen (3.11) identisch mit der Bedingung:

$$up_{m,n} + (1 - p_{m,n} - q_{m,n}) + dq_{m,n} = e^{r\Delta t} \tag{3.13}$$

$$\Longleftrightarrow q_{m,n} = \frac{u}{u-1}\left[p_{m,n}(u-1) - (e^{r\Delta t} - 1)\right] = up_{m,n} - u\frac{e^{r\Delta t} - 1}{u-1}. \tag{3.14}$$

Ein Call mit Fälligkeit in t_{m+1} und einem Basispreis von $S_{m,2m} = S_{m+1,2m+1}$ liefert nur dann eine positive Zahlung, wenn im Zeitpunkt t_m der oberste Knoten erreicht wird *und* der Aktienkurs im nächsten Schritt ansteigt. Der Inhaber des Call erhält dann den Überschussbetrag $S_{m+1,2m+2} - S_{m+1,2m+1}$. Da der Preis eines Call dem diskontierten Erwartungswert der Zahlung bei Fälligkeit unter dem äquivalenten Martingalmaß entspricht, ist der Überschussbetrag mit der Wahrscheinlichkeit $p_{m,2m}$ für den letzten Aufwärtsschritt zu gewichten und auf den Bewertungszeitpunkt zu diskontieren. Die Diskontierung kann dadurch geschehen, dass der Erwartungswert der Zahlung zunächst um eine Teilperiode auf t_m abgezinst und daraufhin mit dem AD-Preis für den Knoten $(m, 2m)$ multipliziert wird. Daraus ergibt sich:

$$C'(S_{m+1,n+1}, t_{m+1}) = \lambda_{m,n} e^{-r\Delta t} p_{m,n}(S_{m+1,n+2} - S_{m+1,n+1}) \quad \text{für } n = 2m. \tag{3.15}$$

Durch Umstellen von Gleichung (3.15) nach $p_{m,n}$ kann die risikoneutrale Wahrscheinlichkeit für einen Aufwärtsschritt ermittelt werden, die mit dem Callpreis $C'(S_{m+1,n+1}, t_{m+1})$ kompatibel ist:

$$p_{m,n} = \frac{e^{r\Delta t} C'(S_{m+1,n+1}, t_{m+1})}{\lambda_{m,n}(S_{m+1,n+2} - S_{m+1,n+1})} \quad \text{für } n = 2m. \tag{3.16}$$

Mit dem erhaltenen Wert für $p_{m,2m}$ lässt sich unter Verwendung der Risikoneutralitätsbedingung (3.14) auch die Abwärtswahrscheinlichkeit $q_{m,n}$ für $n = 2m$ berechnen.

Die tiefer liegenden Knoten ($n < 2m$) werden in ähnlicher Weise analysiert. Ein Call mit dem Basispreis $S_{m+1,n+1}$ und der Fälligkeit t_{m+1} erreicht den nichtnegativen Auszahlungsbereich, wenn

1. der Aktienkurs auf der Stufe m mindestens $S_{m,n+1}$ beträgt,
2. der Aktienkurs auf der Stufe m genau $S_{m,n}$ beträgt und im nächsten Schritt ansteigt oder
3. der Aktienkurs auf der Stufe m genau $S_{m,n}$ beträgt und sich im nächsten Schritt nicht verändert oder auf Stufe m der Aktienkurs $S_{m,n-1}$ gilt und dieser im nächsten Schritt ansteigt.

Der dritte Fall kann vernachlässigt werden, weil dann der Aktienkurs bei Fälligkeit genau dem Ausübungspreis entspricht. Vom Knoten (m, n) aus betrachtet (Fall 2), beträgt die erwartete Zahlung bei Fälligkeit $p_{m,n}(S_{m+1,n+2} - S_{m+1,n+1})$. Notiert der Aktienkurs in t_m bei $S_{m,i}$ mit $i > n$ (Fall 1), so beläuft sich der Erwartungswert der Optionszahlung auf:

$$\begin{aligned}
&p_{m,i}\left(S_{m+1,i+2}-S_{m+1,n+1}\right)+\left(1-p_{m,i}-q_{m,i}\right)\left(S_{m+1,i+1}-S_{m+1,n+1}\right)\\
&\quad+q_{m,i}\left(S_{m+1,i}-S_{m+1,n+1}\right)\\
&=\left[p_{m,i}S_{m+1,i+2}+(1-p_{m,i}-q_{m,i})S_{m+1,i+1}+q_{m,i}S_{m+1,i}\right]-S_{m+1,n+1}\\
&=S_{m,i}e^{r\Delta t}-S_{m+1,n+1}\quad \text{(s. 3.12)}.
\end{aligned}$$

Der diskontierte Erwartungswert der Optionszahlung bei Fälligkeit setzt sich additiv zusammen aus den Produkten aus dem AD-Preis eines Knotens und dem bei Erreichen dieses Knotens gültigen Barwert der Auszahlung, so dass gilt:

$$\begin{aligned}
C'(S_{m+1,n+1},t_{m+1}) &= \lambda_{m,n}e^{-r\Delta t}p_{m,n}(S_{m+1,n+2}-S_{m+1,n+1})+\\
&\quad\sum_{i=n+1}^{2m}\lambda_{m,i}e^{-r\Delta t}\left(S_{m,i}e^{r\Delta t}-S_{m+1,n+1}\right)\quad \text{für } n<2m.
\end{aligned}$$

Für die in Abbildung 3.2 durch die gestrichelte Linie hervorgehobene Wahrscheinlichkeit $p_{m,n}$ ergibt sich nach Umstellen der vorstehenden Gleichung:

$$p_{m,n}=\frac{e^{r\Delta t}C'(S_{m+1,n+1},t_{m+1})-\sum_{i=n+1}^{2m}\lambda_{m,i}\left(S_{m,i}e^{r\Delta t}-S_{m+1,n+1}\right)}{\lambda_{m,n}(S_{m+1,n+2}-S_{m+1,n+1})}\qquad(3.17)$$

$$\text{für } n<2m.$$

Die zugehörige Wahrscheinlichkeit $q_{m,n}$ für einen Abwärtsschritt lässt sich wiederum aus der Risikoneutralitätsbedingung (3.14) errechnen. Mit diesen Angaben können im letzten Schritt die AD-Preise der Stufe $m+1$ errechnet werden:

$$\lambda_{m+1,n}=\begin{cases}
e^{-r\Delta t}\lambda_{m,n}q_{m,n} & \text{für } n=0\\
e^{-r\Delta t}\left(\lambda_{m,n-1}\left(1-p_{m,n-1}-q_{m,n-1}\right)+\lambda_{m,n}q_{m,n}\right) & \text{für } n=1\\
e^{-r\Delta t}\lambda_{m,n-2}p_{m,n-2} & \text{für } n=2(m+1)\\
e^{-r\Delta t}\left(\lambda_{m,n-2}p_{m,n-2}+\lambda_{m,n-1}\left(1-p_{m,n-1}-q_{m,n-1}\right)\right) & \text{für } n=2(m+1)-1\\
e^{-r\Delta t}(\lambda_{m,n-2}p_{m,n-2}+\lambda_{m,n-1}\left(1-p_{m,n-1}-q_{m,n-1}\right)+\lambda_{m,n}q_{m,n}) & \text{sonst.}
\end{cases}$$

Dabei wird $\lambda_{0,1}=\lambda_{0,-1}=0$ definiert, um das allgemeine Berechnungsschema auch auf der ersten Stufe ($m=0$) anwenden zu können.

Bei der praktischen Anwendung des Algorithmus kann der Fall auftreten, dass einzelne Parameter $p_{m,n}$ und $q_{m,n}$ oder die Differenz $(1-p_{m,n}-q_{m,n})$ negative Werte annehmen. Mindestens eine der Annahmen des Modells ist in diesem Fall verletzt. Zum einen könnte davon die zentrale Prämisse betroffen sein, der zufolge die Volatilität sich deterministisch mit dem Aktienkurs und der Zeit verändert. Aber auch wenn diese Bedingung erfüllt ist, kann der Algorithmus „negative Wahrscheinlichkeiten“[47] hervorbringen, weil der diskretisierte Aktienkursprozess niemals vollständig mit dem „wahren“ kontinuierlichen Prozess übereinstimmt. Damit nicht jede negative Wahrscheinlichkeit die Anwendung des Verfahrens verhindert, müssen sie – abweichend vom obigen Algorithmus – überschrieben werden. Eine perfekte Anpassung an die Optionspreise ist dann nicht mehr erreichbar. Es ist daher notwendig, die Anpassungsgüte nach der Konstruktion des Baums zu überprüfen, um zu ermessen, wie stark der Ersatz negativer Werte die Ergebnisse beeinflusst.

Zu klären ist, durch welche Werte die negativen Wahrscheinlichkeiten ersetzt werden sollen. Anstelle der von Derman/Kani/Chriss (1996) vorgeschlagenen Überschreibungsregel[48] wird hier ein anderes Verfahren gewählt, das darauf abzielt, unter der Restriktion positiver Übergangswahrscheinlichkeiten eine möglichst gute Anpassung an die Callpreise zu gewährleisten. Dazu wird die lokale Varianz der diskreten Aktienrendite im Knoten (m, n) betrachtet. Sie berechnet sich nach:

$$\sigma_{m,n}^2 = p_{m,n}(u - e^{r\Delta t})^2 + q_{m,n}(d - e^{r\Delta t})^2 + (1 - p_{m,n} - q_{m,n})(1 - e^{r\Delta t})^2. \tag{3.18}$$

Unter Berücksichtigung der Verknüpfung von $p_{m,n}$ und $q_{m,n}$ laut (3.13) sowie der Beziehungen $0 < d < 1$ und $d = \frac{1}{u}$ (s. 3.11) folgt:

$$\sigma_{m,n}^2 = q_{m,n}\frac{(u-1)^2(u+1)}{u^2} + (e^{r\Delta t} - 1)(u - e^{r\Delta t}), \tag{3.19}$$

und damit:

$$\frac{d\sigma_{m,n}^2}{dq_{m,n}} = \frac{1}{u^2}(u-1)^2(u+1) = \frac{1}{d}(1-d)^2(1+d) > 0.$$

Je größer also die Wahrscheinlichkeit für einen Abwärtsschritt ausfällt, desto höher ist auch die lokale Varianz. Unter den Restriktionen $0 \leq p_{m,n} \leq 1$; $0 \leq q_{m,n} \leq 1$ und $0 \leq p_{m,n} + q_{m,n} \leq 1$ erreicht die lokale Varianz $\sigma_{m,n}^2$ ihren minimalen Wert für $q_{m,n} = 0$. Die Aufwärtswahrscheinlichkeit beträgt dann $p_{m,n} = \left(e^{r\Delta t} - 1\right) / (u-1)$ und die Wahrscheinlichkeit für einen unveränderten Aktienkurs $1 - p_{m,n} - q_{m,n} = \left(u - e^{r\Delta t}\right)(u-1)$. Wird $q_{m,n}$ erhöht, muss gleichzeitig die Aufwärtswahrscheinlichkeit $p_{m,n}$ angehoben werden, damit weiterhin eine erwartete Rendite in Höhe des risikolosen Zinssatzes erzielt wird. Das zulässige Maximum von $q_{m,n}$ wird erreicht, wenn $p_{m,n}$ und $q_{m,n}$ sich zu 1 summieren. Dem mittleren Pfad wird dann eine Wahrscheinlichkeit von 0 zugewiesen, so dass faktisch im nächsten Zeitschritt ein *binomialer* Prozess vorliegt. Das Maximum von $q_{m,n}$ berechnet sich nach:

[47] Damit sind, genauer ausgedrückt, negative Werte $p_{m,n}$ oder $q_{m,n}$ gemeint. Diese lassen sich also gerade *nicht* als Wahrscheinlichkeiten interpretieren, was eine Verletzung der Modellannahmen signalisiert.

[48] Vgl. Derman/Kani/Chriss (1996), S. 16.

$$q_{m,n}^{max} = \frac{u - e^{r\Delta t}}{u - d}, \tag{3.20}$$

woraus sich eine Aufwärtswahrscheinlichkeit von $p_{m,n} = \left(e^{r\Delta t} - d\right)(u - d)$ ergibt. Die hier vorgeschlagene Überschreibungsregel sieht vor, die Abwärtswahrscheinlichkeit auf den minimalen Wert 0 oder den maximalen Wert $q_{m,n}^{max}$ nach (3.20) zu korrigieren, je nachdem, ob die regulären Berechnungen einen Parameter $q_{m,n} < 0$ oder $q_{m,n} > q_{m,n}^{max}$ ergeben haben. Die lokale Varianz liegt dann innerhalb der folgenden Grenzen, die man durch Einsetzen der minimalen und maximalen Wahrscheinlichkeiten in (3.18) erhält:

$$(u - e^{r\Delta t})(e^{r\Delta t} - 1) \leq \sigma_{m,n}^2 \leq \frac{(e^{r\Delta t}u - 1)(u - e^{r\Delta t})}{u} = (u - e^{r\Delta t})(e^{r\Delta t} - d). \tag{3.21}$$

Der Parameter u determiniert demnach die Spannweite der lokalen Volatilitäten, die im Rahmen des gewählten Trinomialmodells abgebildet werden kann. Wenn die Volatilität sich mit sinkendem Aktienkurs tendenziell erhöht, muss das numerische Verfahren eine ausreichende Flexibilität besitzen, um den Anstieg zu erfassen. Eine gebräuchliche Spezifikation des Trinomialmodells, die auch bereits in Abschnitt 2.2.2.4 verwendet wurde, berechnet den Parameter u in der Black/Scholes-Welt mit konstanter Volatilität v nach:

$$u = e^{\lambda v \sqrt{\Delta t}} \text{ mit } \lambda = \frac{1}{2}\sqrt{2\pi}.$$

Die Grenzen der lokalen Volatilität $\sigma_{m,n}$ können mit dieser Beziehung auch in Abhängigkeit vom Parameter v ausgedrückt werden. Abbildung 3.3 veranschaulicht diese Grenzen für einen Baum mit 200 Stufen zur Bewertung einer Option mit einer Restlaufzeit von drei Monaten ($\Delta t = 0,25/200$). Der risikolose Zinssatz beträgt $r = 0,04$. Die lokale Volatilität wird in annualisierter Form abgetragen ($\sigma_{m,n}\sqrt{1/\Delta t}$). Der minimale Wert liegt durchgängig nahe Null. Die Obergrenze hängt hingegen stark vom Parameter v ab. Wenn der Anwender zum Beispiel höchstens lokale Volatilitäten bis etwa 65% p.a. für realistisch hält, müsste er den Parameter v auf etwa $0,52 = 52\%$ setzen. Durch die Ausrichtung des Parameters u an der größtmöglichen lokalen Volatilität[49] wird der Trinomialbaum im Allgemeinen hohe Aktienkursabstände beinhalten. Dies wirkt sich unter Umständen nachteilig auf die Genauigkeit des Verfahrens aus, insbesondere bei der Bewertung von Barrier-Optionen.[50] Es ist daher noch wichtiger als sonst, die Lage der Barrier im Baum korrekt zu berücksichtigen.

[49] So auch das Vorgehen von Dupire (1997), S. 108.

[50] Aus diesem Grund diskutieren Derman/Kani/Chriss (1996), S. 16-21, verschiedene Möglichkeiten, um die Baumstruktur besser an das Muster der beobachteten Optionspreise anzupassen. Diese Adjustierungen haben aber den entscheidenden Nachteil, dass sie manuelle Eingriffe erfordern und sich kaum automatisieren lassen. Im späteren empirischen Teil dieser Arbeit wird gezeigt, dass zur Erfassung des Smile von DAX-Optionen das hier beschriebene Grundmodell ausreicht.

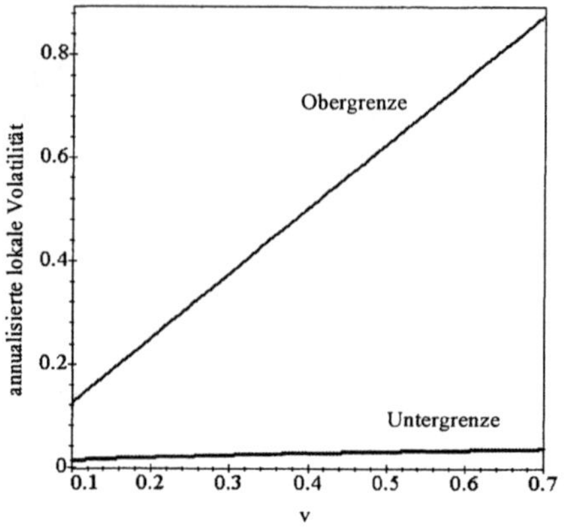

Abb. 3.3. Ober- und Untergrenzen der erreichbaren lokalen Volatilitäten in Abhängigkeit von der Spreizung des Baums

Alternativer Weg zur Berechnung der Übergangswahrscheinlichkeiten. Die risikoneutralen Übergangswahrscheinlichkeiten $p_{m,n} = \Pr[S_{(m+1)\Delta t} = uS_{m,n} \mid S_{m\Delta t} = S_{m,n}]$ können noch auf eine andere Weise als die Anwendung der rekursiven Gleichungen (3.16) und (3.17) bestimmt werden, falls der risikolose Zinssatz Null beträgt. Der gleiche Effekt ergibt sich, wenn die Aktien- und Optionspreise als Terminkurse ausgedrückt werden, weil der Zinssatz dann für die Berechnungen irrelevant ist. Da die Rücküberführung in Kassakurse problemlos möglich ist, schränkt die Vernachlässigung des Zinssatzes die Allgemeinheit der Berechnungen nicht wesentlich ein.[51]

Es sei die folgende Handelsstrategie betrachtet:[52] Kaufe im Zeitpunkt $t = 0$ einen Call mit Ausübungspreis $K \in \mathbf{K} = \{S_0 u^i : i = 0, \pm 1, \pm 2, \ldots, \pm M\}$ und Fälligkeit im Zeitpunkt $(m+1)\Delta t$ (Call 1) und verkaufe gleichzeitig einen Call mit identischem Basispreis und Fälligkeit im Termin $m\Delta t$ (Call 2). Falls im Zeitpunkt $m\Delta t$ die Beziehung $S_{m\Delta t} > K$ zutrifft, der Call 2 also ausgeübt wird, verkaufe eine Aktie leer und investiere den Erlös risikolos. Löse schließlich das Portfolio im Zeitpunkt $(m+1)\Delta t$ auf.

Die Anfangsinvestition in $t = 0$ beträgt $C'(K, (m+1)\Delta t) - C'(K, m\Delta t)$. Hinsichtlich der Zahlung, die das Portfolio bei Liquidation erbringt, können folgende Fälle unterschieden werden:

1. *Beide* Optionen werden ausgeübt, wenn gilt: $S_{m\Delta t} > K$ und $S_{(m+1)\Delta t} > K$. Die Abschlusszahlung lautet:

$$-(S_{m\Delta t} - K) + (S_{m\Delta t} - S_{(m+1)\Delta t}) + (S_{(m+1)\Delta t} - K) = 0,$$

[51] Vgl. Dumas et al. (1998), S. 2070, und Britten-Jones/Neuberger (2000), S. 842.
[52] Diese Darstellung ist eng angelehnt an Britten-Jones/Neuberger (2000), S. 858.

wobei die erste und dritte Komponente die Auszahlungen der Optionen wiedergeben und der zweite Term den Gewinn oder Verlust aus dem Leerverkauf einer Aktie in $m\Delta t$ mit anschließendem Rückkauf in $(m+1)\Delta t$ beziffert.

2. *Nur Call 2* wird ausgeübt, wenn gilt: $S_{m\Delta t} > K$ und $S_{(m+1)\Delta t} \leq K$. Aufgrund der Annahme des Trinomialmodells, dass der Aktienkurs in einer Zeitperiode höchstens eine Stufe nach oben oder unten springen kann, muss in dieser Konstellation $K = S_{(m+1)\Delta t} = 1/u \cdot S_{m\Delta t}$ gelten. Die Auszahlung in $(m+1)\Delta t$ beträgt:

$$-(S_{m\Delta t} - K) + (S_{m\Delta t} - S_{(m+1)\Delta t}) = -(S_{m\Delta t} - K) + (S_{m\Delta t} - K) = 0.$$

3. *Nur Call 1* wird im Falle $S_{(m+1)\Delta t} > K$ und $S_{m\Delta t} \leq K$ ausgeübt, was mit der Bedingung $K = S_{m\Delta t}$ und $S_{(m+1)\Delta t} = uS_{m\Delta t}$ identisch ist. Die Auszahlung beträgt:

$$S_{(m+1)\Delta t} - K = S_{m\Delta t}(u-1) = K(u-1).$$

Falls beide Optionen wertlos verfallen, fließen keine Zahlungen. Per Saldo erbringt die Handelsstrategie eine positive Zahlung in Höhe von $K(u-1)$ genau dann, wenn $S_{m\Delta t} = K$ und $S_{(m+1)\Delta t} = Ku$ gilt. Der Anfangswert des Portfolios gleicht dem Erwartungswert der späteren Zahlung unter dem risikoneutralen Wahrscheinlichkeitsmaß:

$$C'(K,(m+1)\Delta t) - C'(K,m\Delta t) = \Pr[S_{m\Delta t} = K \wedge S_{(m+1)\Delta t} = Ku] \cdot K(u-1). \tag{3.22}$$

Mit diesem Ergebnis folgt aus der Definition der bedingten Wahrscheinlichkeit:

$$\begin{aligned} p_{m,n} &= \Pr[S_{(m+1)\Delta t} = uS_{m,n} \mid S_{m\Delta t} = S_{m,n}] \\ &= \frac{\Pr[S_{m\Delta t} = S_{m,n} \wedge S_{(m+1)\Delta t} = uS_{m,n}]}{\Pr[S_{m\Delta t} = S_{m,n}]} \\ &= \frac{C'(S_{m,n},(m+1)\Delta t) - C'(S_{m,n},m\Delta t)}{\Pr[S_{m\Delta t} = S_{m,n}] \cdot S_{m,n}(u-1)}. \end{aligned}$$

Bei einem risikolosen Zinssatz von Null stimmt der AD-Preis $\pi_0(K,T)$ nach (3.2) genau mit der Wahrscheinlichkeit $\Pr[S_{m\Delta t} = K]$ überein, so dass gilt:

$$p_{m,n} = \frac{C'(S_{m,n},(m+1)\Delta t) - C'(S_{m,n},m\Delta t)}{C'(uS_{m,n},m\Delta t) - (1+u)C'(S_{m,n},m\Delta t) + uC'(S_{m,n}/u,m\Delta t)}. \tag{3.23}$$

Für die risikoneutrale Abwärtswahrscheinlichkeit $q_{m,n}$ lässt sich in der hier vorliegenden Situation $(r=0)$ als Spezialfall von (3.14) schreiben: $q_{m,n} = up_{m,n}$. In gleicher Weise vereinfacht sich (3.19) für die lokale Varianz zu:

$$\sigma^2_{m,n} = E\left[(S_{(m+1)\Delta t}/S_{m\Delta t} - 1)^2 \mid S_{m\Delta t} = S_{m,n}\right]$$
$$= q_{m,n}\frac{(u-1)^2(u+1)}{u^2} = p_{m,n}\frac{(u-1)^2(u+1)}{u}. \qquad (3.24)$$

Anhand von (3.23) und (3.24) kann die entscheidende Annahme des deterministischen Volatilitätsmodells nochmals verdeutlicht werden. Beide Beziehungen sind zwingend erfüllt, wenn der trinomiale Aktienkursprozess unter dem gewählten Wahrscheinlichkeitsmaß ein Martingal bildet und der Preis aller Optionen dem Erwartungswert der Optionsauszahlung entspricht. Die Gültigkeit von (3.23) und (3.24) setzt nicht voraus, dass ein *eindeutiges* äquivalentes Martingalmaß existiert. Die beobachteten Marktpreise von Standardoptionen sind also mit ganz unterschiedlichen Aktienkursprozessen vereinbar; sie alle müssen aber bei Ausschluss von Arbitragemöglichkeiten die Gleichungen (3.23) und (3.24) erfüllen.

Die besondere Eigenschaft des deterministischen Volatilitätsmodells besteht daher nicht in der Gültigkeit der beiden genannten Beziehungen. Die spezielle Annahme liegt vielmehr darin, dass der Aktienkurs am Beginn einer Teilperiode die *einzige* Information mit Relevanz für die Wahrscheinlichkeit eines Aufwärtsschritts und die Höhe der lokalen Varianz darstellt. Mit dem Aktienkurs sind diese Größen annahmegemäß exakt determiniert. In mathematischer Notation unter Rückgriff auf die Filtration des Prozesses lautet diese Annahme:

$$\Pr[S_{(m+1)\Delta t} = uS_{m,n} \mid S_{m\Delta t} = S_{m,n}, \mathcal{F}_{m\Delta t}]$$
$$= \Pr[S_{(m+1)\Delta t} = uS_{m,n} \mid S_{m\Delta t} = S_{m,n}],$$

und somit auch:

$$E\left[(S_{(m+1)\Delta t}/S_{m\Delta t} - 1)^2 \mid S_{m\Delta t} = S_{m,n}, \mathcal{F}_{m\Delta t}\right]$$
$$= E\left[(S_{(m+1)\Delta t}/S_{m\Delta t} - 1)^2 \mid S_{m\Delta t} = S_{m,n}\right].$$

3.2.2.3 Finite-Differenzen-Methode

Nach der Methode der Finiten Differenzen, die eine Alternative zu den Baumverfahren darstellt, wird mit den charakteristischen Randbedingungen der betrachteten Option eine näherungsweise Lösung der partiellen Differenzialgleichung (3.8) bestimmt.[53] Die Baumverfahren können als spezielle Formen der Finite-Differenzen-Methode interpretiert werden. Die Differenzenterme, mit denen die Ableitungen der Optionspreisfunktion approximiert werden, hängen von den Parametern des Preisprozesses des Basispapiers ab. Diese

[53] Vgl. zum Einsatz dieser Methode zur Bestimmung eines impliziten Preisprozesses Chriss/Tsiveriotis (1993), Lagnado/Osher (1997) und Andersen/Brotherton-Ratcliffe (1997/98).

Parameter werden als implizite Werte aus den gegebenen Optionspreisen abgeleitet. Die mathematische Formulierung läuft auf jeder Zeitstufe des Aktienkursgitters auf ein System linearer Gleichungen hinaus, dessen Lösung die lokalen Volatilitäten der Folgeperiode wiedergibt.[54]

Allgemeine Aussagen über die Eignung der Finite-Differenzen-Methode gegenüber den Baumverfahren lassen sich nicht treffen. Andersen/Brotherton-Ratcliffe (1997/98) betonen die überlegenen Konvergenzeigenschaften und die Robustheit der von ihnen entwickelten Variante der Finite-Differenzen-Methode. Die Implementierung des Verfahrens ist aber erheblich aufwändiger. Auch bleibt das Problem erhalten, dass große Aktienkursabstände gewählt werden müssen, um die ganze Spannweite der möglichen lokalen Volatilitäten korrekt erfassen zu können.

3.2.3 Zusammenfassung und Beurteilung des restringierten stochastischen Volatilitätsmodells

Die in diesem Kapitel analysierten Modelle gehen von informationseffizienten Finanzmärkten aus, deren Handelspreise durch rationales Angebots- und Nachfrageverhalten der Marktteilnehmer zustande kommen. Die Kursnotierungen sind damit ein Abbild der Informationen, Erwartungen und Präferenzen der Investoren. Im Bereich der Aktien- und Aktienindexoptionen belegt der Smile-Effekt, dass die Marktteilnehmer das Black/Scholes-Modell als Bewertungsansatz ablehnen und die Annahme eines stetigen Kursprozesses mit konstanter Volatilität nicht akzeptieren. Viele unterschiedliche Erweiterungen oder Modifikationen des Modells sind vorstellbar, die prinzipiell alle mit den vorliegenden Preisstrukturen vereinbar sind. Dazu gehört die Modellierung der Volatilität als deterministische Funktion des Aktienkurses und der Zeit. Die Volatilität ändert sich zwar stochastisch, aber nur aufgrund von stochastischen Aktienkursbewegungen. Der Aktienkurs bleibt die einzige Unsicherheitsquelle, weshalb man auch von einem *restringierten stochastischen Volatilitätsmodell* oder auch flexiblen *Einfaktormodell*[55] spricht. Dieses wird insofern durch empirische Beobachtungen gestützt, als zwischen Aktienrenditen und Volatilitäten an einigen Märkten ein ausgeprägt negativer Korrelationszusammenhang zu bestehen scheint. Die genaue funktionale Verbindung soll der implizite Preisprozess erfassen. Mit ihm könnten andere, insbesondere exotische Optionen auf das gleiche Basispapier bewertet werden. So äußern Derman/Kani (1994) die Hoffnung: „We believe the model may be especially useful for valuing barrier options“[56].

Für die Beurteilung des Modells ist die Frage entscheidend, ob der Kursprozess des Basispapiers tatsächlich – zumindest näherungsweise – dem unterstellten Einfaktormodell gehorcht. Ist dies nicht der Fall, wird mit den

[54] Vgl. Chriss/Tsiveriotis (1993), S. 195.
[55] Vgl. Brenner (1996), S. 307.
[56] Derman/Kani (1994), S. 39.

dargestellten impliziten Verfahren ein Mehrfaktorenmodell unzulässigerweise in das Schema eines Einfaktormodells gepresst. Daraus können, insbesondere bei Barrier-Optionen, gravierende Bewertungsfehler resultieren. Letztlich ist eine empirische Analyse erforderlich, um die Eignung des Modells einzuschätzen.[57]

Bei vollständiger Information über die Callpreise für verschiedene Ausübungskurse und Restlaufzeiten konvergieren alle impliziten numerischen Bewertungsverfahren gegen den eindeutig bestimmten Kursprozess mit deterministisch veränderlichen Volatilitäten. Die Verfahren unterscheiden sich in der Art der Diskretisierung des Preisprozesses und im Umgang mit fehlenden oder fehlerbehafteten Callpreisinformationen.[58] Je besser und umfangreicher die Eingabedaten, umso mehr nähern sich die Verfahren einander an. Vor der eigentlichen Bestimmung des impliziten Preisprozesses ist die Callpreisfunktion zu schätzen. Dies geschieht in der Regel indirekt über Kursnotierungen in der Form impliziter Black/Scholes-Volatilitäten, weil sonst eine komplexe, nichtlineare Regressionsanalyse erforderlich wäre.

3.3 Impliziter Kursprozess bei eigenständiger Stochastik der Volatilität

In Erweiterung der restringierten Volatilitätsmodelle sind in jüngster Zeit neue Algorithmen mit dem Ziel entwickelt worden, optionspreiskompatible Kursprozesse mit eigenständiger Stochastik der Volatilität zu identifizieren.[59] In den restringierten Modellen hing die Höhe der lokalen Volatilität ausschließlich vom jeweils erreichten Aktienkurs ab. Die Preishistorie spielte für die von einem Knoten ausgehenden Übergangswahrscheinlichkeiten keine Rolle. Folgt die Volatilität aber einer separaten, vom Aktienkurs losgelösten stochastischen Bewegung, so können in jedem Knoten unterschiedliche Volatilitätszustände vorherrschen, von denen die folgenden Übergangswahrscheinlichkeiten abhängen. Die Informationsmenge im Zeitpunkt t, die den weiteren Kursprozess bestimmt, enthält also nicht nur den Aktienkurs S_t sondern auch den dann gültigen Volatilitätszustand. Wie bereits ausgeführt wurde, kann ein solcher Prozess nicht eindeutig aus den Optionspreisen abgeleitet werden. Daher setzt der Ansatz von Britten-Jones/Neuberger (2000) die Vorgabe eines Grundmodells für den Volatilitätsprozess voraus. Dabei kann es sich zum Beispiel um einen GARCH-Prozess handeln, der aus Zeitreihendaten geschätzt wurde. Dieser Prozess wird daraufhin so adjustiert, dass die anfänglichen Optionspreise genau reproduziert werden.

[57] Vgl. Brenner (1996), S. 307.
[58] Vgl. Lagnado/Osher (1997), S. 79.
[59] Vgl. Derman/Kani (1998), Ledoit/Santa-Clara (1998), Britten-Jones/Neuberger (2000) und Skiadopoulos/Hodges (2000).

Das Vorgehen ähnelt dem Prinzip der arbitragefreien Zinsstrukturmodelle.[60] Sie gehen von gegebenen, aktuellen Zerobondeffektivverzinsungen und folglich auch gegebenen Anleihepreisen aus und modellieren in Übereinstimmung damit die stochastische zeitliche Entwicklung der Zinsstrukturkurve.[61] Die Anpassung des Basisprozesses für die Zinsstrukturkurve an die vorhandenen Anleihepreise erfolgt über einen zeitabhängigen Adjustierungsterm.

Die folgenden Ausführungen beziehen sich auf das Modell von Britten-Jones/Neuberger (2000) (abgekürzt mit BJN). Der Ansatz von Derman/Kani (1998) ist zwar etwas allgemeiner gehalten, geht aber dafür mit einem erheblich höheren Implementierungsaufwand einher und wird deshalb hier nicht detailliert besprochen.

3.3.1 Volatilitätsprozess

BJN verwenden einen diskreten Trinomialbaum mit konstantem Aufwärtsschritt u.[62] Das stochastische Verhalten der Volatilität wird als zeithomogene Markov-Kette mit N Volatilitätszuständen $Z_t = 1, \ldots, N$ (für alle t) und gegebenen Übergangswahrscheinlichkeiten:

$$\dot{p}_{jk} = \Pr[Z_{t+\Delta t} = k \mid Z_t = j]$$

modelliert. Mit:

$$p(t, K, z) = \Pr[S_{t+\Delta t} = Ku \mid S_t = K, Z_t = z] \tag{3.25}$$

sei die Wahrscheinlichkeit für einen Aufwärtsschritt bezeichnet, wenn im Zeitpunkt t der Aktienkurs K und der Volatilitätszustand z vorliegen. Im BJN-Modell wird angenommen, dass diese Wahrscheinlichkeit vom erreichten Volatilitätszustand und einem Anpassungsterm $\psi(t, K)$ abhängt, gemäß:

$$p(t, K, z) = \psi(t, K)v(z)\Delta t. \tag{3.26}$$

Die Funktion $v(\cdot)$ und die Übergangswahrscheinlichkeiten $\dot{p}_{jk}$ sind vom Benutzer so zu wählen, dass sie das gewünschte Basismodell der Varianz geeignet implementieren. Der Adjustierungsterm $\psi(t, K)$ dient dazu, das Basismodell anzupassen, sofern dieses mit den Marktpreisen von Standardoptionen nicht verträglich ist. Im (theoretischen) Idealfall passt das Basismodell bereits ohne Modifikationen perfekt zu den beobachteten Optionspreisen, so dass $\psi(t, K)$ für alle t und K den gleichen Wert annimmt.

Der risikolose Zinssatz sei Null. Aus der Martingaleigenschaft des (risikoneutralen) Aktienkursprozesses folgt nach den Ergebnissen aus Abschnitt 3.2.2.2[63], dass die bedingte Wahrscheinlichkeit für einen Abwärtsschritt die Gleichung:

[60] Vgl. Britten-Jones/Neuberger (2000), S. 848, und Brenner (1996), S. 311.
[61] Vgl. Ho/Lee (1986).
[62] Zur Notation sei diesbezüglich auf Abschnitt 3.2.2.2, S. 77, verwiesen.
[63] Siehe (3.14) mit $r = 0$.

$$q(t, K, z) = \Pr[S_{t+\Delta t} = K/u \mid S_t = K, Z_t = z] = up(t, K, z)$$

erfüllt. Damit gilt analog zu (3.24) für die lokale Varianz bei gegebenem Aktienkurs und Volatilitätszustand die Beziehung:[64]

$$\begin{aligned} E\left[(S_{t+\Delta t}/S_t - 1)^2 \mid S_t = K, Z_t = z\right] &= p(t, K, z)\frac{(u-1)^2(u+1)}{u} \\ &= \psi(t, K)v(z)\Delta t\frac{(u-1)^2(u+1)}{u}. \end{aligned}$$

Demnach verhält sich die lokale Varianz in Abhängigkeit vom Volatilitätszustand proportional zu $v(z)$. Wenn das Basismodell impliziert, dass die Varianz, bedingt auf $S_t = K$ und $Z_t = 1$, doppelt so hoch ausfällt wie die Varianz im Falle $S_t = K$ und $Z_t = 2$, so muss $v(1)$ auf einen doppelt so hohen Wert wie $v(2)$ gesetzt werden, um das Basismodell zu implementieren. Die Funktion $v(\cdot)$ reflektiert daher das Basismodell für die *Varianz*, nicht die *Volatilität*.[65]

3.3.2 Kalibrierungs- und Bewertungsalgorithmus

Für die Wahrscheinlichkeit eines Aufwärtsschritts unter der Bedingung eines gegebenen Aktienkurses gilt:

$$\begin{aligned} &\Pr\left[S_{t+\Delta t} = Ku \mid S_t = K\right] \\ &= \sum_{z=1}^{N} \Pr[S_{t+\Delta t} = Ku \mid S_t = K, Z_t = z] \cdot \Pr[Z_t = z \mid S_t = K] \\ &= \sum_{z=1}^{N} \Pr[S_{t+\Delta t} = Ku \mid S_t = K, Z_t = z] \cdot \frac{\Pr[Z_t = z \wedge S_t = K]}{\Pr[S_t = K]} \\ &= \sum_{z=1}^{N} p(t, K, z) \cdot \frac{\Pr[Z_t = z \wedge S_t = K]}{\Pr[S_t = K]} \\ &= \psi(t, K)\Delta t \sum_{z=1}^{N} v(z) \cdot \frac{\Pr[Z_t = z \wedge S_t = K]}{\Pr[S_t = K]} \\ &= \psi(t, K)\Delta t \frac{1}{\Pr[S_t = K]} \sum_{z=1}^{N} v(z) \cdot \Pr[Z_t = z \wedge S_t = K]. \end{aligned} \tag{3.27}$$

Die Terme $\Pr[S_{t+\Delta t} = Ku \mid S_t = K]$ und $\Pr[S_t = K]$ werden gemäß (3.23) bzw. (3.2) durch die Preise von Standardcalls im Zeitpunkt $t = 0$ festgelegt.

[64] Wegen der Martingaleigenschaft des Aktienkursprozesses und der Annahme eines risikolosen Zinssatzes von Null besitzt die diskrete Aktienrendite den Erwartungswert Null.

[65] Die von Britten-Jones/Neuberger (2000) verwendete Bezeichnung „base model of volatility" ist insofern etwas irreführend.

Einsetzen dieser Gleichungen und Umstellen nach dem gesuchten Adjustierungsterm $\psi(t, K)$ ergibt:

$$\psi(t,K) = \frac{1}{\Delta t} \frac{C'(K,t+\Delta t) - C'(K,t)}{K(u-1)} \frac{1}{\sum_{z=1}^{N} v(z) \cdot \Pr[Z_t = z \wedge S_t = K]}. \tag{3.28}$$

Die zur Berechnung von $\psi(t, K)$ noch fehlenden Wahrscheinlichkeiten $\Pr[Z_t = z \wedge S_t = K]$ können für $t \geq \Delta t$ wie folgt geschrieben werden:

$$\Pr[Z_t = z \wedge S_t = K] = \sum_{j=1}^{N} \Pr[Z_{t-\Delta t} = j] \cdot \Pr[Z_t = z \wedge S_t = K \mid Z_{t-\Delta t} = j]. \tag{3.29}$$

Unter der Informationsmenge des Zeitpunkts $t - \Delta t$, das heißt bei Kenntnis von $Z_{t-\Delta t} = j$, ist die Änderung des Volatilitätszustandes im Zeitraum von t bis $t + \Delta t$ stochastisch unabhängig vom Aktienkurssprung, so dass aus (3.29) folgt:

$$\begin{aligned}\Pr[Z_t = z \wedge S_t = K] &= \sum_{j=1}^{N} \Pr[Z_{t-\Delta t} = j] \cdot \Pr[S_t = K \mid Z_{t-\Delta t} = j] \cdot \dot{p}_{jz} \\ &= \sum_{j=1}^{N} \Pr[S_t = K \wedge Z_{t-\Delta t} = j] \cdot \dot{p}_{jz}.\end{aligned} \tag{3.30}$$

Die Wahrscheinlichkeit für einen Aktienkurs K in t und den Zustand j in $t - \Delta t$ lässt sich in drei additive Bestandteile zerlegen, weil der Aktienkurs K über drei Vorgängerknoten erreicht werden kann (vgl. die Definition (3.25) von $p(t, K, z)$):

$$\begin{aligned}\Pr[S_t = K \wedge Z_{t-\Delta t} = j] &= \Pr[S_{t-\Delta t} = K/u \wedge S_t = K \wedge Z_{t-\Delta t} = j] \\ &\quad + \Pr[S_{t-\Delta t} = K \wedge S_t = K \wedge Z_{t-\Delta t} = j] \\ &\quad + \Pr[S_{t-\Delta t} = Ku \wedge S_t = K \wedge Z_{t-\Delta t} = j] \\ &= \Pr[S_{t-\Delta t} = K/u \wedge Z_{t-\Delta t} = j] \cdot p(t-\Delta t, K/u, j) \\ &\quad + \Pr[S_{t-\Delta t} = K \wedge Z_{t-\Delta t} = j] \cdot \\ &\qquad\qquad (1 - (u+1)p(t-\Delta t, K, j)) \\ &\quad + \Pr[S_{t-\Delta t} = Ku \wedge Z_{t-\Delta t} = j] \cdot up(t-\Delta t, Ku, j).\end{aligned} \tag{3.31}$$

Einsetzen von (3.26) in (3.31) und von (3.31) in (3.30) liefert:

$$\Pr[Z_t = z \wedge S_t = K] = \sum_{j=1}^{N} \dot{p}_{jz} \cdot (A_j + B_j + C_j), \tag{3.32}$$

mit:

$$\begin{aligned} A_j &= \Pr[S_{t-\Delta t} = K/u \wedge Z_{t-\Delta t} = j] \cdot \psi(t-\Delta t, K/u) v(j) \Delta t, \\ B_j &= \Pr[S_{t-\Delta t} = K \wedge Z_{t-\Delta t} = j] \cdot (1-(u+1)\psi(t-\Delta t, K) v(j) \Delta t), \\ C_j &= \Pr[S_{t-\Delta t} = Ku \wedge Z_{t-\Delta t} = j] \cdot u\psi(t-\Delta t, Ku) v(j) \Delta t. \end{aligned}$$

Damit werden die zur Berechnung von $\psi(t, K)$ nach (3.28) benötigten Wahrscheinlichkeiten $\Pr[Z_t = z \wedge S_t = K]$, $z = 1, \ldots, N$, zurückgeführt auf die entsprechenden Wahrscheinlichkeiten für eine bestimmte Kombination aus Aktienkurs und Volatilitätszustand auf der vorhergehenden Zeitstufe sowie die Adjustierungsterme $\psi(t - \Delta t, \cdot)$. Der rekursive Kalibrierungsalgorithmus besteht in der schrittweisen Anwendung von (3.32) und (3.28) auf jeder Zeitstufe des Trinomialbaums. Der Algorithmus wird initialisiert durch die Wahl eines Anfangsvolatilitätszustandes z_0. Außerdem ist der Aktienkurs $S_0 = S_{0,0}$ in $t = 0$ als sicheres Ereignis bekannt, weshalb $\Pr[Z_0 = z_0 \wedge S_0 = S_{0,0}] = 1$ gilt. Nach (3.28) folgt wegen $C'(S_{0,0}, 0) = 0$:

$$\psi(0, S_{0,0}) = \frac{C'(S_{0,0}, \Delta t)}{\Delta t \cdot S_{0,0}(u-1)} \cdot \frac{1}{v(z_0)}.$$

Die Optionsbepreisung erfolgt, wie in Baumverfahren üblich, mittels einer Rückwärtsberechnung. Beginnend im Zeitpunkt $M\Delta t$, werden alle Knoten des Trinomialbaums durchlaufen. Der Optionswert im Zeitpunkt $m\Delta t$ ist abhängig vom Aktienkurs K und dem vorherrschenden Volatilitätszustand z und wird mit $V(t, K, z)$ bezeichnet. Mit den gegebenen Übergangswahrscheinlichkeiten können die Preise im Zeitpunkt $t - \Delta t$ als Erwartungswerte der Preise auf der nächsten Stufe wie folgt berechnet werden:

$$V(t-\Delta t, K, z) = \sum_{j=1}^{N} p_{zj} \cdot (D_j + E_j + F_j),$$

mit:

$$\begin{aligned} D_j &= \psi(t-\Delta t, K) v(z) \Delta t \cdot V(t, Ku, j), \\ E_j &= (1-(u+1)\psi(t-\Delta t, K) v(z) \Delta t) \cdot V(t, K, j), \\ F_j &= u \cdot \psi(t-\Delta t, K) v(z) \Delta t \cdot V(t, K/u, j). \end{aligned}$$

Zur Initialisierung des Algorithmus werden die Werte auf der Endstufe $M\Delta t$ mit den Auszahlungen bei Ausübung der Option vorbelegt, so dass zum Beispiel für die Bewertung europäischer Standardcalls mit dem Basispreis X gilt: $V(M\Delta t, K, z) = \max[0, K - X] \; \forall \; K, z$.

3.3.3 Anwendungsbeispiel: Barrier-Optionen für einen Volatilitätsprozess mit Mittelwerttendenz

Die meisten Vertreter der Optionsbewertungsmodelle mit stochastischer Volatilität berücksichtigen die empirisch belegte „Mean Reverting“-Eigenschaft der Momentanvolatilität. So nimmt Wiggins (1987) den Diffusionsprozess:

$$dS_t = \mu S_t dt + \sigma_t S_t dW_t^{(1)}$$

an mit:

$$d \ln \sigma_t = -\kappa(\ln \sigma_t - \alpha)dt + \gamma dW_t^{(2)}, \tag{3.33}$$

wobei κ den „Mean Reversion"-Parameter und γ die konstante Volatilität der logarithmierten Volatilität angibt. Die Prozesse $\{W_t^{(1)}\}$ und $\{W_t^{(2)}\}$ sind unabhängige standardisierte Brownsche Bewegungen. BJN zeigen, wie der durch (3.33) beschriebene Volatilitätsprozess diskretisiert werden kann, um ihn als Basisprozess in ihr Modell zu integrieren. Die Implementierung von BJN ist aber insofern nicht korrekt, als Volatilität und Varianz vertauscht werden.[66] Mit den notwendigen Modifikationen ergibt sich die folgende Umsetzung des Wiggins-Modells:

Die Volatilitätsfunktion $v(\cdot)$ des Basismodells sei definiert als:

$$\sqrt{v(Z_t)} = \exp\left(\alpha + \xi\left(Z_t - \frac{N-1}{2} - 1\right)\right), \; Z_t = 1, \ldots, N \tag{3.34}$$

mit konstanten Parametern α und ξ und ungeradem $N \in \mathbb{N}$. Die Variable Z_t folge einem Markov-Prozess mit den Übergangswahrscheinlichkeiten vom Zustand $Z_t = j$ zum Zustand $Z_{t+\Delta t} = k$:

$$\dot{p}_{jk} = \begin{cases} \frac{1}{2}\kappa\Delta t(N-j) & \text{falls} \quad k = j+1 \\ 1 - \frac{1}{2}\kappa\Delta t\,(N-1) & \text{falls} \quad k = j \\ \frac{1}{2}\kappa\Delta t(j-1) & \text{falls} \quad k = j-1 \\ 0 & \text{sonst.} \end{cases} \tag{3.35}$$

Mit der Festlegung $\xi = \gamma/\sqrt{\kappa(N-1)/2}$ lässt sich dann leicht verifizieren,[67] dass der Prozess $\{\ln\sqrt{v(Z_t)}\}$

- als rekombinierender Trinomialbaum dargestellt werden kann,
- die Mean Reverting-Eigenschaft erfüllt:

$$E\left[\ln\sqrt{v(Z_{t+\Delta t})} - \ln\sqrt{v(Z_t)} \mid \mathcal{F}_t\right] = -\kappa\left(\ln\sqrt{v(Z_t)} - \alpha\right)\Delta t,$$

[66] Die Autoren setzen in der Beispielrechnung des Abschnitts III.B.1. die Funktion $v(\cdot)$ mit der *Volatilität* des Aktienkursprozesses gleich. Um das Basismodell aus Gleichung (24), S. 852, korrekt zu implementieren, muss Gleichung (25) lauten: $\sqrt{v(z_t)} = \exp(\alpha + \delta z_t)$. Entsprechend ist in den Gleichungen (27) und (28) jeweils v_t durch $\sqrt{v_t}$ zu ersetzen. (Hinweis: Das Symbol δ bei BJN entspricht in dieser Arbeit dem Symbol ξ.)

Abgesehen davon muss in Gleichung (26) bei BJN sowie der nachfolgenden Definition von δ das Symbol K an vier Stellen jeweils durch J ersetzt werden. In der Definition von C_j bei BJN auf S. 850 muss der Term $q(t, Ku)$ durch $q(t, K)$ ausgetauscht werden. Zudem geben BJN an, die in den Beispielen des Abschnitts III.B. bewertete Option habe eine Restlaufzeit von drei Monaten (S. 851, 853, 854, 855). Tatsächlich beruhen die Zahlen aber auf einer Laufzeit von vier Monaten.

[67] Vgl. Anhang D, S. 255.

- und einen konstanten Erwartungswert der quadrierten Änderung der logarithmierten Volatilität besitzt:[68]

$$E\left[\left(\ln\sqrt{v(Z_{t+\Delta t})}-\ln\sqrt{v(Z_t)}\right)^2 \mid \mathcal{F}_t\right]=\gamma^2\Delta t.$$

Anhand einer Beispielrechnung soll der Einfluss dieses stochastischen Volatilitätsprozesses auf die Bewertung von Barrier-Optionen untersucht werden.[69] Es sei angenommen, dass alle europäischen Standardoptionen unabhängig von ihrem Basispreis und ihrer Restlaufzeit derzeit die gleiche implizite Black/Scholes-Volatilität in Höhe von 40% aufweisen. Bei der zu bewertenden Option handelt es sich um einen kontinuierlichen Down-and-In-Call mit einer Kursschranke von 95 und einer Restlaufzeit von 0,33 Jahren. Der anfängliche Aktienkurs gleicht dem Ausübungspreis von 100. Der theoretische Optionswert unter der Annahme eines log-normalen Diffusionsprozesses mit einer konstanten Volatilität von 40% beträgt 4,920. Dieser Wert wird in Abbildung 3.4 durch die gepunktete horizontale Linie (‚konstante Vola; analytisch') kenntlich gemacht.

Die Linien ‚konstante Vola; BJN' und ‚stochastische Vola; BJN' in Abbildung 3.4 resultieren aus der Anwendung des BJN-Algorithmus in einem Trinomialbaum mit 200 Zeitstufen und unterschiedlichen Parameterwerten u. Beide Prozesse sind mit der impliziten Volatilität von 40% für alle Standardoptionen vereinbar. Der Prozess ‚konstante Vola; BJN' beruht auf der Annahme, dass die tatsächliche Volatilität konstant 40% beträgt. Er kann damit als Diskretisierung des log-normalen Diffusionsprozesses mit konstanter Volatilität verstanden werden. Wie gut der numerische Wert mit dem theoretischen übereinstimmt, hängt wiederum entscheidend von der Lage der Barrier im Baum ab. Im Falle $u = 1,0526316$ ist der Optionspreis ‚konstante Vola; BJN' von 4,924 nahezu identisch mit dem theoretischen Wert von 4,920. Verantwortlich dafür ist die wünschenswerte Lage der Barrier auf (bzw. marginal oberhalb) einer Knotenschicht. Ein Absenken des Abwärtsschritts, etwa auf $u = 1,05$, hätte im Vergleich zum analytischen Preis einen hohen Bewertungsfehler zur Folge.[70]

Die Linie ‚stochastische Vola; BJN' beruht auf dem diskreten stochastischen Volatilitätsprozess mit Mittelwerttendenz. Der Mean Reversion-Para-

---

[68] Dieses Streuungsmaß entspricht der Varianz, falls der Erwartungswert der Änderung der Log-Volatilität Null beträgt, also:

$$-\kappa\left(\ln\sqrt{v(Z_t)}-\alpha\right)\Delta t=-\kappa\xi\left(Z_t-\frac{N-1}{2}-1\right)\Delta t=0.$$

Voraussetzung dafür ist das Vorliegen des mittleren Volatilitätszustands: $Z_t = \frac{1}{2}(N-1)+1$. In den übrigen Zuständen kann der Term $\gamma^2\Delta t$ nur als Näherung für die Varianz aufgefasst werden.

[69] Vgl. Britten-Jones/Neuberger (2000), Abschnitt B.1., S. 852 f.

[70] Genau diesen Faktor von $u = 1,05$ verwenden allerdings BJN, womit die Barrier eine extrem ungünstige Lage im Baum einnimmt.

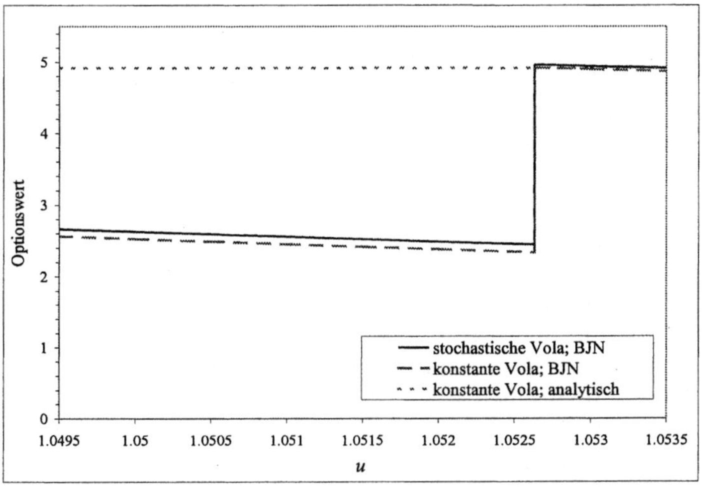

Abb. 3.4. Beispielrechnung für das BJN-Modell

meter κ wird mit 4 angesetzt und die Volatilität der Log-Volatilität beträgt $\gamma = 100\%$.[71] Die Anzahl N der Volatilitätszustände sei 5. Für $u = 1,05$ ist der Optionspreis von 2,630 um 0,104 $(4,1\%)$ höher als der Preis ‚konstante Vola; BJN'. Beim adäquaten Parameter von $u = 1,0526316$ reduziert sich die Differenz auf $(4,969 - 4,924) = 0,045$ $(0,9\%)$. Diese Zahlen machen deutlich, dass die Modellierung der Volatilität als eigenständiger stochastischer Prozess die Ergebnisse des impliziten Verfahrens bei der Bewertung von Barrier-Optionen nicht unwesentlich beeinflussen kann. Andererseits führt Abbildung 3.4 auch vor Augen, dass das Bewertungsergebnis unter Umständen viel stärker von der Art der Diskretisierung des Aktienkursprozesses (der Wahl des Parameters u) als vom Volatilitätsprozess abhängt.

3.3.4 Kritische Würdigung

Das von Britten-Jones/Neuberger (2000) vorgestellte Modell formuliert einen einfachen und leicht implementierbaren Kalibrierungs- und Bepreisungsalgo-

[71] Der Parameter γ wurde hier so festgelegt, dass die Resultate mit Tabelle I bei BJN übereinstimmen, obwohl den Autoren, wie oben angesprochen, ein Versehen bei der Implementierung des Wiggins-Modells unterläuft. Das Modell, das BJN faktisch implementieren, lautet: $d\ln\sigma^2 = -\kappa(\ln\sigma^2 - \alpha)dt + \gamma dW$. Damit gilt: $d\ln\sigma = -\kappa\,(\ln\sigma - \alpha/2) + \gamma/2dW$. Folglich ist folgende Interpretation möglich: Die Autoren implementieren letztlich sehr wohl, wie angestrebt, das Wiggins-Modell, allerdings mit anderen als den angegebenen Parametern. Während κ korrekt gewählt wurde, ist die Volatilität der Log-Volatilität γ faktisch genau halb so hoch wie angegeben. Daher wird hier der von BJN gewählte Parameterwert von 200% halbiert. Damit lassen sich mittels der korrigierten Implementierung die Zahlenwerte im Aufsatz von BJN reproduzieren.

rithmus für die implizite Optionsbewertung mit stochastischer Volatilität. Dadurch ist es in der Praxis dem vergleichbaren Modell von Derman/Kani (1998), das auf einem äußerst rechenintensiven Algorithmus beruht, vorzuziehen. BJN zeigen, wie verschiedene stochastische Volatilitätsprozesse in das Gerüst eingebettet werden können.[72] Die Beispielrechnungen belegen, dass sich die Einführung einer eigenständigen Stochastik der Volatilität signifikant auf die Preise exotischer Optionen auswirken kann.

In der Modellherleitung wird unterstellt, dass die Volatilitätsänderung in einer Teilperiode der Länge Δt unabhängig von der Aktienkursbewegung im gleichen Zeitraum eintritt.[73] Die Annahme ist restriktiv, weil die Schiefe der impliziten Volatilitäten (Skew) eine negative Korrelation von Aktienrendite und Volatilitätsveränderung anzeigt. Dieser Effekt wird aus dem Basismodell für die Volatilität ausgeklammert und allein über die Adjustierungsfaktoren $\psi(t, K)$ erfasst. Die damit einhergehende Beschränkung des Basismodells erscheint willkürlich. Aus der Logik des Modells heraus wäre es wünschenswert, ein umfassendes Basismodell aufzustellen, das nur noch punktuell über die Adjustierungsfaktoren so zu modifizieren wäre, dass die Marktpreise von Standardcalls erklärt werden. Eine Beziehung zwischen Volatilitäten und Aktienkursen kann zwar hergestellt werden, indem die Übergangswahrscheinlichkeiten für die Volatilitätszustände davon abhängig gemacht werden, welcher Kurssprung in der *vorherigen* Teilperiode eingetreten ist.[74] Eine etwaige Korrelation in der *gleichen* Teilperiode wird dabei aber weiterhin vernachlässigt.

Ein zentrales Problem in der praktischen Anwendung wird in der Schätzung eines adäquaten Basismodells bestehen. Die Wahl des Prozesses und die Festlegung seiner Parameter bedarf einer gründlichen Analyse der Zeitreihen von Aktienrenditen und Optionspreisen. Schließlich könnte auch die Diskretisierung des Prozesses, das heißt die Überführung in eine begrenzte Anzahl von Volatilitätszuständen mit zugehörigen Übergangswahrscheinlichkeiten, Schwierigkeiten bereiten. Ein empirischer Test des BJN-Modells steht bisher noch aus.[75]

---

[72] Vgl. Britten-Jones/Neuberger (2000), S. 851-855.

[73] Siehe oben den Übergang von Gleichung (3.29) zu (3.30).

[74] Vgl. Britten-Jones/Neuberger (2000), S. 855.

[75] Vgl. auch Jackwerth (1999), S. 77.

4. Hedging und Bewertung von Optionen unter Berücksichtigung von Handelsbeschränkungen und Transaktionskosten

In früheren Abschnitten wurde ausgeführt, dass Kurssprünge und stochastische Veränderungen der Volatilität die perfekte Nachbildung von Optionen mit einer dynamischen Handelsstrategie vereiteln. Die Optionsbewertung kann sich dann nicht allein auf das Postulat der Arbitragefreiheit gründen. Die Arbitragebewertung misslingt außerdem, wenn Transaktionskosten anfallen oder andere Marktfriktionen vorhanden sind. Lässt man „Komplikationen" des Kursprozesses wie Sprünge außer Acht und trifft die Standardannahme einer geometrischen Brownschen Bewegung, so zeigt sich, dass die Anwendung der Black/Scholes-Handelsstrategie bei Vorliegen proportionaler Transaktionskosten in den sicheren Ruin führt. Der Aktienkursprozess und mit ihm der Prozess des Optionsdelta besitzen eine unbeschränkte Variation.[1] An unendlich vielen Zeitpunkten müssten Portfolioanpassungen vorgenommen werden, bei denen in jedem diskreten Zeitintervall unendlich viele Aktien gehandelt werden. Die Folge wären unendlich hohe Transaktionskosten, selbst bei kleinem umsatzbezogenen Transaktionskostenfaktor. Folglich kommen nur Portfoliostrategien in Frage, die eine beschränkte Variation des Prozesses der gehaltenen Aktien implizieren. Diese sehen nur eine endliche Anzahl von Umschichtungen vor, und zwar zu deterministischen oder stochastischen Anpassungszeitpunkten.

Als deutliches Indiz dafür, dass die Black/Scholes-Duplikationsstrategie nicht problemlos implementiert werden kann, ist das starke Wachstum des Optionshandels seit den siebziger Jahren anzusehen. Denn Optionen wären als eigenständige Finanzinstrumente überflüssig, wenn sie mit bereits vorhandenen Wertpapieren nachgebildet werden könnten. Ein früher Ausdruck dieses Widerspruchs findet sich bei Hakansson (1979):

> „A security can be unambiguously valued by reference to the other securities in a perfect market if and only if the security being valued is redundant in that market. ... So we find ourselves in the awkward position of being able to derive unambiguous values only for redundant assets and unable to value options which do have social value.

[1] Vgl. z. B. Harrison/Kreps (1979), S. 400, Leland (1985), S. 1283, Lott (1993), S. 7, und Irle (1998), S. 169.

In the latter case, we can of course use arbitrage arguments to place *bounds* on the option's value."[2]

Dieses Kapitel geht unter anderem der Frage nach, wie die von Hakansson angesprochenen Arbitragegrenzen, je nach gewählter Annahmenkonstellation, verlaufen. Um einen theoretischen Marktpreis zu bestimmen, müssten weitergehende Gleichgewichtsannahmen getroffen werden.[3] Gleichgewichtsmodelle zur Optionsbewertung leiten einen Modellpreis aus dem Schnittpunkt der aggregierten Angebots- und Nachfragekurven ab, in deren Bestimmung die Erwartungen der Marktteilnehmer, die Motive ihrer Handelsaktivitäten, ihre Erwartungen sowie die Marktgegebenheiten, wie zum Beispiel die Höhe der Transaktionskosten, einfließen. Unter bestimmten (restriktiven) Bedingungen kann auf diesem Wege die Gültigkeit der Black/Scholes-Formel auch auf unvollständigen Märkten nachgewiesen werden.[4] In der Regel jedoch werden sich davon abweichende Preisfunktionen einstellen. Die Gleichgewichtsmodelle werden in diesem Kapitel nicht detailliert behandelt, weil es hier in erster Linie darauf ankommt, die Leistungsfähigkeit von Hedgestrategien unter Handelsbeschränkungen und Transaktionskosten zu beurteilen. Dafür ist es weniger wichtig, einen konkreten Wert zu ermitteln, als vielmehr die Bandbreite möglicher Preise zu untersuchen. Der Nutzen der Gleichgewichtsmodelle erscheint überdies begrenzt, weil die benötigten Angaben über die Risikoeinstellung der Investoren kaum in der erforderlichen Genauigkeit zu erheben sind.

Bevor das Hedging unter Berücksichtigung von Transaktionskosten behandelt wird, soll im nächsten Abschnitt zunächst untersucht werden, wie gut die Nachbildung gelingt, wenn Umschichtungen zwar kostenlos, aber nur zu bestimmten Zeitpunkten möglich sind. Die Wirkung der Handelsbeschränkungen und Transaktionskosten wird im Folgenden größtenteils für eine Modellwelt untersucht, in der, von diesen Marktfriktionen abgesehen, die Black/Scholes-Bedingungen gelten.

4.1 Diskrete Handelszeitpunkte

4.1.1 Einführendes Beispiel zur Wertänderung eines Delta-, Delta-Gamma- und Delta-Gamma-Vega-neutralen Portfolios zwischen zwei Handelszeitpunkten

Anhand eines einführenden Beispiels soll die Wirkung einer Absicherungsstrategie mit verzögerter Anpassung der Portfoliostruktur demonstriert werden. Betrachtet werden die Wertveränderungen, die innerhalb eines Zeitintervalls,

---

[2] Hakansson (1979), S. 722 f.

[3] Zur zeitkontinuierlichen Bewertung im Gleichgewicht vgl. Schöbel (1995), S. 45 ff.; im Überblick s. Trautmann (2001).

[4] Vgl. Sick (1995).

in dem keine Umschichtungen vorgenommen werden, in Abhängigkeit von der Aktienrendite auftreten. Ein Marktteilnehmer verkauft 1000 europäische Calls mit einem Basispreis $X = 100$ und einer Restlaufzeit von $T = 0,5$ Jahren. Jeder Call berechtigt zum Kauf einer Aktie. Der aktuelle Aktienkurs beträgt $S_0 = 100$, die Volatilität der Aktienrendite $\sigma = 0,25$, und der risikolose Zinssatz $r = 4\%$. Während der Laufzeit werden keine Ausschüttungen geleistet. Es sei weiterhin angenommen, dass der Call entsprechend der Black/Scholes-Formel bewertet wird, so dass der Verkäufer einen Erlös von $1000 \cdot 8,01 = 8010$ erzielt. Das Delta der Option beträgt 0,5799, das Gamma 0,0221 und das Vega 0,2764. Um das Delta seiner Position zu neutralisieren, kauft der Händler 580 Aktien[5] und finanziert den Kaufpreis aus der vereinnahmten Optionsprämie und einer zusätzlichen Kreditaufnahme in Höhe von 49990. Der Portfoliowert $\Pi(t = 0,\ S = S_0,\ \sigma = 0,25)$ und das Portfoliodelta betragen:

$$\Pi(0,\ 100,\ 0,25) = -1000 \cdot 8,01 + 580 \cdot 100 - 49990 = 0,$$
$$\frac{\partial \Pi}{\partial S} = -1000 \cdot 0,5799 + 580 \cdot 1 \approx 0.$$

Nach Δt Zeiteinheiten mit der Aktienkursänderung ΔS (bei sonst unveränderten Zahlenwerten) notiert der Call zu:

$$\begin{aligned} C(S_{\Delta t}, T - \Delta t, X, r, \sigma) &= C(100 + \Delta S,\ 0,5 - \Delta t,\ 100,\ 0,04,\ 0,25) \\ &= C\,(100,\ 0,5,\ 100,\ 0,04,\ 0,25) + \Delta C. \end{aligned}$$

Der Gewinn oder Verlust der Periode berechnet sich nach:

$$\begin{aligned} &\Pi(\Delta t,\ 100 + \Delta S,\ 0,25) - \Pi(0,\ 100,\ 0,25) \\ &\qquad = -1000 \cdot \Delta C + 580 \cdot \Delta S - 49990 \cdot (e^{r\Delta t} - 1). \end{aligned}$$

Die grafische Darstellung der Wertänderung für $\Delta t = 0,5/125 = 0,004$, entsprechend etwa einem Handelstag, zeigt im linken Teil von Abbildung 4.1 vergleichsweise geringe Gewinne an, wenn der Aktienkurs in etwa gleich bleibt, und ansteigende Verluste, wenn betragsmäßig große Aktienrenditen auftreten. Ein solches Gewinn- und Verlustprofil ist typisch für eine Delta-neutrale Portfolioposition mit negativem Gamma. Kommen noch Volatilitätsveränderungen hinzu und wird der Call weiterhin nach Black/Scholes mit der jeweils aktuellen Volatilität bewertet, so verschiebt sich das Gewinn- und Verlustdiagramm nach oben oder unten. Eine Volatilitätserhöhung ($\Delta\sigma > 0$) wirkt sich nachteilig, eine Senkung ($\Delta\sigma < 0$) vorteilhaft auf die Vermögensposition des betrachteten Marktteilnehmers aus.

Um ein Portfolio mit einem hohen Gamma gegen Verluste zu schützen, kann durch Hinzunahme einer weiteren Option auf das gleiche Basispapier

[5] Die Anzahl der in das Portfolio aufzunehmenden Wertpapiere wird in diesem Beispiel zunächst exakt berechnet und anschließend auf einen ganzzahligen Wert gerundet.

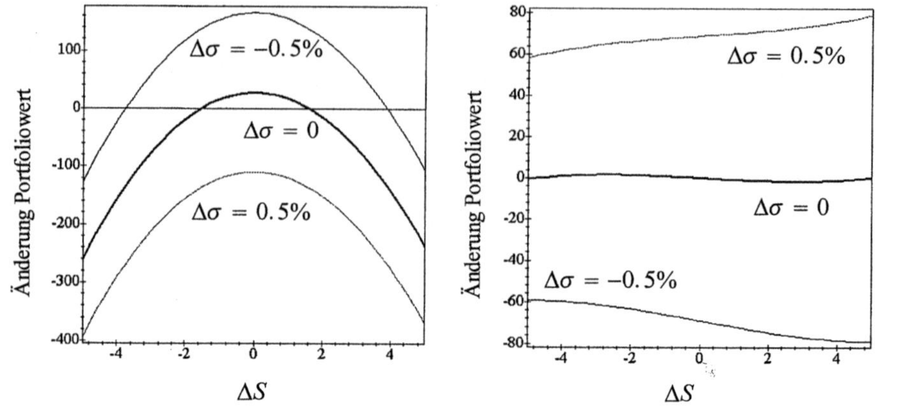

Abb. 4.1. Beispiel zum Gewinn- und Verlustprofil eines Delta-neutralen (linke Grafik) und Delta-Gamma-neutralen Portfolios (rechte Grafik)

Gammaneutralität hergestellt werden.[6] Die drei geforderten Eigenschaften des Portfolios – kein Kapitaleinsatz und ein Delta und Gamma von Null – lassen sich in einem linearen Gleichungssystem darstellen, dessen Lösung das Engagement in die einzelnen Portfoliokomponenten ergibt. Zur Fortführung des Beispiels sei angenommen, dass der hinzugefügte, mit G bezeichnete Call einen Ausübungspreis von 105 und eine Restlaufzeit von 0,75 Jahren besitzt. Für seinen Preis und die relevanten Sensitivitätskennzahlen nach Black/Scholes erhält man:

$$C^{(G)} = 7,79;\ \text{Delta}^{(G)} = 0,5086;\ \text{Gamma}^{(G)} = 0,0184;\ \text{Vega}^{(G)} = 0,3454.$$

Ein Delta-Gamma-neutrales Portfolio setzt sich neben den anfänglich verkauften 1000 Calls mit Basispreis 100 aus 31 leerverkauften Aktien, 1200 Calls vom Typ G sowie einer risikolosen Anlage in Höhe von 1764 zusammen. Der rechte Teil von Abbildung 4.1 verdeutlicht die Wirksamkeit dieser Absicherungsstrategie, da Aktienkursveränderungen den Marktwert des Portfolios nur noch geringfügig beeinflussen. Anders verhält es sich mit Volatilitätsveränderungen, die nach wie vor einen erheblichen Einfluss ausüben.

Soll das Portfolio auch gegen Veränderungen der Volatilität immunisiert werden, ist mit Hilfe einer weiteren Option auch das Portfoliovega auf Null zu setzen. Die neue Option V sei ein Call mit $X = 102$ und $T = 0,25$ Jahren. Es gelten folgende Daten:

$$C^{(V)} = 4,53;\ \text{Delta}^{(V)} = 0,4936;\ \text{Gamma}^{(V)} = 0,0319;\ \text{Vega}^{(V)} = 0,1994.$$

Das Delta-Gamma-Vega-neutrale Portfolio enthält neben der abzusichernden Short-Call-Position 104 Aktien, 600 Calls der Serie G und 346 Calls der Serie

[6] Vgl. Abschnitt 2.1.4.1, S. 21.

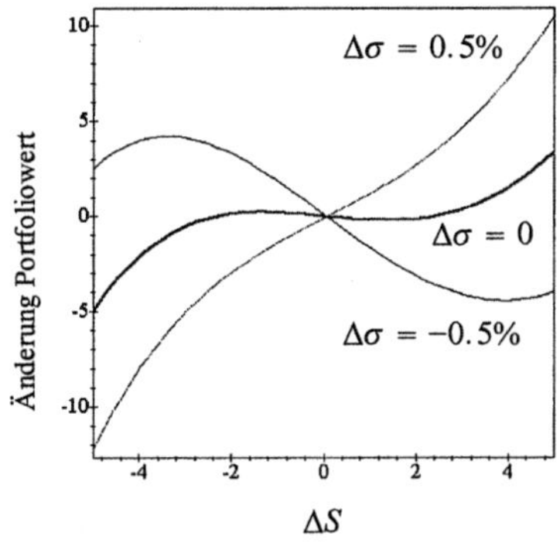

Abb. 4.2. Gewinn- und Verlustprofil eines Delta-Gamma-Vega-neutralen Portfolios (Beispiel)

V. Zur Finanzierung dieser Instrumente wird ein Kredit von 8632 aufgenommen. Das in Abbildung 4.2 eingetragene Gewinn- und Verlustprofil verläuft zwar bei gegebener Volatilität etwas weniger stabil als vorher beim Delta-Gamma-neutralen Portfolio; dafür wird aber die dort vorhandene Wirkung der Volatilität auf den Portfoliowert stark abgemildert. Bei einer negativen Korrelation von Aktienrendite und Volatilitätsveränderung erweist sich die Portfoliostruktur als ungünstig, weil dann, vom Schnittpunkt der Linien ausgehend, jeweils die unteren Kurvenabschnitte relevant sind. Es entstünde demnach mit hoher Wahrscheinlichkeit ein (geringer) Verlust.

Das Delta-Gamma- und Delta-Gamma-Vega-neutrale Hedging scheitern in der Praxis oft an dem Problem, geeignete Optionen am Markt zu finden, die in der gewünschten Stückzahl erworben oder verkauft werden können. Dient die Analyse zur Bestimmung von Arbitragegrenzen oder zur Optionsbewertung, so ist außerdem unbefriedigend, dass Preise anderer Optionen auf das gleiche Underlying als bekannt vorausgesetzt werden müssen. Die folgenden Ausführungen beschränken sich daher auf den Fall eines dynamischen Hedging allein mit dem Basisinstrument und dem risikolosen Wertpapier.

4.1.2 Genauigkeit einer Delta-neutralen Handelsstrategie

4.1.2.1 Einzelnes Anpassungsintervall

Das einführende Beispiel des letzten Abschnitts lässt die Frage nach der Verteilung des Hedgefehlers offen, weil der Aktienkursprozess nicht spezifiziert wurde. Der folgenden Analyse liegt die Kursverlaufshypothese (2.1) des Black/Scholes-Modells zugrunde,[7] wobei dW in der Form $dW = \varepsilon\sqrt{dt}$ mit

[7] Die folgende Herleitung bezieht sich auf Boyle/Emanuel (1980); siehe auch Leland (1985), S. 1285-1287.

ε als standardnormalverteilte Zufallsvariable notiert wird. Für die Änderung des Aktienkurses $\Delta S = S_{t+\Delta t} - S_t$ in einem diskreten, festen Anpassungsintervall Δt gilt:[8]

$$\frac{\Delta S}{S} = \mu \Delta t + \sigma \varepsilon \sqrt{\Delta t} + O\left((\Delta t)^{3/2}\right). \tag{4.1}$$

Der Landau-Operator $O(\cdot)$ gibt die Konvergenzordnung einer Funktion an. Für beliebige Funktionen g und h ist $g(x) = O(h(x))$, wenn $\lim_{x \to 0} |g(x)/h(x)| = c$, $c \neq 0$, $c < \infty$.[9] Für die Optionspreise gelte trotz der Handelsbeschränkungen die Bewertungsformel des Black/Scholes-Modells.[10]

Angenommen, ein Marktteilnehmer verkauft einen Call, erwirbt φ Aktien und legt den Betrag β risikolos an. Die Wertänderung ΔH des Portfolios im Anpassungsintervall beläuft sich auf:

$$\begin{aligned} \Delta H &= -\Delta C + \varphi \Delta S + (e^{r\Delta t} - 1)\beta \\ &= -\Delta C + \varphi \Delta S + r \Delta t \beta + \left(O(\Delta t)^2\right). \end{aligned} \tag{4.2}$$

Die Entwicklung von ΔC mit einer Taylorreihe ergibt:[11]

$$\Delta C = C_S \Delta S + C_t \Delta t + \frac{1}{2} C_{SS} (\Delta S)^2 + O\left((\Delta t)^{3/2}\right).$$

Ein Hedgeportfolio sei definiert durch die Festlegungen $\varphi = C_S$ und $\beta = C - C_S S$, wonach der Anleger in jedem Handelszeitpunkt die Portfoliogewichte an die Black/Scholes-Vorgaben anpasst.[12] Der Wert des Portfolios am Beginn des Anpassungsintervalls beträgt $H = -C + C_S S + \beta = 0$. Für die Wertänderung ΔH, die als Hedgefehler interpretiert werden kann, erhält man den Ausdruck:

---

[8] Vgl. z. B. Leland (1985), S. 1285, Reiß (1998), S. 31 f.

[9] Hier ist die gegen Null konvergierende Variable x mit Δt identisch, wenn nicht ausdrücklich etwas anderes gesagt wird.

[10] Eine mögliche Begründung dafür liefern Boyle/Emanuel (1980), S. 276, indem sie zeigen, dass der Hedgefehler in einer näherungsweisen Betrachtung nicht mit der Marktrendite korreliert ist. Nach dem CAPM ist er damit für die Bewertung der Option irrelevant. Dieses Argument haben bereits Black/Scholes (1973), Fn. 7, vorgebracht. Ohne auf das CAPM zurückzugreifen, weisen überdies Rubinstein (1976) und Brennan (1979) nach, dass bei bivariat lognormalverteilten Renditen des Basispapiers und des Gesamtmarkts die Black/Scholes-Formel auch im diskreten Modellrahmen zutrifft, wenn der repräsentative Investor eine konstante relative Risikoaversion besitzt.

[11] Tiefgestellte Indizes beim Callpreis kennzeichnen partielle Ableitungen der Callpreisfunktion.

[12] *Näherungsweise* wird mit dieser Strategie die Varianz der Portfoliorendite im jeweils folgenden Zeitintervall minimiert. Wilmott (1994) zeigt, wie sich die Güte der Approximation durch eine leicht modifizierte Berechnung der Portfolioanteile noch verbessern lässt. Eine erweiterte Delta-Hedgestrategie mit dem Ziel der Minimierung des mittleren quadrierten Hedgefehlers entwickeln auch Bertsimas et al. (1997). Ihre Herleitung gilt in einem relativ allgemeinen Modellrahmen eines unvollständigen Finanzmarkts.

$$\Delta H = -C_t \Delta t - \frac{1}{2} C_{SS} (\Delta S)^2 + r \Delta t \,(C - C_S S) + O\left((\Delta t)^{3/2}\right). \quad (4.3)$$

Aufgrund der Annahme über die Bewertung nach Black/Scholes ist die partielle Differenzialgleichung (2.10) erfüllt, so dass gilt:

$$\frac{1}{2} \sigma^2 S^2 C_{SS} \Delta t = r \Delta t C - r \Delta t C_S S - C_t \Delta t. \quad (4.4)$$

Aus (4.3) und (4.4) resultiert:

$$\Delta H = \frac{1}{2} S^2 C_{SS} \left(\sigma^2 \Delta t - \left(\frac{\Delta S}{S} \right)^2 \right) + O\left((\Delta t)^{3/2}\right).$$

Setzt man hierin unter Verwendung von Gleichung (4.1) $(\Delta S/S)^2 = \sigma^2 \varepsilon^2 \Delta t + O((\Delta t)^2)$ und substituiert weiterhin die partielle Ableitung C_{SS},[13] so ergibt sich:

$$\Delta H = \frac{S\sigma}{2\sqrt{T}} n(d_1) \left(1 - \varepsilon^2\right) \Delta t + O\left((\Delta t)^{3/2}\right), \quad (4.5)$$

wobei T die Restlaufzeit der Option am Beginn des Anpassungsintervalls bezeichnet. Werden Terme der Ordnung $O\left((\Delta t)^{3/2}\right)$ vernachlässigt, so ist wegen $E(\varepsilon^2) = 1$ der Erwartungswert von ΔH gleich Null.[14] Dies bedeutet, dass die Black/Scholes-Handelsstrategie im Falle diskreter Anpassungszeitpunkte im Mittel approximativ selbstfinanzierend ist.[15] Die Hedgefehler zweier verschiedener Anpassungsintervalle sind unkorreliert.[16] Die Zufallsvariable ε^2 gehorcht einer Chi-Quadrat-Verteilung mit einem Freiheitsgrad. Die Verteilung des approximativen Hedgefehlers verläuft linksschief. Der approximative Hedgefehler ist genau dann positiv, wenn $|\varepsilon| < 1$ ist. Dies trifft in ungefähr 68% aller Fälle zu. Mit der Gegenwahrscheinlichkeit von 32% sinkt der Portfoliowert. Beim Hedging eines *gekauften* Call durch eine Leerverkaufsposition in der zugrunde liegenden Aktie kehren sich die Verhältnisse um, so dass mit einer Wahrscheinlichkeit von lediglich 32% ein Gewinn erzielt wird.

Die Überlegungen sind analog auf Puts übertragbar. Das Hedgeportfolio setzt sich zusammen aus einem zum Preis P verkauften Put, $\partial P/\partial S =$

[13] Vgl. Abschnitt 2.1.4.1, S. 15.

[14] Unter Einbeziehung der Terme der Ordnung $O(\Delta t^{3/2})$ verschwindet der Erwartungswert von ΔH nur dann, wenn die erwartete Momentanrendite der Aktie dem risikolosen Momentanzins entspricht; vgl. Toft (1996), S. 240, und Reiß (1998), S. 39. In einer Welt mit risikoaversen Anlegern trifft dies nicht zu, so dass der erwartete Hedgefehler nur approximativ Null beträgt. Die Berechnungen von Toft (1996) zeigen aber, dass die Approximation für praktische Zwecke hinreichend genau ist, wenn nicht extrem lange Anpassungsintervalle (von mehreren Wochen) angenommen werden.

[15] Vgl. Reiß (1998), S. 42.

[16] Vgl. Toft (1996), S. 249. Die Varianz des Hedgefehlers variiert über die Anpassungsintervalle; vgl. Boyle/Emanuel (1980), S. 267.

$N(-d_1) = 1 - N(d_1)$ leerverkauften Aktien und der risikolosen Anlage der Verkauferlöse. Der Gewinn oder Verlust des Portfolios in der Zeitspanne Δt beläuft sich auf:

$$\Delta H = -(1 - N(d_1))\,\Delta S - \Delta P + (e^{r\Delta t} - 1)\,((1 - N(d_1))\,S + P)\,. \quad (4.6)$$

Wegen der Put-Call-Parität muss gelten:

$$P = -S + C + Xe^{-rT},$$

sowie:

$$\Delta P = -\Delta S + \Delta C + Xe^{-rT}(e^{r\Delta t} - 1).$$

Damit ergibt sich für den Hedgefehler ΔH nach (4.6) exakt das gleiche Ergebnis wie gemäß (4.2) für Calls:

$$\begin{aligned}\Delta H &= -(1 - N(d_1))\,\Delta S - \left[-\Delta S + \Delta C + Xe^{-rT}(e^{r\Delta t} - 1)\right] \\ &\quad + (e^{r\Delta t} - 1)\left[(1 - N(d_1))\,S - S + C + Xe^{-rT}\right] \\ &= -\Delta C + N(d_1)\Delta S + (e^{r\Delta t} - 1)\,(C - N(d_1)S)\,.\end{aligned}$$

Folglich ist die Wertänderung des Hedgeportfolios im Falle des *Verkaufs* der Putoption linksschief verteilt, während umgekehrt beim *Kauf* des Put und Absicherung durch den Kauf von Aktien eine rechtsschiefe Verteilung resultiert.

4.1.2.2 Kumulierter Hedgefehler

Die periodischen Hedgefehler sind für den Anwender der Handelsstrategie wichtig, weil er die entstandenen Verluste durch Einschüsse begleichen muss, um die Portfolioanteile wieder neu justieren zu können. Den erforderlichen Einschüssen stehen aber entnehmbare Gewinne aus anderen Anpassungsintervallen gegenüber. Daher ist für den Erfolg des Hedging letztlich die Verteilung des kumulierten Gewinns oder Verlusts während der Gesamtdauer der Absicherungsstrategie entscheidend.

Bei einer Aufteilung der gesamten Hedgeperiode in N Anpassungsintervalle der Länge Δt sei mit ΔH_i, $i = 1, \ldots, N$, der Hedgefehler im Anpassungsintervall i und mit $d_{1,i-1}$ der Wert der Variable d_1 am Ende der Teilperiode $i - 1$ bezeichnet. Die Absicherung beginnt im Zeitpunkt $t = 0$ und endet in $t = N\Delta t$. Der gesamte, in $N\Delta t$ aufgelaufene Gewinn oder Verlust beträgt bei Anwendung der im letzten Abschnitt dargelegten Handelsstrategie:

$$\Delta H_G = \sum_{i=1}^{N} \Delta H_i e^{r(N-i)\Delta t},$$

mit (s. Gleichung 4.5):

$$\Delta H_i = \underbrace{\frac{\sigma S_{(i-1)\Delta t}}{2\sqrt{(N-i+1)\Delta t}} n(d_{1,i-1})}_{v_i} \left(1 - \varepsilon_i^2\right) \Delta t + O\left((\Delta t)^{3/2}\right).$$

Ignoriert man sowohl die Verzinsung der zwischenzeitlichen Gewinne und Verluste als auch die Terme der Ordnung $O\left((\Delta t)^{3/2}\right)$ und nimmt außerdem Konstanz von v_i an, so besitzt der auf diese Weise stark vereinfachte Hedgefehler eine Chi-Quadrat-Verteilung mit N Freiheitsgraden. Mit wachsender Zahl von Anpassungsperioden nähert sich diese Verteilung einer Normalverteilung an. Die Annahme eines konstanten Faktors v_i stellt allerdings eine kaum zu rechtfertigende Vereinfachung dar, weil Beispielrechnungen eine nicht unerhebliche Variation dieses Faktors offenbaren.[17] Durch die Veränderungen des Aktienkurses und der Restlaufzeit bleibt auch die Streuung der Hedgefehler nicht konstant. Eine analytische Verteilung für ΔH_G lässt sich unter diesen Bedingungen nicht angeben. Daher soll die Verteilung des Hedgefehlers für typische Parameterkonstellationen durch Monte-Carlo-Simulation näherungsweise ermittelt werden.

	Sigma=0.35							
	tägliche Anpassung				wöchentliche Anpassung			
RLZ	2 Wochen	1 Monat	6 Monate	12 Monate	2 Wochen	1 Monat	6 Monate	12 Monate
Optionspreis	1.4656	2.0955	5.3862	7.8341	1.4656	2.0955	5.3862	7.8341
Endvermögen								
Mittelwert	-0.09	-0.09	0.04	0.02	0.19	-0.42	-0.16	-0.15
Standardabweichung	25.66	17.79	7.07	4.81	54.34	39.09	15.12	10.57
Schiefe	-0.45	-0.26	-0.06	-0.08	-0.75	-0.62	-0.25	-0.14
Kurtosis	1.74	1.25	1.29	1.61	1.00	1.47	1.56	1.61
Anteil positiv	50.63%	50.65%	50.54%	49.96%	53.44%	51.91%	49.92%	49.31%
Maximum	86.48	65.47	29.30	23.00	97.17	92.42	67.53	54.53
Minimum	-184.12	-109.24	-38.17	-25.74	-303.27	-273.11	-103.38	-65.73
	Sigma=0.15							
Optionspreis	0.6528	0.9480	2.6259	4.0143	0.6528	0.9480	2.6259	4.0143
Endvermögen								
Mittelwert	-0.14	-0.14	-0.08	-0.05	-0.13	-0.54	-0.30	-0.24
Standardabweichung	24.71	16.71	5.92	3.65	52.16	36.75	12.65	7.93
Schiefe	-0.43	-0.25	-0.04	-0.21	-0.74	-0.58	-0.22	-0.19
Kurtosis	1.77	1.24	2.01	2.99	0.98	1.39	1.85	2.41
Anteil positiv	50.36%	50.01%	49.45%	49.59%	52.94%	51.41%	48.92%	48.62%
Maximum	77.90	63.60	34.18	18.88	92.85	87.32	52.99	40.25
Minimum	-183.92	-102.23	-38.16	-30.50	-297.62	-253.83	-107.04	-50.40

Tabelle 4.1. Monte-Carlo-Simulation der Black/Scholes-Strategie mit diskreten Anpassungsintervallen; jeweils 10000 Simulationen, Optionen anfangs am Geld befindlich, Verkaufserlös der abzusichernden Optionen: 100

Calls mit Fälligkeitstermin T werden im Zeitpunkt t_0 zum Black/Scholes-Preis verkauft und durch den Kauf einer dem Optionsdelta entsprechenden

[17] Vgl. Boyle/Emanuel (1980), S. 266.

Zahl von Aktien abgesichert. Der Mehrbetrag des Kaufpreises gegenüber dem Optionserlös wird kreditfinanziert. Zur besseren Vergleichbarkeit der Ergebnisse werde die Zahl der verkauften Optionen so gewählt, dass der Verkauferlös genau 100 beträgt. Die Anteile im Hedgeportfolio werden in äquidistanten Zeitabständen an die aus dem kontinuierlichen Modell bekannten Werte der Black/Scholes-Strategie angepasst. Die notwendigen Einschüsse bei dieser nicht selbstfinanzierenden Handelsstrategie werden kreditfinanziert, die Überschüsse risikolos angelegt. Das erreichte Endvermögen nach der Auflösung des Portfolios im Fälligkeitszeitpunkt entspricht dem Gewinn oder Verlust der Absicherung. Es werden jeweils 10000 Aktienkurspfade nach einer geometrischen Brownschen Bewegung simuliert.[18] Dabei werden zunächst gleichverteilte Zufallszahlen nach dem Verfahren von Matsumoto/Nishimura (1998) erzeugt[19], die anschließend mit der Box-Müller-Methode in standardnormalverteilte Zufallszahlen transformiert werden. Zur Charakterisierung der simulierten Verteilung der Hedgefehler werden die ersten vier Momente, der prozentuale Anteil der positiven Hedgefehler sowie das maximale und minimale Endvermögen angegeben. Die in Tabelle 4.1 abgetragenen Ergebnisse beruhen auf den folgenden Daten:

anfänglicher Aktienkurs:	$S_{t_0} = 50$,
Ausübungspreis:	$X = 50$,
risikoloser Zinssatz:	$r = 0,04$,
Laufzeit (in Jahren):	$T \in \{\frac{1}{24}, \frac{1}{12}, \frac{1}{2}, 1\}$,
Volatilität:	$\sigma \in \{0,15,\ 0,35\}$,
erwartete Momentanrendite der Aktie:	$\mu = 0,15$,
Länge des Anpassungsintervalls (in Jahren):	$\Delta t \in \{\frac{1}{250}, \frac{1}{52}\}$,
Zahl simulierter Pfade:	10000.

Für das Beispiel der *täglichen* Anpassung zur Absicherung einer *Einmonatsoption* mit einer Volatilität des Basispapiers von 0,35 zeigt Abbildung 4.3 die simulierte Verteilung der Hedgefehler. Die Simulationsergebnisse lassen sich folgendermaßen zusammenfassen: Der Mittelwert des Endvermögens ist meist negativ. Bei wöchentlicher Portfolioanpassung kommen größere durchschnittliche Verluste (bis über 0,5% des Verkaufserlöses der Optionen) vor als bei täglicher Umschichtung. Die Standardabweichung des Hedgefehlers nimmt ab, wenn die Optionen anfangs eine längere Laufzeit besitzen. Dies erklärt sich dadurch, dass unter Hedging-Aspekten jene Situationen besonders kritisch sind, in denen sich die abzusichernden Optionen noch kurz vor Fälligkeit am Geld befinden. Dieser Fall tritt bei einer langen Anfangslaufzeit selten auf, weil sich der Aktienkurs mit größerer Wahrscheinlichkeit um einen gegebenen Mindestbetrag vom Basispreis entfernt. Nicht überraschend, wird bei geringerer Volatilität der Rendite des Underlying eine höhere Genauigkeit des Hedging erreicht, die sich in einer geringeren Standardabweichung

[18] Simuliert wird nicht der risikoneutrale sondern der reale Aktienkursprozess. Hierfür ist eine Annahme über den Erwartungswert μ der Aktienrendite zu treffen.

[19] Vgl. das C-Programm bei Matsumoto/Nishimura (1998), S. 27 f.

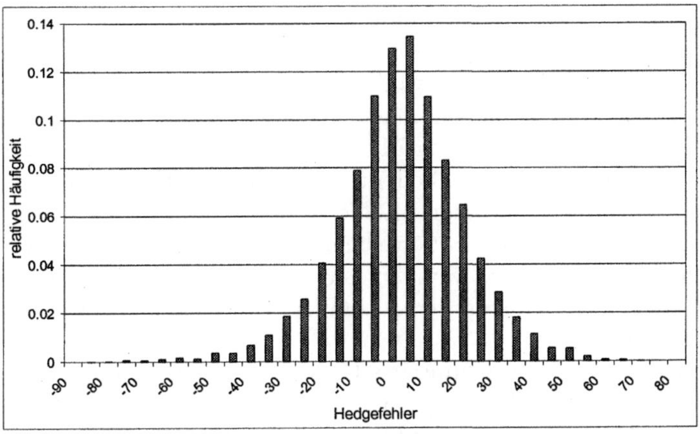

Abb. 4.3. Verteilung des Hedgefehlers aus einer Monte-Carlo-Simulation für eine Einmonatsoption bei täglicher Anpassung; Volatilität $\sigma = 0,35$; 10000 Simulationsläufe

ausdrückt. Die simulierten Verteilungen verlaufen linksschief und weisen im Vergleich zur Normalverteilung eine erhöhte Kurtosis auf. Das Ausmaß der Schiefe nimmt mit längerer Optionslaufzeit tendenziell ab, wohingegen die Kurtosis zunimmt. Die Schiefe ist auch daran erkennbar, dass der Absolutbetrag des höchsten Verlusts immer über dem höchsten Gewinn der 10000 Simulationsläufe liegt. Wie zu erwarten war, gehen die Ausschläge der Hedgefehler beim Übergang von einer wöchentlichen zu einer täglichen Anpassung des Portfolios zurück. Sowohl die Standardabweichung der Hedgefehler als auch die Absolutbeträge der höchsten Gewinne und Verluste sinken deutlich.

In den in Abbildung 4.3 erfassten Simulationsläufen lagen 5% aller Endvermögenswerte über $+28,7$. Nähme man vereinfacht eine Normalverteilung mit einem Erwartungswert von Null und einer Standardabweichung in Höhe des Stichprobenwerts aus den Simulationen von $17,79$ an, ergäbe sich eine ähnlich hohe Grenze von $1,645 \cdot 17,79 = 29,3$ für die 5% günstigsten Ausgänge. Für praktische Zwecke wird es daher in der Regel akzeptabel sein, die Schiefe und Kurtosis zu vernachlässigen.[20] Eine grobe Fehleinschätzung allerdings wäre die Folge, wenn aus der Zeitreihe der Hedgefehler der *einzelnen* Anpassungsperioden eine einfache t-Statistik berechnet würde, um zu prüfen, ob der Erwartungswert der Fehler von Null abweicht.[21] Im Beispiel errechnet sich nach diesem Vorgehen in 1322 von 10000 Simulationsläufen ein t-Wert größer $1,645$. Die einfache t-Statistik vermittelt hier offen-

[20] So auch Kamal (1998), S. 2.

[21] Vgl. ausführlich Boyle/Emanuel (1980). Mit der „einfachen t-Statistik" ist der Quotient aus dem durchschnittlichen Hedgefehler der Anpassungsperioden und der durch die Quadratwurzel aus N geteilten Standardabweichung dieser Hedgefehler gemeint.

bar ein grob verzerrtes Bild, wenn sie zum Test der Nullhypothese herangezogen wird, dass ein aufgetretener Hedgefehler unter den Black/Scholes-Bedingungen mit diskreter Portfolioanpassung zustande gekommen ist. Der Grund ist, dass die Hedgefehler der einzelnen Teilperioden keiner Normalverteilung folgen sondern, nach Multiplikation mit -1, [22] annähernd einer Chi-Quadrat-Verteilung. Dies bedeutet, dass die positiven Hedgefehler untereinander weniger stark streuen als die negativen Abweichungen.[23] Aus diesem Grund wird die Standardabweichung in kleinen Stichproben tendenziell gerade dann unterschätzt, wenn in der Stichprobe ein positiver Mittelwert vorliegt. Als Folge davon werden zu häufig „signifikant" positiv erscheinende t-Werte beobachtet.

Für die Standardabweichung des Hedgefehlers hat Kamal (1998) eine Näherungsformel entwickelt, die in den meisten Fällen akzeptable Ergebnisse liefert.[24] Der Näherungswert wird pro Geldeinheit des Callpreises angegeben und berechnet sich nach:[25]

$$\mathrm{STD}_{appr} = \frac{1}{C(S_{t_0}, T - t_0, X, r, \sigma)} \sqrt{\frac{\pi}{4}} \frac{\sigma}{\sqrt{N}} \cdot Vega_{Call} \cdot 100.$$

Zum Beispiel gelten für einen Call mit den Daten $t_0 = 0$, $S_0 = X = 50$, $r = 0{,}04$, $\sigma = 0{,}35$, $T = 1/12$ (RLZ 1 Monat) der Black/Scholes-Preis $C = 2{,}0955$ und ein Vega von $0{,}0574$. Bei täglicher Anpassung ($N = 21$) erhält man mit diesen Angaben den approximativen Wert $\mathrm{STD}_{appr} = 0{,}1853$. Wenn gerade so viele Calls verkauft werden, dass ihr Gesamtpreis 100 beträgt, müsste sich demnach eine Standardabweichung des Endvermögens von ungefähr 18,53 einstellen. Tatsächlich ergab die Monte-Carlo-Simulation mit 17,79 einen Wert dieser Größenordnung.[26] Auch in der Mehrzahl der anderen Parameterkonstellationen der Tabelle 4.1 kann die Eignung der Approximation bestätigt werden. Nur bei wöchentlicher Anpassung und kurzer Optionslaufzeit weist die Näherungsformel eine deutlich überhöhte Standardabweichung aus (z. B. 60,83 statt 54,34 bei RLZ = 2 Wochen und $\sigma = 0{,}35$).

4.2 Transaktionskosten

4.2.1 Arten von Transaktionskosten

Mit dem An- und Verkauf von Wertpapieren im Zuge einer dynamischen Handelsstrategie sind explizite und implizite Transaktionskosten verbunden.[27]

[22] Die Chi-Quadrat-verteilte Zufallsvariable ε^2 geht in (4.5) mit negativem Vorzeichen ein.
[23] Vgl. Boyle/Emanuel (1980), S. 267.
[24] Vgl. auch die – allerdings wesentlich komplizierteren – Näherungsformeln (21) bis (24) bei Toft (1996), S. 248 f.
[25] Eine intuitive Begründung für die Formel gibt Kamal (1998), S. 3 f.
[26] Siehe die zweite Spalte im oberen Teil von Tabelle 4.1.
[27] Vgl. im Überblick Lüdecke (1996), S. 17 ff.

Ihre Höhe bildet zusammen mit der Liquidität des Marktes ein wichtiges Merkmal für die Qualität eines Handelsplatzes oder -systems. Liquidität und Transaktionskosten beeinflussen sich gegenseitig: Einerseits entstehen an einem aufnahmefähigen, liquiden Markt, an dem auch größere Order schnell und ohne nennenswerten Kurseinfluss platziert werden können, größenbedingte Kostenvorteile. Ein Markt mit niedrigen Transaktionskosten andererseits wird im Wettbewerb mit anderen Handelsplätzen mehr Aufträge an sich ziehen und damit eine höhere Liquidität erreichen. In einer verbreiteten Definition eines liquiden Finanzmarkts werden die Transaktionskosten als eine Dimension der Liquidität aufgefasst. Dazu sei beispielhaft die Definition von Harris angeführt: „A market is liquid if traders can quickly buy or sell large numbers of shares when they want and at low transaction costs."[28]

Die *expliziten Transaktionskosten* setzen sich aus Gebühren und Provisionen zusammen. Gebühren werden für die Nutzung des Börsensystems und die Inanspruchnahme der Dienstleistung von Kursmaklern erhoben. Provisionen fallen für die Mittlerfunktion von Banken oder Finanzdienstleistern an, die als beauftragte Agenten eine Order annehmen und weiterleiten sowie das Wertpapiergeschäft für den Kunden abwickeln und abrechnen. Die Kostensätze werden zum Teil pro Transaktion festgelegt oder nach der Zahl der gehandelten Aktien bemessen; der größere Teil der expliziten Kosten ist aber in der Regel an den Handelsumsatz geknüpft.

Implizite Transaktionskosten sind solche, die nicht separat in Rechnung gestellt werden, sondern sich in einem höheren Kauf- und niedrigeren Verkaufskurs niederschlagen. Die Zu- und Abschläge können dadurch zustande kommen, dass die Agenten nicht vollständig im Interesse ihrer Auftraggeber handeln und das Geschäft zu suboptimalen Bedingungen abschließen. Die Höhe solcher Kosten wird wesentlich von der Funktionsfähigkeit des Wettbewerbs zwischen konkurrierenden Finanzdienstleistern abhängen. Implizite Kosten entstehen außerdem in einem Market-Maker-System für die sofortige Ausführung eines Auftrags zu einem fest vereinbarten Kurs. Ein Market-Maker stellt auf Anfrage verbindliche An- und Verkaufskurse für eine bestimmte Menge von Wertpapieren. Die Differenz zwischen beiden Kursen – die Geld-Brief-Spanne – entspricht den impliziten Transaktionskosten beim Kauf und sofortigen Wiederverkauf von Wertpapieren. Rechnerisch werden diese Kosten gewöhnlich jeweils zur Hälfte dem Kauf und Verkauf zugerechnet.

Market-Maker können als Anbieter eines Transaktionsservices angesehen werden, für den sie einen Preis in Form der Geld-Brief-Spanne verlangen.[29] Sie nehmen Bestandshaltekosten auf sich, weil sie nicht absehen können, ob die nächste Transaktion ein Kauf oder Verkauf sein wird. Damit unterliegt das Portfolio zufälligen Veränderungen, die nur indirekt durch eine Veränderung der angebotenen Geld- und Briefkurse gesteuert werden können. Die

[28] Harris (1990), S. 3.
[29] Vgl. bereits Demsetz (1968).

Spanne lässt sich aus dieser Sicht als Entgelt für die Schwierigkeiten der Regulierung des Handelsbestands interpretieren. Eine andere Erklärung führt die Geld-Brief-Spanne auf mögliche Informationsvorteile der Handelspartner gegenüber einem Market-Maker zurück. Sobald es Marktteilnehmer mit überlegenen Informationen gibt, werden sie ihren Vorsprung zu Lasten der Market-Maker ausnutzen. Diese reagieren auf den drohenden Verlust, indem sie ihre verbindlichen Preisgebote mit einem „Puffer" zum fundamentalen Kurs versehen. Insgesamt ist zu erwarten, dass ein intensiver Wettbewerb zwischen Market-Makern die Geld-Brief-Spanne reduziert.

Schließlich gehören zu den impliziten Transaktionskosten auch Kurseffekte, die von einer Handelsorder selbst ausgelöst werden („Market Impact"). Insbesondere kann eine plötzliche, durch eine große Verkaufsorder bedingte Erhöhung des Angebots eines Wertpapiers eine Nachfragelücke reißen und dadurch ein Absinken des Börsenkurses bewirken.[30] Wenn die Order keine neuen Informationen signalisiert, müsste der Effekt temporärer Natur sein. Er ließe sich zudem abschwächen, indem die Platzierung des Auftrags über einen längeren Zeitraum verteilt wird.

Die fortlaufend verbesserte Effizienz der Börsensysteme, die vor allem durch den Computerhandel erreicht wurde, hat zu einem gesunkenen Niveau der Transaktionskosten geführt. Trotzdem können diese selbst an liquiden Märkten einen wesentlichen Einfluss ausüben, wie die unbeschränkte Variation der Black/Scholes-Handelsstrategie mit der Folge unendlich hoher Gesamtkosten selbst bei sehr kleinem proportionalen Kostensatz deutlich vor Augen führt. Entscheidende Bedeutung besitzen weniger die einmaligen Kosten beim Kauf oder Verkauf einer *Option* als vielmehr die fortwährenden Kosten einer dynamischen Handelsstrategie zur Absicherung oder Duplikation von Optionsrisiken. In die Ansätze zur Optionsbewertung unter Berücksichtigung von Transaktionskosten werden daher regelmäßig nur die beim Handel des *Basispapiers* anfallenden Kosten berücksichtigt.

4.2.2 Kontinuierliche Modellwelt

4.2.2.1 Überblick

Auch wenn bei Existenz von Transaktionskosten das Auszahlungsprofil einer Option nicht perfekt durch einen fortlaufenden Handel im Underlying nachgebildet werden kann, werden die Marktteilnehmer vor dem Kauf oder Verkauf einer Option stets prüfen, ob eine hinreichend gute synthetische Nachbildung nicht zu einem günstigeren Preis möglich ist. Die Preisobergrenze eines potenziellen *Optionskäufers* richtet sich nach dem Geldbetrag, den er aufbringen müsste, um ein „gleichwertiges" Zahlungsprofil durch eine dynamische Handelsstrategie selbst zu erzeugen. Höhere Transaktionskosten

[30] Taleb (1997), S. 77 u. 313, spricht in diesem Zusammenhang von „slippage", das eine wesentliche Kostenkomponente des dynamischen Hedging darstelle.

verteuern die näherungsweise Nachbildung, wodurch die Preisobergrenze ansteigt. Ein *Optionsverkäufer* andererseits wird mindestens einen Preis verlangen, der dem Überschuss aus einer alternativ möglichen Eigenkonstruktion des gewünschten Zahlungsprofils entspricht. Transaktionskosten verschlechtern diese Opportunität, weshalb sich höhere Kostensätze mindernd auf die minimale Preisforderung auswirken. Bei positiven Transaktionskosten liegt die Preisobergrenze des Käufers über der Preisuntergrenze des Verkäufers. Der Bereich zwischen beiden Preisgrenzen kennzeichnet das mögliche Einigungsintervall der Kontrahenten. Der Handelskurs der Option muss innerhalb dieser Bandbreite notieren, weil sonst einseitige Vorteile erzielt werden können: Bei einem zu hohen Kurs lohnt es sich, die Option zu verkaufen und ein vergleichbares Zahlungsprofil dynamisch zu erzeugen; ein zu niedriger Kurs löst die umgekehrten Reaktionen aus. Welcher Preis sich innerhalb des zulässigen Intervalls tatsächlich einstellt, hängt unter anderem von der relativen Verhandlungsstärke der Beteiligten ab und kann nur im Rahmen eines Marktgleichgewichtsmodells beantwortet werden.

Eine Handelsstrategie, die der *Nachbildung* einer *gekauften* Option dient, eignet sich in gleicher Weise zum *Hedging* einer *verkauften* Option. Analog dazu ist der Fall der Duplikation einer geschriebenen Option identisch mit dem Hedging des Optionsrisikos einer Long-Position. In diesem Sinne deckt die folgende Analyse Duplikations- und Hedgestrategien gleichermaßen ab.

Es stellt sich zunächst die Frage, ob allgemeine Preisgrenzen existieren, die für alle Marktteilnehmer unabhängig von ihrer Präferenzstruktur gültig sind. Jeder Anleger, der nach Vermögensmehrung strebt, wird einer Option einen geringeren Wert beimessen als einer Handelsstrategie, die *sicher* mindestens die Optionsauszahlung garantiert und mit einer positiven Wahrscheinlichkeit eine noch höhere Zahlung gewährt. Die Konstruktion eines solchen dominanten Zahlungsprofils nennt man *Superreplikation*. Der Geldbetrag, der für die Umsetzung einer Superreplikationsstrategie bereitgestellt werden muss, bildet eine allgemein gültige Preisobergrenze für die Option; analog dazu bestimmt der Erlös aus der Superreplikation einer Verkaufsposition die von allen Investoren akzeptierte Preisuntergrenze. Die Idee der Superreplikation hat sich indes im kontinuierlichen Marktmodell mit einer geometrischen Brownschen Bewegung des Basispapiers als nutzlos erwiesen. Es lässt sich nachweisen, dass die kostengünstigste Handelsstrategie eines im Vergleich zu einem Call dominanten Zahlungsprofils darin besteht, eine Aktie zu erwerben und bis zur Fälligkeit der Option zu halten.[31] Daraus resultiert eine triviale Obergrenze in Höhe des Aktienkurses zuzüglich der beim Kauf entstehenden Transak-

[31] Dieser Sachverhalt wurde zunächst von Davis et al. (1993), S. 472, als Vermutung geäußert, später von Davis/Clark (1994) (identisch abgedruckt in Davis/Clark (1995)) mit Argumenten unterlegt und schließlich von Soner et al. (1995) sowie Levental/Skorohod (1997) und (in erweiterter Form) Reisman (2001) bewiesen. Den Beweis haben Cvitanic et al. (1997) auf beliebige pfadunabhängige Optionen erweitert. Vgl. auch das ähnliche Resultat von Eberlein/Jacod (1997) für einen rein diskontinuierlichen Aktienkursprozess.

tionskosten. Die Analyse von Superreplikationsstrategien liefert daher keine neuen Informationen zur näheren Bestimmung des Optionspreises.

Um das Preisintervall einzuengen, müssen – direkt oder indirekt – die Nutzenfunktionen der Marktteilnehmer berücksichtigt werden. Anleger mit unterschiedlichen Präferenzen werden zu verschiedenen Preisgrenzen gelangen, so dass man nicht mehr von reinen Arbitragegrenzen sprechen kann. Die entscheidende Fragestellung, der sich ein Investor gegenübersieht, lautet: Welche Anforderungen muss eine Handelsstrategie erfüllen, damit sie den Kauf oder Verkauf einer Option gleichwertig ersetzen kann, und welche der danach in Frage kommenden Strategien ist optimal? Der für die optimale Strategie vorzuhaltende oder erhaltene Geldbetrag stellt die jeweilige Preisgrenze dar.

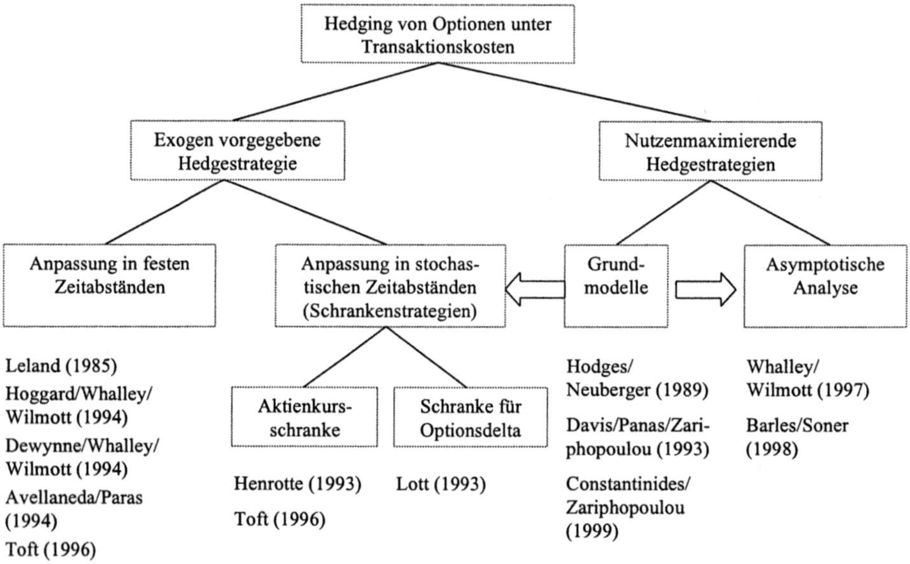

Abb. 4.4. Überblick über Modelle zum Hedging von Optionen unter Berücksichtigung von Transaktionskosten

Ein Teil der in der Literatur vorgestellten Modelle (s. Abb. 4.4) vereinfacht das Problem durch die exogene Festlegung bestimmter Merkmale der Hedgestrategie. So unterstellt das Modell von Leland (1985), das die Grundlage einiger Weiterentwicklungen bildet, eine Portfolioanpassung in vorgegebenen Zeitabständen. Wegen dieser Einschränkung wird die Strategie allenfalls zufällig den erwarteten Nutzen des Anlegers maximieren.[32] In der Praxis sind anstelle einer Umschichtung in festen Intervallen Schrankenstrategien verbreitet, nach denen Anpassungen der Portfoliostruktur erst dann erfolgen,

[32] Vgl. z. B. Davis et al. (1993), S. 472.

wenn eine bestimmte Aktienkursveränderung eingetreten ist oder die Zahl gehaltener Aktien vom Zielwert um einen gegebenen Betrag abweicht. Die Schranken werden so angeordnet, dass die Strategie nach Abzug der Transaktionskosten die Auszahlung der Option im Mittel annähernd repliziert. Auch hier bleibt offen, unter welchen Bedingungen eine Schrankenstrategie aus Anlegersicht als optimal anzusehen ist. Die Vorteile der Modelle mit einer exogen festgelegten Hedgestrategie liegen in ihrer durchsichtigen Struktur und der vergleichsweise einfachen praktischen Anwendung. Demgegenüber erfordern die Modelle, die konsequent am Nutzen der Anleger ausgerichtet sind, von Spezialfällen abgesehen, einen prohibitiv hohen Rechenaufwand.[33] Im Ergebnis führen sie zu verschiedenen Formen von Schrankenstrategien, die dadurch eine theoretische Rechtfertigung erhalten. Die folgende Darstellung der wichtigsten Modelle zielt darauf ab, die Größenordnung realistischer Preisintervalle für die Optionsbewertung mit Transaktionskosten abzuschätzen.[34]

4.2.2.2 Modellansätze mit exogen vorgegebener Hedgestrategie

4.2.2.2.1 Anpassungen in festen Zeitabständen

Hedgestrategie nach Leland (1985) und Hoggard et al. (1994). Wird bei positiven Transaktionskosten weiterhin die Black/Scholes-Strategie angewendet, muss der Erwartungswert der Gesamtkosten dem Optionspreis zugeschlagen werden, damit im Durchschnitt das Zahlungsprofil der Option dupliziert wird. In aller Regel werden die später realisierten Transaktionskosten nicht mit dem ursprünglichen Erwartungswert übereinstimmen. Die Abweichungen übertragen sich direkt auf den Duplikations- oder Hedgefehler. Im Gegensatz zum Fall der diskreten Anpassung *ohne* Transaktionskosten verhält sich der Hedgefehler nicht asymptotisch proportional zur Länge des Anpassungsintervalls, so dass häufigere Umschichtungen im Grenzfall $\Delta t \to 0$ keine größere Genauigkeit in der Nachbildung der Optionsauszahlung bewirken. Um diese Nachteile zu beheben, ist nach einer Strategie zu suchen, die das Zahlungsprofil einer Option unter Berücksichtigung der anfallenden Transaktionskosten immer besser annähert, wenn mehr Transaktionszeitpunkte vorgesehen werden. Eine solche asymptotisch selbstfinanzierende Hedgestrategie muss die Pfadabhängigkeit der Transaktionskosten berücksichtigen. Die Portfolioanteile werden dabei von der Höhe des Kostensatzes und der Länge der Anpassungsintervalle abhängen.

---

[33] Vgl. Whalley/Wilmott (1994), S. 83.

[34] Nicht berücksichtigt werden hier Ansätze, die sich ohne speziellen Bezug zu Transaktionskosten mit dem Hedging von Optionen an unvollständigen Finanzmärkten auseinandersetzen; vgl. dazu u. a. Föllmer/Sondermann (1986), Schäl (1994), Schweizer (1995), Föllmer/Leukert (1999), Föllmer/Leukert (2000) und Pham (2000).

An diesen Anforderungen orientiert sich das Modell von Leland (1985) und die hier dargestellte Verallgemeinerung von Hoggard et al. (1994). Es wird für den Aktienkurs eine geometrische Brownsche Bewegung mit konstanter Volatilität angenommen. Das Portfolio wird in Zeitabständen von Δt revidiert. Dazu bedient man sich wiederum einer Strategie des Delta-Hedging, um die wichtigste Komponente der aktienkursbedingten Optionspreisveränderung auszugleichen. Welche Portfoliostruktur diese Handelsstrategie konkret beinhaltet, ergibt sich simultan mit der gesuchten Optionspreisfunktion. Die Strategie werde nicht selbstfinanzierend konzipiert, so dass der Aktienbestand notwendigenfalls mit Hilfe zusätzlicher Kreditaufnahme auf das erforderliche Niveau aufgestockt wird. Für das gehedgte Portfolio sei eine erwartete Rendite in Höhe des risikolosen Zinssatzes unterstellt. Diese wichtige Prämisse blendet die Risikoeinstellung der Marktteilnehmer aus den Überlegungen aus, was nur dann zu rechtfertigen ist, wenn der Hedgefehler ein nicht mit der Marktrendite korreliertes, unsystematisches Risiko darstellt. Für die Leland-Strategie lässt sich dies tatsächlich verifizieren.[35] Transaktionskosten werden mit einem proportionalen Satz k vom Handelsumsatz sowohl beim Aktienkauf als auch beim -verkauf erhoben. Der Optionspreis im Zeitpunkt t sei mit $\hat{f}_t$ und die Handelsstrategie mit $(\hat{\varphi}, \hat{\beta})$ bezeichnet. Die Transaktionskosten TK_t in einer Anpassungsperiode vom Zeitpunkt $t - \Delta t$ bis t betragen:[36]

$$TK_t = k\,|\hat{\varphi}_t - \hat{\varphi}_{t-\Delta t}|\,S_t.$$

Eine Taylorreihenentwicklung für die Veränderung des Aktienbestands ergibt:

$$\begin{aligned}\Delta\hat{\varphi}_t = \hat{\varphi}_t - \hat{\varphi}_{t-\Delta t} &= \frac{\partial \hat{f}_t}{\partial S_t} - \frac{\partial \hat{f}_{t-\Delta t}}{\partial S_{t-\Delta t}} \\ &= \frac{\partial^2 \hat{f}_{t-\Delta t}}{\partial S_{t-\Delta t}^2}\Delta S_t + \frac{\partial^2 \hat{f}_{t-\Delta t}}{\partial S_{t-\Delta t}\partial t}\Delta t + O\left((\Delta t)^{3/2}\right). \qquad (4.7)\end{aligned}$$

Der Zeitindex wird im Folgenden zur besseren Übersichtlichkeit weggelassen. Leland (1985) geht davon aus, dass der Term $\frac{\partial^2 \hat{f}}{\partial S \partial t}$ die Ordnung $O\left((\Delta t)^{1/2}\right)$ besitzt, so dass $\Delta\hat{\varphi}$ durch den ersten Summanden $\frac{\partial^2 \hat{f}}{\partial S^2}\Delta S$ abgeschätzt werden kann, wenn Terme der Ordnung $O\left((\Delta t)^{3/2}\right)$ vernachlässigt werden. Damit ergibt sich für die Transaktionskosten:

$$TK = k\left|\frac{\partial^2 \hat{f}}{\partial S^2}\Delta S\right|(S + \Delta S) + O\left((\Delta t)^{3/2}\right). \qquad (4.8)$$

Weiterhin zeigt Leland (1985), dass das Optionsgamma $\frac{\partial^2 \hat{f}}{\partial S^2}$ von der Ordnung $O\left((\Delta t)^{1/2}\right)$ ist.[37] Verwendet man für ΔS die Abschätzung:

---

[35] Vgl. Leland (1985), S. 1291.

[36] Es sei angenommen, dass in $t = 0$ keine Transaktionskosten anfallen, weil die zum Aufbau des Hedgeportfolios erforderliche Zahl von Aktien bereits vorhanden ist.

[37] Vgl. Leland (1985), Fn. 10.

$$\Delta S = \sigma S \varepsilon \sqrt{\Delta t} + O(\Delta t),$$

so kann (4.8) umgeformt werden zu:

$$\begin{aligned} TK &= k \left| \frac{\partial^2 \hat{f}}{\partial S^2} \sigma S \varepsilon \sqrt{\Delta t} \right| (S + \Delta S) + O\left((\Delta t)^{1/2}\right) \\ &= k \left| \frac{\partial^2 \hat{f}}{\partial S^2} \sigma S \varepsilon \sqrt{\Delta t} \right| S + O\left((\Delta t)^{1/2}\right) \\ &= k \sigma S^2 \sqrt{\Delta t} \left| \frac{\partial^2 \hat{f}}{\partial S^2} \right| |\varepsilon| + O\left((\Delta t)^{1/2}\right). \end{aligned}$$

In jedem Transaktionszeitpunkt wird die gewünschte Portfoliostruktur mit $\hat{\varphi} = \partial \hat{f} / \partial S$ und $\hat{\beta} = \hat{f} - \partial \hat{f} / \partial S$ hergestellt und der Portfoliowert nach Berücksichtigung der Einschüsse oder Entnahmen somit auf $\hat{H} = -\hat{f} + \hat{\varphi} S + \hat{\beta} = 0$ gesetzt. Der Hedgefehler $\Delta \hat{H}$ unterscheidet sich von (4.3) durch den Abzug der Transaktionskosten:

$$\begin{aligned} \Delta \hat{H} = &- \frac{\partial \hat{f}}{\partial t} \Delta t - \frac{1}{2} \frac{\partial^2 \hat{f}}{\partial S^2} (\Delta S)^2 + r \Delta t \left(\hat{f} - \frac{\partial \hat{f}}{\partial S} S \right) \\ &- k \sigma S^2 \sqrt{\Delta t} \left| \frac{\partial^2 \hat{f}}{\partial S^2} \right| |\varepsilon| + O\left((\Delta t)^{1/2}\right) \\ = &- \frac{\partial \hat{f}}{\partial t} \Delta t - \frac{1}{2} \frac{\partial^2 \hat{f}}{\partial S^2} \sigma^2 S^2 \varepsilon^2 \Delta t + r \Delta t \left(\hat{f} - \frac{\partial \hat{f}}{\partial S} S \right) - k \sigma S^2 \sqrt{\Delta t} \left| \frac{\partial^2 \hat{f}}{\partial S^2} \right| |\varepsilon| \\ &+ O\left((\Delta t)^{1/2}\right). \end{aligned}$$

An dieser Stelle kommt die entscheidende Prämisse zum Tragen, dass sich die Marktteilnehmer gegenüber dem Restrisiko neutral verhalten, weil es sich um ein unsystematisches Risiko handelt. Der Erwartungswert der Zufallsvariable $\Delta \hat{H}$ beläuft sich daher auf Null: $E(\Delta \hat{H}) = 0$. Mit $E(\varepsilon^2) = 1$ und $E(|\varepsilon|) = \sqrt{2/\pi}$ folgt unter Vernachlässigung von Termen der Ordnung $O\left((\Delta t)^{1/2}\right)$ die partielle Differenzialgleichung:

$$\frac{\partial \hat{f}}{\partial t} + \frac{1}{2} \frac{\partial^2 \hat{f}}{\partial S^2} \sigma^2 S^2 - r \left(\hat{f} - \frac{\partial \hat{f}}{\partial S} S \right) + k \sigma S^2 \frac{1}{\sqrt{\Delta t}} \left| \frac{\partial^2 \hat{f}}{\partial S^2} \right| \sqrt{\frac{2}{\pi}} = 0. \quad (4.9)$$

Im Spezialfall $k = 0$ fällt der letzte Summand der linken Gleichungsseite weg und man erhält die partielle Differenzialgleichung des Black/Scholes-Modells. Unter der Prämisse eines durchweg positiven Optionsgamma, wie es bei einzelnen Calls und Puts im kontinuierlichen Modell ohne Transaktionskosten gegeben ist, vereinfacht sich die nichtlineare Gleichung (4.9) zur linearen Differenzialgleichung:

$$\frac{\partial \hat{f}}{\partial t} + \frac{1}{2} S^2 \frac{\partial^2 \hat{f}}{\partial S^2} \left(\sigma^2 + k\sigma \sqrt{\frac{8}{\pi \Delta t}} \right) - r \left(\hat{f} - \frac{\partial \hat{f}}{\partial S} S \right) = 0.$$

Offensichtlich entspricht ihre Struktur exakt der Gleichung des Black/Scholes-Modells. Es ist lediglich für die Varianz der Rendite des Underlying eine modifizierte Varianz einzusetzen, deren Höhe sich nach dem Transaktionskostensatz k und dem Abstand der Transaktionszeitpunkte Δt richtet. Damit erweist sich die soeben getroffene Annahme eines positiven Gamma von Standardoptionen auch unter Berücksichtigung von Transaktionskosten als zutreffend. Die *Preisobergrenze (PO)* einzelner Calls und Puts kann im Ergebnis nach der Black/Scholes-Formel mit einem Varianzparameter von:

$$\hat{\sigma}_{PO}^2 = \sigma^2 + k\sigma \sqrt{\frac{8}{\pi \Delta t}} = \sigma^2 \left(1 + \frac{k\sqrt{\frac{8}{\pi}}}{\sigma \sqrt{\Delta t}} \right) \tag{4.10}$$

errechnet werden. Läge der Optionspreis darüber, würden Marktteilnehmer die Option verkaufen und das Risiko durch ein dynamisches Delta-Hedging zum größten Teil eliminieren. Im Durchschnitt würde auf diese Weise bei kleinem Δt mit geringem Restrisiko ein Gewinn erzielt. Das Optionsdelta, das der Aktienanzahl im Hedgeportfolio entspricht, wird wie die Preisobergrenze mit der erhöhten Varianz $\hat{\sigma}_{PO}^2$ berechnet. Intuitiv lässt sich die von Leland (1985) entwickelte Varianzanpassung (4.10) folgendermaßen begründen:[38] Das Hedging eines verkauften Call oder Put erfordert ein prozyklisches Verhalten. Bei steigenden Aktienkursen ist der Aktienbestand zu erhöhen, bei sinkenden Aktienkursen zu reduzieren. Infolge der Transaktionskosten verteuert sich der Aktienerwerb, was im Prinzip die gleiche Wirkung entfaltet wie ein *größerer* Kursanstieg in einer Welt ohne Transaktionskosten. Umgekehrt kommt bei sinkenden Kursen der Abzug von Transaktionskosten einem noch ausgeprägteren Kursverfall gleich. Aus diesem Grund kann die Bedeutung der Transaktionskosten für den Optionspreis indirekt über eine Erhöhung der Volatilität modelliert werden.

Die Ausgangssituation kann dahingehend abgewandelt werden, dass eine Short-Position synthetisch konstruiert werden soll, um das Risiko von Kursänderungen einer gekauften Option abzusichern. Die analogen Berechnungsschritte führen auf Gleichung (4.9), diesmal mit einem negativen Vorzeichen des Transaktionskostenterms. Somit gelangt man für Optionen, die ein durchweg positives Gamma besitzen, zu der reduzierten Varianz:

$$\hat{\sigma}_{PU}^2 = \sigma^2 - k\sigma \sqrt{\frac{8}{\pi \Delta t}} = \sigma^2 \left(1 - \frac{k\sqrt{\frac{8}{\pi}}}{\sigma \sqrt{\Delta t}} \right), \tag{4.11}$$

die mit der Black/Scholes-Formel zur *Preisuntergrenze (PU)* der Option führt.

---

[38] Vgl. Leland (1985), S. 1300.

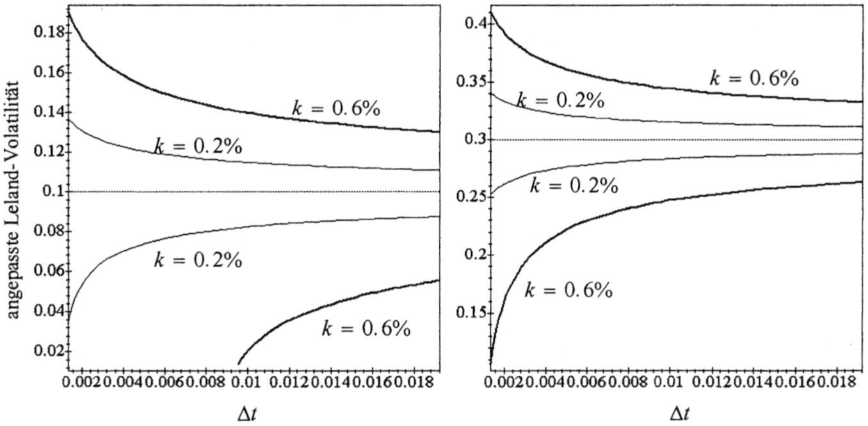

Abb. 4.5. Angepasste Volatilität nach Leland (1985); linke Grafik: $\sigma = 0,1$, rechte Grafik: $\sigma = 0,3$

In Abbildung 4.5 sind die nach (4.10) und (4.11) modifizierten Volatilitäten für realistische Daten mit Anpassungshäufigkeiten von drei mal täglich bis einmal wöchentlich abgetragen. Die Verläufe zeigen die Bandbreite der möglichen impliziten Black/Scholes-Volatilitäten unter Berücksichtigung proportionaler Transaktionskosten. So errechnet sich zum Beispiel bei börsentäglicher Umschichtung ($\Delta t = 0,004$) für einen Kostensatz $k = 0,2\%$ und eine Aktienrenditevolatilität $\sigma = 0,3$ ein Intervall der impliziten Volatilitäten von $0,274$ bis $0,324$; dieses weitet sich im Falle höherer Kosten von $k = 0,6\%$ auf $0,211$ bis $0,368$ aus. Der Einfluss von Transaktionskosten auf die Optionsbewertung muss daher selbst bei liquiden Aktien als ökonomisch relevant eingestuft werden. Optionshändler, die eine einmal eingegangene Short-Position dynamisch absichern müssten, weil sie auf der Gegenseite keinen Kontraktpartner finden, werden die Option nach diesen Überlegungen nur zu einer höheren impliziten Volatilität als der wahren Volatilität der Aktienrendite verkaufen. Demzufolge liefern Transaktionskosten eine mögliche Begründung für den Smile-Effekt, sofern bei aus dem Geld befindlichen Verkaufsoptionen ein statischer Hedge nicht zur Verfügung steht und die kostenträchtige dynamische Absicherung gewählt werden muss.

In der linken Grafik von Abbildung 4.5 bricht die Kurve für $k = 0,6\%$ bei einem Parameter Δt von etwa $0,01$ ab, weil sich für kürzere Anpassungsintervalle nach (4.11) eine negative implizite Varianz errechnet. Dies signalisiert, dass ein Händler die Option nicht einmal als Geschenk annehmen würde, wenn er verpflichtet wäre, ein Delta-Hedging nach der von Leland (1985) entwickelten Strategie durchzuführen. Die unterstellte Anpassung in festen Zeitabständen macht die Strategie bei genügend kleinem Intervall Δt unattraktiv.[39] Darin wird der restriktive und in mancher Hinsicht realitätsferne Charakter der Prämisse fester Transaktionszeitpunkte deutlich.[40] Am anderen Ende des Spektrums möglicher Optionspreise wächst die Preisobergrenze unbeschränkt, wenn Δt sich Null nähert.

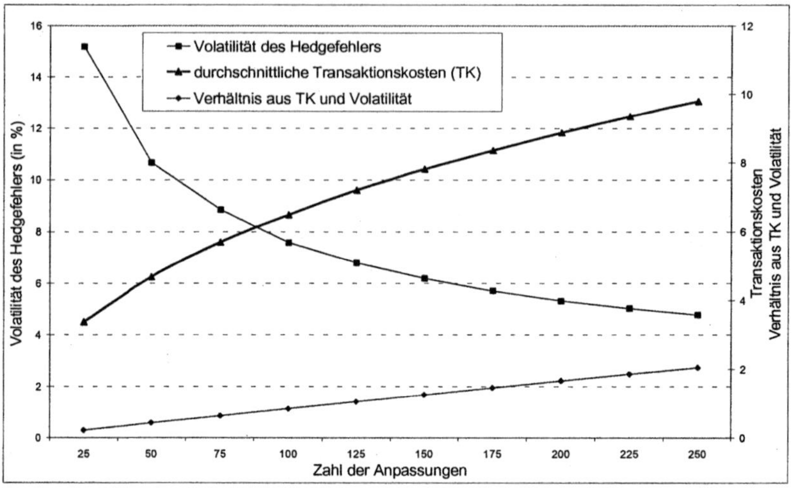

Abb. 4.6. Volatilität des Hedgefehlers und durchschnittliche Transaktionskosten aus 10000 Monte-Carlo-Simulationspfaden zum Hedging von verkauften Calls im Wert von 100 mit Hilfe der Leland-Strategie; Parameter: $\mu = 0,15$; $S_0 = X = 50$; $r = 0,04$; $\sigma = 0,35$; $T = 0,5$; $k = 0,25\%$

Die erwarteten Transaktionskosten der Leland-Strategie entsprechen näherungsweise der Differenz zwischen dem normalen Black/Scholes-Preis und dem mit der angepassten Leland-Volatilität errechneten Optionswert. Häufigere Anpassungen führen zu höheren Kosten, die gegen die verbesserte Hedgegenauigkeit abzuwägen sind. Anders als die Höhe der Transaktionskosten, lässt sich die Volatilität des Hedgefehlers nicht auf einfache Weise analytisch abschätzen.[41] Darum soll die Wirkung einer erhöhten Anpassungshäufigkeit anhand von Monte-Carlo-Simulationen beispielhaft untersucht werden. Abbildung 4.6 zeigt für eine realistische Parameterkonstellation den entgegengesetzten Verlauf der durchschnittlichen Transaktionskosten und der Volatilität des Hedgefehlers, die für eine gegebene Zahl von Transaktionszeitpunkten aus jeweils 10000 Simulationsläufen errechnet wurden. Eingetragen ist außerdem das in Anlehnung an das Sharpe-Maß gebildete Verhältnis aus

[39] Vgl. Dewynne et al. (1994), S. 524.
[40] Vgl. Whalley/Wilmott (1993), S. 433.
[41] Siehe allerdings die Näherungsformeln von Toft (1996), S. 248 f.

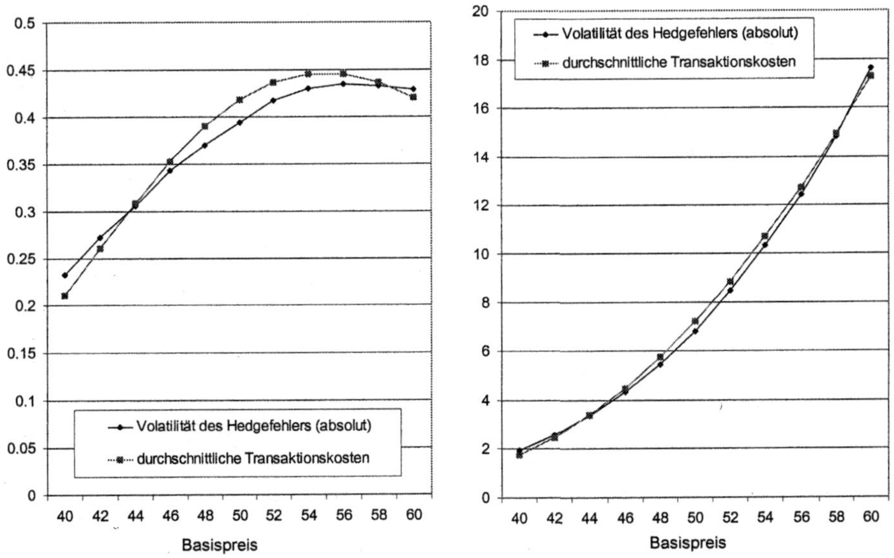

Abb. 4.7. Volatilität des Hedgefehlers und durchschnittliche Transaktionskosten aus 10000 Monte-Carlo-Simulationsläufen zum Hedging von verkauften Calls mit Hilfe der Leland-Strategie; Parameter: $\mu = 0,15$; $S_0 = 50$; $r = 0,04$; $\sigma = 0,35$; $T = 0,5$; $k = 0,25\%$; 125 Transaktionszeitpunkte ($\Delta t = 0,004$); linke Grafik: Verkauf einer Option; rechte Grafik: Verkauf von Optionen im Wert von 100

den durchschnittlichen Kosten und der Volatilität.[42] Die Verhältniszahl steigt mit zunehmender Zahl von Anpassungen. Ein Anleger, der das Hedgerisiko als gravierend empfindet, wird häufig umschichten und dadurch pro Einheit des verbleibenden Risikos hohe mittlere Transaktionskosten verursachen. Wer hingegen das Hedgerisiko als eher unbedeutend erachtet, wird pro Risikoeinheit einen geringeren Kostenbetrag akzeptieren.

Die Höhe der mittleren Transaktionskosten und der Volatilität des Hedgefehlers variiert auch in Abhängigkeit vom Basispreis der Option, wie Abbildung 4.7 am Beispiel des Hedging eines verkauften Call mit täglichen Anpassungen veranschaulicht. Dabei zeigt sich, dass bei Betrachtung einer einzelnen Option (linke Grafik) die höchsten mittleren Kosten und die größte Hedgeungenauigkeit entstehen, wenn sich die Option leicht aus dem Geld befindet.[43] Optionen im Geld oder weit aus dem Geld werfen geringere Probleme des Hedging auf. Wird hingegen der anfängliche Verkaufspreis auf 100 normiert (rechte Grafik), so steigen die Volatilität und die mittleren Transaktionskosten gleichförmig und kontinuierlich mit dem Basispreis an. Dafür

---

[42] Bei dem in der Performancemessung gebräuchlichen Sharpe-Maß wird allerdings keine Kostengröße, sondern eine Überschussrendite ins Verhältnis zur Volatilität gesetzt.

[43] Vgl. ähnlich Abbildung 3 bei Toft (1996), S. 246.

ist die größere Zahl von Optionen verantwortlich, die bei höherem Basispreis verkauft werden muss, um den gewünschten Erlös von 100 zu erzielen.

Numerische Lösung. Eine analytische Lösung der partiellen Differenzialgleichung (4.9) kann nur in Spezialfällen angegeben werden, in denen das Vorzeichen des Optionsgamma nicht wechselt. Diese Anforderung erfüllen weder die meisten, mit Sondermerkmalen ausgestatteten Optionen, noch Optionsportfolios. In der Regel muss daher die Gleichung numerisch gelöst werden. Während bisher in dieser Arbeit bevorzugt Baumverfahren zur numerischen Optionsbewertung eingesetzt wurden, bietet sich nun ein Verfahren an, das nicht erneut mit der Spezifikation des Aktienkursprozesses beginnt, sondern unmittelbar an der hergeleiteten partiellen Differenzialgleichung ansetzt. Dazu eignet sich besonders das *Crank-Nicholson-Verfahren* als eine Kombination aus der expliziten und impliziten *Methode der Finiten Differenzen.*[44]

Die partielle Differenzialgleichung (4.9) ist für alle europäischen, nicht pfadabhängigen Optionen sowie für Mischungen solcher Optionen erfüllt. Durch Umstellen der Gleichung folgt für die Preisobergrenze:

$$\frac{\partial \hat{f}}{\partial t} + \frac{1}{2}\frac{\partial^2 \hat{f}}{\partial S^2}\sigma^2 S^2 \left(1 + \sqrt{\frac{8}{\pi \Delta t}}\frac{k}{\sigma}\,\mathrm{sgn}\left(\frac{\partial^2 \hat{f}}{\partial S^2}\right)\right) + r\left(S\frac{\partial \hat{f}}{\partial S} - \hat{f}\right) = 0, \tag{4.12}$$

mit:

$$\mathrm{sgn}\left(\frac{\partial^2 \hat{f}}{\partial S^2}\right) = \begin{cases} 1 & \text{falls } \frac{\partial^2 \hat{f}}{\partial S^2} > 0 \\ -1 & \text{sonst.} \end{cases}$$

Zur Bestimmung der Preisuntergrenze muss der Parameter k in Gleichung (4.12) mit einem negativen Vorzeichen versehen werden. Im Folgenden sei der Term $\sqrt{\frac{8}{\pi \Delta t}}\frac{k}{\sigma}$ mit k' bezeichnet.[45] Mit der Transformation $\tau = T - t$ ergibt sich folgende Formulierung der partiellen Differenzialgleichung:

$$-\frac{\partial \hat{f}}{\partial \tau} + \frac{1}{2}\frac{\partial^2 \hat{f}}{\partial S^2}\sigma^2 S^2 \left(1 + k'\,\mathrm{sgn}\left(\frac{\partial^2 \hat{f}}{\partial S^2}\right)\right) + r\left(S\frac{\partial \hat{f}}{\partial S} - \hat{f}\right) = 0. \tag{4.13}$$

Die Diskretisierung der Zeit und des Aktienkurses erfolgt in der Form eines Gitters (s. Abb. 4.8). Der Aktienkurs S wird zwischen 0 und dem angenommenen Maximalwert S_N in N konstante Abstände ΔS eingeteilt, so dass

[44] Vgl. z. B. Dewynne et al. (1995a), Hoggard et al. (1994), S. 33-35, und Wilmott et al. (1993), S. 306-314. Auf diesen Quellen beruht die folgende Darstellung.

[45] Die Leland-Volatilitäten gemäß (4.10) und (4.11) entsprechen demnach $\hat{\sigma}^2_{PO} = \sigma\sqrt{1+k'}$ und $\hat{\sigma}^2_{PU} = \sigma\sqrt{1-k'}$. Im Folgenden wird stets $k' < 1$ angenommen. Der Fall $k' \geq 1$ könnte vor allem bei relativ hohem Transaktionskostensatz, niedriger Volatilität und hoher Anpassungsfrequenz auftreten. Eine solche Kombination ist aber sehr untypisch für Märkte, an denen ein dynamisches Hedging in Betracht kommt. Hedgestrategien, die bei $k' \geq 1$ angewendet werden können, stellen Avellaneda/Parás (1994) vor.

gilt: $S_n = n\Delta S$ $(n = 0, ..., N)$. In gleicher Weise wird die Restlaufzeit der Option in M gleich große Intervalle der Länge $\Delta\tau$ zerlegt. Die diskretisierte Restlaufzeit der Option beträgt $\tau_m = m\Delta\tau$ $(m = 0, ..., M)$. Der Wert $\hat{f}_{m,n}$ approximiert den Optionspreis $\hat{f}$ bei einer Restlaufzeit τ von $m\Delta\tau$ und einem Aktienkurs in Höhe von S_n. Aus der Auszahlungsfunktion der Option ergeben sich die Werte $\hat{f}_{0,n}, n = 1, ..., N-1$. Außerdem sind Randbedingungen für die Optionswerte $\hat{f}_{m,0}$ und $\hat{f}_{m,N}$ bei minimalem und maximalem Aktienkurs festzulegen.

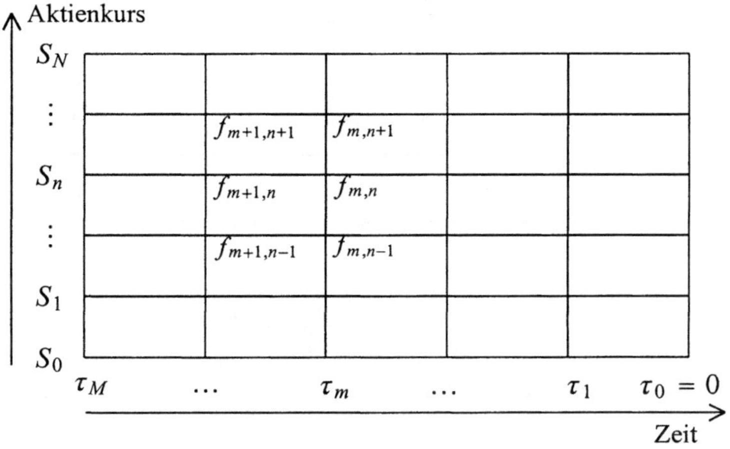

Abb. 4.8. Aktienkurs-Zeit-Gitter der Finite-Differenzen-Methode

Die Ableitungen des Optionspreises nach dem Aktienkurs S werden für $n = 1, ..., N-1$ und $m = 0, ..., M$ durch symmetrische zentrale Differenzen approximiert:

$$\frac{\partial \hat{f}(S_n, \tau_m)}{\partial S} \approx \frac{\hat{f}_{m,n+1} - \hat{f}_{m,n-1}}{2\Delta S} \tag{4.14}$$

und:

$$\frac{\partial^2 \hat{f}(S_n, \tau_m)}{\partial S^2} \approx \frac{\hat{f}_{m,n+1} - 2\hat{f}_{m,n} + \hat{f}_{m,n-1}}{(\Delta S)^2}. \tag{4.15}$$

Die Methode der *expliziten* Finiten Differenzen verwendet für die Approximation der partiellen Ableitung nach der Zeit die Vorwärtsdifferenz (für $n = 0, ..., N$ und $m = 0, ..., M-1$):

$$\frac{\partial \hat{f}(S_n, \tau_m)}{\partial \tau} \approx \frac{\hat{f}_{m+1,n} - \hat{f}_{m,n}}{\Delta\tau}. \tag{4.16}$$

Einsetzen von (4.14), (4.15) und (4.16) in (4.13) und die Festlegung $\Gamma_{m,n} = \hat{f}_{m,n+1} - 2\hat{f}_{m,n} + \hat{f}_{m,n-1}$ führen zu der folgenden Differenzengleichung für $n = 1, ..., N-1$ und $m = 0, ..., M-1$:

$$\begin{aligned}\frac{\hat{f}_{m+1,n} - \hat{f}_{m,n}}{\Delta\tau} = & \, \hat{f}_{m,n+1} \underbrace{\left[\frac{\sigma^2 S_n^2}{2(\Delta S)^2} \left(1 + k' \operatorname{sgn} \Gamma_{m,n}\right) + \frac{r S_n}{2\Delta S} \right]}_{\alpha_{m,n}} \\ & + \hat{f}_{m,n} \underbrace{\left[\frac{\sigma^2 S_n^2 (-1)}{(\Delta S)^2} \left(1 + k' \operatorname{sgn} \Gamma_{m,n}\right) - r \right]}_{\beta_{m,n}} \\ & + \hat{f}_{m,n-1} \underbrace{\left[\frac{\sigma^2 S_n^2}{2(\Delta S)^2} \left(1 + k' \operatorname{sgn} \Gamma_{m,n}\right) - \frac{r S_n}{2\Delta S} \right]}_{\gamma_{m,n}} .\end{aligned} \tag{4.17}$$

Die Methode der *impliziten* Finiten Differenzen benutzt hingegen die Rückwärtsdifferenz:

$$\frac{\partial \hat{f}(S_n, \tau_m)}{\partial \tau} \approx \frac{\hat{f}_{m,n} - \hat{f}_{m-1,n}}{\Delta\tau},$$

so dass die Differenzengleichung lautet ($n = 1, ..., N-1; m = 0, ..., M-1$):

$$\frac{\hat{f}_{m+1,n} - \hat{f}_{m,n}}{\Delta\tau} = \hat{f}_{m+1,n+1}\alpha_{m,n} + \hat{f}_{m+1,n}\beta_{m,n} + \hat{f}_{m+1,n-1}\gamma_{m,n}. \tag{4.18}$$

Die Verwendung der Parameter α, β, γ aus der Zeitstufe m bedeutet, dass das Vorzeichen des Optionsgamma aus der Vorperiode übernommen wird. Dies erscheint inkonsequent, weil das Optionsgamma bei der Herleitung von (4.18) aus den Werten der Stufe $m+1$ berechnet wurde. So vorzugehen, erleichtert jedoch die Berechnungen erheblich, ohne die asymptotischen Eigenschaften der Methode zu verändern.

Das *Crank-Nicholson-Verfahren* verbindet die implizite und explizite Methode, indem es für die Ableitung nach der Zeit folgende Gleichung annimmt ($n = 1, ..., N-1; m = 0, ..., M-1$):

$$\begin{aligned}\frac{\hat{f}_{m+1,n} - \hat{f}_{m,n}}{\Delta\tau} = & \, 0,5 \left(\hat{f}_{m,n+1}\alpha_{m,n} + \hat{f}_{m,n}\beta_{m,n} + \hat{f}_{m,n-1}\gamma_{m,n} \right) \\ & + 0,5 \left(\hat{f}_{m+1,n+1}\alpha_{m,n} + \hat{f}_{m+1,n}\beta_{m,n} + \hat{f}_{m+1,n-1}\gamma_{m,n} \right).\end{aligned}$$

In jedem Zeitschritt m ist somit das folgende lineare Gleichungssystem zu lösen:

$$\frac{1}{\Delta\tau}\left(\mathbf{f}_{m+1} - \mathbf{f}_m\right) = 0,5\left(\mathbf{A}_m \mathbf{f}_m + \mathbf{z}_m\right) + 0,5\left(\mathbf{A}_m \mathbf{f}_{m+1} + \mathbf{z}_m\right), \tag{4.19}$$

mit:

$$\mathbf{f}_m = \begin{pmatrix} \hat{f}_{m,1} \\ \vdots \\ \hat{f}_{m,n} \\ \vdots \\ \hat{f}_{m,N-1} \end{pmatrix}, \mathbf{z}_m = \begin{pmatrix} \gamma_{m,1}\hat{f}_{m,0} \\ 0 \\ \vdots \\ 0 \\ \alpha_{m,N-1}\hat{f}_{m,N} \end{pmatrix},$$

und:

$$\mathbf{A}_m = \begin{pmatrix} \beta_{m,1} & \alpha_{m,1} & 0 & \cdots & 0 & 0 \\ \gamma_{m,2} & \beta_{m,2} & \alpha_{m,2} & 0 & \cdots & 0 \\ 0 & \ddots & \ddots & \ddots & 0 & 0 \\ \vdots & 0 & \ddots & \ddots & \ddots & 0 \\ 0 & \vdots & 0 & \gamma_{m,N-2} & \beta_{m,N-2} & \alpha_{m,N-2} \\ 0 & 0 & 0 & 0 & \gamma_{m,N-1} & \beta_{m,N-1} \end{pmatrix}.$$

Gleichung (4.19) lässt sich auch schreiben als:[46]

$$(\mathbf{I} - 0,5\Delta\tau\mathbf{A}_m)\,\mathbf{f}_{m+1} = \Delta\tau\mathbf{z}_m + (\mathbf{I} + 0,5\Delta\tau\mathbf{A}_m)\,\mathbf{f}_m,$$

wobei **I** die Einheitsmatrix darstellt. Die rechte Seite der Gleichung kann mit den Informationen für die Zeitstufe m berechnet werden. Da die Matrix $\mathbf{A}_m$ tridiagonal ist, lässt sich das Gleichungssystem ohne Matrixinversion effizient mit Hilfe der LU-Dekomposition lösen.[47] Unter Beachtung der Randbedingungen werden die Vektoren der Optionspreise $\hat{f}_{m+1}$ sukzessive für die Zeitstufen $m = 0, ..., M-1$ errechnet. Die gesuchten Optionspreise können dann aus dem Ergebnisvektor $\mathbf{f}_M$ abgelesen werden. Das Verfahren konvergiert für $\Delta\tau \to 0$ und $\Delta S \to 0$ mit Ordnung $O\left((\Delta\tau)^2\right)$ bzw. $O\left((\Delta S)^2\right)$.[48]

Es ist evident, dass die Höhe der Transaktionskosten einer Hedgestrategie entscheidend davon abhängt, ob die Elemente eines Portfolios einzeln oder als Einheit betrachtet werden. Im besonders einfachen Fall einer Kombination aus einer gekauften und einer geschriebenen Option mit identischen Vertragsmerkmalen besteht in der Gesamtbetrachtung offensichtlich kein Hedgebedarf, weil sich beide Zahlungen exakt ausgleichen. Das Kursrisiko einzeln zu eliminieren, liefe darauf hinaus, Aktien gleichzeitig zu kaufen und zu verkaufen, woraus ein Nachteil in Höhe der Geld-Brief-Spanne resultiert. Ein anderes Beispiel veranschaulicht Abbildung 4.9. Bewertet wird ein Long Butterfly Spread, der den Kauf jeweils eines Call mit den Basispreisen 45 und

[46] Vgl. Hoggard et al. (1994), S. 34, Gleichung (15). Dort muss einmal die Zahl 1 durch die Einheitsmatrix I ersetzt werden.
[47] Vgl. Wilmott et al. (1993), S. 300 f.
[48] Vgl. Wilmott/Dewynne/Howison (1993), S. 307 f.

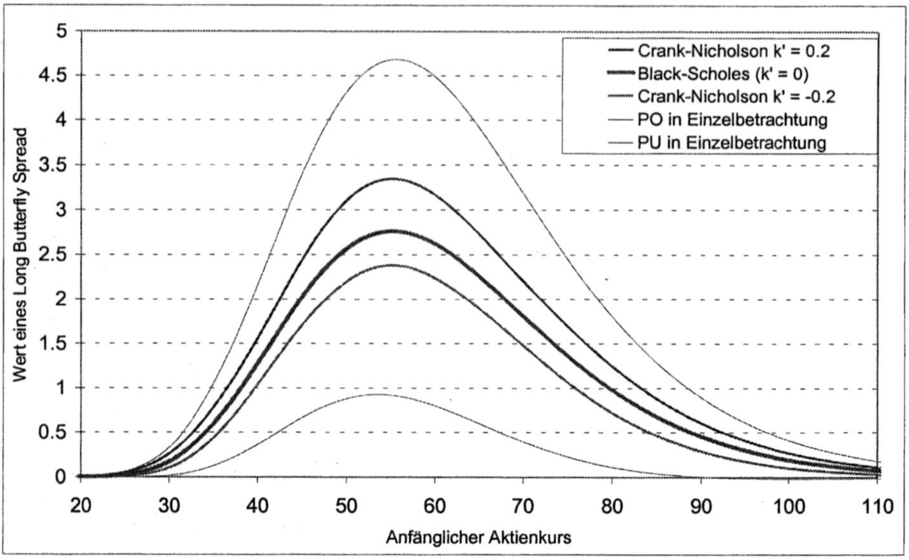

Abb. 4.9. Wertgrenzen Long Butterfly Spread mit den Basispreisen 45 (Long Call), 55 (2 Short Calls) und 65 (Long Call); $\sigma = 0,35$; $T - t = 0,5$; $r = 0,04$; $k' = 0,2$

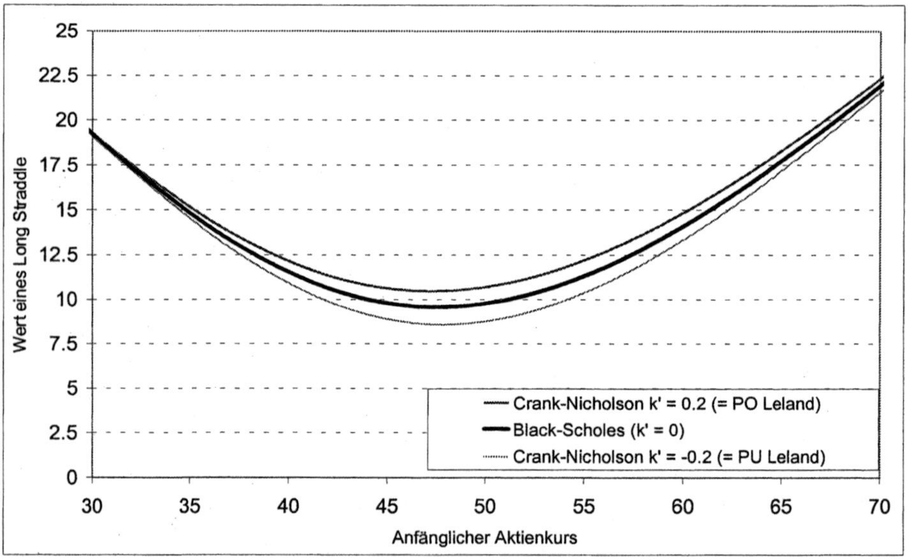

Abb. 4.10. Wertgrenzen Long Straddle; $X = 50$; $\sigma = 0,35$; $T - t = 0,5$; $r = 0,04$; $k' = 0,2$

65 sowie den Verkauf von zwei Calls mit Basispreis 55 umfasst.[49] Die übrigen Parameter werden auf $\sigma = 0,35$, $T = 0,5$ und $r = 0,04$ gesetzt. Der Transaktionskostenparameter k' wird auf 0, 2 festgelegt, was in etwa einem proportionalen Kostensatz von $k = 0,28\%$ bei täglicher Umschichtung ($\Delta t = 1/250$) entspricht. Die obere äußere Linie zeigt den Kaufpreis an, den ein Marktteilnehmer maximal zu zahlen bereit wäre, wenn seine Alternative darin bestünde, die drei Elemente des Butterfly Spread *separat* unter Hinnahme von Transaktionskosten zu duplizieren. Analog dazu repräsentiert die untere äußere Linie den Wert, auf den der Preis des Butterfly Spread fallen müsste, damit es interessant wird, das Produkt zu erwerben und die Einzelteile *einzeln* dynamisch zu hedgen. In beiden Fällen wurden die Preisgrenzen der einzelnen Optionen mit dem Leland-Modell berechnet. Mit dem oben dargestellten Crank-Nicholson-Verfahren können außerdem die faktisch relevanten Preisgrenzen für das als *Einheit* verstandene Optionsbündel ermittelt werden.[50] Im Vergleich zu den vorherigen Werten verlaufen sie erwartungsgemäß sehr viel enger um den in der Mitte eingezeichneten Black/Scholes-Preis ($k' = 0$).

In einem Portfolio aus Standardoptionen stellt sich ein kostenmindernder Portfolioeffekt nur ein, wenn sowohl Kauf- als auch Verkaufspositionen enthalten sind. Anderenfalls erfordert die getrennte Nachbildung der Portfolioelemente jeweils den Kauf von Aktien bei steigenden und den Verkauf bei sinkenden Kursen. Daher führt die Gesamtbetrachtung bei einem Produkt wie einem Long Straddle zu keinem anderen Ergebnis als die Addition der isoliert bestimmten Wertgrenzen. Der in Abbildung 4.10 dargestellte Long Straddle beinhaltet den Kauf eines Call und eines Put mit identischem Basispreis ($X = 50$) und gleicher Restlaufzeit ($T = 0,5$). Die übrigen wertbestimmenden Einflussgrößen wurden vom vorigen Beispiel (Butterfly Spread) übernommen. Wegen der starken Abhängigkeit des Werts eines Straddle von der Renditevolatilität des Basispapiers bewirkt die Leland-Anpassung der Volatilität einen beachtlichen Wertsprung. Je niedriger das Gamma und Vega einer Optionsposition ausfallen, desto eher können Transaktionskosten aus der Bewertung ausgeklammert werden. So ist zum Beispiel ihr Einfluss auf den Wert von Knock-Out-Calls mit einer Kursschranke aus dem Geld vergleichsweise gering.

Beurteilung des Modells. In einer Welt mit Transaktionskosten existiert keine selbstfinanzierende Handelsstrategie zur Nachbildung von Optionen. Ersatzweise versuchen Leland (1985) und Hoggard et al. (1994), eine asymptotisch selbstfinanzierende Strategie zu entwerfen. Das Zahlungsprofil der Option könnte dann beliebig genau repliziert werden, indem ein hinreichend kleiner Abstand der Transaktionszeitpunkte gewählt wird. Aus der Vernachlässigung

[49] Diese Beispieloption wurde in Anlehnung an Hoggard et al. (1994) gewählt.

[50] Die Zahl der Zeitstufen betrug 10000 und die Schrittweite der Aktienkurse 0, 07.

von Termen der Ordnung $O(\sqrt{\Delta t})$ folgt allerdings, dass die Streuung des Hedgefehlers mit sinkendem Δt nur langsam gegen Null konvergiert.[51]

An den dargestellten Modellen ist darüber hinaus grundsätzliche Kritik geübt worden. Kabanov/Safarian (1995) und Reiß (1998) weisen nach, dass die von Leland formulierte Handelsstrategie die angenommene Eigenschaft, asymptotisch im Mittel selbstfinanzierend zu sein, de facto nicht besitzt.[52] In der Herleitung seines Modells vernachlässigt Leland den in (4.7) vorkommenden Term $\frac{\partial^2 \hat{f}}{\partial S \partial t}$, weil er von der Ordnung $O\left((\Delta t)^{1/2}\right)$ sei. Eine genaue Nachprüfung ergibt indes die Ordnung $O(1)$, so dass der Term auch in den weiteren Umformungen berücksichtigt werden müsste.[53] Ob dieses Problem auch große praktische Relevanz besitzt, erscheint aber zweifelhaft, weil die Schwierigkeit den Grenzübergang für $\Delta t \to 0$ betrifft, aber extrem kleine Zeitabstände Δt wegen prohibitiver Transaktionskosten in der Praxis nicht in Frage kommen.

Das Hauptproblem der bisher behandelten Modelle besteht in der Einschränkung der möglichen Handelsstrategien auf solche mit äquidistanten, exogen vorgegebenen Transaktionszeitpunkten. Schon die Möglichkeit einer negativen Leland-Varianz signalisiert, dass es sinnvoll sein kann, die Handelszeitpunkte nach dem Kursverlauf zu wählen. Derartige Strategien werden im nächsten Abschnitt untersucht.

4.2.2.2.2 Strategien mit stochastischen Anpassungszeitpunkten (Schrankenstrategien)

Das Ziel von Schrankenstrategien besteht wie beim Leland (1985)-Modell darin, die Option inklusive aller mit der Handelsstrategie verbundenen Transaktionskosten zu replizieren.[54] Dazu muss die Pfadabhängigkeit der Transaktionskosten berücksichtigt werden. Das Portfolio wird nicht mehr zwingend zu fest vorgegebenen Zeitpunkten angepasst, sondern nur dann, wenn die Anteile des gehaltenen Replikationsportfolios eine Bandbreite um strategieabhängige Referenzwerte verlassen. Es sei eine mit $(\dot{c}, \dot{\varphi})$ bezeichnete Referenzstrategie definiert, in der $\dot{c}$ das konstante Anfangskapital und $\{\dot{\varphi}\}_t$ den Prozess der Aktienanzahl in dem betrachteten Portfolio aus risikoloser Anlage und Aktie bezeichnet.[55] Der tatsächlich in t gehaltene Aktienbestand betrage ζ_t. Eine Anpassung des Portfolios unterbleibt, solange für eine von t und S abhängige Schrankenvariable A gilt: $\dot{\varphi}_t - kA_t \leq \zeta_t \leq \dot{\varphi}_t + kA_t$ mit $A_t = A(S_t, t)$. Erst

[51] Vgl. auch Toft (1996), S. 247.

[52] Vgl. auch bereits den Nachweis von Lott (1993), S. 42 f., dass der Hedgefehler beim Grenzübergang $\Delta t \to 0$ verschwindet, falls der Transaktionskostensatz k nicht konstant ist, sondern sich proportional zu $\sqrt{\Delta t}$ verhält.

[53] Vgl. Reiß (1998), S. 60.

[54] Vgl. Lott (1993), S. 11. Die Ausführungen dieses Abschnitts beziehen sich vorwiegend auf das von Lott (1993) entwickelte Modell.

[55] Der Prozess $\{\dot{\varphi}\}_t$ wird als linksseitig stetig und adaptiert angenommen.

wenn die untere oder die obere Schranke durchbrochen wird, werden Umschichtungen vorgenommen. Sie erfolgen gerade in einem solchen Umfang, dass ζ_t das Intervall $[\dot{\varphi}_t - kA_t, \dot{\varphi}_t + kA_t]$ nicht verlässt. Die Einhaltung der Intervallgrenzen wird kontinuierlich kontrolliert und eine Regulierung des Aktienbestands soll jederzeit möglich sein. Das Portfolio ist selbstfinanzierend, das heißt alle Aktienkäufe und -verkäufe und die damit verbundenen Transaktionskosten verändern den risikolosen Anlagebetrag η_t. Bei Anwendung einer solchen Schrankenstrategie beträgt der Wert $\dot{V}_T$ des Portfolios aus Aktien und Geld im Zeitpunkt T:

$$\dot{V}_T = \zeta_0 S_0 + \eta_0 + \int_0^T \zeta_t dS_t + r\int_0^t \eta_t dt - k\int_0^T S_t \left|d\zeta_t\right| \quad \text{mit } \zeta_0 = \dot{\varphi}_0. \tag{4.20}$$

Der Portfoliowert setzt sich also aus dem Anfangskapital zuzüglich der erzielten Aktienkursgewinne und Zinseinnahmen abzüglich der umschichtungsbedingten Transaktionskosten zusammen. Gesucht wird eine Kombination aus den Prozessen $\{A_t\}$ und $\{\dot{\varphi}_t\}$ sowie einer zugehörigen Konstante $\dot{c} = \zeta_0 S_0 + \eta_0$ mit der Eigenschaft, dass bei geringem Transaktionskostensatz k und kleinem Abstand A der Portfoliowert $\dot{V}_T$ asymptotisch dem Auszahlungsbetrag f_T einer zu replizierenden (europäischen) Option entspricht. Diese Option sei nicht pfadabhängig, das heißt, ihr Wert im Zeitpunkt t hängt nur von S_t und t ab.

Der letzte Term in (4.20) beschreibt die insgesamt angefallenen Transaktionskosten TK_T. Für die hier gewählte Prozessregulierung zeigt Lott (1993), dass für $k \to 0$ die Beziehung:

$$TK_T = k\int_0^T S_t \left|d\zeta_t\right| \to \int_0^T \frac{S_t}{2A_t}(d\dot{\varphi}_t)^2 \quad \text{(Konvergenz in Verteilung)} \tag{4.21}$$

gilt.[56] Damit werden die Transaktionskosten von einer auf die tatsächliche Handelsstrategie bezogenen Darstellung in eine von der Referenzstrategie abhängige Form überführt. In der neuen Darstellungsform kommt der Parameter k nicht mehr vor, obwohl er die Kosten eines gegebenen Aktienumsatzes maßgeblich bestimmt. Dies erklärt sich dadurch, dass der Abstand der regulierenden Schranken vom Referenzwert $\dot{\varphi}_t$ proportional mit dem Transaktionskostensatz zunimmt (Abstand kA_t). Den höheren Kosten je Handelseinheit steht somit eine geringere Anpassungshäufigkeit gegenüber. Asymptotisch kompensieren sich beide Effekte.

Im Folgenden wird der Kreis der untersuchten Referenzstrategien auf solche eingeschränkt, die im Prinzip an einer Delta-Anpassung des Portfolios wie im Black/Scholes-Modell festhalten, den Optionspreis, auf dessen Basis das Delta berechnet wird, aber auf der Grundlage einer um einen konstanten Betrag erhöhten Varianz ermitteln. Mit σ als wahre Volatilität ($\sigma > 0$) wird die modifizierte Varianz $\dot{\sigma}^2$ definiert als:

[56] Vgl. Lott (1993), S. 46.

$$\dot{\sigma}^2 = \sigma^2(1 + \frac{\vartheta}{\sigma}) \Longleftrightarrow \vartheta = \frac{\dot{\sigma}^2 - \sigma^2}{\sigma}, \tag{4.22}$$

mit $\vartheta > 0$. Daraus ergeben sich die Festlegungen:

$$\dot{f}_t = \dot{f}(S_t, t) = f(S_t, \tau, X, r, \dot{\sigma}) \text{ und } \dot{\varphi}_t = \frac{\partial \dot{f}(S_t, t)}{\partial S_t} = \frac{\partial f(S_t, \tau, X, r, \dot{\sigma})}{\partial S_t}, \tag{4.23}$$

mit f als Optionspreis unter den Black/Scholes-Bedingungen ohne Transaktionskosten. Unter Berücksichtigung dieser Definitionen lässt sich Formel (4.21) für die Transaktionskosten umformen zu:[57]

$$TK_T \approx \int_0^T \frac{S_t}{2A_t}(d\dot{\varphi}_t)^2 = \int_0^T \frac{S_t}{2A_t}\sigma^2 S_t^2 \left(\frac{\partial \dot{\varphi}_t}{\partial S_t}\right)^2 dt. \tag{4.24}$$

In dieser Darstellungsweise kommt die Pfadabhängigkeit der Transaktionskosten deutlich zum Ausdruck. Je größer das modifizierte Optionsgamma $\partial\dot{\varphi}/\partial S$ ausfällt, um so höhere Transaktionskosten entstehen. Befindet sich die Option durchgängig weit im oder weit aus dem Geld, so liegt das Gamma nahe null, so dass nur geringfügige Umschichtungen erforderlich sind. Bei am Geld liegenden Optionen mit einem entsprechend hohen Gamma fallen hingegen höhere Transaktionskosten an. Da der Aktienbestand nicht in jedem Zeitpunkt angepasst werden muss, besitzt der Prozess $\{\zeta_t\}$ eine beschränkte Variation.[58] Anders als bei der reinen Black/Scholes-Anpassung wachsen somit die Transaktionskosten nicht ins Unermessliche.

Lott (1993) schlägt vor, die Schrankenvariable A festzusetzen auf:[59]

$$A_t = \frac{1}{\vartheta}\sigma S_t \frac{\partial \dot{\varphi}_t}{\partial S_t} \quad \text{für } 0 \leq t < T. \tag{4.25}$$

Die Größe A steht demnach in einem umgekehrt proportionalen Verhältnis zum Parameter ϑ. Letzterer kann als Risikoaversionsparameter interpretiert werden, weil ein hoher Wert von ϑ enge Schranken und häufige Anpassungen bewirkt. Damit wird eine hohe Genauigkeit der Replikation erreicht, die jedoch mit hohen Transaktionskosten einhergeht. Auch die anderen Einflussgrößen von A_t lassen sich ökonomisch sinnvoll interpretieren: Die Schranken

[57] Vgl. Lott (1993), S. 39. Dabei wird eine konvexe Auszahlungsfunktion der zu replizierenden Option vorausgesetzt.

[58] Zum Nachweis vgl. Lott (1993), S. 44.

[59] Eine weitere Möglichkeit, auf die Lott (1993), S. 12, hinweist, legt als Referenzstrategie die normalen Delta-Anpassungen nach Black/Scholes ohne Veränderung der Renditevarianz des Underlying fest. In die zugehörige Schranke kA_t^* fließt das Produkt aus dem quadrierten Optionsgamma, der Aktienrenditevarianz und dem mit 3 potenzierten Aktienkurs ein. Diese Strategie hat aber den Nachteil, dass die Schranke stark schwankt (vgl. Lott (1993), S. 12) und die zugehörige Preisfunktion unplausible Eigenschaften besitzt (vgl. Reiß (1998), S. 97 f.).

werden weiter nach außen versetzt, wenn die Rendite des Underlying stark schwankt, der Preis je Aktie ansteigt, so dass beim Handel je Stück proportional höhere Transaktionskosten anfallen, und wenn die modifizierte Option ein hohes Gamma aufweist. Einsetzen von (4.25) in (4.24) führt zu Transaktionskosten bis zum Zeitpunkt T in Höhe von:

$$TK_T \approx \int_0^T \frac{S_t}{2A_t}\sigma^2 S_t^2 \left(\frac{\partial \dot{\varphi}_t}{\partial S_t}\right)^2 dt = \frac{\vartheta}{2}\int_0^T S_t^2 \sigma \frac{\partial \dot{\varphi}_t}{\partial S_t} dt. \tag{4.26}$$

Unter den bisher genannten Voraussetzungen lässt sich zeigen, dass das stochastische Integral $\int_0^T \dot{\varphi}_t dS_t$ für $k \to 0$ gegen $\int_0^T \zeta_t dS_t$ konvergiert.[60] Folglich konvergiert der modifizierte Vermögenswert:

$$\widetilde{V}_T = \dot{\varphi}_0 S_0 + \eta_0 + \int_0^T \dot{\varphi}_t dS_t + r\int_0^T \eta_t dt - \frac{\vartheta}{2}\int_0^T S_t^2 \sigma \frac{\partial \dot{\varphi}_t}{\partial S_t} dt \tag{4.27}$$

bei kleinem Transaktionskostensatz gegen den Wert $\dot{V}_T$ gemäß (4.20). Setzt man in (4.27) für $\dot{\varphi}_t$ den Term $\partial \dot{f}(S_t, t)/\partial S_t$ ein (vgl. Beziehung (4.23)) und wählt den risikolosen Anlagebetrag:

$$\eta_t = \frac{1}{r}\left(\frac{1}{2}\sigma^2 S_t^2 \frac{\partial^2 \dot{f}(S_t,t)}{\partial S_t^2} + \frac{\partial \dot{f}(S_t,t)}{\partial t} + \frac{\vartheta}{2} S_t^2 \sigma \frac{\partial \dot{\varphi}_t}{\partial S_t}\right),$$

so ergibt sich:

$$\tilde{V}_T = \dot{\varphi}_0 S_0 + \eta_0 + \int_0^T \frac{\partial \dot{f}(S_t,t)}{\partial S_t} dS_t + \int_0^T \left(\frac{1}{2}\sigma^2 S_t^2 \frac{\partial^2 \dot{f}(S_t,t)}{\partial S_t^2} + \frac{\partial \dot{f}(S_t,t)}{\partial t}\right) dt. \tag{4.28}$$

Die rechte Seite dieser Gleichung entspricht nach dem Satz von Itô genau dem modifizierten Optionswert $\dot{f}(S_T, T)$,wobei $\dot{f}(S_0, 0) = \dot{\varphi}_0 S_0 + \eta_0$. Aus dem Vorstehenden folgt: Die Schrankenstrategie, die durch das Anfangskapital $\dot{c} = \dot{f}(S_0, 0)$ sowie die Gleichungen (4.22), (4.23) und (4.25) beschrieben wird, impliziert ein Endvermögen gemäß (4.20), das asymptotisch in die Zufallsvariable $\tilde{V}_T$ übergeht; diese wiederum repliziert exakt den Auszahlungswert f_T der Option. Somit wird mit der Schrankenstrategie eine asymptotische Nachbildung der Option erreicht.

Das nach der Schrankenstrategie von Lott (1993) erforderliche Anfangskapital $\dot{c}$ stimmt mit dem entsprechenden Wert nach der Leland-Strategie mit zeitdiskreten Anpassungen im Abstand Δt überein, wenn:

$$\vartheta = k\sqrt{\frac{8}{\pi \Delta t}} \tag{4.29}$$

[60] Vgl. Lott (1993), S. 45.

gesetzt wird, weil dann die modifizierten Varianzen nach (4.22) und (4.10) übereinstimmen. Gleichwohl sehen die Verfahren natürlich auch bei dieser Parameterwahl ein unterschiedliches Anpassungsverhalten vor.

Der Replikationsfehler im Fälligkeitszeitpunkt der Option beläuft sich bei Anwendung der beschriebenen Schrankenstrategie auf $\dot{V}_T - f_T$. Dabei entspricht f_T genau dem Endvermögen des replizierenden Portfolios mit der Strategie (φ, β) in einer Black/Scholes-Welt ohne Transaktionskosten (s. (2.7) und (2.8) mit $f_t = f(S,t)$). Somit ergibt sich:

$$\begin{aligned}\dot{V}_T - f_T &= \dot{f}_0 - f_0 + \int_0^T (\zeta_t - \varphi_t) dS_t + r \int_0^T (\eta_t - \beta_t) dt - k \int_0^T S_t \, |d\zeta_t| \\ &= \dot{f}_0 - f_0 + \int_0^T (\zeta_t - \dot{\varphi}_t) dS_t + \int_0^T (\dot{\varphi}_t - \varphi_t) dS_t + r \int_0^T (\eta_t - \beta_t) dt \\ &\quad - k \int_0^T S_t \, |d\zeta_t| \, . \end{aligned} \tag{4.30}$$

Es lässt sich zeigen, dass gilt:[61]

$$\int_0^T (\dot{\varphi}_t - \varphi_t) dS_t = \frac{\vartheta}{2} \int_0^T S_t^2 \sigma \frac{\partial \dot{\varphi}_t}{\partial S_t} dt - \left(\dot{f}_0 - f_0 \right), \tag{4.31}$$

so dass dieser Teil des Replikationsfehlers asymptotisch den letzten Term von (4.30), der die Transaktionskosten beziffert, aufhebt (vgl. (4.26)). Gleichung (4.31) in (4.30) eingesetzt, führt zu:

$$\begin{aligned}\dot{V}_T - f_T = &\left[\int_0^T (\zeta_t - \dot{\varphi}_t) dS_t + r \int_0^T (\eta_t - \beta_t) dt \right] \\ &+ \left[\frac{\vartheta}{2} \int_0^T S_t^2 \sigma \frac{\partial \dot{\varphi}_t}{\partial S_t} - k \int_0^T S_t \, |d\zeta_t| \right] . \end{aligned} \tag{4.32}$$

Der erste Klammerterm kommt dadurch zustande, dass die tatsächlich gehaltenen Portfolioanteile zeitweise von den Vorgaben der Referenzstrategie abweichen. Der zweite Klammerterm beinhaltet Replikationsfehler durch eine unvollständige Nachbildung der Transaktionskosten im Rahmen der Referenzstrategie. Die Transaktionskosten wurden bei der Entwicklung der Strategie nur asymptotisch korrekt ermittelt und repliziert; faktisch entstehen jedoch Schätzfehler. Beim Vergleich der beiden Komponenten des Replikationsfehlers nach Gleichung (4.32) kommt Lott (1993) zu dem Ergebnis, dass die Abweichungen hauptsächlich aus der unvollständigen Umsetzung der Referenzstrategie stammen (1. Klammerterm), wenn der Wert $\dot{f}_0$ den Black/Scholes-Preis f_0 nicht zu stark übertreffen soll und demzufolge keine sehr engen Grenzen gesetzt werden. Die Schätzfehler für die Transaktionskosten (2. Klammerterm) fallen dann weniger stark ins Gewicht.[62]

---

[61] Vgl. Lott (1993), S. 39.

[62] Vgl. Lott (1993), S. 51.

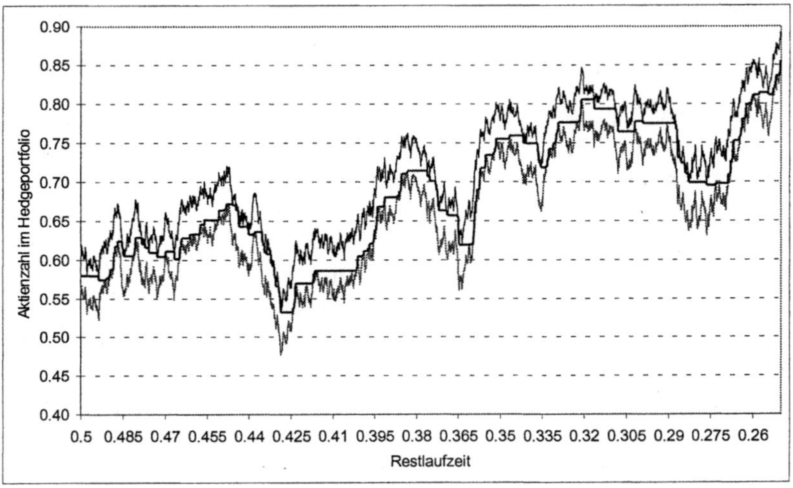

Abb. 4.11. Obere und untere Schranke sowie Aktienbestand nach der Schrankenstrategie von Lott (1993) am Beispiel eines simulierten Kurspfades

Grafik 4.11 veranschaulicht die Schrankenstrategie zur Replikation eines Call für einen beispielhaften Aktienkurspfad. Der Simulation wurden die Parameter $\vartheta = 0,05$, $S_0 = 100$, $\sigma = 0,3$, $X = 100$, $T = 0,5$, $\mu = 0,1$, $r = 0,04$ und $k = 0,0025$ zugrunde gelegt. Damit entspricht der anfängliche Optionspreis ungefähr der Preisobergrenze der Leland-Strategie bei täglicher Umschichtung ($\Delta t = 1/250$). Gezeigt wird der Übersichtlichkeit halber nur die erste Hälfte der Optionslaufzeit. Der Aktienbestand im Duplikationsportfolio wird durch das treppenförmige Profil zwischen der oberen und unteren Schranke abgebildet. Erwartungsgemäß gibt es längere Zeiträume, in denen wegen eines in etwa gleichbleibenden Aktienkursniveaus Anpassungen des Portfolios unterbleiben. In volatileren Marktphasen erfolgen häufigere Reaktionen.

4.2.2.3 Modellansätze mit nutzenmaximaler Hedgestrategie

Die bisher behandelten Modelle separieren die Entscheidung über die Art der Handelsstrategie von den Nutzenerwägungen des Investors. Die Risikoeinstellung wird nur implizit berücksichtigt, und zwar durch die Wahl des Parameters Δt in den Ansätzen mit deterministischen Anpassungszeitpunkten und des Parameters ϑ im Modell von Lott (1993) mit stochastischen Transaktionszeitpunkten. In beiden Fällen wird die Menge der in Erwägung gezogenen Strategien zu Beginn stark eingeschränkt, so dass im Allgemeinen kein optimales Ergebnis erreicht wird. Das Ziel ist die approximative Nachbildung des Zahlungsprofils einer Option und nicht die Maximierung des Erwartungsnutzens des Endvermögens. Demgegenüber versuchen Hodges/Neuberger (1989) und Davis et al. (1993) explizit eine nutzentheoretisch begründete Hedgestrategie zu formulieren. Der betrachtete Anleger besitzt in der Ausgangssituation ein ausgewogenes, optimiertes Portfolio. Ihm wird daraufhin die Möglichkeit offeriert, eine Option zu veräußern. Davon wird der Anleger genau dann Gebrauch machen, wenn der vereinnahmte Geldbetrag ausreicht, um insgesamt trotz der eingegangenen Stillhalterposition einen höheren erwarteten Nutzen als in der Ausgangssituation zu erreichen. Da das Ausgangsportfolio als optimal angenommen wurde, ist nicht zu erwarten, dass der Anleger das Risiko der geschriebenen Option ungesichert übernimmt. Die Hinzunahme der Optionsverpflichtung wird vielmehr weitere Anpassungsreaktionen zur Reduzierung des zusätzlichen Risikos auslösen. Dabei verfolgt der Anleger das Ziel, seinen erwarteten Nutzen zu maximieren. Um den mindestens zu fordernden Optionspreis zu bestimmen, muss somit zunächst die optimale Hedgestrategie analysiert werden. Diese Überlegungen lassen sich analog auf die Ermittlung des Grenzpreises für den *Kauf* einer Option übertragen.

Das resultierende Optimierungsproblem kann grundsätzlich mit einem dynamischen Programmierungsansatz der stochastischen Kontrolltheorie rekursiv rückwärts in der Zeit gelöst werden.[63] In jedem Zeitpunkt hängt der Erwartungsnutzen von den drei Zustandsvariablen Aktienkurs, verfügbarer Geldbetrag und Anzahl der gehaltenen Aktien ab.[64] Die Bestimmung der optimalen Transaktionszeitpunkte stellt sich damit als ein Problem der Erfüllung einer freien Randbedingung mit drei Dimensionen dar.[65] Die erforderlichen numerischen Berechnungen sind sehr aufwändig und für praktische Anwendungen zu zeitintensiv.[66] Das Problem vereinfacht sich, wenn die Nutzenfunktion des Anlegers eine konstante absolute Risikoaversion aufweist, weil dann die strategiebedingten Ausgaben oder Einnahmen nicht die nachfolgenden Transaktionen beeinflussen. Dadurch ist der vorhandene Geldbetrag nicht mehr als Zustandsvariable zu berücksichtigen. Eine konstante absolute Risikoaversion kennzeichnet die negativ exponentielle Nutzenfunktion:

$$U(x) = 1 - e^{-\varpi x}, \tag{4.33}$$

mit ϖ als Risikoaversionsparameter. Unter Verwendung dieser Nutzenfunktion zeigen Hodges/Neuberger (1989) und Davis et al. (1993), dass das optimale Anpassungsverhalten dem einer Schrankenstrategie entspricht. Bei proportionalen Transaktionskosten wird, wie im Modell von Lott (1993), das Optionsdelta in einer vom Aktienkurs und der Zeit abhängigen Bandbreite gehalten. Vor einem Ausbrechen aus dem Intervall wird die Aktienanzahl so angepasst, dass sie der jeweiligen Schranke entspricht. Kommt zum proportionalen Kostensatz noch eine fixe Kostenkomponente je Handelsabschluss hinzu, so wird die optimale Hedgestrategie durch ein inneres und ein äuße-

[63] Vgl. Hodges/Neuberger (1989), S. 225.
[64] Vgl. Hodges/Neuberger (1989), S. 227.
[65] Vgl. Hodges/Neuberger (1989), S. 227 und Mohamed (1994), S. 52.
[66] Vgl. Dewynne et al. (1994), S. 521, Whalley/Wilmott (1994), S. 82.

res Schrankenpaar charakterisiert: Wenn die Aktienanzahl eine der äußeren Schranken erreicht, wird sie nicht an dieser Grenze gehalten, sondern auf das Niveau der nächstgelegenen inneren Schranke abgesenkt oder angehoben.[67]

Auch wenn die spezielle Nutzenfunktion (4.33) die Berechnung der optimalen Schranken erleichtert, bleibt der Lösungsalgorithmus doch rechenintensiv. Außerdem ist es ohne analytische Angabe der Schranken schwierig, einen Einblick in die Schrankenhöhe und ihre Einflussgrößen zu gewinnen. Aus einer asymptotischen Analyse des Modells von Davis et al. (1993) haben Whalley/Wilmott (1997) eine Näherungsformel für kleine Transaktionskostensätze entwickelt. Demnach betragen die Schranken bei einem proportionalen Kostensatz von k:

$$A_{1,2}(S,t) = y(S,t) \pm \left(\frac{3kSe^{-r(T-t)} \left(\frac{\partial y(S,t)}{\partial S} \right)^2}{2\varpi} \right)^{\frac{1}{3}}, \qquad (4.34)$$

mit:

$$y(S,t) = \varphi + \frac{e^{-r(T-t)}(\mu - r)}{\varpi S \sigma^2},$$

wobei φ das Optionsdelta nach Black/Scholes unter Verwendung der wahren (nicht modifizierten) Volatilität σ der Rendite des Basispapiers bezeichnet. Im Spezialfall $\mu = r$ liegt das Optionsdelta φ genau in der Mitte des durch die Schranken eingegrenzten Intervalls. Der Term $\frac{\partial y(S,t)}{\partial S}$ entspricht dann dem Optionsgamma im Black/Scholes-Modell.

Im Unterschied zu der von Lott (1993) vorgeschlagenen Festlegung (4.25) verhält sich die Bandbreite gemäß (4.34) nicht proportional zu k, S und dem (modifizierten) Optionsgamma, sondern zu den mit $\frac{1}{3}$ bzw. $\frac{2}{3}$ potenzierten Größen. Trotzdem weisen beide Modelle deutliche Parallelen auf; so ergeben sich mit der Einstellung $\varpi = 3$ im Beispiel des Schaubilds 4.11 Schranken, die nur geringfügig von den dort eingezeichneten Verläufen abweichen.[68]

4.2.2.4 Verfahrensvergleich

Die konsequente Ausrichtung auf die Zielsetzung der Marktteilnehmer stellt einen offenkundigen Vorteil der zuletzt dargestellten Verfahrensgruppe dar. Einschränkend ist aber zu konzedieren, dass die Rechenbarkeit der Modelle

[67] Wenn ausschließlich ein fixer Kostenbetrag je Transaktion erhoben wird, fallen die beiden inneren Schranken zusammen; vgl. Hodges/Neuberger (1989), S. 226. Die zugehörige Hedgestrategie mit einer inneren Schranke in Höhe des Black/Scholes-Delta bezeichnen Dewynne et al. (1995b), S. 73, als „market practice model".

[68] Die unteren Schranken beider Modelle verlaufen nahezu identisch, während die obere Schranke nach (4.34) leicht über der entsprechenden Schranke des Lott-Modells liegt.

in der Praxis nur unter der Annahme einer Nutzenfunktion mit konstanter absoluter Risikoaversion gewährleistet ist. Im Gegensatz dazu gilt als gut abgesichert, dass Investoren am Kapitalmarkt überwiegend eine *abnehmende* absolute Risikoaversion aufweisen.[69] Die Allgemeinheit des Modells von Hodges/Neuberger (1989) wird außerdem durch die vereinfachende Annahme geschmälert, die erwartete Momentanrendite μ wirke sich trotz eines transaktionskostenbedingt unvollkommenen Kapitalmarkts nicht auf den Optionswert aus.[70]

Ungeachtet dieser Kritik liefern die Modelle von Hodges/Neuberger (1989) und Davis et al. (1993) eine Rechtfertigung für die Kontrolle des Aktienbestands im Hedge- oder Duplikationsportfolio mittels einer Schrankenstrategie. In verschiedenen Simulationsstudien wurde überprüft, wie sich die Verfahren, die größtenteils auf asymptotischen Überlegungen basieren, unter realistischen Bedingungen verhalten. Lott (1993) stellt die Überlegenheit der von ihm entwickelten Schrankenstrategie gegenüber dem Leland-Modell hinsichtlich der Kriterien Varianz und Erwartungswert des Hedgefehlers fest und gibt eine Abschätzung für den Callpreis an, der beim Verkauf der Option und Anwendung der Schrankenstrategie mindestens erzielt werden muss, um einen erwarteten Replikationsfehler von Null bei ungefähr gleicher Varianz des Hedgefehlers wie im Leland-Modell zu erreichen. Der Optionspreis entspricht dem Black/Scholes-Wert mit der impliziten Volatilität:[71]

$$\tilde{\sigma}^2 \approx \sigma^2 \left(1 + \sqrt{\frac{\pi}{12}} k'\right),$$

statt, gemäß der Leland-Strategie, $\hat{\sigma}^2_{PO} = \sigma^2 (1 + k')$.[72] Demnach wird die Bandbreite möglicher Optionspreise, ausgedrückt durch die impliziten Volatilitäten, auf etwa die Hälfte reduziert. Auch in den Arbeiten von Mohamed (1994) und Martellini/Priaulet (2001) schneiden die getesteten Schrankenstrategien besser ab als die Verfahren mit deterministischen Transaktionszeitpunkten, weil sie eine geringere Streuung des Hedgefehlers bei einem gegebenen Niveau der mittleren Transaktionskosten nach sich ziehen.[73] Die Eignung von Schrankenstrategien kann allerdings stark divergieren, selbst wenn sie die gleichen asymptotischen Eigenschaften besitzen.[74] Die Entscheidung für ein Verfahren hängt sowohl von den Gegebenheiten der konkreten Entscheidungssituation – wie der Höhe der Volatilität σ und des Transaktionskostenfaktors

[69] So stellen Alexander/Francis (1986), S. 26, fest: „economists generally agree that reasonable utility functions should exhibit the properties of positive but diminishing marginal utility and decreasing absolute risk aversion".

[70] Vgl. Reiß (1998), S. 155, Mohamed (1994), S. 52.

[71] Vgl. Lott (1993), S. 12. Der Parameter k' ist, wie in Abschnitt 4.2.2.2.1, definiert als $k' = \sqrt{\frac{8}{\pi \Delta t}} \frac{k}{\sigma}$.

[72] Siehe Gleichung (4.10).

[73] Siehe auch bereits Hodges/Neuberger (1989), S. 224 u. 231.

[74] Vgl. die von Reiß (1998), S. 101 ff., simulierten Schrankenstrategien B1 und B2.

k – als auch von den Zielkriterien des Anwenders ab.[75] So könnte sich ein Händler zum Beispiel neben der üblicherweise herangezogenen Varianz des Hedgefehlers für die Wahrscheinlichkeit interessieren, mit der ein bestimmter Verlust übertroffen wird oder für den Verlust, der auf einem vorgegebenen Sicherheitsniveau höchstens auftritt.[76]

Strategien, die Schranken nicht für das Optionsdelta sondern für den Kurs des Basispapiers festlegen, haben sich insbesondere bei hohen Anforderungen an die Genauigkeit der Nachbildung der Optionsauszahlung nicht bewährt.[77] Sie scheinen von den hier betrachteten Schrankenstrategien, die sich auf die Zahl der gehaltenen Aktien beziehen, dominiert zu werden.[78]

4.2.3 Diskrete Modellwelt

Nachdem Leland (1985) den ersten Ansatz zur Optionsbewertung mit Transaktionskosten in einem kontinuierlichen Modellrahmen vorgestellt hatte, folgten ähnliche Analysen in der diskreten Modellwelt des Binomialmodells.[79] Wie im Fall ohne Transaktionskosten, ist weiterhin unter relativ allgemeinen Bedingungen eine exakte Nachbildung europäischer Optionen möglich. Die aus der Replikation abgeleitete Bewertungsformel scheint aber den Erkenntnissen aus dem kontinuierlichen Modell entgegenzustehen. Um diesen Widerspruch aufzulösen, wird im Folgenden die Berücksichtigung von Transaktionskosten im Binomialmodell erörtert. Dabei wird unverändert von einem proportionalen Kostensatz k ausgegangen.

4.2.3.1 Bedingungen für Arbitragefreiheit und Nicht-Dominanz

Zwischen den Sprungfaktoren u und d sowie dem risikolosen Zinssatz r gelten im Binomialmodell bestimmte, vom Transaktionskostensatz k abhängige Bedingungen, um Arbitragefreiheit zu sichern und zu gewährleisten, dass keine Anlage eine andere dominiert.[80]

An einem arbitragefreien Finanzmarkt darf die Strategie, eine Aktie kreditfinanziert zu erwerben und nach einer Haltedauer von einer Periode der Länge Δt wieder zu veräußern, nicht zu einem risikofreien Überschuss nach Kreditrückzahlung führen. Folglich muss der Verkaufserlös nach einem Abwärtsschritt des Aktienkurses kleiner ausfallen als die fällige Auszahlung an die Kreditgeber:

[75] Vgl. Reiß (1998), S. 108-114, Mohamed (1994), S. 61.
[76] Vgl. Mohamed (1994).
[77] Vgl. genauer Toft (1996), S. 252-254.
[78] Vgl. Martellini/Priaulet (2001).
[79] Vgl. Boyle/Vorst (1992), Bensaid et al. (1992), Edirisinghe et al. (1993), Mercurio/Vorst (1997), Reiß (1999).
[80] Vgl. Reiß (1998), S. 170 f.

$$\frac{1}{S_t(1+k)} S_t d(1-k) - e^{r\Delta t} < 0 \Longleftrightarrow d < e^{r\Delta t} \frac{1+k}{1-k}. \tag{4.35}$$

Auch die umgekehrte Strategie eines Aktienleerverkaufs über eine Periode mit risikoloser Anlage des Verkaufserlöses darf bei Arbitragefreiheit keinen sicheren Einzahlungsüberschuss generieren. Dies impliziert:

$$S_t(1-k)e^{r\Delta t} - uS_t(1+k) < 0 \Longleftrightarrow u > e^{r\Delta t} \frac{1-k}{1+k}. \tag{4.36}$$

Fordert man weiterhin, dass der Leerverkauf ein sinnvolles Geschäft darstellt, so muss im Fall eines (für den Leerverkäufer günstigen) Kursverfalls der für den Rückkauf der Aktie notwendige Betrag niedriger ausfallen als der risikolos angelegte Erlös der leerverkauften Aktie:

$$S_t(1-k)e^{r\Delta t} - S_t d(1+k) > 0 \Longleftrightarrow d < e^{r\Delta t} \frac{1-k}{1+k}. \tag{4.37}$$

Bei Verletzung dieser Bedingung wird niemand Leerverkäufe tätigen. Dennoch liegt nicht unbedingt ein Verstoß gegen das Arbitragefreiheitspostulat vor, da eine Arbitragemöglichkeit gemäß (4.35) erst im Falle $d \geq e^{r\Delta t}(1+k)/(1-k)$ besteht.

Damit der Aktienerwerb für eine Periode nicht durch die risikolose Anlage dominiert wird, muss der am Periodenende erzielte Verkauferlös nach einem Anstieg des Aktienkurses höher ausfallen als das Endvermögen bei einer risikolosen Geldanlage:

$$\frac{1}{S_t(1+k)} S_t u(1-k) - e^{r\Delta t} > 0 \Longleftrightarrow u > e^{r\Delta t} \frac{1+k}{1-k}. \tag{4.38}$$

Analog zu (4.37) kann eine Verletzung dieser Ungleichung nicht durch ein Arbitragegeschäft gewinnbringend ausgenutzt werden, solange nicht zugleich die weniger restriktive Ungleichung (4.36) verletzt ist.

4.2.3.2 Exakte Replikation

Soll im diskreten Modell der Zahlungsstrom einer Option mittels einer dynamischen Handelsstrategie exakt repliziert werden, ohne zusätzliche Mittel in das Portfolio einzuschießen, so muss in jedem Zeitpunkt $t-1$ sichergestellt werden, dass im darauffolgenden Zeitpunkt t genügend Mittel zur Verfügung stehen, um die notwendigen Anpassungen inklusive der dabei entstehenden Transaktionskosten zu finanzieren. Der Wert des Portfolios vor der Umschichtung muss demnach den Portfoliowert nach der Anpassung um die Transaktionskosten übersteigen. Die Handelsstrategie sei mit (φ_t, β_t), $t = 1, \dots, T$, bezeichnet, wobei φ_t der Zahl der gehaltenen Aktien und β_t dem Betrag der risikolosen Geldanlage entspricht. Die Selbstfinanzierungsbedingung lautet im Binomialmodell:

$$\begin{aligned}\varphi_{t-1}uS_{t-1} + \beta_{t-1}e^{r\Delta t} &= \varphi_t^u uS_{t-1} + \beta_t^u + k\left|\varphi_t^u - \varphi_{t-1}\right| uS_{t-1} \\ \varphi_{t-1}dS_{t-1} + \beta_{t-1}e^{r\Delta t} &= \varphi_t^d dS_{t-1} + \beta_t^d + k\left|\varphi_t^d - \varphi_{t-1}\right| dS_{t-1}.\end{aligned} \quad (4.39)$$

Dabei stehen φ_t^u und φ_t^d für die Zahl der Aktien nach der Umschichtung im Zeitpunkt t, wenn zuvor ein Aufwärts- bzw. Abwärtsschritt erfolgte. Analog sind die risikolosen Anlagebeträge β_t^u und β_t^d zu interpretieren. Boyle/Vorst (1992) zeigen, dass für einen *gekauften europäischen Call* das nichtlineare Gleichungssystem (4.39) eine eindeutige Lösung besitzt und in jedem Zeitpunkt $t = 1, \ldots, T$ die Beziehung $\varphi_t^d \leq \varphi_{t-1} \leq \varphi_t^u$ gilt. Somit können die Bedingungen (4.39) als lineares Gleichungssystem:

$$\begin{aligned}\varphi_{t-1}\bar{u}S_{t-1} + \beta_{t-1}e^{r\Delta t} &= \varphi_t^u \bar{u}S_{t-1} + \beta_t^u \\ \varphi_{t-1}\bar{d}S_{t-1} + \beta_{t-1}e^{r\Delta t} &= \varphi_t^d \bar{d}S_{t-1} + \beta_t^d\end{aligned} \quad (4.40)$$

mit den Definitionen $\bar{u} = u(1+k)$ und $\bar{d} = d(1-k)$ ausgedrückt werden. Bei gegebenen Werten φ_t^u, φ_t^d, β_t^u und β_t^d ergeben sich die Portfoliobestandteile der Vorstufe zu:

$$\begin{aligned}\varphi_{t-1} &= \frac{(\varphi_t^u \bar{u}S_{t-1} + \beta_t^u) - \left(\varphi_t^d \bar{d}S_{t-1} + \beta_t^d\right)}{\left(\bar{u} - \bar{d}\right) S_{t-1}}; \ \beta_{t-1} \\ &= \frac{\bar{u}\left(\varphi_t^d \bar{d}S_{t-1} + \beta_t^d\right) - \bar{d}\left(\varphi_t^u \bar{u}S_{t-1} + \beta_t^u\right)}{\left(\bar{u} - \bar{d}\right) e^{r\Delta t}}.\end{aligned}$$

Beginnend mit den Portfolioanteilen bei Fälligkeit:

$$\varphi_T = \begin{cases} 1 \text{ falls } & S_T > X \\ 0 \text{ sonst} \end{cases} \quad \text{und } \beta_T = \begin{cases} -X \text{ falls } & S_T > X \\ 0 \quad \text{sonst} \end{cases},$$

wird die Portfoliostruktur in der üblichen Weise sukzessive bis zum Bewertungszeitpunkt $t = 0$ zurückverfolgt. Der Preis, zu dem ein gekaufter Call unter Berücksichtigung von Transaktionskosten repliziert werden kann, errechnet sich schließlich aus $C_0 = \varphi_0 S_0 + \beta_0$.[81]

Bekanntermaßen konvergiert der Callpreis aus dem Binomialmodell bei $k = 0$ für $\Delta t \to 0$ gegen den Black/Scholes-Preis mit der konstanten Aktienrenditevolatilität σ. Im Falle positiver Transaktionskosten ($k > 0$) haben Boyle/Vorst (1992) nachgewiesen, dass die Replikationskosten des gekauften Call bei kleinen Parametern Δt und k approximativ dem Callpreis nach

[81] Etwaige Transaktionskosten, die beim Aufbau des Duplikationsportfolios entstehen, werden vernachlässigt. Der Callpreis lässt sich auch als ein Erwartungswert der Fälligkeitszahlung darstellen; vgl. dazu Boyle/Vorst (1992) und Musiela/Rutkowski (1997), S. 60. Die entsprechende Formel kann aber *nicht* direkt aus dem Binomialmodell ohne Transaktionskosten übernommen werden, indem u einfach durch $\bar{u}$ und d durch $\bar{d}$ ersetzt wird. Der Zusammenhang ist komplizierter, weil die rechte Seite der Gleichungen (4.40) nicht den Optionspreis im Zeitpunkt t repräsentiert. Der Wert des Portfolios beträgt vielmehr nach einer Aufwärtsbewegung $\varphi_t^u uS_{t-1} + \beta_t^u$ und nach einem Abwärtsschritt $\varphi_t^d dS_{t-1} + \beta_t^d$.

Black/Scholes entsprechen, wenn anstelle der Varianz σ^2 der modifizierte Parameter:

$$\breve{\sigma}^2 = \sigma^2 \left(1 + \frac{2k}{\sigma\sqrt{\Delta t}}\right) \tag{4.41}$$

eingesetzt wird.

Wie im Modell von Leland (1985) im kontinuierlichen Modellrahmen, wird auch hier eine konstante Länge der Anpassungsintervalle angenommen. Da außerdem die Binomialverteilung gegen die Normalverteilung der logarithmierten Aktienkurse konvergiert, liegt die Erwartung nahe, die implizite Varianz aus dem Binomialmodell werde asymptotisch mit jener des Leland-Modells übereinstimmen. Dies trifft jedoch nicht zu. Um die Leland-Varianz nach (4.10) zu erhalten, müsste der zweite Summand des Klammerterms von (4.41) mit dem Faktor $\sqrt{\frac{2}{\pi}}$ multipliziert werden. Es stellt sich daher die Frage, wie der Unterschied zustande kommt und welche der Gleichungen zur näherungsweisen Berechnung der Replikationskosten eines gekauften Call herangezogen werden sollte.

Die im Zeitpunkt t anfallenden Transaktionskosten verlaufen proportional zur Zahl der gehandelten Aktien $|\Delta\varphi_t|$. Diese kann durch eine Taylorreihenapproximation erster Ordnung angenähert werden:

$$|\Delta\varphi_t| = |\varphi_t - \varphi_{t-1}| \approx \left|\frac{\partial\varphi_{t-1}}{\partial S_{t-1}}\Delta S_t\right|,$$

wobei für die hier betrachtete Kaufposition eines Call $\frac{\partial\varphi_{t-1}}{\partial S_{t-1}} \geq 0$ gilt. Der Erwartungswert der Transaktionskosten am Periodenende auf der Basis des Informationsstands von $t-1$ ist daher proportional zu $\frac{\partial\varphi_{t-1}}{\partial S_{t-1}} E_{t-1}(|\Delta S_t|)$. Es sei angenommen, dass die Ableitung $\partial\varphi_{t-1}/\partial S_{t-1}$ durch den Differenzenquotienten $\left(\varphi_t^u - \varphi_t^d\right)/(uS - dS)$ aus dem Binomialmodell approximiert werden kann. Den Term $|\Delta S_t|$ entwickelt Leland (1985) unter der Annahme einer Normalverteilung von $\Delta S/S$ mit einem Erwartungswert von Null und der Standardabweichung $\sigma\sqrt{\Delta t}$. Die resultierende Formel:

$$E_{t-1}^L(|\Delta S_t|) = \sqrt{\frac{2}{\pi}}\sigma\sqrt{\Delta t}S_t \tag{4.42}$$

stellt im Falle einer positiven Driftrate eine Approximation der Ordnung $O\left((\Delta t)^{3/2}\right)$ dar.[82] Das hochgestellte Symbol L beim Erwartungsoperator verweist auf das Leland-Modell.

In der Standardspezifikation des Binomialmodells von Cox et al. (1979) (Symbol CRR) mit $u = e^{\sigma\sqrt{\Delta t}}$ und $d = 1/u$ und der Wahrscheinlichkeit p einer Aufwärtsbewegung gilt hingegen:

[82] Vgl. Leland (1985), S. 1289.

$$
\begin{aligned}
E_{t-1}^{CRR}\left(|\Delta S_t|\right) &= p(uS_t - S_t) + (1-p)(S_t - dS_t) \\
&= p\left(e^{\sigma\sqrt{\Delta t}} - 1\right) S_t + (1-p)\frac{e^{\sigma\sqrt{\Delta t}} - 1}{e^{\sigma\sqrt{\Delta t}}} S_t \\
&= p\left(e^{\sigma\sqrt{\Delta t}} - 1\right)\left(1 - \frac{1}{e^{\sigma\sqrt{\Delta t}}}\right) S_t + \frac{e^{\sigma\sqrt{\Delta t}} - 1}{e^{\sigma\sqrt{\Delta t}}} S_t \\
&= p\frac{1}{e^{\sigma\sqrt{\Delta t}}}\left(e^{\sigma\sqrt{\Delta t}} - 1\right)^2 S_t - \left(1 - e^{-\sigma\sqrt{\Delta t}}\right) S_t \\
&= \sigma\sqrt{\Delta t} S_t + O\left(\Delta t\right).
\end{aligned}
\tag{4.43}
$$

Die übliche Spezifikation des Binomialmodells impliziert gemäß (4.43) einen anderen Erwartungswert der absoluten Kursveränderung in einem kleinen Zeitintervall Δt als die geometrische Brownsche Bewegung, auf der (4.42) beruht.[83] Dieser Unterschied ist bedeutungslos, solange das Binomialmodell zur Bewertung von Optionen ohne Berücksichtigung von Transaktionskosten dient. Die Optionswerte hängen dann von der Volatilität der Aktienrendite, nicht aber vom Absolutbetrag der Kursänderungen ab. Da genau diese Größe aber in einer Welt mit positiven Transaktionskosten die Höhe der Kosten einer dynamischen Handelsstrategie entscheidend beeinflusst, muss eine andere Spezifikation des Binomialmodells gewählt werden, um die Preisobergrenze einer Option unter der Annahme einer geometrischen Brownschen Bewegung des Basispapiers asymptotisch genau zu approximieren.

Das Binomialmodell beinhaltet mit der Wahl der Parameter u, d und p drei Freiheitsgrade. Ihnen stehen zwei Bedingungen gegenüber: die Erfüllung der Martingaleigenschaft der diskontierten Aktienkurse und die Bestimmung der Varianz der Kursveränderungen. Der dritte Freiheitsgrad wird in der Standardspezifikation zur Zentrierung des Baums benutzt, indem $d = 1/u$ festgelegt wird. Stattdessen kann aber auch die Bedingung eingeführt werden, dass die erwartete absolute Kursänderung zwischen benachbarten Baumstufen an den entsprechenden Wert einer geometrischen Brownschen Bewegung angeglichen wird. Die Bedingungen lauten in diesem Fall ($u > e^{r\Delta t} > d$):[84]

$$pu + (1-p)d = e^{r\Delta t} \tag{4.44}$$

$$pu^2 + (1-p)d^2 = e^{(2r+\sigma^2)\Delta t} \tag{4.45}$$

$$p\left(u-1\right) + \left(1-p\right)\left(1-d\right) = \sqrt{\frac{2}{\pi}}\sigma\sqrt{\Delta t}. \tag{4.46}$$

[83] Ohne ihn formal zu untermauern, weisen auf diesen Aspekt Whalley/Wilmott (1996), S. 189, hin.

[84] Die beiden ersten Bedingungen gewährleisten, dass die Kursveränderungen über eine Teilperiode des Binomialmodells den gleichen Erwartungswert und die gleiche Varianz besitzen wie die entsprechenden Kursveränderungen bei kontinuierlichem Aktienkursverlauf. Eine Herleitung findet sich u. a. bei Wilmott et al. (1995), S. 183 f.

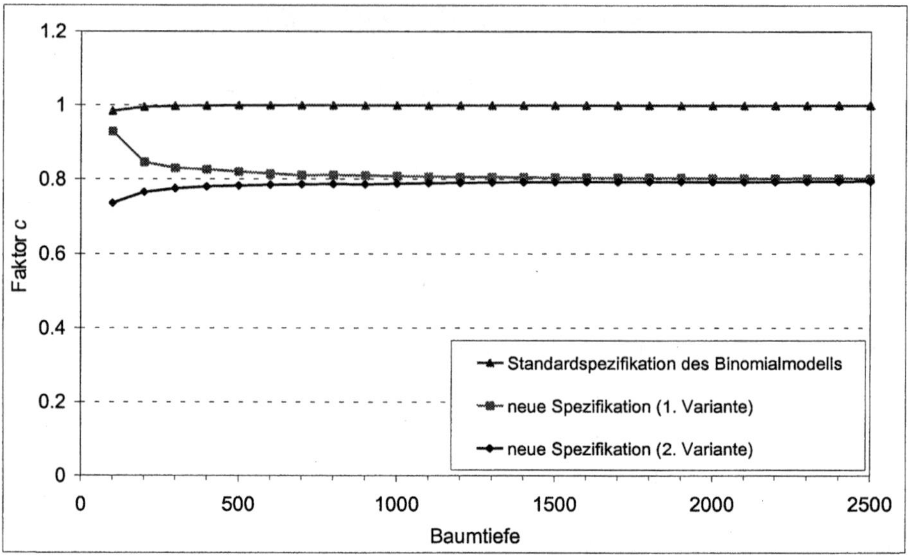

Abb. 4.12. Duplikation eines gekauften Call im Binomialmodell; Parameter: $S_0 = X = 100$; $\sigma = 0,3$; $r = 0,04$; $T = 0,5$; $k = 0,0025$; Definition des Faktors c gemäß Gleichung (4.47)

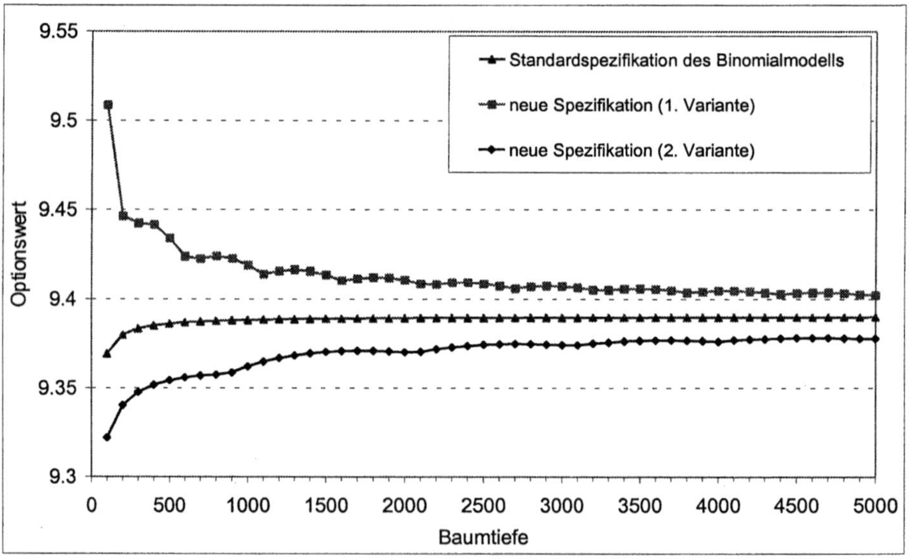

Abb. 4.13. Duplikation eines gekauften Call im Binomialmodell; Parameter: $S_0 = X = 100$; $\sigma = 0,3$; $r = 0,04$; $T = 0,5$; $k = 0$

Das Gleichungssystem (4.44) bis (4.46) besitzt zwei Lösungen, die in Anhang E aufgeführt sind. Am Beispiel eines Call mit den Parametern $S_0 = X = 100$, $\sigma = 0,3$, $r = 0,04$ und $T = 0,5$ zeigen die Schaubilder 4.12 und 4.13 die Konsequenz der veränderten Spezifikation des Binomialmodells. In Abbildung 4.12 ist abgetragen, welcher Wert für den Faktor c angenommen werden muss, damit die Gleichung:

$$\hat{\sigma}^2_{BIN} = \sigma^2 \left(1 + c\frac{2k}{\sigma\sqrt{\Delta t}}\right) \tag{4.47}$$

erfüllt ist. Dabei bezeichnet $\hat{\sigma}^2_{BIN}$ die implizite Black/Scholes-Varianz für den Optionswert, der mit dem Binomialmodell einer bestimmten Baumtiefe errechnet wurde. Verwendet man die Standardspezifikation, liegt der Faktor c bei kleiner Periodenlänge Δt nahe 1, womit das zentrale Ergebnis von Boyle/Vorst (1992) gemäß (4.41) bestätigt wird. Im Gegensatz dazu ergeben die aus (4.44) bis (4.46) resultierenden Spezifikationen Optionswerte, die durch einen Faktor c nahe $\sqrt{2/\pi} \approx 0,798$ charakterisiert werden können. Je nachdem, welche der beiden Lösungen des Gleichungssystems herangezogen wird, nähert sich c mit verkürzter Periodenlänge dem Grenzwert von oben oder von unten an. Im Grenzfall für ein beliebig kleines Intervall Δt erhält man die Preisobergrenze eines gekauften Call nach Leland (1985).

Ohne Berücksichtigung von Transaktionskosten ($k = 0$) konvergieren die Preise aller betrachteten Spezifikationen des Binomialmodells gegen den Black/Scholes-Wert, weil jeweils die Martingaleigenschaft und die Varianzbedingung erfüllt sind. Das Konvergenzverhalten unterscheidet sich aber, wie Abbildung 4.13 verdeutlicht, erheblich: Während mit der Standardspezifikation der Black/Scholes-Preis des Beispiels von 9,390 schon bei einer Baumtiefe von 200 fast exakt getroffen wird, reichen bei der veränderten Spezifikation selbst 5000 Baumstufen nicht aus, um einen ähnlich geringen Bewertungsfehler zu erreichen. Allerdings wird das veränderte Parameterset hier auch nicht zum praktischen Einsatz empfohlen, sondern es dient nur dazu, die Ursache für die unterschiedlichen Bewertungen nach Leland (1985) und Boyle/Vorst (1992) aufzuklären. Festzuhalten bleibt, dass unter der Prämisse einer geometrischen Brownschen Bewegung für den Kurs des Basispapiers die Leland-Formel anzuwenden ist. Die Herleitung von Boyle/Vorst (1992) führt nur deshalb auf ein anderes Bewertungsergebnis, weil die verwendete Standardspezifikation des Binomialmodells eine für die Höhe der Transaktionskosten wichtige Eigenschaft der Brownschen Bewegung nicht adäquat abbildet.[85]

4.2.3.3 Superreplikation

Im diskreten Modellrahmen ist die genaue Nachbildung des Zahlungsprofils einer Option unter Umständen suboptimal, weil es eine Handelsstrategie

[85] Vgl. Whalley/Wilmott (1996), S. 189.

geben kann, die bei Fälligkeit in jedem Umweltzustand mindestens die Optionszahlung gewährt und trotzdem einen geringeren Mitteleinsatz erfordert.[86] Eine solche Strategie heißt Supperreplikation oder – bezogen auf das Hedging eines Optionsrisikos – Superhedging.[87] Der Vorteil der Superreplikation wird durch die Reduzierung des Handelsvolumens und die damit verbundene Kosteneinsparung erreicht. Bei der exakten Duplikation wird eine Umschichtung so vorgenommen, dass nach Abzug der Transaktionskosten die gewünschten Optionswerte der nächsten Stufe realisiert werden. Verzichtet der Händler auf die Anpassung, entspricht zwar die Portfoliostruktur nicht mehr genau der Option, dafür wird aber der Portfoliowert nicht durch Transaktionskosten geschmälert. Unter bestimmten Bedingungen wird der höhere Portfoliowert den Effekt der nicht angepassten Portfoliostruktur überkompensieren, so dass im Folgezeitpunkt die Werte der reinen Duplikationsstrategie übertroffen werden.[88] Mit Optimierungsmethoden kann nach der günstigsten Möglichkeit, eine Option zu replizieren oder abzusichern, gesucht werden.[89] Die Preisobergrenze stellt dann das minimale Anfangsvermögen dar, das bereitgestellt werden muss, um das Zahlungsprofil der Option mittels einer selbstfinanzierenden Handelsstrategie mindestens zu duplizieren. Analog dazu wird die Preisuntergrenze als der minimale Verkauferlös für das anfängliche Portfolio bestimmt, der die Möglichkeit bietet, die Optionsverpflichtung bei Fälligkeit unabhängig vom Umweltzustand vollständig zu erfüllen und eventuell noch einen Restbetrag zurückzuhalten.

Ein hoher Transaktionskostensatz und eine niedrige Aktienrenditevolatilität begünstigen die Superreplikation. Beispielrechnungen von Edirisinghe et al. (1993) zeigen, dass die Möglichkeit der Superreplikation nur besteht, wenn Transaktionskostensätze k von mindestens etwa 3% mit einer Aktienrenditevolatilität von ungefähr 10% oder weniger zusammentreffen.[90] Im Gegensatz dazu gewinnen dynamische Handelsstrategien gerade bei niedrigen Transaktionskostensätzen und hoher Renditeschwankung an Bedeutung. Die Superreplikation erscheint daher als ein theoretisch interessantes, aber für die Praxis irrelevantes Problem.[91] Außerdem handelt es sich um ein spezifisches Problem des diskreten Modellrahmens. Gehorcht der Aktienkurs einer geometrischen Brownschen Bewegung, existiert im kontinuierlichen Modellrahmen keine nicht-triviale Superreplikationsstrategie. Da in dieser Arbeit diskrete

[86] Vgl. Bensaid et al. (1992), Edirisinghe et al. (1993).

[87] Musiela/Rutkowski (1997), S. 61, spricht in diesem Zusammenhang von „perfect hedging".

[88] Ein Beispiel, auf das in der Literatur oft verwiesen wird, stammt von Bensaid et al. (1992).

[89] Vgl. ausführlich Reiß (1998), S. 193 ff., und Reiß (1999).

[90] Das häufig zitierte Beispiel von Bensaid et al. (1992) zur Superreplikation unterstellt einen Transaktionskostensatz von 20%.

[91] In ähnlicher Weise äußert sich Toft (1996), S. 235: „In other words, superreplication is identical to exact replication when realistic transactions costs and volatility parameters are used."

Modelle nicht als eigenständige Bewertungsansätze sondern als numerische Verfahren zur Annäherung an den Fall eines kontinuierlichen Aktienkursverlaufs behandelt werden, wird die Fragestellung der Superreplikation nicht näher untersucht.

4.2.4 Zusammenfassung

In der Optionsanalyse unter Berücksichtigung von Transaktionskosten stellen sich zwei Probleme: Es ist erstens eine Duplikations- oder Hedgestrategie festzulegen, und es sind zweitens mit deren Hilfe Wertgrenzen für den Optionspreis zu bestimmen. Eine exakte Replikation des Zahlungsprofils einer Option ist mit keiner Strategie möglich. Sowohl das Leland-Verfahren mit seinen Erweiterungen als auch die Schrankenstrategien beruhen auf asymptotischen Aussagen. Die Schrankenstrategien sind in der Realität schwieriger zu implementieren, weil sie im Gegensatz zum Leland-Modell eine kontinuierliche Beobachtung des Aktienkursverlaufs erfordern. In der Abwägung von Genauigkeit und Kosten sind aber Schrankenstrategien den Modellen mit festen Handelszeitpunkten meist überlegen. Außerdem ergibt sich eine theoretische Rechtfertigung für ein schrankenabhängiges Anpassungsverhalten aus den Modellansätzen zur Herleitung einer nutzenmaximalen Hedgestrategie.

Die Simulation der Transaktionskosten dynamischer Handelsstrategien und die Analyse der Preisgrenzen hat gezeigt, dass Transaktionskosten einen nicht zu vernachlässigenden Einfluss auf den Optionswert ausüben können. Wenn sich Optionshändler nur bei bestimmten Optionen mit der Notwendigkeit eines dynamischen Hedging konfrontiert sehen, können Transaktionskosten auch zur Erklärung des Smile-Effekts beitragen. Bei einer Portfoliobetrachtung relativiert sich die Bedeutung von Transaktionskosten, weil nur der Saldobetrag aus Aktienzu- und -verkäufen relevant ist. Allerdings treten Ausgleichseffekte nur auf, wenn das Portfolio sowohl Kauf- als auch Verkaufspositionen enthält.

5. Empirische Untersuchungen

5.1 Rendite und Risiko des Delta-Hedging am Beispiel von Optionen auf den DAX

5.1.1 Markt- und Modellrisiken aus Optionsgeschäften

Das enorme Wachstum des Handels derivativer Finanzinstrumente seit den achtziger Jahren verstärkte die von verschiedenen Seiten geäußerte Besorgnis über die damit verbundenen Risiken für das Finanzsystem als Ganzes und für einzelne Gesellschaften, insbesondere Banken.[1] Das *Systemrisiko* wird darin gesehen, dass ein anfangs wenig bedrohlich erscheinender Kurssturz oder der Ausfall eines Marktteilnehmers durch eine Art Domino- oder Kaskadeneffekt den Zusammenbruch weiterer Gesellschaften oder Märkte nach sich ziehen kann.[2] So werden programmgesteuerte Portfolio-Insurance Strategien, nach denen bei sinkenden Kursen automatisch immer mehr Aktien veräußert werden, teilweise für den Börsencrash im Oktober 1987 verantwortlich gemacht. Finanzderivate, so wird manchmal argumentiert, verschärfen dieses Problem, weil sie im Prinzip die Möglichkeit eröffnen, mit geringem Kapitaleinsatz hohe spekulative Positionen einzugehen. Im Insolvenzfall können vertragsgemäße Zahlungen nicht mehr geleistet werden, wodurch unter Umständen die Vertragspartner in Schwierigkeiten geraten und eine Kettenreaktion einsetzt. Dem ist aber entgegenzuhalten, dass der Handel mit Derivaten am OTC-Markt faktisch nur Gesellschaften mit einer erstklassigen Bonität offen steht. Andere Unternehmen können zwar indirekt über Finanzinstitute handeln, müssen dafür aber angemessene Sicherheitsleistungen erbringen, die den Hebeleffekt der Derivate begrenzen. Daher konstatiert Stulz (1998): „This means that for problems to arise, the speculator has to be a poor credit that has successfully hidden his poor credit.“[3] Bisher gibt es keinen stichhaltigen, mit Daten untermauerten Beweis für oder wider die These eines durch Finanzderivate gestiegenen Systemrisikos.[4]

[1] Vgl. z. B. die im Auftrag des US-Kongresses erstellte Studie über Maßnahmen zur Regulierung des Einsatzes von Finanzderivaten: General Accounting Office (1994).

[2] Vgl. z. B. Rudoph (1995), S. 18.

[3] Stulz (1998), S. 233.

[4] So auch Smithson (1998), S. 228.

Auch die übrigen Risiken derivativer Finanzinstrumente unterscheiden sich vom traditionellen Bankgeschäft nicht grundsätzlich, sondern nur graduell in ihrem Ausmaß, ihrer relativen Gewichtung und ihren Verbindungen untereinander.[5] Üblicherweise werden – mit mannigfachen Abgrenzungen und Abstufungen im Detail – Markt-, Kredit-, Betriebs- und Rechtsrisiken unterschieden.[6] Das *Marktrisiko* beinhaltet die Gefahr, Verluste infolge von Marktpreisänderungen zu erleiden. Zu den relevanten Marktpreisen zählen Zinsen, Aktienkurse, Währungsrelationen und Rohstoffpreise. *Kreditrisiken* liegen vor, wenn Leistungen, die einem Marktteilnehmer vertraglich zustehen, möglicherweise gar nicht oder nicht in vollem Umfang erfüllt werden, weil die Gegenpartei in eine finanzielle Schieflage geraten ist. Dieses Risiko besteht vornehmlich am OTC-Markt, ist aber im Börsenhandel von Derivaten durch die dort getroffenen Sicherheitsvorkehrungen weitestgehend ausgeschlossen.[7] Unter die *Betriebsrisiken*, auch *operationelle Risiken* genannt, fallen alle Verluste, die durch Störungen und Fehler in der Abwicklung und Kontrolle von Transaktionen drohen. Sie reichen von der Zerstörung wichtiger Systeme durch einen Brand bis hin zu Programmierfehlern. Die Gefahr einer nicht sachgemäßen Abwicklung besteht bei Finanzderivaten in besonderem Maße, weil sie oft komplexe Zahlungsprofile beinhalten, die nur von Spezialisten genau verstanden werden. Verluste lassen sich hier im Allgemeinen leichter verschleiern als am Kassamarkt, solange sie nicht zu einem entsprechenden Geldabfluss führen.[8] Die Group of Thirty empfiehlt zur Eindämmung der operationellen Risiken verschiedene Maßnahmen, darunter die strikte Trennung von Handel, Abwicklung und Risikomanagement-Funktionen. Außerdem soll das oberste Management unmittelbar für den Aufbau funktionierender, robuster und aussagekräftiger Systeme verantwortlich zeichnen.[9] Schließlich bestehen *rechtliche Risiken* darin, dass Verträge nachträglich angefochten werden und der Anspruch auf die versprochenen Leistungen nicht durchgesetzt werden kann.

Neben diesen kurz umrissenen Risikoarten unterscheidet Figlewski (1998) ein neues, eng mit Finanzderivaten verbundenes Risiko, das er als *Modellrisiko* bezeichnet.[10] Der Handel und das Risikomanagement mit derivativen Instrumenten beruhen auf theoretischen Bewertungsmodellen, mit deren Hilfe die Marktteilnehmer Preisober- und -untergrenzen feststellen. Vor allem bei Optionen können die mathematischen Modelle, unsachgemäß eingesetzt,

[5] Vgl. z. B. Group of Thirty (1993), Smithson (1998), S. 222, und Rudoph (1995), S. 18.

[6] Vgl. für viele Green/Figlewski (1999), S. 1466. Rudoph (1995) stuft außerdem das Liquiditätsrisiko als eigenständige Risikoart ein. In anderen Quellen wird es dem Markt- und Betriebsrisiko zugeordnet, vgl. z. B. Smithson (1998), S. 221.

[7] Vgl. z. B. Perridon/Steiner (1999), S. 174-179 u. 302 f.

[8] Vgl. Figlewski (1998), der als Beispiel den Zusammenbruch der Barings Bank anführt (S. 180).

[9] Vgl. insbesondere die Empfehlungen 1, 8, und 17 der Group of Thirty (1993).

[10] Vgl. ebenso Green/Figlewski (1999), S. 1466.

den Anwender in die Irre führen. Jedes Modell basiert auf vereinfachenden Prämissen, die in der Realität nicht vollständig erfüllt sind. Versucht man die Realität strukturerhaltend abzubilden, sind die resultierenden Bewertungsansätze oft nicht mehr praktikabel. Die praktisch handhabbaren Modelle andererseits klammern wichtige Aspekte durch realitätsferne Annahmen aus. Zum Beispiel setzen einige Standardmodelle zur Optionsbewertung unverändert eine geometrische Brownsche Bewegung für den Kurs des Basispapiers voraus, obwohl an verschiedenen Märkten überzeugende Belege für leptokurtische Verteilungen gesammelt wurden. Das Festhalten an einfachen Modellen hängt auch damit zusammen, dass weitergehende theoretische Ansätze in der Regel zusätzliche Eingabeparameter erfordern, die a priori unbekannt sind und erst geschätzt werden müssen. Je sensitiver das Modell auf Schätzfehler reagiert, umso höher ist das Modellrisiko einzustufen. Die Optionsmodelle beruhen zwar größtenteils auf Arbitragestrategien, diese lassen sich in der Realität aber nur unvollkommen umsetzen. Eine weitere Gefahr besteht deshalb darin, dass ein Marktteilnehmer einen Ansatz verwendet, der zwar objektiv gesehen die Realität bestmöglich modelliert, als Marktstandard aber nicht anerkannt wird. Der Marktpreis weicht dann vom Modellpreis ab, ohne eine Arbitrage zu ermöglichen. Gerade bei Basispapieren mit einer geringen Marktbreite und -tiefe können modelltheoretisch fundierte Handelsstrategien außerdem scheitern, weil die eigenen Handelstransaktionen den Marktpreis ungünstig beeinflussen („Market Impact").

Die folgende Analyse konzentriert sich auf Markt- und Modellrisiken und schließt die übrigen Risikokategorien aus der Betrachtung aus. Ziel ist es, das Risiko zu quantifizieren, das mit dem Verkauf von Optionen auf den DAX und einem periodischen Delta-Hedging der daraus entstehenden offenen Position verbunden ist. Das Hedgeverhältnis wird nach dem Black/Scholes-Modell bestimmt. Unter den Annahmen des Modells gelingt das Hedging perfekt, so dass per Saldo ein risikoloses Portfolio vorliegt. Schon die unvermeidlich verzögerte Portfolioanpassung in diskreten Zeitabständen und die Existenz von Handelsgebühren verursachen Hedgefehler, deren Höhe in Kapitel 4 analysiert wurde. Hinzu kommen Fehler aufgrund weiterer Prämissenverletzungen. Dabei liegt das besondere Augenmerk dieser Arbeit auf einer veränderlichen Volatilität. Nach dem in Kapitel 3.2 behandelten Modell der Volatilität als deterministischer Funktion von Aktienkurs und Zeit liefert das Hedging nach Black/Scholes suboptimale Ergebnisse, weil es die Abhängigkeit der Volatilität vom Kursniveau vernachlässigt. Während diese Schwäche des Black/Scholes-Modells im Grundsatz nicht zu bestreiten ist, bleibt ihre praktische Relevanz fraglich. Falls eine einfache Hedgestrategie nach Black/Scholes das Risiko aus geschriebenen Optionen weitgehend eliminiert und nur ein geringes Restrisiko übrigbleibt, könnte auf Erweiterungen verzichtet werden. Die folgende Untersuchung soll vor diesem Hintergrund anhand simulierter Hedgestrategien helfen, das Verbesserungspotenzial zu beurteilen, das insbesondere eine genauere Modellierung des Volatilitätsprozesses bietet. In dieser Hinsicht bildet Abschnitt 5.1 eine Voruntersuchung für die Analyse von Transaktionspreisen der DAX-Option und der daraus abgeleiteten impliziten Preisprozesse in den Abschnitten 5.2 und 5.3.

Die getestete Strategie des Delta-Hedging wird in der Praxis unter anderem von Optionsscheinemittenten angewendet. Sie bieten Optionen an, die vorwiegend von privaten Investoren nachgefragt werden. Die Stillhalterpositionen beinhalten ein hohes Risiko, weshalb der Emittent bestrebt sein wird, sich selbst gegen ungünstige Preisbewegungen abzusichern. Durch den Kauf der gleichen Optionen kann dies in aller Regel nicht realisiert werden, da Nichtbanken vorzugsweise Optionen *kaufen* und die Finanzinstitute insgesamt damit zwangsläufig eine *Nettoverkaufsposition* halten. Als Ausweg bietet sich ein dynamisches Hedging auf der Grundlage der Optionspreistheorie an. Eine hinsichtlich Kosten und Genauigkeit überlegene Hedgestrategie kann im wettbewerbsintensiven Markt des Optionsscheinhandels einen entscheidenden Vorteil bedeuten.

Die Implementierung eines Delta-Hedging nach Black/Scholes setzt die Kenntnis der Volatilität der Rendite des Basispapiers voraus. In der Realität muss dieser Parameter geschätzt werden, wozu verschiedene Verfahren entwickelt worden sind. Sie werden im nächsten Abschnitt behandelt, bevor in Abschnitt 5.1.3 der Aufbau der eigenen Untersuchung vorgestellt wird.

5.1.2 Volatilitätsprognosen

5.1.2.1 Methoden

Die Darstellung dieses Abschnitts soll nur einen groben Überblick geben und beschränkt sich daher auf die im Bereich der Optionsbewertung gängigsten Prognoseverfahren. Dabei handelt es sich erstens um historische Stichprobenvolatilitäten, die in die Zukunft übertragen werden, zweitens um Modelle zur Beschreibung stochastischer Veränderungen der Volatilität und schließlich um implizite Volatilitäten, die unter der Prämisse eines bestimmten Bewertungsmodells als eine Art Konsensprognose des Marktes aufgefasst werden können. Zu den weiteren, hier nicht behandelten Prognoseverfahren zählen insbesondere Künstliche Neuronale Netze.[11]

Historische Stichprobenvolatilität

Gehorcht der Aktienkurs einer geometrischen Brownschen Bewegung mit dem Erwartungswert der diskreten Momentanrendite μ und der konstanten Momentanvolatilität σ, so ist in einem festen Zeitintervall der Länge Δt die stetige Aktienrendite normalverteilt mit dem Erwartungswert $(\mu - \sigma^2/2)\Delta t$ und der Standardabweichung $\sigma\sqrt{\Delta t}$. Aus einer Stichprobe äquidistanter Aktienkurse $\{S_0, S_1, \ldots, S_T\}$ und den zugehörigen stetigen Renditen $\{R_1, R_2, \ldots, R_T\}$ mit $R_t = \ln(S_t/S_{t-1})$, $t = 1, \ldots, T$, kann unter diesen

[11] Vgl. Wittkemper (1994), S. 92-146.

Bedingungen ein unverzerrter und effizienter Schätzwert $\widehat{\sigma}^2$ für die unbekannte Varianz σ^2 ermittelt werden nach:

$$\widehat{\sigma}^2 = N_{ann} \cdot \left[\frac{1}{T-1} \sum_{t=1}^{T} \left(R_t - \overline{R} \right)^2 \right] \quad \text{mit} \quad \overline{R} = \frac{1}{T} \sum_{t=1}^{T} R_t,$$

wobei die Multiplikation mit der Zahl N_{ann} der Renditebeobachtungen pro Jahr der Annualisierung der Stichprobenvarianz dient. Durch Ziehen der Quadratwurzel erhält man den Schätzwert $\widehat{\sigma}$ für die Volatilität σ.[12] Vorausgesetzt, der Kursprozess bleibt zukünftig der gleiche wie im Stichprobenzeitraum, dient $\widehat{\sigma}$ als Prognosewert σ_P.

Falls zusätzliche Informationen über den Preisprozess zur Verfügung stehen, können sie zur Verbesserung der Prognose genutzt werden. Zum Beispiel ist dem Anwender möglicherweise die Größenordnung der erwarteten Rendite μ ex ante bekannt.[13] Extrem hohe oder niedrige Stichprobenmittelwerte der Renditen könnten mit dieser Information korrigiert werden. Selbst wenn die genaue Höhe von μ nicht bekannt ist, wird unter Umständen die Vorgabe eines als realistisch erachteten Werts eine bessere Schätzung abgeben als der mit einem hohen Standardfehler behaftete Stichprobenmittelwert. Aus diesem Grund wird häufig dem Vorschlag von Black (1976b) gefolgt, die Größe $\overline{R}$ in der Berechnungsformel für $\widehat{\sigma}^2$ auf Null zu setzen.[14]

Unter den getroffenen Annahmen sollten möglichst viele Beobachtungen einbezogen werden, weil sich dadurch die Qualität der Schätzung verbessert. In der Realität unterliegen aber die Kursprozesse Veränderungen, weswegen im Einzelfall ein Kompromiss zwischen Menge und Aussagekraft der Daten zu suchen ist. Nicht selten wird pragmatisch vorgeschlagen, die Länge der Schätzperiode in Übereinstimmung mit dem Prognosezeitraum zu wählen.[15]

Jüngeren Renditebeobachtungen wird oft eine größere Bedeutung für die Volatilitätsprognose zugeschrieben als weit zurückliegenden Daten. Auf dieser Überlegung beruht das Verfahren der Durchschnittsbildung mit exponentiell sinkenden Gewichten, dessen Berechnungsformel lautet:[16]

$$\hat{\sigma} = \sigma_P = \left(N_{ann} \frac{\sum_{t=1}^{T} w^{T-t} (R_t - \overline{R})^2}{\sum_{t=1}^{T} w^{T-t}} \right)^{1/2}. \tag{5.1}$$

[12] Der Schätzer für die Volatilität ist systematisch nach unten verzerrt. Es gilt: $E(\widehat{\sigma}^2) = \sigma^2$, und damit: $E(\widehat{\sigma}) < \sigma$.

[13] Außerdem ist manchmal schon im Voraus bekannt, dass an bestimmten Tagen die Volatilität höher ausfallen wird als sonst, weil neue Informationen bekannt gegeben werden. Zur Berücksichtigung solchen Wissens im Prognoseverfahren vgl. Tompkins (1994), S. 124-131, sowie Alexander (1996), S. 257-259.

[14] Siehe unter anderem die bei Bolek (1999) auf S. 64 zitierten Quellen.

[15] Vgl. Figlewski (1997), S. 12.

[16] Vgl. zum Beispiel Alexander (1996), S. 237 f., und Green/Figlewski (1999), S. 1475. Dieses Verfahren ist im Grenzfall $T \to \infty$ identisch mit dem Integrierten GARCH-Modell, vgl. Alexander (1996), S. 237.

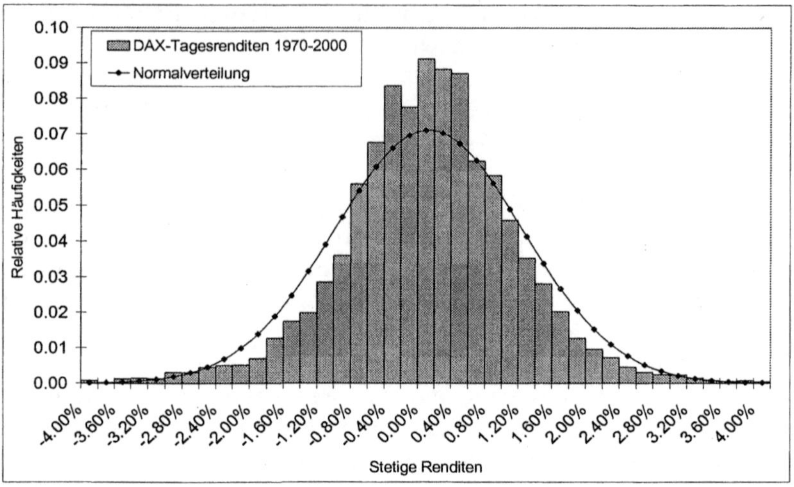

Abb. 5.1. Leptokurtisches DAX-Renditehistogramm

Darin stellt $\overline{R}$ einen Schätzwert für die als konstant angenommene erwartete Rendite $E(R_t)$ dar und w $(0 < w \leq 1)$ einen konstanten Gewichtungsfaktor.

ARCH-Modelle

Die empirischen Eigenschaften von Finanzmarktdaten widersprechen sehr häufig der Annahme einer gleichbleibenden Normalverteilung stetiger Renditen. Die unbedingten Renditeverteilungen besitzen, wie bereits Mandelbrot (1963) und Fama (1965) statistisch belegt haben, breitere Enden als die Normalverteilung. Diese Leptokurtosis verdeutlicht Abbildung 5.1 am Beispiel des Histogramms der DAX-Tagesrenditen im Zeitraum von 1970 bis 2000. Zum Vergleich ist die Dichtefunktion der Normalverteilung mit Parametern in Höhe der Stichprobenwerte eingezeichnet. Absolut sehr niedrige sowie extrem hohe Renditen kommen demnach häufiger vor als nach einer Normalverteilung zu erwarten wäre.

Weithin anerkannt wird auch die Beobachtung, dass sich Phasen starker Renditeschwankungen mit weniger volatilen Perioden abwechseln („Clustering").[17] Schocks, die einen Anstieg der Renditevolatilität herbeiführen, klingen also erst nach einer gewissen Zeit ab. Außerdem kehren Volatilitäten, wenn sie sich weit von einem langfristigen „Normalniveau" entfernt haben, tendenziell wieder dorthin zurück. Vor dem Hintergrund dieser Befunde erscheint es geboten, zeitliche Variationen in die Modellierung des Volatilitätsprozesses zu integrieren. Dazu eignen sich ARCH-Modelle, die auf Engle (1982) zurückgehen und nach der Verallgemeinerung von Bollerslev (1986)

[17] Vgl. z. B. Bollerslev et al. (1992), S. 29 f., mit weiteren Nachweisen.

zum GARCH-Ansatz eine Fülle von Erweiterungen und Modifikationen erfahren haben.[18]

Nach dem GARCH(p,q)-Modell ist die stetige Rendite R_t im Zeitraum von $t-1$ bis t auf der Basis der Informationsmenge $\Im_{t-1}$ normalverteilt mit einem Erwartungswert μ_t und einer Standardabweichung σ_t:

$$R_t = \mu_t + \varepsilon_t \quad \text{mit} \quad (\varepsilon_t \mid \Im_{t-1}) \sim N(0, \sigma_t^2),$$

wobei für die bedingte Varianz gilt:

$$\sigma_t^2 = a_0 + a_1\varepsilon_{t-1}^2 + \ldots a_q\varepsilon_{t-q}^2 + b_1\sigma_{t-1}^2 + \ldots + b_p\sigma_{t-p}^2$$
$$(a_0 > 0, a_1, \ldots, a_q, b_1, \ldots, b_p \geq 0).$$

Für $b_1 = \ldots = b_p = 0$ erhält man als Spezialfall das ARCH(q)-Modell. Bei der Analyse von Aktienrenditen werden typischerweise Einstellungen für (p,q) von $(1,1)$, $(1,2)$ oder $(2,1)$ gewählt.[19]

Im GARCH(p,q)-Modell hängt die bedingte Varianz nur von den historischen bedingten Varianzen und den quadrierten Renditeabweichungen vom Erwartungswert ab. Das Vorzeichen der früheren Renditen spielt keine Rolle. Aus diesem Grund ist das Modell nicht in der Lage, den schon mehrfach erwähnten Leverage-Effekt einer negativen Korrelation zwischen der Aktienrendite und ihrer Volatilität zu erfassen.[20] Um diesen Nachteil zu beheben, kann das Exponentielle GARCH-Modell von Nelson (1990) eingesetzt werden, in dem der natürliche Logarithmus der bedingten Volatilität nicht nur von der absoluten Höhe der Renditen sondern auch von ihrem Vorzeichen abhängt.

Die Verfahren zur Schätzung der Parameter von GARCH-Modellen, die größtenteils auf der Maximum Likelihood-Methode beruhen, sind relativ kompliziert, rechenaufwändig und erfordern eine große Menge von Beobachtungen, um eine akzeptable Schätzgenauigkeit sicherzustellen.[21] Die Modelle sind auf die kurzfristige Prognose über den nächsten Zeitschritt ausgerichtet. Bei längeren Prognosen fehlen Informationen über die Höhe der zukünftigen Störgrößen ε. Setzt man an ihrer Stelle Erwartungswerte ein, konvergiert die Prognose für weit in der Zukunft liegende Perioden gegen die unbedingte Varianz. Bei der Anwendung in dynamischen Hedgestrategien müssen die Modellparameter daher regelmäßig in kurzen Zeitintervallen neu geschätzt werden.

Implizite Volatilität

An informationseffizienten Märkten reflektieren die Marktpreise alle öffentlich verfügbaren Informationen, die den fairen Wert von Finanztiteln be-

[18] Vgl. den Überblick bei Bollerslev et al. (1992).
[19] Vgl. Bollerslev et al. (1992), S. 22, und die Untersuchung am deutschen Aktienmarkt von Dankenbring/Missong (1997).
[20] Vgl. Figlewski (1997), S. 34, und Bollerslev et al. (1992), S. 24.
[21] Vgl. z. B. Figlewski (1997), S. 34 f.

einflussen. Unter diesen Bedingungen ließe sich aus dem Kurs eines Wertpapiers, dessen Zahlung unmittelbar an die später eingetretene Volatilität einer Renditezeitreihe anknüpft, die bestmögliche Prognose ablesen.[22] Tatsächlich existieren aber an den meisten Finanzmärkten keine derartigen „puren" Volatilitätsinstrumente.[23] Die Verwendung einer impliziten Volatilität zu Prognosezwecken ist als Hilfskonstrukt zu verstehen, indem ersatzweise die Preise von Produkten herangezogen werden, deren Kurse zumindest wesentlich von der Volatilität abhängen. Um letztere zu extrahieren, muss der Anwender ein bestimmtes Bewertungsmodell – meist handelt es sich um das Black/Scholes-Modell – als gültig postulieren. In den meisten Studien zur Prognosegüte impliziter Volatilitäten werden at-the-money Optionen ausgewählt, weil sie die größte Liquidität aufweisen und nach der Erwartung der Anwender am wenigsten durch Marktunvollkommenheiten verzerrt sind.

5.1.2.2 Prognosegüte nach dem Stand der Literatur

Figlewski (1997) stellt in einer ausführlichen Studie zur Güte von Volatilitätsprognosen selbst bei den besten Verfahren hohe Abweichungen fest, so dass eine sehr genaue Volatilitätsprognose nicht realistisch erscheint. Die historischen Volatilitäten sollten den Ergebnissen zufolge über einen relativ langen Schätzzeitraum erhoben werden. Bei einem längeren Prognosehorizont ist erstaunlicherweise eine höhere Genauigkeit erreichbar, wofür vermutlich der Mean Reversion-Effekt verantwortlich ist. Im Falle kurzfristiger Vorhersagen sprechen die Resultate für die Verwendung von Tagesrenditen, während sich Monatsrenditen eher für Prognosen über sechs Monate oder darüber hinaus eignen. Das GARCH(1, 1)-Modell erzielt gute Ergebnisse für den S&P 500 Aktienindex, sofern die Schätzung der Modellparameter auf einer Zeitreihe von monatlichen Renditen der letzten fünf Jahre basiert.

Uneinigkeit besteht in der Literatur über die Prognoseeignung impliziter Volatilitäten. Jorion (1995) zeigt in einer Untersuchung von Devisenfutures Unzulänglichkeiten früherer Studien auf und gelangt selbst zu der Schlussfolgerung, dass die implizite Volatilität als ein effizienter (wenngleich verzerrter) Prognosewert für die zukünftige Renditestreuung anzusehen sei. Am US-Aktien- und Indexmarkt deuten die Arbeiten von Day/Lewis (1992) und Lamoureux/Lastrapes (1993) auf einen geringen Informationswert der impliziten Volatilitäten hin. Historische Schätzer seien zur Prognose besser geeignet. Beide Studien werten Renditezeitreihen vor dem Börsencrash 1989 aus. Noch klarer ablehnend äußern sich Canina/Figlewski (1993) nach einer

[22] Das eigentliche Problem, eine zeitpunktbezogene Volatilität zu bestimmen, ließe sich auf diese Weise allerdings nicht lösen. Da eine solche momentane Volatilität auch ex post nicht gemessen werden kann, eignet sie sich grundsätzlich nicht als Bestimmungsgröße in der Auszahlungsfunktion eines Wertpapiers.

[23] Theoretisch wurde ein solches Volatilitätsinstrument in Form des sogenannten Log-Kontraktes von Neuberger (1994) vorgeschlagen.

Analyse von S&P 100 Optionen: „It is widely accepted that an option's implied volatility is a good estimate of the 'market's' expectation of the asset's future volatility, but our results ... strongly refute that view.“[24] „[I]mplied volatility is an inefficient and biased forecast of realized future volatility that does not impound the information contained in recent historical volatility. In fact, the statistical evidence shows little or no correlation at all between implied volatility and subsequent realized volatility.“[25] Eine neuere Untersuchung von Christensen/Prabhala (1998) schwächt diese Aussagen erheblich ab. Die Autoren wählen ein anderes methodisches Vorgehen und beziehen jüngere Kursdaten bis Mai 1995 ein. Nach dem Börsencrash 1989 ändert sich das Bild zu Gunsten des impliziten Verfahrens. Insgesamt lässt sich aus den empirischen Resultaten keine eindeutige Rangfolge der Prognoseverfahren ableiten. Ähnliches gilt nach der ausführlichen Untersuchung von Bolek (1999) auch für die Volatilität des DAX.

Die vorliegende Arbeit zielt nicht auf einen systematischen Vergleich verschiedener Prognoseverfahren ab. Vielmehr sollen anhand gängiger Schätzmethoden realistische Aussagen über die Renditen und das Risiko eines Delta-Hedging von DAX-Optionen getroffen werden. Dazu werden historische Volatilitätsschätzer sowie der VDAX als implizite Volatilität herangezogen. Zu den historischen Schätzern gehört die exponentiell gewichtete Durchschnittsbildung, die große Ähnlichkeit mit einer speziellen Variante der GARCH-Modelle aufweist. Letztere werden jedoch in dieser Arbeit nicht direkt implementiert.

5.1.3 Untersuchungsaufbau

Im Zeitpunkt t_0 verkaufe ein Finanzinstitut Calls auf den DAX[26] mit Fälligkeitstermin T zum fairen Preis $C(S_{t_0}, t_0)$.[27] Dieser faire Preis soll dem Black/Scholes-Wert unter Annahme einer geschätzten Volatilität $\widehat{\sigma}_{t_0}$ entsprechen. Um die Ergebnisse leichter interpretieren zu können, werde die Zahl der verkauften Calls so festgelegt, dass sie insgesamt einen Erlös von 100 erbringen. Der Verkäufer sichert die Optionen ab, indem er an bestimmten Zeitpunkten $t_0, t_1, \ldots, t_N = T$ gerade so viele Indexpapiere kauft oder verkauft, dass er nach diesen Umschichtungen pro Option eine Stückzahl des Indexpapiers in Höhe des Optionsdeltas hält.[28] Dabei wird das Delta

[24] Canina/Figlewski (1993), S. 676.

[25] Canina/Figlewski (1993), S. 660.

[26] Der DAX ist ein Performanceindex, der die 30 bedeutendsten Standardwerte des deutschen Aktienmarkts enthält. Zur Konzeption des DAX vgl. genauer Abschnitt 5.2.1 auf S. 161.

[27] Der Aufbau der folgenden Untersuchung zum Delta-Hedging lehnt sich an die Studie von Green/Figlewski (1999) am US-Aktienmarkt an.

[28] Es können entweder die im DAX enthaltenen Aktien entsprechend ihrer Gewichtung einzeln erworben werden, oder der Emittent deckt sich direkt mit Indexpapieren (z. B. Indexzertifikaten) ein. Im Folgenden wird der Einfachheit halber

$g_t = \partial C(S_t, t)/\partial S_t$ aus dem Black/Scholes-Modell abgeleitet, und zwar unter Verwendung des jeweils aktuellen Volatilitätsschätzers $\widehat{\sigma}_t$. Wie zuvor bezeichnen X, S und r den Basispreis, Aktienkurs bzw. den risikolosen Zinssatz. Es werden äquidistante Anpassungszeitpunkte angenommen, so dass gilt:

$$\Delta t = t_i - t_{i-1}, \quad i = 1, \ldots, N.$$

Der An- und Verkauf von Aktien verursache proportionale Transaktionskosten in Höhe des Satzes k. Da DAX-Optionsscheine Differenzgeschäfte ohne die Möglichkeit der physischen Lieferung von Aktien darstellen, müsste die Bank bei Optionsfälligkeit die Aktien des Hedgeportfolios veräußern, um – falls erforderlich – die vertragsgemäße Zahlung an den Optionskäufer aufzubringen. Bei der erneuten Emission eines DAX-Call müssten die Papiere unter Umständen bald darauf zurückgekauft werden. In der Praxis versuchen Optionsscheinemittenten, solche Transaktionen wegen der damit verbundenen Kosten zu vermeiden, indem sie die verschiedenen Emissionen zeitlich aufeinander abstimmen. Im Idealfall fallen dann zu Beginn und bei Fälligkeit keine Transaktionskosten an. Dieser günstige Fall soll im Folgenden unterstellt werden.

Am Tag t werden überschüssige Mittel bis zur Optionsfälligkeit zum Zinssatz r_t angelegt. Im Falle eines Defizits stehen zum gleichen Zinssatz beliebig hohe Kredite zur Verfügung. Das Vermögen bei Fälligkeit gibt, nachdem die eventuell erforderliche Zahlung an den Optionskäufer geleistet wurde, den Gewinn oder Verlust an, der aus der Handelsstrategie insgesamt entstanden ist. Dieser errechnet sich aus der Rekursion:

$$\begin{aligned} \Psi_{t_0} &= C(S_{t_0}, t_0) - g_{t_0} S_{t_0} \\ \Psi_{t_i} &= \Psi_{t_{i-1}} e^{r\Delta t} - \left(g_{t_i} - g_{t_{i-1}}\right) S_{t_i} - \left|g_{t_i} - g_{t_{i-1}}\right| \cdot k S_{t_i}, \quad i = 1, \ldots, N. \end{aligned}$$

Der Wert Ψ_{t_i} entspricht dem Bestand eines Kontos im Zeitpunkt t_i, über das sämtliche mit der Handelsstrategie verbundenen Zahlungen abgewickelt werden. Das Endvermögen Ψ_{t_N} zeigt demnach den Gesamterfolg der Strategie in Form des kumulierten Hedgefehlers an.

Von Interesse ist weniger der einmalige Erfolg der Strategie als vielmehr die empirische Verteilung des Hedgefehlers. Der Verkaufszeitpunkt der Optionen wird deshalb zwischen einem Anfangs- und einem Enddatum mit einer festgelegten Schrittweite in insgesamt M Schritten erhöht, so dass:

$$t_0 \in \{t_0^*, t_0^* + \Delta t^*, t_0^* + 2\Delta t^*, \ldots, t_0^* + M\Delta t^*\}$$

gilt. In gleicher Weise verschiebt sich der Fälligkeitszeitpunkt T, damit die Optionen im Emissionszeitpunkt alle die gleiche Laufzeit besitzen. Im Falle $\Delta t^* = 1/250$ verkauft also das Finanzinstitut an jedem Handelstag einer

manchmal vom *Aktien*kauf oder -verkauf gesprochen, wenn genau genommen der Kauf oder Verkauf des Indexes gemeint ist.

vorgegebenen Periode Calls mit fester Laufzeit und erzielt einen Emissionserlös von jeweils 100. Die nachstehenden Berechnungen beruhen auf folgenden Parametereinstellungen:

- Emittiert werden ausschließlich at-the-money Calls, deren Basispreis sich nach:
$$X = S_{t_0} e^{r(T-t_0)}$$
berechnet.
- Der risikolose Zinssatz wird mit dem 1-Monats-Geldmarktsatz im Interbankenhandel gleichgesetzt.
- Der Transaktionskostensatz wird mit $k = 0,0625\%$ jeweils für den An- und Verkauf angesetzt. Diese Festlegung orientiert sich an den Geld-Brief-Spannen der liquidesten deutschen Standardwerte im Xetra-Handelssystem. Der Satz ließe sich gegenwärtig nur durch ein Hedging mit dem DAX-Future unterbieten.
- Die Laufzeit der emittierten Optionen $(T - t_0)$ beläuft sich alternativ auf $3, 6, 12$ oder 24 Monate.
- Im Hauptteil der Untersuchung wird eine börsentägliche Anpassung des Hedgeportfolios angenommen ($\Delta t = 1/250$). Ergänzend hierzu soll der Zielkonflikt zwischen der Genauigkeit und den Kosten des Hedging durch Variation des Umschichtungsintervalls zwischen einem und zehn Handelstagen verdeutlicht werden ($\Delta t = 1/250, \ldots, 10/250$). Es sei unterstellt, dass die Anpassungen jeweils zu den Schlusskursen des DAX erfolgen.
- Das Zeitfenster wird um jeweils einen Handelstag verschoben ($\Delta t^* = 1/250$). Der Emissionskalender der Bank weist demnach keine Lücken auf. Damit soll nicht in erster Linie das tatsächliche Emissionsverhalten der auf diesem Markt engagierten Finanzinstitute nachgebildet werden, sondern es soll ein möglichst vollständiges Abbild der empirischen Hedgefehler unabhängig von speziellen Emissionszeitpunkten erstellt werden.
- Der folgende Abschnitt 5.1.4 bezieht sich auf den Untersuchungszeitraum von Anfang 1970 bis Ende 2000.[29] Eine so weit zurück reichende Betrachtung hat den Vorteil, dass sie verschiedene Börsenphasen und seltene Ereignisse wie starke Kurseinbrüche umfasst. Andererseits sind aber die früheren Daten bei veränderlichen Marktbedingungen weniger aussagekräftig für die aktuellen Verhältnisse. Aus diesem Grund sind in Abschnitt 5.1.5 außerdem die entsprechenden Ergebnisse für den jüngeren Untersuchungszeitraum von 1992 bis 2000 aufgeführt.
- Zur Ermittlung der Volatilität werden im Gesamtzeitraum von 1970 bis 2000 vier verschiedene Schätzverfahren eingesetzt. Das erste Verfahren („expGew“) sieht eine exponentielle Gewichtung der quadrierten Renditen nach (5.1) vor. Dabei wird in Anlehnung an das RiskMetrics-System von J.P. Morgan ein Gewichtungsfaktor von $w = 0,94$ gewählt. Die Verfahren

[29] In diesem Intervall liegen also die Emissionszeitpunkte t_0.

zwei bis vier verwenden die Volatilität in einem historischen Schätzzeitraum der letzten 3, 12 bzw. 24 Monate. Der Berechnung liegen stetige Tagesrenditen mit einem angenommenen Erwartungswert von $1/250 \cdot \ln(1 + 0,1)$ zugrunde. In allen Fällen wird die Schätzung börsentäglich aktualisiert und durch Multiplikation mit dem Faktor $\sqrt{250}$ annualisiert.
Als *Referenzfall* zu den Schätzwerten auf der Basis der Kurshistorie dient die während der Optionslaufzeit ex post gemessene Volatilität. Das Hedging wird hierbei so durchgeführt, als wüsste der Anwender schon im Voraus, welche Volatilität sich aus den Tagesrenditen vom Emissions- bis zum Fälligkeitstermin errechnen wird. Alle Anpassungen basieren dann auf dieser konstanten Volatilität. Offensichtlich ist ein solches Vorgehen mangels perfekter Vorausschau nicht durchführbar. Es soll aber verdeutlichen, welche Hedgefehler in einem fiktiven, bestmöglichen Szenario anfallen, um im Vergleich dazu die Genauigkeit der umsetzbaren Strategien besser interpretieren zu können.
Seit 1992 veröffentlicht die Deutsche Börse den Volatilitätsindex VDAX, der in der zweiten Untersuchungsperiode von 1992 bis 2000 als weiterer Schätzwert für die zukünftige Volatilität herangezogen werden soll. Der VDAX beziffert die implizite Volatilität einer am Geld befindlichen, an der Eurex (frühere DTB) gehandelten DAX-Option mit einer Restlaufzeit von 45 Tagen.[30]

- Die geschätzten Volatilitäten werden nach der von Leland (1985) entwickelten Korrektur an die Höhe der Transaktionskosten angepasst. Aus dem ersten Schätzwert $\widehat{\sigma}$ ergibt sich damit der endgültige Volatilitätsparameter $\widehat{\sigma}_{PO}$ mit:[31]

$$\widehat{\sigma}_{PO} = \sqrt{\widehat{\sigma}^2 + \widehat{\sigma} \cdot k \cdot \sqrt{\frac{8}{\pi \Delta t}}}.$$

5.1.4 Ergebnisse für den Zeitraum von 1970 bis 2000

In den Ergebnistabellen 5.1 bis 5.4 sind zusammenfassende Statistiken für das Delta-Hedging der emittierten Optionsserien abgetragen. Bezogen auf den kumulierten Hedgefehler (Endvermögen) umfassen diese die ersten vier Momente der empirischen Verteilung,[32] den prozentualen Anteil der positiven kumulierten Hedgefehler sowie deren Minimum und Maximum. Außerdem werden der Mittelwert, die Standardabweichung und das Maximum der angefallenen Transaktionskosten angegeben.

Die Stichprobenverteilungen des Endvermögens unterscheiden sich deutlich je nach verwendetem Volatilitätsschätzer. Die geringste Streuung der

[30] Vgl. genauer den späteren Abschnitt 5.2.5.3, S. 187.

[31] Vgl. Abschnitt 4.2.2.2.1, S. 116.

[32] Dabei wird die Kurtosis als viertes Moment so definiert, dass eine standardnormalverteilte Zufallsvariable einen Wert von Null erhält („excess curtosis").

	historische Volatilität				realisierte Volatilität
	expGew	3 Monate	12 Monate	24 Monate	
Endvermögen					
Mittelwert	-1.05	1.37	4.08	4.90	2.73
Standardabweichung	34.72	33.03	31.07	29.47	7.04
Schiefe	-3.16	-2.97	-2.38	-0.85	0.66
Kurtosis	21.31	23.08	17.38	2.02	4.33
Anteil positiv	57.1%	61.4%	62.5%	63.8%	63.2%
Maximum	78.23	68.61	81.08	84.42	69.71
Minimum	-417.03	-473.27	-403.75	-145.28	-49.33
Transaktionskosten					
Mittelwert	4.78	4.60	4.30	4.22	4.66
Standardabweichung	2.38	2.37	2.14	2.09	2.38
Maximum	16.23	16.48	14.21	13.76	14.77

Tabelle 5.1. Ergebnisse Delta-Hedging für Optionslaufzeit von 3 Monaten im Zeitraum 1970 bis 2000

	historische Volatilität				realisierte Volatilität
	expGew	3 Monate	12 Monate	24 Monate	
Endvermögen					
Mittelwert	-4.94	-1.68	1.88	2.83	2.00
Standardabweichung	39.90	36.70	31.83	29.35	6.91
Schiefe	-2.28	-2.01	-1.72	-1.30	-1.13
Kurtosis	8.51	7.05	5.68	3.74	11.37
Anteil positiv	54.6%	58.1%	62.4%	62.6%	65.0%
Maximum	78.19	68.57	70.89	71.46	35.16
Minimum	-303.98	-227.50	-177.06	-168.52	-84.95
Transaktionskosten					
Mittelwert	4.78	4.60	4.30	4.24	4.53
Standardabweichung	2.44	2.36	2.22	2.21	2.47
Maximum	15.18	13.97	14.58	12.47	14.82

Tabelle 5.2. Ergebnisse Delta-Hedging für Optionslaufzeit von 6 Monaten im Zeitraum 1970 bis 2000

	historische Volatilität				realisierte Volatilität
	expGew	3 Monate	12 Monate	24 Monate	
Endvermögen					
Mittelwert	-9.78	-6.29	-0.45	0.57	1.72
Standardabweichung	41.64	38.69	30.84	28.94	6.51
Schiefe	-1.44	-1.27	-0.90	-0.91	0.11
Kurtosis	3.57	2.49	2.01	1.38	2.34
Anteil positiv	46.9%	48.0%	52.8%	59.1%	58.6%
Maximum	77.57	73.49	72.02	74.05	34.61
Minimum	-245.75	-184.90	-145.92	-130.41	-41.23
Transaktionskosten					
Mittelwert	5.02	4.80	4.48	4.41	4.57
Standardabweichung	2.76	2.59	2.42	2.36	2.64
Maximum	17.23	14.97	13.97	12.38	14.45

Tabelle 5.3. Ergebnisse Delta-Hedging für Optionslaufzeit von 12 Monaten im Zeitraum 1970 bis 2000

	historische Volatilität				realisierte Volatilität
	expGew	3 Monate	12 Monate	24 Monate	
Endvermögen					
Mittelwert	-15.42	-11.53	-2.31	-0.92	2.72
Standardabweichung	43.53	42.14	32.73	31.90	6.88
Schiefe	-0.89	-0.89	-1.15	-1.47	-0.10
Kurtosis	1.10	0.74	2.16	3.70	2.73
Anteil positiv	39.9%	44.7%	48.3%	54.0%	64.4%
Maximum	82.25	78.60	58.39	60.50	32.19
Minimum	-222.59	-167.62	-139.06	-164.36	-39.91
Transaktionskosten					
Mittelwert	5.16	4.86	4.53	4.40	4.39
Standardabweichung	2.48	2.36	2.16	2.11	2.39
Maximum	14.73	13.81	11.48	12.27	13.99

Tabelle 5.4. Ergebnisse Delta-Hedging für Optionslaufzeit von 24 Monaten im Zeitraum 1970 bis 2000

Hedgefehler erbringt bei allen untersuchten Restlaufzeiten ein zweijähriger Schätzzeitraum. Die Standardabweichung ist aber selbst in diesem vergleichsweise günstigen Fall mit etwa 30 noch beachtlich. Offenbar gelingt auf der Grundlage der historischen Volatilitäten nur eine sehr unvollständige Absicherung. Eine größere, an der Standardabweichung des Endvermögens gemessene Ungenauigkeit des Hedging geht in der Stichprobe stets mit einem geringeren Mittelwert einher. Demnach trägt ein Finanzinstitut, das in der untersuchten Konstellation ungeeignete Volatilitätsschätzer einsetzt, nicht nur ein größeres Risiko, sondern erleidet darüber hinaus im Durchschnitt Verluste. Dieser Zusammenhang hängt vermutlich mit der vorwiegend ansteigenden Indexentwicklung im Betrachtungszeitraum zusammen. Hätte eine Bank in dieser Zeit regelmäßig Calls emittiert, ohne das Risiko zu hedgen, wäre durchschnittlich ein beträchtlicher Verlust entstanden. Ein ungenauer Volatilitätsschätzer verursacht stark zufallsabhängige Aktienbestände im Hedgeportfolio und bewirkt damit tendenziell eine Annäherung an den Fall der verlustträchtigen ungesicherten Emissionen. Ein allgemeingültiger Zusammenhang kann daraus aber nicht abgeleitet werden. Die schlechtesten Ergebnisse werden jeweils mit dem exponentiell gewichteten Volatilitätsschätzer erzielt. In der langen Untersuchungsperiode bewähren sich eher die stärker glättenden Schätzwerte, denen eine längere Kurshistorie zugrunde liegt.

Obwohl die Optionen annahmegemäß zur erhöhten Leland-Volatilität emittiert werden, entsteht zum Teil ein nicht unerheblicher Verlust in der Durchschnittsbetrachtung aller Emissionen. Der maximale Verlust übersteigt in mehreren Fällen das Vierfache des Emissionserlöses. Selbst bei Verwendung der zweijährigen Schätzperiode kommen Verluste von weit über 100% des anfangs vereinnahmten Erlöses vor. Die empirischen Verteilungen sind durch einen linksschiefen Verlauf gekennzeichnet, der sich auch in der Diskrepanz zwischen dem maximalen Verlust und dem vergleichsweise niedrigen größten Gewinn ausdrückt. Entsprechend beträgt der Anteil positiver Hedgefehler mehr als 50%, sofern der Mittelwert nahe Null liegt.

Trotz des niedrigen unterstellten Gebührensatzes und der Annahme, dass anfangs und bei Fälligkeit keine Kosten anfallen, summieren sich die Transaktionskosten für die Umschichtungen des Hedgeportfolios auf durchschnittlich absolut etwa 4,5, entsprechend 4,5% des erzielten Emissionserlöses. Die höchsten Transaktionskosten entstehen in den Fällen, in denen der Aktienkurs bis zur Fälligkeit um den Basispreis der Optionen herum schwankt. Oft hingegen befinden sich die Optionen schon bald nach ihrer Ausgabe weit im oder aus dem Geld, so dass wegen des niedrigen Optionsgammas nur noch geringfügige Umschichtungen erforderlich sind. Dies ist auch der Grund, warum die Transaktionskosten und die Standardabweichung des kumulierten Hedgefehlers mit längerer Restlaufzeit der Optionen nur unwesentlich zunehmen.

Mit der ex post beobachteten Volatilität ließen sich die Ergebnisse gravierend verbessern. Die Standardabweichung des Endvermögens sinkt auf etwa 6 bis 7. Im Durchschnitt wäre bei jeder Restlaufzeit ein Gewinn aus der

Handelsstrategie entstanden. Im Gegensatz zu den vorherigen Ergebnissen mit historischen Volatilitätsschätzern sind die Endvermögensbeträge in der Stichprobe annähernd symmetrisch verteilt. Die Transaktionskosten bleiben dagegen ungefähr gleich hoch oder steigen im Vergleich zu den Werten für die zweijährige historische Volatilität sogar leicht an. Folglich unterscheidet sich die (nicht implementierbare, fiktive) Hedgestrategie auf Basis der später ermittelten Volatilität von den übrigen nicht im Ausmaß der Umschichtungen, sondern in der Genauigkeit der periodischen Anpassungen.

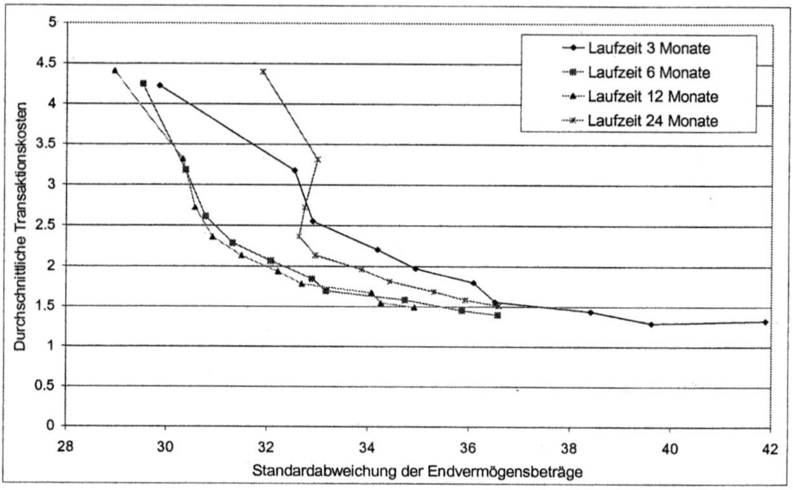

Abb. 5.2. Transaktionskosten und Hedgegenauigkeit in Abhängigkeit von der Umschichtungsfrequenz; Umschichtungen im Abstand von 1 (linke äußere Markierung der Linien) bis 10 Tagen (rechte äußere Markierung der Linien)

Bisher wurde in den Berechnungen eine tägliche Anpassung des Hedgeportfolios unterstellt. Bei längeren Zwischenräumen zwischen den Adjustierungen ist mit sinkenden Transaktionskosten und gleichzeitig steigender Streuung der Hedgefehler zu rechnen. Abbildung 5.2 zeigt, dass diese theoretische Erwartung empirisch bestätigt werden kann. In der Abbildung werden die Kombinationen von Genauigkeit und Kosten des Hedging für Anpassungszwischenräume von einem Tag bis zu zehn Tagen markiert und der Reihe nach verbunden. Am linken äußeren Rand befindet sich jeweils die Kombination mit der höchsten, am rechten Rand mit der niedrigsten Umschichtungsfrequenz. Von einzelnen Besonderheiten abgesehen, besteht zwischen den Zielen der genauen Absicherung und niedriger Transaktionskosten der erwartete Zielkonflikt. Für eine zusätzlich in Kauf genommene Einheit der Standardabweichung des Hedgefehlers wird ausgehend von einer täglichen Umschichtung zunächst eine deutliche Reduzierung der Transaktionskosten erreicht.

Die Einsparungen nehmen aber bei einer weiteren Reduzierung der Anpassungshäufigkeit immer weiter ab. Welche der zur Auswahl stehenden Kombinationen optimal ist, kann nicht allgemein, sondern nur auf der Grundlage einer konkreten Präferenzfunktion entschieden werden.

Zusätzliche, hier nicht detailliert wiedergegebene Berechnungen zeigen eine geringe Sensitivität der Ergebnisse gegenüber der angenommenen Frequenz der Emission neuer Optionsscheine. Wenn das Finanzinstitut zum Beispiel neue Serien nur im wöchentlichen Turnus auflegt, bleiben alle wesentlichen Resultate erhalten. Die Analyse von Puts erbringt keine neuen Erkenntnisse, weil die Hedgefehler für Puts und Calls mit gleichem Basispreis und gleicher Restlaufzeit übereinstimmen.[33] Durch die zusätzliche Emission am Geld befindlicher Put-Optionsscheine erreicht demnach das Finanzinstitut keine weitergehende Risikostreuung.

5.1.5 Ergebnisse unter Einbeziehung des VDAX für den Zeitraum von 1992 bis 2000

Die Tabellen 5.5 bis 5.8 weisen die Ergebnisse des Delta-Hedging für den Zeitraum von 1992 bis 2000 aus. Sie sind wie die Ergebnistabellen im vorigen Abschnitt aufgebaut, enthalten aber zusätzlich eine Spalte für die Verwendung des VDAX als Volatilitätsschätzer. Im Vergleich zu den früheren Ergebnissen fällt auf, dass unter den historischen Volatilitäten weiterhin die längeren Schätzzeiträume ein im Durchschnitt höheres Endvermögen erzeugen, die Hedgefehler aber zum Teil stärker streuen als bei der exponentiellen Gewichtung und dem Dreimonatsschätzer.

Nach den Kriterien des Mittelwerts und der Standardabweichung des Gewinns schneidet die Prognose mit dem VDAX unter den implementierbaren Strategien am besten ab. Der Vorsprung gegenüber den anderen Verfahren nimmt mit kürzerer Optionslaufzeit zu. So wird bei einer Laufzeit von drei Monaten im Vergleich zum zweitbesten Verfahren (historische Volatilität der letzten drei Monate) eine Reduzierung der Standardabweichung des Hedgefehlers von 27,8 auf 22,3 erreicht. Gleichzeitig steigt der durchschnittliche Gewinn von 1,5 auf 9,7. Es liegt die Vermutung nahe, dass bei längeren Laufzeiten eine größere Genauigkeit der Absicherung erzielt werden könnte, wenn die implizite Volatilität für DAX-Optionen der korrespondierenden Laufzeit anstelle des hier verwendeten VDAX für eine Laufzeit von 45 Tagen eingesetzt würde.

Die mit dem VDAX erreichten Verbesserungen des Delta-Hedging können dahingehend interpretiert werden, dass aus beobachteten Optionspreisen wertvolle Informationen für die Festlegung von Hedgekennziffern gewonnen werden können. Vor diesem Hintergrund bieten sich die nachfolgend analysierten Verfahren der impliziten Preisprozesse (Abschn. 5.3) als erfolgversprechende Erweiterung an. Um sie anwenden zu können, muss zunächst die

[33] Siehe Abschnitt 4.1.2.1, S. 101.

Struktur der Preise der DAX-Option an der Eurex untersucht werden (Abschn. 5.2).

	historische Volatilität				VDAX	realisierte Volatilität
	expGew	3 Monate	12 Monate	24 Monate		
Endvermögen						
Mittelwert	-1.10	1.49	2.53	3.53	9.68	2.81
Standardabweichung	28.94	27.75	29.77	34.57	22.31	6.90
Schiefe	-1.12	-0.99	-0.64	-1.12	-0.93	0.58
Kurtosis	1.31	0.97	0.58	2.33	1.09	1.23
Anteil positiv	56.4%	61.2%	58.6%	62.5%	71.6%	62.0%
Maximum	54.60	60.92	69.42	84.42	59.12	32.96
Minimum	-114.53	-108.17	-99.53	-145.28	-77.54	-31.42
Transaktionskosten						
Mittelwert	4.29	4.14	3.91	3.77	3.64	4.15
Standardabweichung	2.02	1.94	1.87	1.84	1.52	2.03
Maximum	11.82	11.16	11.76	11.44	9.58	11.76

Tabelle 5.5. Ergebnisse Delta-Hedging für Optionslaufzeit von 3 Monaten im Zeitraum 1992 bis 2000

	historische Volatilität				VDAX	realisierte Volatilität
	expGew	3 Monate	12 Monate	24 Monate		
Endvermögen						
Mittelwert	-5.02	-1.47	0.63	0.43	7.24	2.58
Standardabweichung	35.35	31.42	29.10	35.99	26.37	6.37
Schiefe	-1.16	-1.01	-1.05	-1.71	-0.86	-0.39
Kurtosis	1.09	1.05	2.09	3.86	0.05	2.53
Anteil positiv	54.3%	55.4%	61.9%	65.4%	67.9%	68.0%
Maximum	51.85	55.42	61.93	71.46	55.90	24.22
Minimum	-134.46	-121.91	-116.64	-168.52	-75.53	-37.13
Transaktionskosten						
Mittelwert	4.32	4.16	3.96	3.88	3.67	4.02
Standardabweichung	1.97	1.86	1.95	2.02	1.51	2.00
Maximum	9.66	9.66	10.19	11.87	7.97	10.06

Tabelle 5.6. Ergebnisse Delta-Hedging für Optionslaufzeit von 6 Monaten im Zeitraum 1992 bis 2000

	historische Volatilität				VDAX	realisierte Volatilität
	expGew	3 Monate	12 Monate	24 Monate		
Endvermögen						
Mittelwert	-10.22	-6.93	-2.60	-4.53	2.15	2.34
Standardabweichung	35.75	31.94	29.10	35.87	29.03	6.80
Schiefe	-0.54	-0.39	-0.82	-1.25	-0.35	-1.04
Kurtosis	-0.31	0.07	0.23	0.63	-0.51	3.22
Anteil positiv	44.5%	39.3%	59.7%	62.8%	56.7%	67.5%
Maximum	60.45	55.89	44.52	41.46	58.10	25.21
Minimum	-121.59	-113.42	-96.85	-130.41	-82.09	-41.23
Transaktionskosten						
Mittelwert	4.20	4.04	3.78	3.80	3.65	3.65
Standardabweichung	1.64	1.61	1.65	1.81	1.26	1.73
Maximum	8.89	8.51	9.73	9.50	7.11	9.44

Tabelle 5.7. Ergebnisse Delta-Hedging für Optionslaufzeit von 12 Monaten im Zeitraum 1992 bis 2000

	historische Volatilität				VDAX	realisierte Volatilität
	expGew	3 Monate	12 Monate	24 Monate		
Endvermögen						
Mittelwert	-19.89	-17.04	-9.25	-8.79	-5.18	3.67
Standardabweichung	47.08	44.62	37.15	41.53	41.41	5.99
Schiefe	-0.79	-0.69	-1.61	-1.47	-0.95	0.27
Kurtosis	0.10	-0.06	1.97	1.44	0.35	-0.30
Anteil positiv	39.8%	43.3%	51.5%	55.3%	55.7%	69.9%
Maximum	66.81	59.63	35.20	47.31	61.05	17.65
Minimum	-177.39	-157.61	-134.59	-136.65	-144.62	-8.64
Transaktionskosten						
Mittelwert	4.84	4.55	4.17	4.13	4.42	3.76
Standardabweichung	2.14	2.02	1.66	1.90	1.53	1.90
Maximum	13.43	11.26	9.61	9.52	10.06	8.39

Tabelle 5.8. Ergebnisse Delta-Hedging für Optionslaufzeit von 24 Monaten im Zeitraum 1992 bis 2000

5.2 Empirische Untersuchung des Smile von DAX-Optionen

5.2.1 Ausstattungsmerkmale des DAX, der DAX-Option und des DAX-Future

Der Deutsche Aktienindex DAX wurde am 23. Juni 1988 an der Frankfurter Börse eingeführt[34] und der Indexstand zum Jahresultimo 1987 auf 1000 festgesetzt. Der DAX enthält 30 liquide Aktien mit hoher Börsenkapitalisierung. Die einzelnen Gesellschaften werden mit ihrem Grundkapital gewichtet. Als Performanceindex konzipiert, werden in den Indexstand alle Erträge eingerechnet, die den Aktionären zufließen. Dabei wird eine Reinvestition der Dividenden nach Abzug der Ausschüttungsbelastung der Körperschaftsteuer (Bardividende) unterstellt.[35] Der DAX wird im Abstand von 15 Sekunden aktualisiert.[36] Der erste Kurs an einem Handelstag wird veröffentlicht, wenn die Eröffnungskurse für 15 Indextitel vorliegen und diese mindestens 70% der Marktkapitalisierung des Indexes abdecken.

Im August 1991 wurde an der Deutschen Terminbörse der Handel mit der DAX-Option aufgenommen. Es handelt sich um Optionen europäischen Typs. Der Kontraktwert beläuft sich auf EUR 5 je Indexpunkt. Der Optionspreis wird in Indexpunkten in einer Schrittweite von 0,1 notiert, so dass die kleinste Preisveränderung EUR 0,5 beträgt. Vor der Euro-Umstellung lag der Kontraktwert bei DM 10 pro DAX-Punkt und die minimale Kursveränderung bei DM 1. Die Optionsprämie ist am Börsentag nach Handelsabschluss zu zahlen.[37] Bei Fälligkeit erfolgt, wenn die Option ausgeübt wird, ein Barausgleich. Eine physische Lieferung der DAX-Titel ist nicht möglich. Stillhalter der DAX-Option müssen den Betrag, der zur Glattstellung zum Tagesendwert erforderlich wäre, als Sicherheit hinterlegen („Premium Margin").[38] Darüber hinaus wird eine weitere Sicherheitsleistung für das Risiko gefordert, dass sich der Kurs bis zur nächsten Sicherheitenberechnung ungünstig entwickelt („Additional Margin").

Das Spektrum der angebotenen Fälligkeitstermine wurde im Untersuchungszeitraum nach hinten ausgedehnt. Während Anfang 1995 Optionsserien mit Verfall in den jeweils nächsten drei Monaten und den zwei folgenden Monaten aus dem Zyklus März, Juni, September und Dezember existierten, waren Ende 2000 zusätzlich noch ein weiterer Monat aus dem Quartalszyklus

[34] Vgl. zur Konstruktion des DAX ausführlich Janßen/Rudolph (1992).

[35] Die Ausführungen beziehen sich auf das im hier relevanten Untersuchungszeitraum gültige körperschaftsteuerliche Anrechnungsverfahren.

[36] Bis zum 11.7.1997 betrug die Spanne 60 Sekunden.

[37] Vgl. zur Abwicklung des Optionsgeschäfts die Clearing-Bedingungen im Regelwerk der Eurex, das in der jeweils aktuellen Fassung auf der Homepage der Eurex bereitgestellt wird (http://www.eurexchange.com).

[38] Entscheidend für die Berechnung der Sicherheitsleistungen ist die Nettoposition aus Käufen und Verkäufen einer Optionsserie.

sowie die beiden folgenden Monate des Zyklus Juni und Dezember verfügbar. Die maximale Laufzeit erhöhte sich dadurch von neun Monaten auf etwa zwei Jahre.

Zu jedem Verfallmonat werden mindestens fünf Basispreise angeboten, wovon zwei im Geld und zwei aus dem Geld liegen. Je nach Veränderung des DAX werden neue Basispreise für bestehende Optionsserien eingeführt, um weiterhin die Verfügbarkeit von out-of-the-money (OTM-) und in-the-money (ITM-) Optionen zu gewährleisten. Die Abstufung der Basispreise richtet sich nach der Restlaufzeit der Option. Die Schrittweite beträgt 50, 100 und 200 Indexpunkte bei Restlaufzeiten bis zu 6, 12 und 24 Monaten.

Da in die empirischen Auswertungen auch Kurse des DAX-Future eingehen, sollen dessen Ausstattungsmerkmale ebenfalls kurz beschrieben werden.[39] Der Kontrakt wurde im November 1990 in den Handel an der Deutschen Terminbörse aufgenommen. Das Kontraktvolumen betrug DM 100 je Indexpunkt, die minimale Preisveränderung DM 50. Im Zuge der Umstellung auf die gemeinsame europäische Währung wurde der Kontraktwert auf EUR 25 je Indexpunkt reduziert. Die kleinste Preisveränderung beträgt EUR 12,50. Gewinne und Verluste werden täglich nach dem Mark-to-Market-Prinzip ausgeglichen. Im Unterschied zur DAX-Option werden lediglich die nächsten drei Monate aus dem Zyklus März, Juni, September und Dezember als Erfüllungstermine angeboten. Unmittelbar nach Auslaufen eines Future-Kontrakts besitzt somit der nächstfällige Kontrakt eine Restlaufzeit von drei Monaten.

Die Handelszeiten sowohl der DAX-Option als auch des DAX-Future änderten sich im Zeitraum von 1995 bis 2000 mehrmals. Die Schnittmenge dieser Handelszeiten reicht von 9:30 Uhr bis 16:00 Uhr.

5.2.2 Bisherige empirische Untersuchungen zur Bewertung der DAX-Option

Die erste veröffentlichte Studie zu strukturellen Abweichungen der Preise der DAX-Option von der idealtypischen Black/Scholes-Welt stammt von Ripper/Günzel (1997).[40] Die Autoren ermitteln aus den Schlusskursen der Option durchschnittliche implizite Volatilitäten für verschiedene Basispreis- und Restlaufzeitklassen in den Jahren 1995 und 1996.[41] Gemittelt wird über

---

[39] Vgl. ausführlich wiederum das Regelwerk der Eurex (http://www.eurexchange.com).

[40] Wenn im Folgenden nichts anderes gesagt wird, ist mit der DAX-Option stets die an der Eurex (früher Deutsche Terminbörse) gehandelte Option gemeint. Darüber hinaus werden an der Frankfurter Wertpapierbörse eine Vielzahl von Optionsscheinen („Covered Warrants") mit dem DAX als Basistitel gehandelt. Zu Studien zur Bewertung von Optionen auf einzelne Aktien am Frankfurter Optionsmarkt und der Deutschen Terminbörse/Eurex vgl. Trautmann (1989), Beinert/Trautmann (1995) und Eberlein et al. (1998).

[41] Zwischen Schlusskursen und Settlementkursen wird hier begrifflich nicht unterschieden.

alle Datenpunkte des zweijährigen Untersuchungszeitraums, so dass implizit eine konstante Basispreis- und Restlaufzeitstruktur angenommen werden muss. Die Volatilitäten werden durch die at-the-money (ATM-) Volatilität geteilt, um reine Niveauverschiebungen ohne strukturelle Veränderungen aus der Betrachtung auszuklammern. Für kurzlaufende Optionen stellen Ripper/Günzel (1997) einen Anstieg der impliziten Volatilitäten an beiden Rändern des Basispreisspektrums fest, während Optionen mit längerer Laufzeit einen mit zunehmendem Basispreis monoton fallenden Verlauf der impliziten Volatilitäten aufweisen.

Ebenso wie Ripper/Günzel (1997), analysiert auch Tompkins (1999) standardisierte implizite Volatilitäten auf der Basis von Schlusskursen der DAX-Option.[42] Der Untersuchungszeitraum umfasst die Jahre 1992 bis 1996. Zunächst wird für jede von 18 Restlaufzeitklassen aus allen Datensätzen der untersuchten Periode die Basispreisstruktur der impliziten Volatilitäten mit Hilfe eines einfachen Regressionsmodells ermittelt. Die grafische Darstellung der Ergebnisse bestätigt grundsätzlich die Resultate von Ripper/Günzel (1997).[43] Außerdem wird für die Gesamtperiode eine Regressionsgleichung geschätzt, in der als erklärende Variablen unter anderem der Basispreis, die Restlaufzeit, der Futurekurs sowie Dummyvariablen zur Kennzeichnung der Datensätze vor und nach einem besonderen Ereignis vorkommen. Auch Verknüpfungen dieser Variablen werden in das Regressionsmodell einbezogen. Ein Nachteil des Untersuchungsansatzes besteht in der Annahme, dass die Regressionsparameter sich während des fünfjährigen Zeitraums nicht verändern. Womöglich bildeten sich aber akzeptierte Bewertungsstandards für die DAX-Option erst einige Zeit nach Handelsaufnahme parallel zum starken Anstieg des Handelsvolumens heraus.[44] Darüber hinaus erschwert die hohe Multikollinearität der unabhängigen Variablen die Interpretation der geschätzten Regressionsparameter. Zum Beispiel geht die Restlaufzeit in sieben erklärende Variablen ein,

---

[42] Eine weitere, aber in diesem Punkt weniger detaillierte Untersuchung zur Struktur der impliziten Volatilitäten der DAX-Option für das zweite Halbjahr 1995 stammt von Bolek (1999), S. 122-133. Dartsch (1999) analysiert die Prozesseigenschaften der ATM-Volatilitäten anhand der VDAX-Zeitreihe von 1994-1996.

[43] Zu beachten ist, dass Tompkins (1999) im Unterschied zu Ripper/Günzel (1997) den Basispreis unter Einbeziehung der Restlaufzeit standardisiert. Die Ergebnisse beider Studien zur Fälligkeitsstruktur der impliziten Volatilitäten sind daher nicht ohne weiteres miteinander vergleichbar. In Abbildung 1 bei Tompkins (1999) werden Basispreise in einer Bandbreite von $\pm 4,5$ Standardabweichungen des zugrunde liegenden Futurekurses berücksichtigt. Eine Analyse der Transaktionsdaten der DAX-Option zeigt aber, dass Handelsabschlüsse außerhalb eines Intervalls von $\pm 2,0$ Standardabweichungen in einigen Restlaufzeitklassen nur selten vorkommen. Die Randbereiche der Grafiken – besonders bei Restlaufzeiten größer als 60 Tage – beruhen daher letztlich auf einer Extrapolation.

[44] Dafür liefert eine eigene Analyse der Transaktionsdaten der Jahre 1992/93 deutliche Anhaltspunkte. Strukturen der impliziten Volatilitäten sind dort weniger klar erkennbar als in den darauf folgenden Jahren.

deren Regressionskoeffizienten gemeinsam betrachtet werden müssten, um die Fälligkeitsstruktur der impliziten Volatilitäten insgesamt zu erfassen.[45]

Eine andere, nicht-parametrische Methode zur Untersuchung der Bewertung der DAX-Option wählen Hermann/Narr (1997). In Anlehnung an Hutchinson et al. (1994) benutzen sie ein Neuronales Netz, um die empirische Bewertungsfunktion zu bestimmen. Die Trainingsdaten stammen aus dem Jahr 1995. Das Verfahren ermöglicht es, partielle Ableitungen der Preisfunktion zu berechnen und mit den entsprechenden Werten aus der Black/Scholes-Welt zu vergleichen.

Nach einem von Longstaff (1995) vorgeschlagenen Verfahren untersuchen Neumann/Schlag (1995) anhand von Marktdaten des ersten Halbjahrs 1994, ob die DAX-Optionspreise mit dem Black/Scholes-Modell vereinbar sind. Auch sie stellen wie die schon oben zitierten Studien systematische Abweichungen fest. Erstaunlicherweise stimmen die impliziten Zustandspreise für den Aktienkurs bei Endfälligkeit für Calls und Puts nicht überein, was sich – sofern kein gravierender Verstoß gegen die Arbitragefreiheit vorliegt – nur mit Schätzfehlern oder mit Marktfriktionen, insbesondere Transaktionskosten, erklären lässt. Auch Hermann (1999) stößt im Untersuchungszeitraum von 1992 bis Juni 1997 auf wesentliche Verletzungen der Put-Call-Parität: „Auf einem vollkommenen Kapitalmarkt sollten keine systematischen Abweichungen von der PCP (Put-Call-Parität, *Anm. des Verf.*) auftreten. Um so erstaunlicher sind die in allen Optionsklassen beobachtbaren systematisch positiven Abweichungen. Beide implizite[n] Modelle weisen bei ungefähr 90% aller betrachteten Parameterkonstellationen positive Abweichungen auf. Diese Abweichungen sind in der gesamten Stichprobe und in allen einzelnen Optionsklassen zum 0,001 Niveau signifikant."[46] Um die Preisdifferenz zu arbitrieren, müsste ein Händler den (teuren) Put verkaufen und die Position durch den Kauf des (günstigen) Call, eine risikolose Geldanlage in Höhe des abgezinsten Basispreises sowie den Leerverkauf des DAX glattstellen. Hermann (1999) verweist darauf, dass der Leerverkauf des DAX Transaktionskosten von 0,55% bis 0,65% des jeweiligen DAX-Standes pro Jahr verursacht, die den Gewinn aus dem vermeintlichen Arbitragegeschäft auf nahe Null schrumpfen lassen.[47] Bemerkenswert sei aber, „daß die Abweichungen der impliziten Modelle von der theoretischen PCP immer am oberen Ende des Arbitragebandes liegen."[48]

Ob Gebühren des Leerverkaufs des DAX, also vorwiegend die Kosten der Wertpapierleihe, die Preisdifferenzen wirklich erklären können, erscheint sehr zweifelhaft. Der Argumentation von Hermann (1999) ist entgegenzuhalten, dass die Arbitrage in aller Regel nicht über den Leerverkauf des DAX-Portfolios vorgenommen wird, sondern durch den Verkauf des DAX-Future.

---

[45] Vgl. Tompkins (1999), S. 10, Gleichung (3).

[46] Hermann (1999), S. 209; vgl. ähnlich bereits vorher: „Empirisch ist allerdings beobachtbar, dass Puts verglichen mit den Calls der gleichen Optionsklasse eine deutlich höhere implizite Volatilität aufweisen." (S. 185 f).

[47] Vgl. Hermann (1999), S. 211 f.

[48] Hermann (1999), S. 212.

Die dabei entstehenden Gebühren sind im Vergleich zu den Kosten der Wertpapierleihe verschwindend gering. Nun existiert nicht zu jeder Fälligkeit der DAX-Option ein passender DAX-Future-Kontrakt. Wegen des Basisrisikos und der möglichen Terminabweichung ist die ‚Arbitrage' nicht vollkommen risikolos. Dies kann aber kaum Diskrepanzen zwischen Call- und Putpreisen in der gefundenen Größenordnung erklären.

In die empirische Untersuchung der vorliegenden Arbeit werden ebenfalls Call- und Putpreise einbezogen. Eine scheinbare Verletzung der Put-Call-Parität ist nur in wenigen Monaten – vorwiegend im März und April eines Jahres – festzustellen. Der Effekt kann auf steuerliche Wirkungen von Dividendenzahlungen zurückgeführt werden, die eine Korrektur des Underlyingpreises erforderlich machen. In der ganz überwiegenden Mehrzahl aller Fälle zeigen Streudiagramme im Einklang mit der Put-Call-Parität eine nahezu perfekte Übereinstimmung der impliziten Volatilitäten von Puts und Calls.[49]

In der vorliegenden Arbeit wird der Kurs des Underlying indirekt aus dem Futurekurs errechnet. Wird stattdessen direkt der DAX-Stand verwendet, ist eine ähnliche Korrektur des Underlyingkurses um die Besteuerung von Dividendenzahlungen, die bis zur Optionsfälligkeit erfolgen, notwendig. Die Nichtberücksichtigung dieser Anpassung erklärt, wie später gezeigt wird, die scheinbaren Verstöße gegen die Put-Call-Parität bei Hermann (1999).

Die Studie von Fengler et al. (2000) versucht im Unterschied zu den bisherigen Arbeiten, die *täglichen Veränderungen* der Struktur der impliziten Volatilitäten zu modellieren.[50] Die von der Restlaufzeit und dem Basispreis abhängige Volatilitätsfunktion wird zunächst mit einem nicht-parametrischen Verfahren täglich neu geschätzt. Daraufhin werden die Werte vorher bestimmter Stützstellen der Funktion abgegriffen, woraus Zeitreihen von Volatilitäten resultieren. Diese werden schließlich mit einer speziellen Form der Hauptkomponentenanalyse untersucht. Nach den Ergebnissen der Studie können

---

[49] Mit $\sigma_{imp,Put}$ als implizite Volatilität eines Put mit Basispreis X und Restlaufzeit $T-t$ gilt für den Putpreis P definitionsgemäß die Black/Scholes-Formel:

$$\begin{aligned} P &= Xe^{-r(T-t)}\left(1-N\left(d_2^*\right)\right)-S_t\left(1-N\left(d_1^*\right)\right) \\ &= S_tN(d_1^*)-Xe^{-r(T-t)}N(d_2^*)-(S_t-Xe^{-r(T-t)}), \end{aligned} \tag{5.2}$$

wobei d_1^* und d_2^* für die Parameter d_1 bzw. d_2 gemäß den Gleichungen (2.17) und (2.18) mit $\sigma = \sigma_{imp,Put}$ stehen. Die Put-Call-Parität lautet:

$$C = P + (S_t - Xe^{-r(T-t)}), \tag{5.3}$$

mit C als Preis in t eines Call mit Basispreis X und Restlaufzeit $T-t$. Einsetzen von (5.2) in (5.3) führt zur Black/Scholes-Formel für den Callpreis:

$$C = S_tN(d_1^*) - Xe^{-r(T-t)}N(d_2^*).$$

Folglich besitzt der Call die gleiche implizite Volatilität wie der Put, wenn die Put-Call-Parität erfüllt ist.

[50] Vgl. zu einer ähnlichen Untersuchung für den S&P 500 Skiadopoulos et al. (1999).

die Bewegungen zu einem großen Teil durch drei Faktoren erklärt werden, die Parallelverschiebungen, Veränderungen der Steigung und Drehungen der Kurve widerspiegeln.

5.2.3 Datenbasis

Die Datenbasis für die eigene empirische Untersuchung umfasst alle Transaktionspreise der DAX-Option und des DAX-Future im Untersuchungszeitraum von Anfang 1995 bis Ende 2000.[51] Einschränkungen hinsichtlich der Restlaufzeiten oder Basispreise bestehen nicht. Die Datensätze enthalten den genauen Handelszeitpunkt, die Kontraktmerkmale, den Options- oder Futurepreis sowie das jeweilige Handelsvolumen. Nicht verfügbar sind Informationen über die Geld-Brief-Spanne sowie darüber, welche Transaktionspreise dem Geldkurs und welche dem Briefkurs unmittelbar vor Handelsabschluss entsprechen.

RLZ in Tagen	**1995**	**1996**	**1997**	**1998**	**1999**	**2000**
≤ 30	269568	270122	392931	478077	542691	576136
≤ 60	125071	123172	160479	173372	222896	213052
≤ 90	40346	44599	43918	54667	61831	63464
≤ 180	37162	48865	57657	64193	57917	57746
> 180	15939	28152	38124	33053	32547	40967

Tabelle 5.9. Anzahl der Handelsabschlüsse für die DAX-Option

Die aus Tabelle 5.9 ersichtliche Anzahl der Handelsabschlüsse der DAX-Option ist von 1995 bis 2000 kontinuierlich gestiegen.[52] Die Handelsaktivitäten konzentrieren sich in hohem Maße auf die kürzeren Restlaufzeiten. Auf Optionsserien mit einer Restlaufzeit von höchstens 60 Kalendertagen entfallen etwa 80 Prozent aller Transaktionen.[53] Die Analyse des Handelsvolumens ergibt ein ähnliches Bild.

Die Bestimmung des zusätzlich benötigten risikolosen Zinssatzes r basiert in der Zeit von 1995 bis 1998 auf täglichen Zeitreihen der DM-Libor-Sätze für Laufzeiten von 1, 3, 6 und 12 Monaten, in den Jahren 1999 und 2000 auf entsprechenden Euribor-Zinssätzen. Der Zinssatz für eine Anlagedauer von

[51] Der Verfasser dankt der Eurex herzlich für die kostenlose Bereitstellung dieser Daten.

[52] Im Jahr 1995 sind 7% weniger Handelsabschlüsse mit Puts als mit Calls zu verzeichnen, wohingegen von 1997 bis 2000 mehr Transaktionen mit Puts als mit Calls zustande kamen. Im Jahr 2000 sind es insgesamt 501.022 Datensätze für Puts und 450.343 Datensätze für Calls. Die Zahlen in Tabelle 5.9 beinhalten alle verfügbaren Datensätze. Einige davon werden in der späteren empirischen Untersuchung wegen verschiedener Ausschlusskriterien nicht berücksichtigt.

[53] Unter einer Optionsserie versteht man Optionen mit unterschiedlichen Basispreisen, aber gleichem Fälligkeitstermin.

$(T_O - t)$ wird durch lineare Interpolation zwischen den Zinsen der angrenzenden Laufzeiten ermittelt. Der resultierende Wert wird daraufhin in einen äquivalenten stetigen Zinssatz transformiert.[54]

5.2.4 Schätzmethode

5.2.4.1 Ermittlung der impliziten Volatilitäten unter Berücksichtigung des Einflusses von Steuern und Dividenden

Die impliziten Volatilitäten werden aus der Black/Scholes-Bewertungsformel mit einer Kombination aus dem Bisektions- und dem Newton-Raphson-Verfahren[55] bis auf eine Genauigkeit von mindestens 10^{-4} Prozentpunkten angenähert.[56] In die Berechnung gehen neben den beiden Vertragsparametern Basispreis und Restlaufzeit drei Marktparameter ein: der risikolose Zinssatz, der Optionspreis und der Kurs des zugrunde liegenden Indexes. Mit t sei der Handelstag und mit T_O der Fälligkeitstermin der Option bezeichnet. Fraglich ist, ob die Restlaufzeit $(T_O - t)$ in Handels- oder Kalendertagen gemessen werden sollte.[57] Wenn Aktienrenditeschwankungen allein durch neue Informationen hervorgerufen werden, die ebenso gut außerhalb der Börsenzeiten wie an Handelstagen eintreffen können, wäre es naheliegend, Kalendertage zu verwenden. Denkbar ist aber auch, dass Renditeschwankungen zu einem nicht unwesentlichen Teil durch den Handel selbst hervorgerufen werden, so dass die Zahl der Handelstage ausschlaggebend wäre. Ein nennenswerter Unterschied zwischen beiden Definitionen ergibt sich nur bei sehr kurzen Restlaufzeiten, die aber hier ausgeschlossen werden. In dieser Arbeit bezeichnet $(T_O - t)$ die Restlaufzeit in Jahren, berechnet als Anzahl der Kalendertage bis zur Fälligkeit, bezogen auf 365 Tage eines Jahres.

Die Zuverlässigkeit der impliziten Volatilitäten hängt entscheidend davon ab, wie gut die Optionspreise mit den Preisen des Underlying zeitlich abgestimmt sind. Mit n $(n = 1, ..., N)$ sei die Handelsminute eines Optionsgeschäfts bezeichnet.[58] Der Indexstand $D_{t,n}$ in Minute n am Tag t wird aus

[54] Der risikolose Zinssatz r hängt vom Betrachtungszeitpunkt t und der Anlagedauer $T - t$ ab. Aus Vereinfachungsgründen wird im Folgenden auf eine Indizierung des Symbols r verzichtet.

[55] Vgl. z. B. Haug (1998), S. 169-171. Als Alternative zur näherungsweisen Bestimmung der impliziten Volatilität mit Hilfe eines Iterationsverfahrens werden in der Literatur analytische Approximationen vorgeschlagen; siehe dazu Keber (1999) mit weiteren Quellennachweisen.

[56] Die Bewertungsformel des Modells von Black (1976a) kommt als Alternative in Betracht. Sie setzt aber voraus, dass zu jeder Optionsfälligkeit auch ein Future gehandelt wird, was für die DAX-Option nicht zutrifft.

[57] Vgl. Hull (2000), S. 255-257, Tompkins (1994), S. 121-123.

[58] Da sich die Handelszeiten in der Untersuchungsperiode mehrmals geändert haben, variiert N im Zeitablauf. Von einem Zeitindex wird in der Notation jedoch aus Vereinfachungsgründen abgesehen.

dem gleichzeitig notierten Preis jenes Futurekontrakts abgeleitet, der an diesem Tag das größte Handelsvolumen aufweist.[59] Die Fälligkeit dieses Future sei T_F. Der Wert $F_{t,n}(T_F)$ entspricht dem *durchschnittlichen* Futurepreis aller Handelsabschlüsse, die im T_F-Kontrakt am Tag t in Minute n zustande gekommen sind. Fand in einer Minute n kein Handelsabschluss im Future statt, werden die Optionsgeschäfte dieser Minute aus dem Datensatz entfernt. Dieses Vorgehen gewährleistet, dass Options- und Underlyingpreis um höchstens eine Minute divergieren.

Der Indexstand $D_{t,n}$ soll aus dem Futurepreis mit Hilfe des Cost of Carry-Modells gewonnen werden.[60] Dieses Modell vernachlässigt den Unterschied zwischen Forward und Future, berücksichtigt also nicht den täglichen Gewinn- und Verlustausgleich des Futurekontrakts. Ohne Berücksichtigung von Steuerzahlungen berechnet sich der arbitragefreie (faire) Wert des Future nach:

$$F^*_{t,n}(T_F) = D_{t,n}e^{r(T_F-t)}. \tag{5.4}$$

Geht man davon aus, dass die Arbitrage institutioneller Anleger am DAX-Future-Markt im Vergleich zu Privatinvestoren überwiegt und nimmt man weiter an, dass dabei nur die Unternehmensebene betrachtet wird, so ist zusätzlich der Einfluss der Körperschaftsteuer in der Fair Value-Formel zu berücksichtigen.[61] Unterstellt sei, dass sowohl realisierte Kursgewinne aus Aktiengeschäften als auch Gewinne aus der Barabwicklung des Futurekontrakts ohne zeitliche Verzögerung mit dem Körperschaftsteuersatz k_E zu versteuern sind. Verluste führen zu Steuergutschriften. Von speziellen Wirkungen der Besteuerung von Dividenden wird zunächst abstrahiert. Die neue Fair Value-Formel lautet:[62]

$$F^*_{t,n}(T_F) = D_{t,n}\frac{e^{r(1-k_E)(T_F-t)} - k_E}{1-k_E}. \tag{5.5}$$

Unter realistischen Bedingungen unterscheiden sich, wie Bamberg/Röder (1994) zeigen, die fairen Futurepreise nach (5.4) und (5.5) nur geringfügig, das heißt:

[59] Dabei handelt es sich in aller Regel um den Futurekontrakt mit dem nächstgelegenen Fälligkeitstermin. Ein Modell zur Erklärung dieses Phänomens entwickeln Bamberg/Dorfleitner (2000).

[60] Dieses Vorgehen wählen in einer Studie für die S&P 500 Option auch Jackwerth/Rubinstein (1996), S. 1616.

[61] Hinter den institutionellen Anlegern stehen letztlich Privatpersonen, in deren Hand die Unternehmensanteile liegen. Würde man konsequent die Sichtweise dieser Investoren einnehmen, müsste die im Untersuchungszeitraum gegebene Anrechenbarkeit der Körperschaftsteuer auf die Einkommensteuer der Anteilseigner berücksichtigt werden. Das derzeit gültige Halbeinkünfteverfahren wurde erst nach dem Untersuchungszeitraum eingeführt.

[62] Vgl. Bamberg/Röder (1994), S. 1541.

$$e^{r(T-t)} \approx \frac{e^{r(1-k_E)(T-t)} - k_E}{1-k_E}. \tag{5.6}$$

Somit stimmt, „sofern Dividenden vernachlässigt werden, .. der faire Futures Wert eines institutionellen Arbitrageurs in etwa mit dem fairen Wert eines privaten Arbitrageurs überein, der keine Steuern zahlt."[63]

Die Situation ändert sich, wenn Dividenden in die Überlegungen einbezogen werden. Zum einen unterliegen die von institutionellen Anlegern vereinnahmten Dividenden dem Einbehaltungssatz der Körperschaftsteuer k_E, so dass der verbleibende Betrag nach Steuern geringer ausfällt als der bei der DAX-Berechnung unterstellte Reinvestitionsbetrag. Im Rahmen des Cash and Carry-Modells erhöht sich dadurch der faire Futurekurs. Zum anderen beläuft sich der zu versteuernde Aktienkursgewinn nicht auf $(D_{T_F} - D_t)$ sondern auf diesen Betrag abzüglich der Reinvestition in Höhe der Bardividenden. Dies wiederum mindert den Futurepreis im Vergleich zu (5.5). Insgesamt folgt daraus die erweiterte Bewertungsformel:[64]

$$F^*_{t,n}(T_F) = D_{t,n}\frac{e^{r(1-k_E)(T_F-t)} - k_E}{1-k_E} - \frac{\Delta DIV_{t,T_F} + k_E DIV^{Bar}_{t,T_F}}{1-k_E}, \tag{5.7}$$

wobei:

$$\Delta DIV_{t,T_F} = (k_A - k_E) DIV^{Br}_{t,T_F},$$

mit:

$\Delta DIV_{t,T_F}$: Differenzdividende,
k_E : Einbehaltungssatz der Körperschaftsteuer,
k_A : Ausschüttungssatz der Körperschaftsteuer ($k_A < k_E$),
DIV^{Br}_{t,T_F} : Summe der auf T_F aufgezinsten Bruttodividenden aller DAX-Unternehmen aus dem Zeitraum von t bis T_F,
DIV^{Bar}_{t,T_F} : Summe der auf T_F aufgezinsten Bardividenden aller DAX-Unternehmen zwischen t und T_F.

Wegen:

$$\begin{aligned}\Delta DIV_{t,T} + k_E DIV^{Bar}_{t,T} &= (k_A - k_E) DIV^{Br}_{t,T} + k_E(1-k_A) DIV^{Br}_{t,T} \\ &= k_A DIV^{Br}_{t,T}(1-k_E) \geq 0\end{aligned} \tag{5.8}$$

führen Dividendenzahlungen zu einem verminderten Fair Value des Future. Mit genauen Informationen über die Ausschüttungen aller DAX-Unternehmen ließe sich aus (5.7) unter den getroffenen Annahmen der Indexstand reproduzieren. Allerdings wirken sich Dividendenzahlungen nicht nur auf die Bewertung des Future sondern auch auf die Bewertung der DAX-Option aus.

63 Bamberg/Röder (1994), S. 1543.
64 Vgl. Bamberg/Röder (1994), S. 1543.

Der Wert $D_{t,n}$ kann daher nicht unmodifiziert als Underlyingkurs verwendet werden. Um dies zu zeigen, werden im Folgenden zwei Anlagestrategien miteinander verglichen:

- ein kreditfinanzierter Kauf in t eines DAX-Call mit Basispreis X und Fälligkeit T_O zum Preis $C = C_{t,n}(T_O)$ (Portfolio 1) sowie
- der kreditfinanzierte Kauf in t des DAX-Portfolios zum Preis $D_{t,n}$ zuzüglich eines DAX-Put mit Basispreis X und Fälligkeit T_O zum Preis $P = P_{t,n}(T_O)$ (Portfolio 2).

Alle Positionen werden im Zeitpunkt T_O aufgelöst. Der Indexstand beläuft sich dann auf D_{T_O}. Aus Portfolio 1 erhält der Investor folgende Zahlungen:

$-Ce^{r(1-k_E)(T_O-t)}$	Zins- und Tilgungszahlung für den Kredit (nach Steuern),
$+(D_{T_O} - X)^+$	Auszahlung des Call,
$-k_E\left[(D_{T_O} - X)^+ - C\right]$	Steuerzahlung für den Erfolg aus dem Optionsgeschäft.

Daraus resultiert insgesamt:
für $D_{T_O} > X : (D_{T_O} - X)(1 - k_E) - C\left(e^{r(1-k_E)(T_O-t)} - k_E\right)$,
für $D_{T_O} \leq X : -C\left(e^{r(1-k_E)(T_O-t)} - k_E\right)$.

Die Zahlungen aus Portfolio 2 im Zeitpunkt T_O lauten:

$-(D_{t,n} + P)e^{r(1-k_E)(T_O-t)}$	Zins- und Tilgungszahlung für Kredit,
$+D_{T_O}$	Erlös aus Verkauf des DAX-Portfolios,
$+\Delta DIV_{t,T_O}$	Differenzdividende,
$-k_E(D_{T_O} - D_{t,n} - DIV_{t,T_O}^{Bar})$	Steuern auf Gewinn aus Verkauf des DAX-Portfolios,
$+(X - D_{T_O})^+$	Auszahlung des Put,
$-k_E\left[(X - D_{T_O})^+ - P\right]$	Steuerzahlung für den Erfolg aus dem Optionsgeschäft.

In der Summe ergibt sich bei Fälligkeit:

$$\text{für } D_{T_O} > X \;:\; \begin{array}{l} D_{T_O}(1-k_E) - (D_{t,n} + P)\left(e^{r(1-k_E)(T_O-t)} - k_E\right) \\ +\Delta DIV_{t,T_O} + k_E DIV_{t,T_O}^{Bar}, \end{array}$$

$$\text{für } D_{T_O} \leq X \;:\; \begin{array}{l} X(1-k_E) - (D_{t,n} + P)\left(e^{r(1-k_E)(T_O-t)} - k_E\right) \\ +\Delta DIV_{t,T_O} + k_E DIV_{t,T_O}^{Bar}. \end{array}$$

Die Differenz der Zahlungen aus Portfolio 1 und Portfolio 2 beträgt für $D_{T_O} > X$ und $D_{T_O} \leq X$ gleichermaßen:

$$\begin{aligned} PF1 - PF2 = &-X(1-k_E) - C\left(e^{r(1-k_E)(T_O-t)} - k_E\right) \\ &+ (D_{t,n} + P)\left(e^{r(1-k_E)(T_O-t)} - k_E\right) - \Delta DIV_{t,T_O} - k_E DIV_{t,T_O}^{Bar}. \end{aligned}$$

Zwischen den Portfolios, die beide keinen Kapitaleinsatz erfordern, besteht nur dann keine Arbitragemöglichkeit, wenn gilt:

$$PF1 - PF2 = 0$$

$$\Longleftrightarrow C + X\frac{1-k_E}{e^{r(1-k_E)(T_O-t)} - k_E} = D_{t,n} + P - \frac{\Delta DIV_{t,T_O} + k_E DIV_{t,T_O}^{Bar}}{e^{r(1-k_E)(T_O-t)} - k_E}. \tag{5.9}$$

Gleichung (5.7), umgestellt nach $D_{t,n}$ und eingesetzt in (5.9), führt zu:

$$C_{t,n}(T_O) - P_{t,n}(T_O) = \widetilde{D}_{t,n} - X\frac{1-k_E}{e^{r(1-k_E)(T_O-t)} - k_E} \approx \widetilde{D}_{t,n} - Xe^{-r(T_O-t)}, \tag{5.10}$$

wobei:

$$\begin{aligned} \widetilde{D}_{t,n} &= F_{t,n}^{*}(T_F)\frac{1-k_E}{e^{r(1-k_E)(T_F-t)} - k_E} \\ &+ \frac{\Delta DIV_{t,T_F} + k_E DIV_{t,T_F}^{Bar}}{e^{r(1-k_E)(T_F-t)} - k_E} - \frac{\Delta DIV_{t,T_O} + k_E DIV_{t,T_O}^{Bar}}{e^{r(1-k_E)(T_O-t)} - k_E} \\ &\approx F_{t,n}^{*}(T_F)\, e^{-r(T_F-t)} + \frac{\Delta DIV_{t,T_F} + k_E DIV_{t,T_F}^{Bar}}{e^{r(1-k_E)(T_F-t)} - k_E} \\ &- \frac{\Delta DIV_{t,T_O} + k_E DIV_{t,T_O}^{Bar}}{e^{r(1-k_E)(T_O-t)} - k_E}. \end{aligned} \tag{5.11}$$

Nach (5.10) ist die Put-Call-Parität unter Berücksichtigung der Besteuerung von Dividenden nur erfüllt, wenn für den Kurs des Underlying nicht der abgezinste Futurekurs eingetragen wird, sondern der gemäß (5.11) modifizierte Indexstand $\widetilde{D}_{t,n}$. Sofern Options- und Futurefälligkeit übereinstimmen ($T_F = T_O$), heben sich der zweite und dritte Summand in (5.11) auf, so dass der ‚korrekte' Underlyingpreis unter Berücksichtigung von (5.6) näherungsweise aus der einfachen Fair Value-Formel (5.4) ermittelt werden kann. Gleiches gilt, wenn zwischen der Options- und der Futurefälligkeit keine Dividenden ausgeschüttet werden. In allen anderen Fällen ist zum abgezinsten Futurekurs noch der Korrekturterm:

$$\Delta DIV_{t,T_O,T_F} = \frac{\Delta DIV_{t,T_F} + k_E DIV_{t,T_F}^{Bar}}{e^{r(1-k_E)(T_F-t)} - k_E} - \frac{\Delta DIV_{t,T_O} + k_E DIV_{t,T_O}^{Bar}}{e^{r(1-k_E)(T_O-t)} - k_E} \tag{5.12}$$

zu addieren. Wegen der Ungleichung (5.8) sind beide Brüche in (5.12) positiv oder gleich Null. Im Fall $T_F \geq T_O$ ergibt sich ein nichtnegativer Korrekturterm $\Delta DIV_{t,T_O,T_F}$, anderenfalls ($T_F < T_O$) ein Korrekturbetrag kleiner oder gleich Null.

Der Betrag $\Delta DIV_{t,T_O,T_F}$ ist täglich zu aktualisieren, bleibt aber innerhalb eines Tages konstant. Die benötigten Dividendeninformationen sind öffentlich verfügbar, so dass eine explizite Schätzung von $\Delta DIV_{t,T_O,T_F}$ prinzipiell möglich wäre. Eine einfachere und weniger fehleranfällige Alternative besteht aber in einer impliziten Schätzung unter der Annahme, dass die Put-Call-Parität zutrifft. Diese Prämisse erscheint wenig restriktiv, weil die Put-Call-Parität einen verteilungsunabhängigen Zusammenhang beschreibt, der allein auf dem Postulat der Arbitragefreiheit beruht. Die implizite Schätzung von $\Delta DIV_{t,T_O,T_F}$ besitzt den Vorteil, dass sie nicht zwingend die oben getroffenen Annahmen voraussetzt. Werden zum Beispiel die Futurekurse durch die Arbitrage privater Investoren bestimmt, so ergibt sich zwar eine andere Darstellungsform des Korrekturterms, das implizite Schätzverfahren kann aber unverändert angewendet werden.[65]

Zur Ermittlung von $\Delta DIV_{t,T_O,T_F}$ werden zunächst alle Handelsabschlüsse ausgewählt, die sich paarweise auf Puts und Calls mit gleichem Basispreis und gleicher Restlaufzeit beziehen und einen maximalen Abstand von fünf Minuten aufweisen. Als weitere Restriktion wird ein Verhältnis aus Basispreis und Futurekurs $X/F_{t,n}$ zwischen $0,9$ und $1,1$ gefordert, um Sondereffekte bei weit im oder weit aus dem Geld liegenden Optionen zu vermeiden. Aus jedem Paar von Kauf- und Verkaufsoptionen wird daraufhin ein Schätzwert $\widehat{\Delta DIV}_{t,T_F,T_O}$ für $\Delta DIV_{t,T_F,T_O}$ aus (5.10) in Zusammenhang mit (5.11) ermittelt, wobei anstelle des Fair Value $F^*_{t,n}$ der tatsächliche Futurekurs $F_{t,n}$ verwendet wird. Erfolgten die zu einem Paar zusammengefassten Put- und Call-Handelsabschlüsse in unterschiedlichen Minuten n_1 und n_2 des Fünf-Minuten-Intervalls, wird für $F^*_{t,n}(T_F)$ in (5.11) der Durchschnitt der Preise $F_{t,n_1}(T_F)$ und $F_{t,n_2}(T_F)$ eingesetzt. Nach einer Abschätzung realistischer Korrekturbeträge wurden absolute Schätzwerte für $\widehat{\Delta DIV}_{t,T_F,T_O}$ größer 15 Indexpunkte als Ausreißer definiert und aus den weiteren Berechnungen ausgeschlossen. Die geschätzten Korrekturwerte für alle Paare eines Tages werden schließlich gemittelt, um den endgültigen Schätzwert für $\Delta DIV_{t,T_O,T_F}$ zu erhalten. Nur im Falle $T_F = T_O$ wird auf die Anwendung dieses impliziten Schätzverfahrens verzichtet.

Die höchsten Korrekturbeträge sind regelmäßig im März nach dem Fälligkeitstermin des Future (3. Freitag) und im April zu beobachten. Der nächste Future wird hier erst im Juni fällig, wohingegen Optionen auch mit den Fälligkeiten April und Mai gehandelt werden. Da die meisten DAX-Unternehmen ihre Dividenden im Mai ausschütten, fallen die Zahlungen genau zwischen die Fälligkeitstermine der (kurzlaufenden) Option und des (länger laufenden) Future. In diesen Fällen ist die Adjustierung nicht vernachlässigbar, wie Abbildung 5.3 beispielhaft zeigt. Die linke Grafik enthält implizite Volatilitäten, die auf der Basis eines Underlyingkurses $F_{t,n}(T_F)\,e^{-r(T_F-t)}$ gemäß der einfachen Fair Value-Formel (5.4) ohne Steuern berechnet wurden. Die klare Trennung der impliziten Volatilitäten von Puts und Calls deutet scheinbar auf eine Verletzung der Put-Call-Parität hin, veranschaulicht aber letztlich

[65] Vgl. Hafner/Wallmeier (2000) und Hafner/Wallmeier (2001). Um die beobachteten Futurepreise aus der steuerlichen Situation privater Investoren heraus zu erklären, müsste man allerdings im Untersuchungszeitraum meist einen unrealistisch niedrigen Grenzsteuersatz der Anleger unterstellen.

nur die Notwendigkeit, den Underlyingkurs an die steuerliche Wirkung der Dividendenzahlungen anzupassen. Nach einer Erhöhung der Indexniveaus um jeweils 8 Punkte verschwindet das Phänomen, wie die rechte Abbildung anzeigt.[66]

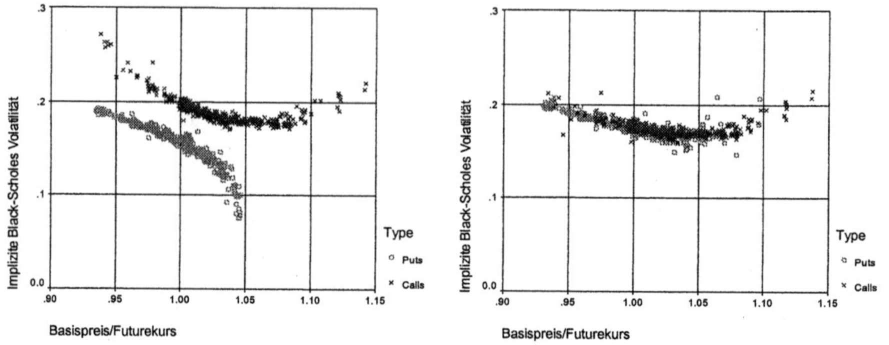

Abb. 5.3. *Linke Abbildung:* Implizite Call- und Put-Volatilitäten für unterschiedliche Verhältnisse aus Basispreis und Futurekurs am 27.03.1995 (Restlaufzeit: 25 Kalendertage). *Rechte Abbildung:* Implizite Volatilitäten nach einer Erhöhung des zugrunde liegenden Indexstands um etwa 8 Punkte

Die Notwendigkeit einer Korrektur des Underlyingkurses besteht auch, wenn der DAX-Stand direkt verwendet und nicht, wie in dieser Arbeit, aus dem Futurekurs abgeleitet wird. Einsetzen von (5.7) in (5.11) ergibt für den in der Put-Call-Parität zu berücksichtigenden Kurs des Underlying:

$$\widetilde{D}_{t,n} = D_{t,n} - \frac{\Delta DIV_{t,T_O} + k_E DIV_{t,T_O}^{Bar}}{e^{r(1-k_E)(T_O-t)} - k_E}.$$

Unter Berücksichtigung von (5.8) gilt somit: $\widetilde{D}_{t,n} \leq D_{t,n}$. Der DAX-Stand ist immer dann nach unten zu korrigieren, wenn während der Optionslaufzeit Dividenden ausgeschüttet werden. Würde der DAX-Stand $D_{t,n}$ ohne Bereinigung herangezogen, so erscheinen Calls am Markt zu günstig bewertet, Puts zu teuer. Dies erklärt, warum genau diese Preisdiskrepanz in der Untersuchung von Hermann (1999) durchgängig auftrat.

5.2.4.2 Regressionsmodell

Die Abweichungen der Realität von den Black/Scholes-Modellbedingungen wirken sich auf Optionen mit unterschiedlichen Basispreisen und Restlauf-

[66] Eine Kontrolle aller Streudiagramme ergab, dass nach der Korrektur keine Fälle mehr auftraten, in denen die impliziten Volatilitäten von Puts und Calls mit gleichem Basispreis und gleicher Restlaufzeit systematisch voneinander abweichen wie in der linken Grafik von Abbildung 5.3.

zeiten in der Regel nicht in gleicher Weise aus, so dass in einer Momentaufnahme zu einem gegebenen Zeitpunkt die Höhe der impliziten Volatilitäten sowohl vom Basispreis als auch von der Restlaufzeit der Optionen abhängt. Die Struktur der impliziten Volatilitäten soll im Folgenden zunächst für jeden Tag des Untersuchungszeitraums getrennt identifiziert werden, um darauf aufbauend die zeitlichen Veränderungen in einer Längsschnittanalyse untersuchen zu können.

Im ersten Schritt, der Momentaufnahme, schätzen einige Autoren die Basispreis- und Fälligkeitsstruktur der impliziten Volatilitäten simultan. Es wird zum Beispiel aufgrund von Voruntersuchungen ein funktionaler Zusammenhang der Art:[67]

$$\sigma_{imp,t}(\widetilde{X},T) = a_{0t} + a_{1t}\widetilde{X} + a_{2t}\widetilde{X}^2 + a_{3t}(T-t) + a_{4t}(T-t)^2 + a_{5t}\widetilde{X}(T-t)$$

angenommen, wobei $\widetilde{X}$ dem Verhältnis aus dem Basispreis und dem Futurekurs im Zeitpunkt des Optionsgeschäfts entspricht. Die festen Parameter a_{it} können dann in jedem Zeitpunkt t mit Hilfe einer Regressionsanalyse geschätzt werden. Dieses Vorgehen eignet sich aber nur, wenn der gewählte Funktionstyp die tatsächlichen Strukturen hinreichend genau widerspiegelt. Insbesondere der Einfluss der Restlaufzeit erscheint jedoch wenig gesichert. Hinzu kommt, dass im Regelfall die Daten mit längerer Restlaufzeit ausdünnen. Der Geltungsbereich der geschätzten Funktion müsste daher täglich neu entsprechend der jeweiligen Datenlage abgegrenzt werden. Der Restlaufzeiteffekt ist auch deshalb schwerer zu modellieren als die Basispreisstruktur, weil Daten für die relativ großen Bereiche zwischen den vorhandenen Restlaufzeiten fehlen. Die verfügbaren Basispreise, ausgedrückt in Relation zum jeweiligen Futurekurs, decken hingegen meist eine gewisse Bandbreite nahezu lückelos ab. In dieser Arbeit wird deshalb die Basispreisstruktur der impliziten Volatilitäten börsentäglich separat für jede Restlaufzeit ermittelt. Erst danach wird die Restlaufzeitstruktur untersucht.

Für die Frage, wie weit sich eine Option im Geld oder aus dem Geld befindet („Moneyness"), ist nicht der Basispreis als solcher, sondern seine Höhe im Vergleich zum aktuellen Indexstand ausschlaggebend. Die Moneyness sollte außerdem zweckmäßigerweise in Abhängigkeit von der Restlaufzeit definiert werden. Ein Call mit einem Basispreis von 100 bei einem aktuellen Underlyingkurs von 97 würde bei einer sehr kurzen Restlaufzeit als weit aus dem Geld gelten, während man ihn bei langer Restlaufzeit als am Geld befindlich einstufen könnte, weil eine erheblich höhere Wahrscheinlichkeit dafür besteht, dass der Aktienkurs die Basispreisschwelle bis zur Fälligkeit noch überspringt.

In der Literatur werden verschiedene Definitionen für die Moneyness vorgeschlagen, die sich in ihrer Grundstruktur ähneln, sofern sie die Restlaufzeit berücksichtigen.[68] Hier wird die von Dumas et al. (1998) verwendete Defini-

[67] Vgl. Dumas et al. (1998), Tompkins (1999), Ané/Geman (1999).

[68] Vgl. z. B. Dumas et al. (1998), Natenberg (1994), Tompkins (1999).

tion der Moneyness als:

$$M = M_{t,n}(X,T) = \frac{X/F_{t,n}(T) - 1}{\sqrt{T-t}} \tag{5.13}$$

übernommen. Von einer Option am Geld wird bei einer Moneyness M nahe Null gesprochen. Ein Call befindet sich im Geld bei einer Moneyness kleiner Null und aus dem Geld bei einem M-Wert größer Null. Für Puts gelten die umgekehrten Zusammenhänge. Zum Teil wird die Renditevolatilität des Basispapiers so in die Moneyness-Definition integriert, dass mit einer höheren Volatilität eine geringere Moneyness resultiert.[69] Darauf wird hier verzichtet, weil die Volatilität nicht bekannt ist und nur ungenau geschätzt werden kann.

Eine Möglichkeit zur Analyse der Smile-Struktur besteht darin, die Optionen nach ihrer Moneyness in Klassen einzuteilen und für jede Klasse eine durchschnittliche implizite Volatilität zu berechnen.[70] Schwierigkeiten bereitet dabei jedoch die Festlegung der Klassengrenzen. Bei einer sehr feinen Klassifizierung wird die Genauigkeit der Schätzung durch die geringe Zahl von Werten, mit denen manche Felder besetzt sind, beeinträchtigt. Werden die Klassengrenzen hingegen weit gesteckt, so geht die Homogenität der einzelnen Gruppen verloren. Außerdem stellt sich auch bei diesem Ansatz nachfolgend das Problem, die Abhängigkeit der impliziten Volatilität von der Moneyness funktional zu beschreiben. Auf den Zwischenschritt der Klassenbildung kann daher hier verzichtet werden.

Für die Modellierung der Basispreisstruktur der impliziten Volatilitäten bietet sich eine quadratische Regression der Form:

$$\hat{\sigma}_{imp} = \beta_0 + \beta_1 M + \beta_2 M^2 \tag{5.14}$$

an, mit $\beta_i, i = 0,1,2$ als Regressionskoeffizienten und $\hat{\sigma}_{imp}$ als der durch die Regressionsgerade an der Stelle M gelieferte Schätzwert für σ_{imp}.[71] Die Funktion kann grundsätzlich sowohl einen Skew als auch eine symmetrische Smile-Struktur abbilden. Eine Residuenanalyse ergab jedoch, dass die Regressionsfunktion (5.14) insofern verzerrte Ergebnisse liefert, als die impliziten Volatilitäten für Optionen mit einer Moneyness $M > 1$ systematisch unterschätzt werden. Die Einbeziehung einer zusätzlichen Variable M^3 wie bei Tompkins (1999) löst dieses Problem nicht. Um der Asymmetrie der Basispreisstruktur Rechnung zu tragen, wird daher in dieser Arbeit eine Spline-Regressionsfunktion mit den zwei Abschnitten $M \leq 1$ and $M > 1$ benutzt.[72]

---

[69] Vgl. Tompkins (1999).

[70] Vgl. z. B. Ané/Geman (1999), Pena et al. (1999) und Ripper/Günzel (1997). Anstelle einer Durchschnittsbildung kann die implizite Volatilität für eine Menge von Optionspreisen auch mit der Methode der Kleinsten Quadrate bestimmt werden, siehe dazu Whaley (1982), Beinert/Trautmann (1995), Day/Lewis (1992) und Lamoureux/Lastrapes (1993).

[71] Vgl. z. B. Shimko (1993) und Ripper/Günzel (1997).

[72] Am häufigsten werden kubische Splines verwendet. Der Begriff der Splines ist aber nicht auf kubische Funktionen beschränkt; vgl. z. B. Greene (1997), S. 388-390.

Mit D als Dummy-Variable:

$$D = \begin{cases} 0 \, , \, M \leq 0 \\ 1 \, , \, M > 0 \end{cases}$$

lautet die Grundform der Funktion:

$$\hat{\sigma}_{imp} = \beta_0 + \beta_1 M + \beta_2 M^2 + D\left(\gamma_0 + \gamma_1 M + \gamma_2 M^2\right),$$

wobei β_i und $\gamma_i, i = 0, 1, 2$ konstante Koeffizienten sind. Die Abschnitte sollen stetig ineinander übergehen, so dass an der Grenze $M^* = 0$ gilt:

$$\gamma_0 + \gamma_1 M^* + \gamma_2 (M^*)^2 = 0, \text{ also } \gamma_0 = 0.$$

Außerdem wird die Differenzierbarkeit der Funktion gefordert:[73]

$$\left. \frac{d\left(\gamma_0 + \gamma_1 M + \gamma_2 M^2\right)}{dM} \right|_{M^*=0} = \gamma_1 = 0.$$

Daraus folgt die Regressionsfunktion:

$$\hat{\sigma}_{imp} = \beta_0 + \beta_1 M + \beta_2 M^2 + \beta_3 \left(D \cdot M^2\right) \tag{5.15}$$

mit den vier Regressionskoeffizienten $\beta_0, \beta_1, \beta_2$ und $\beta_3 = \gamma_2$. Sie unterscheidet sich vom üblichen Regressionsmodell (5.14) durch die Einbeziehung der

[73] Die Spline-Funktion ist im Punkt $M^* = 0$ nur einmal differenzierbar. Dies ist deshalb nicht unproblematisch, weil damit auch die Funktion des Callpreises in Abhängigkeit vom Basispreis an der entsprechenden Stelle nicht zweifach differenzierbar ist. Demnach ist gemäß dem bekannten Ergebnis von Breeden/Litzenberger (1978) die Zustandspreisdichte an dieser Stelle nicht definiert. Das Problem könnte durch Verwendung eines Polynoms höheren Grades für die Schätzfunktion vermieden werden. Zum Beispiel verwenden Campa et al. (1998) eine kubische Spline-Funktion. Darauf wird hier aus mehreren Gründen verzichtet. Erstens zeigen die Ergebnisse, dass mit einer quadratischen Spline-Regression eine so genaue Datenanpassung erreicht wird, dass mit einer kubischen Funktion keine Verbesserungen zu erwarten sind. Zweitens lassen sich die Parameter der quadratischen Funktion besonders anschaulich interpretieren, was die Analyse der zeitlichen Veränderungen der Smile-Strukturen erleichtert. Drittens ist das oben beschriebene Problem in dieser Arbeit faktisch bedeutungslos, weil hier nur *diskrete* implizite Verfahren eingesetzt werden. Als Eingabedaten dienen jeweils Volatilitäten, die an *diskreten* Stellen der Smile-Funktion abgegriffen werden. Viertens besteht bei Polynomen höheren Grades die Gefahr, dass im Falle einer geringen Datenmenge und -qualität die Schätzungen instabil werden und sich unplausible, erratische Interpolationsverläufe ergeben. Die Verwendung höherer Polynome mit mehreren möglichen Extremwerten zieht fünftens immer in gewissen Bereichen unplausible Verläufe der Zustandspreisdichte nach sich. Der Vorteil, dass eine zweifach differenzierbare Volatilitätsfunktion eine analytische Bewertung europäischer Derivate ermöglicht, kann also ohnehin kaum ausgenutzt werden, weil die Funktion nur in einem begrenzten Bereich der Moneyness akzeptabel erscheint.

zusätzlichen erklärenden Variablen $D \cdot M^2$. Der absolute Term β_0 ist mit der impliziten at-the-money Volatilität identisch. Der Koeffizient β_1 gibt die Steigung der Funktion bei $M = 0$ an. Die linksseitige zweite Ableitung in diesem Punkt entspricht dem Zweifachen des Koeffizienten β_2, während zur rechtsseitigen zweiten Ableitung noch der Wert $2\gamma_2$ hinzukommt.

Die impliziten Volatilitäten von weit im Geld liegenden Optionen reagieren sehr empfindlich auf Veränderungen des zugrunde liegenden Indexstands. Die Sensitivität kann anhand des (absoluten) Verhältnisses aus dem Optionsdelta und -vega gemessen werden, denn diese Kennzahl zeigt an, um welchen Betrag sich die implizite Volatilität ändert, wenn sich bei gleichbleibendem Optionspreis der Indexstand um einen (marginalen) Punkt erhöht. Da geringfügige Fehler bei der Bestimmung des korrespondierenden Indexes nicht zu vermeiden sind, wird die Varianz der Störgröße im Regressionsmodell (5.15) um so höher ausfallen, je weiter sich eine Option im Geld befindet. Streuungsdiagramme der Residuen bestätigen diese Erwartung der Heteroskedastizität. Mit dem White-Test ist die Nullhypothese der Homoskedastizität in etwa 60% aller Fälle auf dem 1%-Signifikanzniveau abzulehnen. Daher wird eine gewichtete Kleinste-Quadrate-Schätzung angewendet, wobei sich die Gewichte umgekehrt proportional zum absoluten Verhältnis aus Delta und Vega verhalten.[74]

In sehr seltenen Fällen weichen die errechneten impliziten Volatilitäten extrem stark vom normalen Marktniveau ab. Dafür sind zum Beispiel unbeabsichtigte Fehleingaben verantwortlich, die unter bestimmten, im Regelwerk der Börse festgelegten Bedingungen nachträglich annuliert werden können. Um Verzerrungen durch solche Datensätze zu verhindern, werden alle Beobachtungen als Ausreißer ausgeschlossen, deren Residuen mehr als vier Standardabweichungen aller Residuen betragen. Die Standardabweichung entspricht dabei der Quadratwurzel aus dem gewichteten Durchschnitt der quadrierten Residuen. Sie wird ohne die ausreißerverdächtigen Merkmalsausprägungen berechnet.[75] Eine Kontrollrechnung ergab, dass die Ausreißerbereinigung die Schätzergebnisse nur an wenigen Tagen merklich beeinflusst.

Bei der überwiegenden Mehrheit aller gehandelten Optionen liegt das Verhältnis aus Basispreis und Futurekurs zwischen 0,8 und 1,2. Beobachtungen außerhalb dieses Intervalls werden aus der Regressionsanalyse ausgeschlossen, weil fraglich ist, ob das quadratische Regressionsmodell auch auf die Randbereiche des Basispreises zutrifft.

Die Anforderung eines stationären Regressionszusammenhangs lässt sich grundsätzlich am besten durch die Auswahl eines kurzen Zeitfensters innerhalb eines Tages gewährleisten. Andererseits verbessert aber ein längerer Zeitraum die Datenbasis und die Genauigkeit der Schätzung, wenn sich die

[74] Das Optionsdelta und -vega werden aus dem Black/Scholes-Modell mit der jeweiligen impliziten Volatilität als Volatilitätsparameter berechnet. Das Delta von Puts wird mit -1 multipliziert, um eine positive Zahl zu erhalten.

[75] Vgl. Sachs (1972), S. 219. Das Vorgehen zählt zu den Verfahren der „getrimmten Regression", vgl. Kmenta (1997), S. 265.

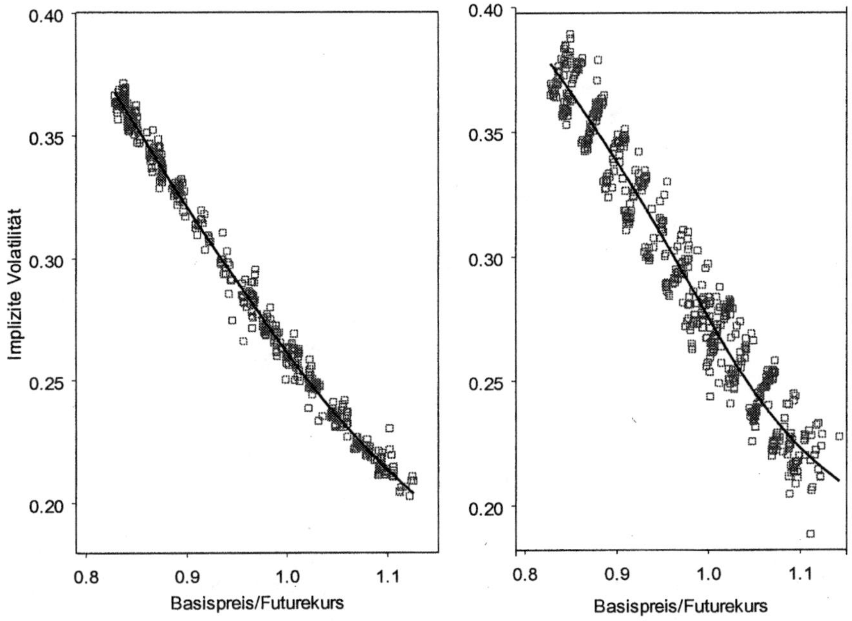

Abb. 5.4. Handelsabschlüsse am 7. Januar 1998 (linke Grafik) und am 8. Januar 1998 (rechte Grafik) in DAX-Optionen mit Fälligkeit im Februar 1998. Durchgezogene Linien: Spline-Regressionsfunktionen

bewertungsrelevanten Umweltbedingungen nicht wesentlich verändern. Eine Analyse der gegenläufigen Effekte zeigt, dass eine Begrenzung des Zeitfensters zum Beispiel auf die Zeit von 14:00 Uhr bis 16:00 Uhr die Spannweite der Moneyness-Werte an vielen Tagen so stark reduziert, dass eine genaue Schätzung wesentlich erschwert wird. Ein längeres Zeitfenster erscheint auch deshalb akzeptabel, weil innerhalb eines Tages meist allenfalls eine Parallelverschiebung der Basispreisstruktur, nicht aber eine strukturelle Veränderung zu beobachten ist (s. als Beispiel Abb. 5.4).[76] Aus diesen Gründen werden sämtliche Transaktionen eines Tages in die Regressionen einbezogen, soweit sie die oben genannten Kriterien erfüllen.[77]

[76] Dies gilt auch für die Tage des Untersuchungszeitraums mit den niedrigsten Renditen, verursacht durch die Asien- und die Russland-Krise (28.10.1997, 21.8.1998, 1.10.1998).

[77] Seit Juni 2000 werden die DAX-Optionen am Abend bis über 17.30 Uhr hinaus gehandelt. Die Transaktionen nach dieser Uhrzeit werden aus Gründen der besseren Vergleichbarkeit mit den früheren Monaten nicht berücksichtigt. Ihre Einbeziehung würde aber, wie Kontrollrechnungen zeigen, nahezu exakt die gleichen Ergebnisse erbringen.

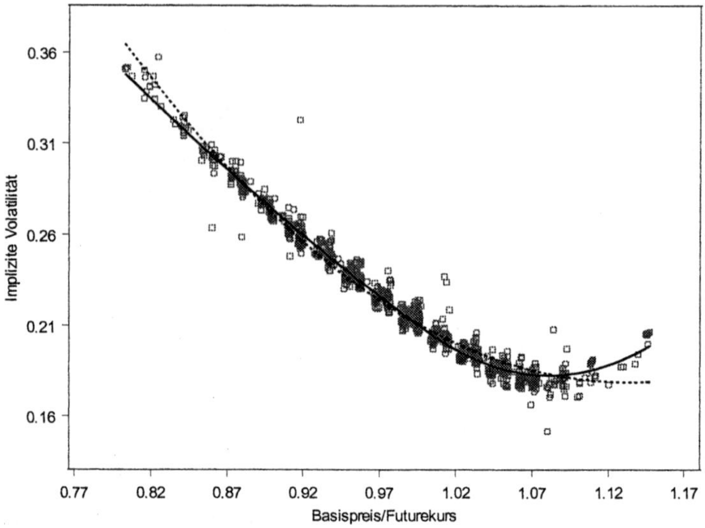

Abb. 5.5. Handelsabschlüsse am 21. Mai 1999 in DAX-Optionen mit einer Restlaufzeit von 28 Kalendertagen. Gestrichelte Linie: quadratische Regression; durchgezogene Linie: WLS Spline-Regression

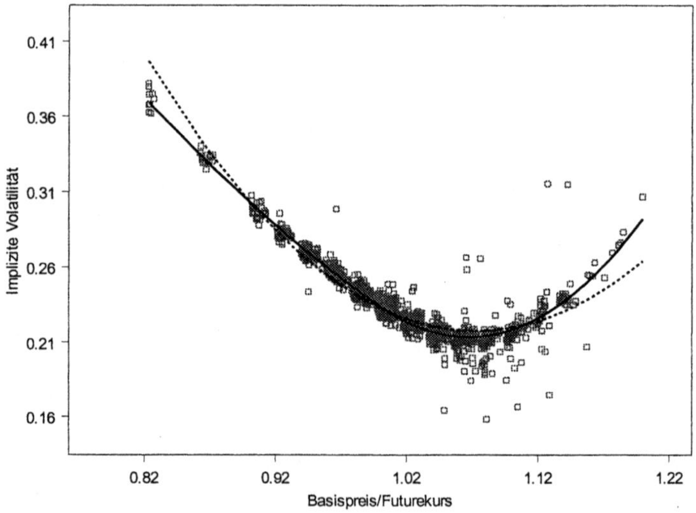

Abb. 5.6. Handelsabschlüsse am 30. Juli 1999 in DAX-Optionen mit einer Restlaufzeit von 21 Kalendertagen. Gestrichelte Linie: quadratische Regression; durchgezogene Linie: WLS Spline-Regression

Die Abbildungen 5.5 und 5.6 zeigen beispielhaft typische Punktwolken der impliziten Volatilitäten zusammen mit der geschätzten quadratischen Regressionsfunktion gemäß (5.14) (gestrichelte Linie) und der erweiterten Spline-Regressionsfunktion (5.15) (durchgezogene Linie). In der überwiegenden Mehrzahl aller Fälle ist ein Skew zu beobachten (Abb. 5.5). Die impliziten Volatilitäten sinken mit abnehmender Rate bis zu einer Moneyness deutlich größer Null, ehe sie bei hoher Moneyness wieder leicht ansteigen. Dieser Anstieg geht in der quadratischen Regressionsfunktion im Gegensatz zur Spline-Funktion verloren. Ein ‚echter' Smile tritt nur selten auf, dann aber fast ausschließlich bei einer kurzen Restlaufzeit von weniger als 45 Tagen (Abb. 5.6). Für Optionen mit längerer Restlaufzeit ergibt sich oft ein mit zunehmender Moneyness nahezu linear abfallender Verlauf der impliziten Volatilitäten. Weitgehend unabhängig von der Restlaufzeit beträgt das durchschnittliche adjustierte lineare Bestimmtheitsmaß der Regressionen im Untersuchungszeitraum etwa 95%. Somit kann bei gegebener Restlaufzeit der größte Teil der Variation der impliziten Volatilitäten auf die Variation der Moneyness zurückgeführt werden.

5.2.5 Basispreisstruktur der impliziten Volatilitäten bei konstanter Restlaufzeit

Wie bereits in Abschnitt 5.2.3 ausgeführt wurde, konzentriert sich das Handelsvolumen der DAX-Optionen auf die beiden kürzesten jeweils verfügbaren Restlaufzeiten. Den Preisen dieser Optionen gilt daher das Hauptinteresse der Marktteilnehmer. Bei der Konstruktion des Volatilitätsindexes VDAX war die Eurex bestrebt, eine Periodenlänge auszuwählen, die für möglichst viele Anleger relevant ist und zugleich Sondereffekte vermeidet, die bei einer extrem kurzen Restlaufzeit auftreten. Aus diesen Überlegungen heraus hat sich die Eurex für eine Restlaufzeit von 45 Kalendertagen entschieden. Dieser Auswahl folgend, wird in diesem Abschnitt die Smile-Struktur für eine konstante Restlaufzeit von 45 Kalendertagen[78] genauer untersucht. Dabei sollen insbesondere Determinanten der Veränderungen der Struktur im Zeitablauf identifiziert werden.

5.2.5.1 Interpolation zwischen angrenzenden Restlaufzeiten

Optionen mit der gewünschten Restlaufzeit werden an den meisten Tagen nicht gehandelt. Daher wird die gesuchte Basispreisstruktur an jedem Tag $t \in \{1, ..., 1506\}$ des Untersuchungszeitraums aus den geschätzten Regressionsfunktionen für die beiden benachbarten Laufzeiten mittels linearer Interpolation zwischen den impliziten Varianzen bestimmt:[79]

[78] Dies entspricht etwa 33 Handelstagen.
[79] Siehe z. B. Wilmott (1998), S. 290.

$$\widehat{\sigma}^2_{imp,t}(M, T_0 = t + 45) = \frac{T_2 - T_0}{T_2 - T_1}\widehat{\sigma}^2_{imp,t}(M, T_1) + \frac{T_0 - T_1}{T_2 - T_1}\widehat{\sigma}^2_{imp,t}(M, T_2), \tag{5.16}$$

mit: T_0 : Fälligkeitstermin bei einer (fiktiven) Restlaufzeit von 45 Kalendertagen,
T_1 : späteste verfügbare Fälligkeit vor oder gleich T_0,
T_2 : früheste verfügbare Fälligkeit nach T_0.

Im Durchschnitt wird die T_1-Option in 31 (Kalender-)Tagen, die T_2-Option in 61 Tagen fällig. Tabelle 5.10 enthält die Mittelwerte und die Standardabweichungen der täglichen geschätzten Regressionskoeffizienten sowie die durchschnittlichen Bestimmtheitsmaße $\overline{R}^2$ für die Restlaufzeiten T_1 and T_2. Die Standardabweichung wird berechnet nach:

$$s_{\widehat{\beta}_i} = \sqrt{\frac{1}{1505}\sum_{t=1}^{1506}\left(\widehat{\beta}_{it} - \overline{\widehat{\beta}}_i\right)^2} \quad \text{mit } \overline{\widehat{\beta}}_i = \frac{1}{1506}\sum_{t=1}^{1506}\widehat{\beta}_{it}\,, \qquad (i = 0, 1, 3),$$

wobei $\widehat{\beta}_{it}$ der Schätzwert für den Koeffizienten β_i am Tag t ist. Daraus errechnet sich der t-Wert $\overline{\widehat{\beta}}_i / s_{\widehat{\beta}_i} \cdot \sqrt{1506}$. In der letzten Spalte sind die Mittelwerte der Koeffizienten für eine Restlaufzeit von 45 Tagen abgetragen, die täglich durch lineare Interpolation zwischen den Koeffizienten der benachbarten Restlaufzeiten ermittelt wurden.[80]

Die durchschnittliche implizite ATM-Volatilität[81], gegeben durch $\overline{\widehat{\beta}}_0$, beträgt 21,24% für die T_1-Optionen und 21,93% für die T_2-Optionen. Die Fristenstruktur der impliziten Volatilitäten verlief demnach im betrachteten Laufzeitenbereich im Durchschnitt leicht ansteigend. Wie erwartet, ergibt sich durchschnittlich ein negativer Koeffizient $\widehat{\beta}_1$ sowie ein positiver $\widehat{\beta}_2$-Parameter, so dass die Funktion ihr Minimum in der Regel bei einer Moneyness deutlich größer Null erreicht. Wegen des höheren $\overline{\widehat{\beta}}_2$-Werts ist die typische Regressionsfunktion für T_1-Optionen stärker gekrümmt als diejenige für T_2-Optionen. Der im Durchschnitt signifikant positive Parameter $\widehat{\beta}_3$ bedeutet eine stärkere Erhöhung der Steigung der Funktion (2. Ableitung) für $M > 0$ im Vergleich zum Bereich $M \leq 0$.

Die Standardabweichungen in Tabelle 5.10 zeigen beträchtliche Schwankungen der geschätzten Regressionskoeffizienten von Tag zu Tag an. Daraus

[80] Die daraus resultierende Funktion entspricht einer Interpolation zwischen den impliziten Volatilitäten und nicht den impliziten Varianzen. Legt man Gleichung (5.16) zugrunde, gelten die Koeffizienten also nur näherungsweise. Allerdings ist der Unterschied zwischen beiden Interpolationsarten hier vernachlässigbar gering ist. Zum Beispiel sind die auf beiden Wegen bestimmten Verläufe der at-the-money Volatilitäten praktisch ununterscheidbar.

[81] Wenn im Folgenden vereinfachend von der *impliziten at-the-money Volatilität* gesprochen wird, ist stets das *at-the-money Niveau der impliziten Volatilität* gemeint.

	$T_1(\leq 45$ Tage$)$	$T_2(> 45$ Tage$)$	T=45 Tage
$\overline{\widehat{\beta}_0}$ $s_{\widehat{\beta}_0}$ (t-Wert)	0,2124 0,0833 (99,0)	0,2193 0,0820 (103,8)	0,2158
$\overline{\widehat{\beta}_1}$ $s_{\widehat{\beta}_1}$ (t-Wert)	-0,1404 0,0516 (-105,6)	-0,1599 0,0542 (114,5)	-0,1505
$\overline{\widehat{\beta}_2}$ $s_{\widehat{\beta}_2}$ (t-Wert)	0,0830 0,0861 (37,4)	0,0477 0,1664 (11,1)	0,0659
$\overline{\widehat{\beta}_3}$ $s_{\widehat{\gamma}_2}$ (t-Wert)	0,1744 0,1676 (40,4)	0,1613 0,3120 (20,1)	0,1647
$\overline{R}^2$	94,73%	96,30%	

Tabelle 5.10. Mittelwert, Standardabweichung und t-Werte der täglichen Koeffizientenschätzer für den Zeitraum von 1995 bis 2000

lässt sich aber das Ausmaß der Veränderungen der Smile-Struktur nicht unmittelbar ablesen. Die Koeffizienten könnten durch die gemeinsame Regressionsschätzung so miteinander verknüpft sein, dass ein höherer Wert des einen Parameters mit einem niedrigeren Wert eines anderen einhergeht, ohne dass sich die Regressionsfunktion wesentlich verändert. Zum Beispiel drückt sich der Zusammenhang der Steigungsparameter $\widehat{\beta}_1$ und $\widehat{\beta}_2$ für die T_1- und T_2-Optionen in signifikant positiven Stichprobenkorrelationen von $0,516$ bzw. $0,340$ aus.

Das Ausmaß der Verknüpfung der Regressionskoeffizienten hängt entscheidend von der Definition der Moneyness ab. So erhält man bei einer Darstellung der impliziten Volatilität als Funktion des Verhältnisses aus Basispreis und Futurekurs $\widetilde{X} = X/F$ für die zwei Funktionen $\widetilde{X} \rightarrow f$: $f(\widetilde{X}) = 1,8 - 2,7\widetilde{X} + 1,1\widetilde{X}^2$ und $\widetilde{X} \rightarrow g : g(\widetilde{X}) = 2,897 - 4,9\widetilde{X} + 2,2\widetilde{X}^2$ trotz stark divergierender Koeffizienten sehr ähnliche Verläufe im Intervall $0,93 \leq \widetilde{X} \leq 1,07$. Dies liegt darin begründet, dass bei realistischen Moneyness-Werten nahe Eins das Niveau der impliziten Volatilität durch die Summe aller drei Regressionskoeffizienten bestimmt wird. Dadurch gleicht der niedrigere Steigungsparameter von $-4,9$ der Funktion g im Vergleich zu $-2,7$ für Funktion f den Einfluss der beiden anderen, höheren Parameter in etwa aus.[82] Die Regressionskoeffizienten lassen sich daher getrennt voneinander kaum sinnvoll interpretieren. Überträgt man die genannten Funktionen auf die hier verwendete Moneyness-Definition nach (5.13), so erhält man bei Annahme einer Restlaufzeit von 45 Tagen die neue Schreibweise der obigen Funktionen $M \rightarrow f : f(M) = 0,2 - 0,176M + 0,136M^2$ und

[82] Schätzt man die Basispreisstruktur auf der Grundlage dieser Moneyness-Definition, ergibt sich im Untersuchungszeitraum eine fast perfekte Korrelation der geschätzten Steigungsparameter für die Variablen $\tilde{X}$ und $\tilde{X}^2$ von mehr als $0,99$, vgl. Hafner/Wallmeier (2000); siehe auch Dumas et al. (1998), S. 2078 f.

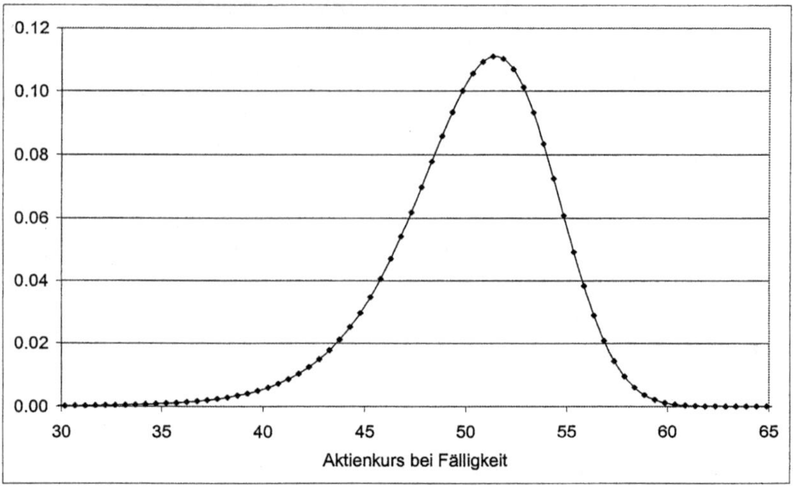

Abb. 5.7. Zustandspreisdichte entsprechend der durchschnittlichen IV-Kurve für eine Optionslaufzeit von 45 Tagen

$M \to g : g(M) = 0,197 - 0,176M + 0,271M^2$ für $-0,199 \leq M \leq 0,199$.[83]
Der absolute Term und der erste Steigungsparameter der Funktionen f und g weichen jetzt nur noch geringfügig voneinander ab, weil sie direkt die ATM-Volatilität und die Steigung der Funktion im ATM-Punkt wiedergeben. In diesen Werten müssen ähnlich verlaufende Smile-Funktionen in etwa übereinstimmen. Daher ist hier eine sinnvolle Interpretation der einzelnen Regressionskoeffizienten und ihrer zeitlichen Veränderungen grundsätzlich möglich.

Aus der Basispreisstruktur der impliziten Volatilitäten für eine Laufzeit von 45 Tagen lassen sich die Callpreise zu beliebigen Basispreisen rückgewinnen. Die Kenntnis sämtlicher Callpreise wiederum ist nach dem bekannten Ergebnis von Breeden/Litzenberger (1978) gleichbedeutend mit der Kenntnis der Zustandspreisdichte für den Aktienkurs bei Fälligkeit.[84] Abbildung 5.7 zeigt diejenige Dichtefunktion, die der durchschnittlichen Smile-Struktur bei einer Optionslaufzeit von 45 Tagen entspricht.[85] Die Funktion weist eine ausgeprägte negative Schiefe auf, wie sie für die an Aktienindexmärkten be-

[83] Unter den genannten Bedingungen gilt allgemein mit α_i $(i = 0, 1, 2)$ als festen Parametern: $\sigma = \alpha_0 + \alpha_1 \tilde{X} + \alpha_2 \tilde{X}^2 = \alpha_0 + \alpha_1 + \alpha_2 + (\alpha_1 + 2\alpha_2)\sqrt{T}M + \alpha_2 TM^2$.

[84] Die Zustandspreisdichte entspricht an einem vollständigen Markt, an dem alle Optionen durch dynamische Handelsstrategien mit dem Basispapier und dem risikolosen Finanztitel perfekt dupliziert werden können, der risikoneutralen Wahrscheinlichkeitsdichte, vgl. Kapitel 3 dieser Arbeit.

[85] Vgl. die Parameter der letzten Spalte von Tabelle 5.10. Der Koeffizient β_3 wurde auf 0 gesetzt, weil sonst an der Stelle, die der Moneyness $M = 0$ entspricht, ein Sprung mit einem negativen Zustandspreis auftritt; diese Schwierigkeit wurde bereits in Abschnitt 5.2.4.2, S. 178, diskutiert.

obachteten Optionspreise typisch ist.[86] Der linksschiefe Verlauf und die im Vergleich zur logarithmischen Normalverteilung höhere Kurtosis spiegeln die gleichen Abweichungen von der Black/Scholes-Welt wider, die auch an den impliziten Volatilitäten erkennbar sind.

5.2.5.2 Kennzahlen zur Charakterisierung der Smile-Struktur

Im Folgenden sollen Kennzahlen definiert werden, die sich zur Charakterisierung des Smile eignen, indem sie unterschiedliche Merkmale der Struktur beleuchten. Es werden für diesen Zweck nicht einfach die Regressionskoeffizienten herangezogen, weil sie einzeln betrachtet nicht anzeigen, wie stark die impliziten Volatilitäten für zwei unterschiedliche Ausprägungen der Moneyness divergieren. Diese Niveauunterschiede hängen von der Steigung der Funktion ab, die wiederum bei $M \neq 0$ von den beiden Koeffizienten β_1 und β_2 gemeinsam bestimmt wird. Die weiteren Analysen beziehen sich daher auf die folgenden drei Kennzahlen:[87]

1. **At-the-money Volatilität als Maß für das allgemeine Niveau der impliziten Volatilitäten** (ATM)
   Diese Variable entspricht dem absoluten Term $\widehat{\beta}_0$ der Regressionsfunktion (5.15). Die weiteren Kennzahlen verwenden die in Relation zu ATM ausgedrückten impliziten Volatilitäten, um das Basisniveau der Smile-Kurve nicht erneut einzubeziehen.
2. **Spanne von OTM-Puts zu OTM-Calls zur Beschreibung des Ausmaßes des Skew** (SP)
   Diese Kennzahl ist definiert als:

$$SP_t = \frac{\widehat{\sigma}_{imp,t}(M_1) - \widehat{\sigma}_{imp,t}(M_2)}{ATM_t}$$

$$\text{mit } M_1 = \frac{0,95 - 1}{\sqrt{45/365}} \text{ und } M_2 = \frac{1,05 - 1}{\sqrt{45/365}}.$$

   Die Werte $\widehat{\sigma}_{imp,t}(M_i), i \in \{1,2\}$ entsprechen dabei den nach (5.16) in Verbindung mit (5.15) bestimmten impliziten Volatilitäten für eine Restlaufzeit von 45 Kalendertagen. M_1 und M_2 wurden so gewählt, dass der eingeschlossene Moneyness-Bereich an jedem Börsentag durch gehandelte Optionen abgedeckt wird, um auf diese Weise eine zuverlässige Schätzung von $\sigma_{imp,t}(M_i)$ zu gewährleisten.

---

[86] Vgl. z. B. Shimko (1993), S. 37, Rubinstein (1994), S. 784, Derman/Kani (1994), S. 36, Derman/Zou (2001), S. 111.

[87] Aus diesen Kennzahlen lässt sich die Smile-Funktion nicht vollständig reproduzieren, weil in die Berechnungen nur drei Punkte der Funktion einfließen, die Funktion aber vier Parameter enthält. Der Informationsverlust wird zu Gunsten einer besseren Interpretierbarkeit der Kennzahlen in Kauf genommen.

3. **Relative Differenz zweier Spannen *SP1* und *SP2* als Maß für die durchschnittliche Konvexität (*KX*)**
Um diese Variable zu berechnen, wird die Gesamtspanne SP in zwei additive Komponenten aufgespalten:

$$SP1_t = \frac{\widehat{\sigma}_{imp,t}(M_1) - ATM_t}{ATM_t} \quad \text{mit} \quad M_1 = \frac{0,95 - 1}{\sqrt{45/365}}$$
$$SP2_t = \frac{ATM_t - \widehat{\sigma}_{imp,t}(M_2)}{ATM_t} \quad \text{mit} \quad M_2 = \frac{1,05 - 1}{\sqrt{45/365}}.$$

Die grafische Darstellung der typischen Verlaufsformen des Smile hat bereits gezeigt, dass die Spanne *SP1* in aller Regel höher ausfällt als die Spanne *SP2*. Die Differenz beider Werte, bezogen auf die Höhe der Gesamtspanne, kann als ein einfaches Maß für die durchschnittliche Konvexität oder Krümmung der Funktion im Basispreisbereich zwischen M_1 und M_2 aufgefasst werden.[88] Die Variable KX wird demnach wie folgt berechnet:[89]

$$KX_t = \frac{SP1_t - SP2_t}{SP1_t + SP2_t}.$$

5.2.5.3 Zeitliche Veränderungen des Smile

Abbildung 5.8 zeigt den Verlauf der täglichen at-the-money Volatilitäten im Untersuchungszeitraum. Nach dem relativ niedrigen Niveau der ersten zwei Jahre und dem starken Anstieg im Jahr 1997 bewegen sich die Werte in der Folgezeit vorwiegend zwischen 0,2 und 0,3. Spitzen bis zu fast 0,6 treten im September und Oktober 1998 parallel zu einem außergewöhnlichen Kursverfall des DAX auf.

Die Wahl einer standardisierten Restlaufzeit von 45 Kalendertagen erfolgte in dieser Arbeit in Anlehnung an den von der Deutschen Börse veröffentlichten Volatilitätsindex VDAX. Die Eurex berechnet für jede gehandelte Restlaufzeit der DAX-Option einen Subindex aus den impliziten Volatilitäten der beiden Calls und Puts, deren Basispreise dem DAX-Forwardpreis für diese Laufzeit am nächsten liegen. Aus den Subindizes der zwei angrenzenden Restlaufzeiten wird daraufhin die gesuchte implizite Volatilität für eine Laufzeit von 45 Tagen durch lineare Interpolation ermittelt. In Abbildung 5.9 ist die Differenz zwischen dem VDAX und der Kennzahl *ATM* abgetragen. An den meisten Tagen divergieren die Werte um weniger als einen Prozentpunkt. Lediglich in Phasen mit einem hohen Niveau der at-the-money

[88] Zur mathematischen Definition der Krümmung einer Funktion in einem bestimmten Punkt vgl. z. B. Bronstein et al. (1997), S. 215.

[89] Diese Größe wird wesentlich durch den Regressionskoeffizienten β_2 beeinflusst. Die Korrelation der täglichen Ausprägungen von KX mit den täglichen Schätzwerten $\widehat{\beta}_2$ beträgt 0,70.

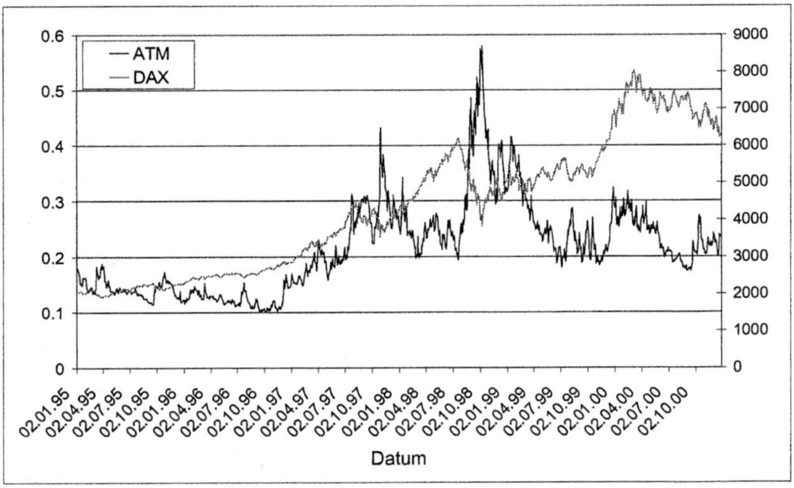

Abb. 5.8. Tägliche Werte der Kennzahl *ATM* und des DAX (Schlusskurse) im Zeitraum 1995 bis 2000

Volatilitäten sind größere Abweichungen zu beobachten. Sie häufen sich an Tagen mit hohen absoluten DAX-Renditen, die eine Intraday-Veränderung der Smile-Kurve nach sich ziehen. Der aus Schlusskursen berechnete VDAX liefert dann ein zeitpunktgenaues Abbild, während die Kennzahl *ATM*, in deren Berechnung alle Handelsabschlüsse eines Tages eingehen, das *durchschnittliche* Tagesniveau der impliziten Volatilitäten widerspiegelt.[90] Trotz dieses Unterschieds und der hier gewählten Regression im Gegensatz zur Interpolation der Eurex weisen beide Zeitreihen eine fast vollständig positive Korrelation von $0,997$ auf. Dies bestätigt nochmals die Eignung der in dieser Arbeit gewählten Schätzmethode.

Abbildung 5.10 zeigt, dass die Spannen *SP1* und *SP2* durchgängig positive Werte annehmen. Die Basispreisstruktur der impliziten Volatilitäten entspricht somit im gesamten Untersuchungszeitraum einem Skew und nicht einem symmetrischen Smile. Im Durchschnitt liegt die implizite Volatilität von Optionen mit einem Verhältnis aus Basispreis und Futurekurs von $0,95$ (Moneyness M_1) um 11,83% über der ATM-Volatilität, während Optionen der Moneyness M_2 um 8,18% darunter liegen. Die mittlere Gesamtspanne $(SP1 + SP2) \cdot ATM$ beläuft sich auf 0,0396. Im Vergleich dazu haben Zou/Derman (1999) am US-Aktienmarkt eine höhere Gesamtspanne von etwa 0,05 erhoben. Auffällig ist in Deutschland die Abnahme des Ausmaßes des

[90] Nicht zu erklären ist dadurch allerdings die negative Differenz zwischen der Kennzahl *ATM* (0,2731) und dem VDAX (0,3424) in Höhe von 0,0693 am 15.8.1997. Auch bei einer genauen Analyse der Optionspreise dieses Tages ist nicht erkennbar, wie ein so hohes Niveau des VDAX zustande kam.

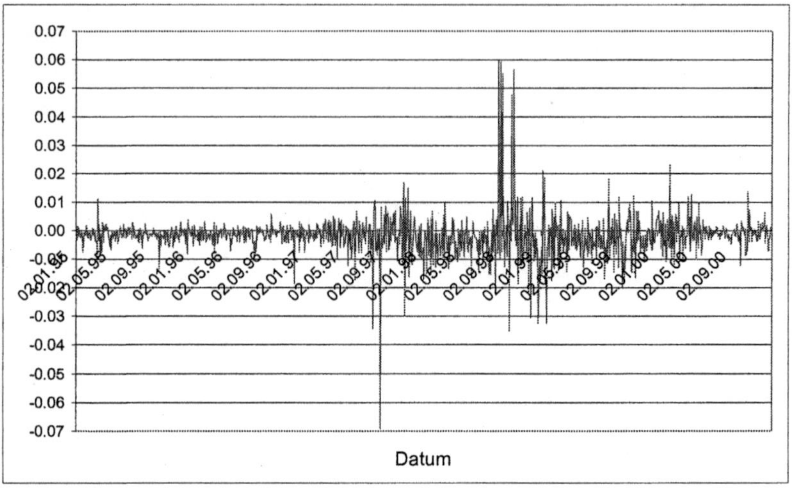

Abb. 5.9. Tägliche Werte der Differenz der Kennzahl *ATM* und des VDAX im Zeitraum 1995 bis 2000

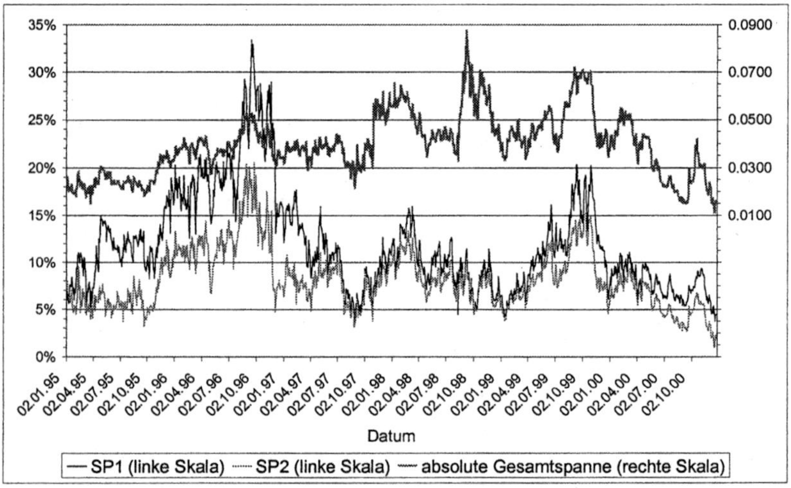

Abb. 5.10. Zeitreihe der Spannen *SP*1 und *SP*2 sowie der absoluten Gesamtspanne $(SP1 + SP2) \cdot ATM$ im Zeitraum 1995 bis 2000

Skew seit März 2000, die zu einem historisch gesehen sehr niedrigen Niveau der Gesamtspanne im letzten Monat des Untersuchungszeitraums führt.

	$\ln(ATM_t/ATM_{t-1})$	$\ln(SP_t/SP_{t-1})$	$\ln(KX_t/KX_{t-1})$
$\ln(ATM_t/ATM_{t-1})$	1,000	-0,579**	-0,260**
$\ln(SP_t/SP_{t-1})$		1,000	-0,031
$\ln(KX_t/KX_{t-1})$			1,000

Tabelle 5.11. Stichprobenkorrelationen im Zeitraum von 1995 bis 2000 (**: auf dem Niveau von 0,01 signifikante Werte)

In Tabelle 5.11 sind die Korrelationen der täglichen Veränderungen der Kennzahlen ATM, SP und KX eingetragen. Eine Erhöhung der ATM-Volatilität geht demnach tendenziell mit einer Reduzierung der relativen Spanne SP einher, so dass die Dynamik des Smile nicht (allein) durch eine proportionale Verschiebung aller impliziten Volatilitäten zum ATM-Niveau beschrieben werden kann. Gleichzeitig geht auch die mittlere Krümmung, gemessen durch KX, tendenziell zurück.

Abbildung 5.11 zeigt die Autokorrelationsfunktion (ACF) und die Funktion der partiellen Autokorrelationen (PACF) für SP. Der langsame Abfall von ACF weist auf einen Einheitswurzelprozess („unit root process"), einen trendstationären Prozess oder einen stationären Prozess mit einer hohen charakteristischen Wurzel hin.[91] Mit dem erweiterten Dickey-Fuller-Test kann die Nullhypothese eines Einheitswurzelprozesses auf den üblichen Signifikanzniveaus nicht abgelehnt werden. Es ist jedoch bekannt, dass die Trennschärfe der verfügbaren Tests oft nicht ausreicht, um zwischen Einheitswurzelprozessen und stationären Prozessen mit hoher Autokorrelation zu unterscheiden.[92] Einmalige Veränderungen von Einheitswurzelprozessen wirken sich dauerhaft auf das Niveau der Zufallsvariable aus, so dass die Varianz mit zunehmender Periodenlänge unbegrenzt steigt. Ein solches Verhalten lässt sich aber für die hier betrachteten Kennzahlen theoretisch nicht rechtfertigen. So wird die Spanne der impliziten Volatilitäten selbst dann durch das Arbitragefreiheitspostulat nach oben begrenzt, wenn gravierende Abweichungen von den Black/Scholes-Bedingungen auftreten. Daher ist in Übereinstimmung mit theoretischen Überlegungen davon auszugehen, dass die Spanne SP einem stationären Prozess folgt. Gleiches gilt für die Variablen ATM und KX, die ähnliche Verläufe der Autokorrelationsfunktionen aufweisen wie die Spanne SP.[93]

[91] Vgl. Enders (1995), S. 211.
[92] Vgl. Enders (1995), S. 261.
[93] Im Gegensatz hierzu führt Dartsch (1999) aus, die Entwicklung des VDAX könne durch einen Random Walk-Prozess beschrieben werden, weil die Nullhypothese eines Autokorrelationskoeffizienten von Eins nicht auf üblichen Signifikanzniveaus abzulehnen sei (S. 141-146).

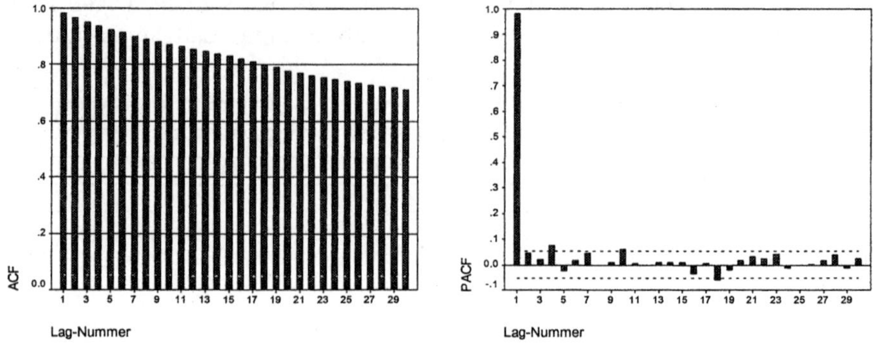

Abb. 5.11. Autokorrelationen (ACF) und partielle Autokorrelationen (PACF) für SP

Die ATM- und SP-Zeitreihen weisen partielle Autokorrelationen nahe Null für Phasenverschiebungen von mehr als einem Tag auf (s. Abb. 5.11 für die Variable SP). Es liegt deshalb nahe, diese Variablen durch einen AR(1)-Prozess zu modellieren:[94]

$$ATM_t = a_0^{(1)} + a_1^{(1)} ATM_{t-1} + \varepsilon_t^{(1)}, \quad \left|a_1^{(1)}\right| < 1 \tag{5.17}$$

$$SP_t = a_0^{(2)} + a_1^{(2)} SP_{t-1} + \varepsilon_t^{(2)}, \quad \left|a_1^{(2)}\right| < 1 \tag{5.18}$$

mit $a_0^{(i)}$ und $a_1^{(i)}, i \in \{1,2\}$ als feste Parameter. Tabelle 5.12 enthält die Koeffizientenschätzungen für den Gesamtzeitraum und drei zweijährige Teilperioden. Der geschätzte Autokorrelationskoeffizient $\widehat{a}_1^{(1)}$ für die Variable ATM beträgt in allen Teilperioden mindestens 0,96. Der Parameter $\widehat{a}_1^{(2)}$ liegt im Zeitraum von 1997 bis 1998 bei etwa 0,95, übertrifft aber in den übrigen Perioden jeweils den Wert 0,98. Die optimalen Prognosen s Tage im Voraus sind für die AR(1)-Prozesse (5.17) und (5.18) bei bekannten Werten der Zeitreihen für die Zeitpunkte $t, t-1, \ldots$ gegeben durch:

$$\overline{ATM}_{t+s} = c^{(1)} + \left(a_1^{(1)}\right)^s (ATM_t - c^{(1)}),$$

$$\overline{SP}_{t+s} = c^{(2)} + \left(a_1^{(2)}\right)^s (SP_t - c^{(2)}),$$

mit:

$$c^{(1)} = \frac{a_0^{(1)}}{1 - a_1^{(1)}} \quad \text{und} \quad c^{(2)} = \frac{a_0^{(2)}}{1 - a_1^{(2)}}.$$

Die Schätzwerte für die Koeffizienten $c^{(1)}$ und $c^{(2)}$ gehen aus Tabelle 5.12 hervor. Wie aufgrund von Abbildung 5.8 zu erwarten war, verdoppelt sich

[94] Siehe ähnlich für S&P 100-Optionen Stein (1989), S. 1013.

in etwa das durchschnittliche Niveau der ATM-Volatilitäten von der ersten zur zweiten Teilperiode. Der Schätzwert für die langfristig erwartete Spanne ($\hat{c}^{(2)}$) sinkt gleichzeitig von 26,3% auf 17,5% der Volatilität ATM. Insgesamt erscheinen die geschätzten Koeffizienten hinreichend stabil, um zu folgern, dass vergangenheitsbezogene Schätzungen des AR(1)-Modells eine sinnvolle Prognose der Variablen ATM und SP für den nächsten Tag ermöglichen.

	1995-1996	**1997-1998**	**1999-2000**	**1995-2000**
$\widehat{a}_0^{(1)}$	0,0047	0,0061	0,0060	0,0023
$\widehat{a}_1^{(1)}$	0,9646	0,9784	0,9750	0,9895
$\widehat{c}^{(1)}$	0,1328	0,2824	0,2400	0,2190
$\widehat{a}_0^{(2)}$	0,0047	0,0090	0,0022	0,0032
$\widehat{a}_1^{(2)}$	0,9821	0,9487	0,9861	0,9838
$\widehat{c}^{(2)}$	0,2626	0,1754	0,1583	0,1975

Tabelle 5.12. Geschätzte Koeffizienten eines AR(1)-Prozesses für ATM und SP

Die Analyse der Zeitreihe der Krümmungsvariable KX ergab positive und nicht vernachlässigbare partielle Autokorrelationskoeffizienten für Phasenverschiebungen von einem Tag bis zu vier Tagen. Ein AR(1)-Prozess kann daher nicht angenommen werden. Die Modellierung dieser Variable ist für das weitere Vorgehen nicht erforderlich und soll deshalb nicht im Detail untersucht werden.

5.2.5.4 Einflussgrößen der Dynamik des Smile

5.2.5.4.1 Erklärende Variablen

Die hohen Bestimmtheitsmaße der Regressionsanalyse der Basispreisstruktur der impliziten Volatilitäten lassen es als aussichtsreich erscheinen, die Veränderungen des geschätzten Smile durch ökonomische Faktoren zu erklären. Als erklärende Variablen dienen Proxyvariablen für die in Abschnitt 2.3.2 skizzierten theoretischen Erklärungsansätze. Das Ziel der Untersuchung besteht darin, Anhaltspunkte für die treibenden Kräfte der Dynamik der Smile-Kurve zu finden, um die relative Bedeutung der alternativen Erklärungshypothesen besser beurteilen zu können.

Wie in Kapitel 3 dargelegt wurde, spiegelt die Basispreisstruktur der impliziten Volatilitäten an einem Kapitalmarkt ohne Transaktionskosten und andere Friktionen exakt die Zustandspreisdichte wider. Diese wiederum ist an einem vollständigen Kapitalmarkt mit der risikoneutralen Endverteilung identisch. Daher käme es einer Tautologie gleich, wollte man die Dynamik der Smile-Kurve mit Hilfe der Veränderungen der Momente der risikoneutralen Verteilung „erklären“. Aus diesem Grund wird nicht versucht, Variablen aus der (fiktiven) risikoneutralen Welt zu bestimmen und in die Untersuchung einzubeziehen.

Zunächst werden die berücksichtigten Determinanten für die Spanne und Konvexitätsvariable aufgelistet, ehe eine Teilmenge davon für die Erklärung des Volatilitätsniveaus ATM ausgewählt wird.

Die erste Gruppe der erklärenden Variablen beschreibt die Verteilung der Renditen innerhalb eines Tages durch die Standardabweichung ($VOLMN$), Schiefe ($SKMN$) und Kurtosis ($KTMN$) der Stichprobenverteilung. Für jedes von N gleich langen Intervallen n, $n = 1, ..., N$, wird die stetige Rendite $R_{t,n} = \ln(D_{t,n}/D_{t,n-1})$ berechnet, wobei $D_{t,n}$ dem letzten, aus dem Futurekurs rückgerechneten DAX-Stand des Intervalls n entspricht. Die Variablen $VOLMN$, $SKMN$ und $KTMN$ ergeben sich dann aus:[95]

$$VOLMN_t = \sqrt{\frac{1}{N-1}\sum_{n=1}^{N}\left(R_{t,n} - \widehat{\mu}_t^{MN}\right)^2},$$

$$SKMN_t = \frac{N}{(N-1)(N-2)} \cdot \frac{\sum_{n=1}^{N}\left(R_{t,n} - \widehat{\mu}_t^{MN}\right)^3}{(VOLMN_t)^3},$$

$$KTMN_t = \frac{N(N+1)}{(N-1)(N-2)(N-3)} \cdot \frac{\sum_{n=1}^{N}\left(R_{t,n} - \widehat{\mu}_t^{MN}\right)^4}{(VOLMN_t)^4},$$

mit:

$$\widehat{\mu}_t^{MN} = \frac{1}{N}\sum_{n=1}^{N} R_{t,n}.$$

Bei der Wahl von N sind zwei gegenläufige Effekte auszugleichen. Einerseits ist eine hohe Zahl von Teilperioden wünschenswert, weil dadurch unter der Annahme einer gleichbleibenden Verteilung der Grundgesamtheit die Schätzfehler sinken. Andererseits besteht bei einer sehr feinen Periodeneinteilung die Gefahr, dass Besonderheiten der Marktmikrostruktur wie die Geld-Brief-Spanne und die Preisnotierung in diskreten Kurssprüngen die Ergebnisse verzerren.[96] Als Kompromiss wird hier eine Intervalllänge von fünf Minuten verwendet.[97] Die nicht überlappende Berechnungsweise bringt es mit sich, dass Ausreißer nur die Schätzung eines einzelnen Tages beeinflussen und Strukturbrüche schnell erkannt werden.

Neben den Variablen $VOLMN$, $SKMN$ und $KTMN$ für die Stichprobenverteilung *eines Tages* werden mit der Volatilität ($VOL33$), der Schiefe ($SK33$) und der Kurtosis ($KT33$) auch die Momente der Stichprobenverteilung der Tagesrenditen *während der letzten 33 Handelstage* einbezogen. Die

---

[95] Die Kurtosis wird hier – anders als in Abschnitt 5.1.4, S. 158 – nicht um die Kurtosis der Standardnormalverteilung bereinigt.

[96] Vgl. Campbell et al. (1997), S. 83-144.

[97] Siehe ebenso Andersen et al. (1999).

Periodenlänge von 33 Tagen gleicht der Laufzeit der analysierten Optionen. Bezeichnet D_t den zum letzten Futurepreis des Tages t korrespondierenden DAX-Stand und $R_t = \ln(D_t/D_{t-1})$ die stetige Tagesrendite, so berechnen sich die Variablen wie folgt:

$$VOL33_t = \sqrt{\frac{1}{32}\sum_{k=1}^{33}(R_{t-k+1} - \widehat{\mu}_t^{33})^2},$$

$$SK33_t = \frac{33}{32 \cdot 31} \cdot \frac{\sum_{k=1}^{33}\left(R_{t-k+1} - \widehat{\mu}_t^{33}\right)^3}{(VOL33_t)^3},$$

$$KT33_t = \frac{33 \cdot 34}{32 \cdot 31 \cdot 30} \cdot \frac{\sum_{k=1}^{33}\left(R_{t-k+1} - \widehat{\mu}_t^{33}\right)^4}{(VOL33_t)^4},$$

mit:

$$\widehat{\mu}_t^{33} = \frac{1}{33}\sum_{k=1}^{33} R_{t-k+1}.$$

Im Gegensatz zu $VOLMN$, $SKMN$ und $KTMN$ überlappen sich die Zeitfenster der Variablen $VOL33$, $SK33$ und $KT33$, wodurch sie zwangsläufig autokorreliert sind. Die Konsequenzen der Autokorrelation für die Untersuchungsmethode werden im folgenden Abschnitt 5.2.5.4.2 behandelt.

Sofern die Verteilungsparameter der Kurshistorie die aktuelle Verteilung gut annähern, ist zu erwarten, dass mit einem Anstieg der Volatilitätskennzahlen $VOLMN$ und $VOL33$ das Niveau der impliziten Volatilitäten zunimmt. Bei einer stärker negativen Schiefe sowie einer steigenden Kurtosis ist eine zunehmende Spanne der impliziten Volatilitäten zu erwarten.

Die nächste erklärende Variable $VVOL$ steht stellvertretend für die Standardabweichung der Volatilität in stochastischen Volatilitätsmodellen. Der Parameter misst die Unsicherheit über den Grad der Renditestreuung und deckt damit einen wichtigen Aspekt des Anlagerisikos ab. Mit höherem Grad der Unsicherheit sollte der Smile sich stärker ausprägen. Die Variable $VVOL$ wird als Standardabweichung der relativen Volatilitätsveränderungen wie folgt definiert:

$$VVOL_t = \sqrt{\frac{1}{32}\sum_{k=1}^{33}\left(R_{t-k+1}^V - \widehat{\mu}_t^V\right)^2}, \qquad \widehat{\mu}_t^V = \frac{1}{33}\sum_{k=1}^{33} R_{t-k+1}^V,$$

mit: $R_t^V = \ln\left(VOLMN_t/VOLMN_{t-1}\right)$.

Nach den Bewertungsmodellen mit stochastischen Volatilitäten hängt der Verlauf der impliziten Volatilitäten außerdem von der Korrelation zwischen den DAX-Renditen und der DAX-Volatilität ab. Je weiter die Korrelation unter Null sinkt, desto stärker müsste sich ein Skew mit einer hohen Spanne

SP und einer vergleichsweise geringen Krümmung KX herausbilden. Um diesen Einfluss zu erfassen, wird die Variable $CORR$ aufgenommen, die dem Korrelationskoeffizienten der Volatilitätsrenditen R_t^V mit den stetigen DAX-Renditen R_t in der Stichprobe der letzten 33 Handelstage entspricht.

Eine weitere gängige Erklärung für die Smile-Struktur stellt auf die Möglichkeit von Kurssprüngen im Preisprozess des Basispapiers ab. Kurssprünge sind allerdings in diskreten Zeitreihen schwer zu identifizieren. Als sehr einfache Proxyvariable ($JUMP$) dient hier die stetige Rendite vom Schlusskurs des einen bis zum Eröffnungskurs des folgenden Börsentags in Relation zur Vortagesvolatilität $VOLMN_{t-1}$. Ein hoher $JUMP$-Wert bedeutet einen, gemessen an der Volatilität des letzten Tages, starken Kursanstieg. Die Variable $JUMP$ kann als standardisierte Rendite verstanden werden, die auf das Eintreffen neuer Informationen außerhalb der Börsenzeiten zurückzuführen ist. Negative Informationen – also negative $JUMP$-Werte – sollten die Spanne SP tendenziell erhöhen, wenn die Informationen ein erhöhtes Risiko eines starken Kursrutsches signalisieren. Während $JUMP$ die Rendite über die nächtliche Handelspause hinweg repräsentiert, gibt $DAXRT$ die stetige Rendite eines Tages von der Börseneröffnung bis zum Börsenschluss an. Die Variable kann als Maß für das kurzfristige Marktmomentum interpretiert werden.

Die letzte erklärende Variable ($POTMP$) soll einen wichtigen Teilaspekt der Bedeutung von Marktfriktionen abbilden. Zu diesem Zweck wird das tägliche Handelsvolumen (Anzahl der gehandelten Kontrakte) in OTM-Puts ins Verhältnis gesetzt zum gesamten Handelsvolumen des gleichen Tages. Alle Puts, deren Moneyness gemäß (5.13) weniger als -0,1424 ausmacht, werden dabei als „aus dem Geld" definiert. Nach der bereits erläuterten Hypothese, dass Optionshändler vor allem bei OTM-Puts auf das kostenintensive Hedging angewiesen sind, müsste die Spanne SP positiv mit der Kennzahl $POTMP$ verknüpft sein. OTM-Calls werden nicht in die Variable einbezogen, weil bei ihnen keine so starke Konzentration der Verkaufspositionen auf die Market Maker zu erwarten ist wie bei OTM-Puts.[98]

Als Determinanten der ATM-Volatilität wird nur ein Teil der bisher genannten Variablen in Betracht gezogen. Auch wenn die implizite ATM-Volatilität nicht mit der wahren Volatilität der DAX-Rendite gleichgesetzt werden darf, ist doch ein positiver Zusammenhang zwischen den Stichprobenvolatilitäten $VOLMN$ und $VOL33$ mit der Variable ATM zu erwarten. Darüber hinaus kann auch die Streuung der Volatilität ($VVOL$) den Preis von ATM-Optionen beeinflussen. Im Modell von Heston (1993a) sinkt der Preis dieser Optionen, wenn unter sonst gleichen Bedingungen die Streuung der Volatilität zunimmt.[99] Schließlich werden die Variablen $JUMP$ und $DAXRT$ aufgenommen, weil in Theorie und Praxis die Auffassung verbrei-

[98] Der Kauf einer Aktie bei gleichzeitigem Verkauf eines Call auf diese Aktie ist auch für Privatanleger nicht ungebräuchlich (Strategie des "covered call writing").

[99] Vgl. Campenhausen (1996), S. 60.

tet ist, dass negative Renditen des Basispapiers einen Anstieg der impliziten ATM-Volatilitäten bewirken und umgekehrt.

5.2.5.4.2 Untersuchungsmethode

Es soll unterstellt werden, dass die zu erklärende Variable Y_l linear von den unabhängigen Variablen X_{li} abhängt und außerdem zufälligen Einflüssen unterliegt, die in einem Störterm ε_l mit einem Erwartungswert von Null erfasst werden:

$$Y_{lt} = \alpha_{l0} + \sum_{i=1}^{I_l} \alpha_{li} X_{lit} + \varepsilon_{lt}, \qquad t = 1, ..., n, \tag{5.19}$$

mit $l \in \{1,2,3\}; Y_1 = ATM; Y_2 = SP; Y_3 = KX$ und $I_1 = 5; I_2 = I_3 = 11$. Die Parameter $\alpha_{li}(i = 0, ..., I_l)$ sind Regressionsparameter. Die Variable X_{1i} entspricht dem i-ten Element der Menge von Variablen $\{VOLMN, VOL33, VVOL, JUMP, DAXRT\}$ und $X_{2i} = X_{3i}$ ist definiert als i-tes Element der Menge $\{VOLMN, SKMN, KTMN, VOL33, SK33, KT33, VVOL, CORR, JUMP, DAXRT, POTMP\}$. Die Störterme werden für verschiedene l als unabhängig voneinander angenommen. Gleichung (5.19) stellt ein reines Erklärungsmodell dar und eignet sich nicht zur Prognose der unabhängigen Variablen, weil die abhängigen und unabhängigen Variablen sich auf den gleichen Zeitpunkt beziehen.

Das klassische lineare Regressionsmodell setzt voraus, dass die Störterme unterschiedlicher Zeitpunkte t unkorreliert sind. In Zeitreihenanalysen ist diese Prämisse generell in Frage zu stellen, weil die Störterme eine Reihe nicht explizit berücksichtigter Einflüsse repräsentieren, die zum Beispiel zeitlichen Trends unterliegen können. Tatsächlich erzeugen die Regressionen gemäß (5.19) hochgradig autokorrelierte Residuen, die den Schluss zulassen, dass auch die Störterme autokorreliert sind. Die normalen Kleinste-Quadrate-Schätzwerte für die Regressionskoeffizienten sind daher ineffizient und diejenigen für die Standardfehler verzerrt.

Eine gebräuchliche Methode zum Umgang mit seriell korrelierten Störtermen besteht darin, sie durch einen AR(1)-Prozess zu modellieren und daraufhin die Verallgemeinerte-Kleinste-Quadrate-Methode anzuwenden.[100] Dieses Vorgehen ist als *iterative Cochrane-Orcutt-Schätzung* bekannt.[101] Da-

[100] Vgl. z. B. Kmenta (1997), S. 314 f. In einem ähnlichen Zusammenhang wird die Methode z. B. von Longstaff (1995) eingesetzt.

[101] Alternativ dazu wird vorgeschlagen, das Problem autokorrelierter Störterme zu beheben, indem die unabhängigen Variablen zusätzlich noch phasenverschoben in das Regressionsmodell aufgenommen werden. Grundsätzlich erscheint dieser Ansatz der Verallgemeinerten-Kleinste-Quadrate-Schätzung überlegen, weil er an der Modellspezifikation ansetzt, statt ein Schätzverfahren für ein fehlspezifiziertes Modell zu suchen, vgl. Granger et al. (1998). Allerdings nimmt bei diesem Vorgehen die Zahl der erklärenden Variablen erheblich zu. Außerdem weisen die unabhängigen Variablen unter Umständen eine hohe Multikollinearität auf, siehe Theil (1971b), S. 259.

nach wird die Kleinste-Quadrate-Schätzung auf die modifizierte Gleichung:

$$Y_{lt} - \rho Y_{lt-1} = \alpha_{l0}(1-\rho) + \sum_{i=1}^{I_l} \alpha_{li}(X_{lit} - \rho X_{lit-1}) + u_{lt}, \qquad t = 1, ..., n, \tag{5.20}$$

angewendet, wobei man den Parameter ρ $(-1 < \rho < 1)$ so wählt, dass die Summe der quadrierten Residuen minimiert wird. Die neue Störgröße wird in (5.20) durch u_l symbolisiert.

Eine andere Möglichkeit, die Autokorrelation der Störterme zu berücksichtigen, basiert auf der Verallgemeinerten Momente-Methode (Generalized Method of Moments, GMM) von Hansen (1982). Zunächst wird die gewöhnliche Kleinste-Quadrate-Methode auf (5.19) angewendet, um unverzerrte und konsistente Schätzwerte für die Regressionskoeffizienten zu erhalten. Mit Hilfe der GMM werden daraufhin konsistente Schätzwerte für die Kovarianzen der Regressionskoeffizienten gewonnen. Im Falle autokorrelierter Störterme kann dazu ein Verfahren von Newey/West (1987) eingesetzt werden.[102]

Die Newey-West-Schätzung erfordert nicht die Vorgabe einer bestimmten Struktur der Kovarianzmatrix Ω der Störterme. Falls die Struktur bekannt ist, wird diese Information nicht explizit zur Verbesserung der Schätzung genutzt. Es liegt in einem solchen Fall nahe, die Matrix Ω aus der Stichprobe heraus zu schätzen und die Verallgemeinerte Kleinste-Quadrate-Methode anzuwenden. Insbesondere bietet sich das spezielle Cochrane-Orcutt-Verfahren an, wenn die Störterme einem AR(1)-Prozess folgen. Da dies im vorliegenden Fall näherungsweise zutrifft, wird vorzugsweise diese Methode eingesetzt. Die Ergebnisse der Newey-West-Schätzung werden nur am Rande zu Vergleichszwecken herangezogen.

5.2.5.4.3 Empirische Ergebnisse

Die empirischen Ergebnisse der Regressionsanalyse sind in den Tabellen 5.13 und 5.14 zusammengefasst.[103] Darin bezeichnet $\widehat{\rho}$ die Autokorrelation der Residuen im letzten Iterationsschritt des Cochrane-Orcutt-Verfahrens. Mit diesen Koeffizienten werden die abhängigen und unabhängigen Variablen gemäß (5.20) transformiert. R^2_{adj} entspricht dem adjustierten linearen Bestimmtheitsmaß. Die geschätzten Regressionsparameter werden als standardisierte Koeffizienten mit in Klammern angefügten t-Werten angegeben. Um die Stabilität der Ergebnisse zu überprüfen, wird – wie schon zuvor – der Untersuchungszeitraum in drei gleich lange Subperioden unterteilt.

[102] Vgl. z. B. Greene (1997), S. 506, und Campbell et al. (1997), S. 534. Dieses Verfahren setzen Pena et al. (1999) in einer Untersuchung der Smile-Struktur von Aktienindexoptionen am spanischen Aktienmarkt ein.

[103] Beim Vergleich mit den Ergebnissen von Hafner/Wallmeier (2000) ist zu beachten, dass in dieser Arbeit die abhängigen Variablen anders definiert wurden. Insbesondere wird die Spanne SP nicht in absoluter Höhe berechnet sondern in Relation zur jeweiligen at-the-money Volatilität.

Im Unterschied zum hier eingesetzten iterativen Verfahren bricht die *zweistufige Cochrane-Orcutt-Schätzung* bereits nach dem ersten Iterationsschritt ab.[104] Dabei ergäben sich deutlich niedrigere Schätzwerte für die Autokorrelationskoeffizienten und insgesamt höhere Bestimmtheitsmaße und t-Werte. Ursächlich dafür ist das bekannte Problem der „spurious regression“:[105] Eine Regressionsanalyse mit hoch autokorrelierten abhängigen und erklärenden Variablen suggeriert sehr häufig einen engen Zusammenhang, auch wenn die Variablen in Wahrheit unverbunden sind.[106] Die Standardfehler der Stichprobenregressionskoeffizienten des ersten Schritts werden dadurch unterschätzt. Es sind mehrere Iterationsschritte erforderlich, um dieses Problem zu beheben.[107] Die iterativ geschätzten Autokorrelationskoeffizienten $\widehat{\rho}$ bewegen sich bei der Erklärung der Variablen ATM und SP zwischen 0,94 und 0,98. Je mehr sich der Autokorrelationskoeffizient an Eins annähert, umso weniger unterscheidet sich das iterative Cochrane-Orcutt-Verfahren von einer Differenzenbildung vor der Regressionsanalyse. Letztere produziert daher hier keine wesentlich anderen Ergebnisse.

abh. Variable	ATM			
Zeitraum	**1995-96**	**1997-98**	**1999-00**	**1995-2000**
$\widehat{\rho}$	0,96	0,97	0,97	0,98
R^2_{adj} (in %)	21,9	37,2	22,1	29,7
F-Wert	29,03**	60,23**	29,68**	128,2**
$\widehat{\alpha}_{1,1}[VOLMN]$	0,196 (4,65**)	0,436 (11,28**)	0,231 (5,67**)	0,364 (15,91**)
$\widehat{\alpha}_{1,2}[VOL33]$	0,120 (2,86**)	0,158 (4,26**)	0,144 (3,65**)	0,137 (6,23**)
$\widehat{\alpha}_{1,3}[VVOL]$	0,082 (2,04*)	0,000 (0,00)	-0,051 (-1,30)	0,001 (0,03)
$\widehat{\alpha}_{1,4}[JUMP]$	-0,370 (-7,85**)	-0,217 (-5,27**)	-0,265 (-6,03**)	-0,219 (-8,88**)
$\widehat{\alpha}_{1,5}[DAXRT]$	0,027 (0,56)	-0,083 (-1,97*)	-0,125 (-2,80**)	-0,100 (-4,00**)
* (**): signifikant auf dem 5% (1%) Niveau				

Tabelle 5.13. Determinanten der impliziten at-the-money Volatilität

Nach den Angaben in Tabelle 5.13 können in den drei Teilperioden zwischen 21,9% und 37,2% der Variation der transformierten Variable ATM auf die Variation der transformierten erklärenden Variablen zurückgeführt

[104] Vgl. Kmenta (1997), S. 315.
[105] Vgl. Hamilton (1994), S. 557-562.
[106] Vgl. Granger/Newbold (1974).
[107] Die asymptotischen Eigenschaften der zweistufigen Cochrane-Orcutt-Methode unterscheiden sich nicht von denen des iterativen Verfahrens. In kleinen Stichproben können sich aber trotzdem beträchtliche Abweichungen ergeben, siehe Harvey (1990), S. 194.

abh. Variable	SP				KX
Zeitraum	**1995-96**	**1997-98**	**1999-00**	**95-2000**	**95-2000**
$\widehat{\rho}$	0.98	0.94	0.94	0,98	0,83
R^2_{adj} (in %)	15,6	20,5	5,9	14,1	6,8
F-Wert	9,40**	12,67**	2,67**	20,23**	9,55**
$\widehat{\alpha}_{l,1}[VOLMN]$	-0,162 (-3,16**)	-0,171 (-3,53**)	-0,144 (-2,13*)	-0,155 (-5,11**)	0,007 (0,21)
$\widehat{\alpha}_{l,2}[SKMN]$	-0,047 (-1,00)	0,098 (2,23*)	-0,043 (-0,69)	0,030 (1,07)	0,017 (0,59)
$\widehat{\alpha}_{l,3}[KTMN]$	0,073 (1,55)	0,070 (1,56)	0,072 (1,12)	0,060 (2,18*)	0,003 (0,09)
$\widehat{\alpha}_{l,4}[VOL33]$	-0,075 (-1,58)	-0,144 (-3,25**)	0,020 (0,35)	-0,087 (-3,22**)	-0,192 (-6,11**)
$\widehat{\alpha}_{l,5}[SK33]$	-0,019 (-0,30)	-0,020 (-0,45)	-0,184 (-2,83**)	0,000 (0,01)	0,01 (0,34)
$\widehat{\alpha}_{l,6}[KT33]$	-0,087 (-1,49)	-0,055 (-1,26)	0,072 (1,10)	-0,078 (-2,61**)	0,077 (2,52*)
$\widehat{\alpha}_{l,7}[VVOL]$	-0,020 (-0,47)	0,070 (1,65)	0,135 (2,29*)	0,041 (1,56)	0,003 (0,10)
$\widehat{\alpha}_{l,8}[CORR]$	0,127 (2,61**)	-0,001 (-0,02)	0,134 (2,22*)	0,075 (2,70**)	0,86 (2,83**)
$\widehat{\alpha}_{l,9}[JUMP]$	0,224 (4,37**)	0,193 (4,04**)	0,002 (0,03)	0,194 (6,44**)	0,000 (0,01)
$\widehat{\alpha}_{l,10}[DAXRT]$	0,001 (0,02)	-0,036 (-0,73)	0,125 (1,80)	-0,007 (-0,23)	0,098 (2,96**)
$\widehat{\alpha}_{l,11}[POTMP]$	0,118 (2,58**)	0,229 (5,07**)	-0,053 (-0,88)	0,129 (4,54**)	-0,024 (-0,81)
* (**): signifikant auf dem 5% (1%) Niveau					

Tabelle 5.14. Determinanten der Basispreisstruktur der impliziten Volatilitäten

werden. Die Nullhypothese, dass die Regressionskoeffizienten für die Volatilitätsvariablen $VOLMN$ und $VOL33$ Null betragen, wird in allen Perioden auf dem 1%-Signifikanzniveau abgelehnt. In Übereinstimmung mit den theoretischen Erwartungen ist von einem positiven Zusammenhang zwischen diesen Variablen und dem ATM-Niveau der impliziten Volatilitäten auszugehen. Auch die negativen Stichprobenregressionskoeffizienten der Übernachtrendite $JUMP$ sind auf dem Signifikanzniveau von 1% statistisch gegen Null gesichert. In abgeschwächter Form ergeben sich ähnliche Resultate für die DAX-Tagesrendite $DAXRT$, deren Koeffizienten bei zweiseitiger Formulierung der Alternativhypothese in der Gesamtperiode und der dritten Teilperiode auf dem 1%-Niveau und in der zweiten Teilperiode auf dem 5%-Niveau signifikant von Null verschieden sind. Demnach verlagert sich mit einer hohen Sicherheitswahrscheinlichkeit der ATM-Punkt der Smile-Kurve nach oben, wenn die aktuelle Kursentwicklung des DAX nach unten gerichtet ist, und umgekehrt. Ein signifikanter Zusammenhang der Variable $VVOL$, welche die Streuung der Volatilität misst, zur Variable ATM lässt sich hingegen nur in der ersten Subperiode nachweisen.

Die adjustierten R^2-Werte der Regression der relativen Spanne SP auf elf erklärende Variablen unterscheiden sich in den einzelnen Zeitabschnitten deutlich (s. Tab. 5.14): Von der Variation der Spanne werden zwischen 5,9% im Zeitraum von 1999 bis 2000 und 20,5% in den zwei Jahren vorher erklärt. In jedem Fall aber wird die Nullhypothese, dass zwischen der abhängigen Variable und den erklärenden Variablen keine lineare Abhängigkeit besteht, gegenüber der Alternativhypothese eines linearen Zusammenhangs mit einer Sicherheitswahrscheinlichkeit von mindestens 99% abgelehnt. Die Koeffizienten für die Variablen $VOLMN$, $VOL33$ und $JUMP$ sind wiederum in fast allen Perioden signifikant von Null verschieden, das Vorzeichen der Korrelation mit SP dreht sich aber im Vergleich zur Korrelation mit ATM um. Mit einer niedrigeren Volatilität der DAX-Rendite und einer höheren Übernachtrendite geht demnach zwar eine Reduzierung des ATM-Niveaus einher, gleichzeitig steigt aber typischerweise die relative Spanne, das heißt die impliziten Volatilitäten von OTM-Puts und Calls sinken nicht in gleichem Maße wie die implizite ATM-Volatilität. Umgekehrt gelten die gleichen Zusammenhänge. Nimmt man ATM als weitere erklärende Variable in das Regressionsmodell auf, so erhält man einen hoch signifikanten t-Wert von -14 für den entsprechenden Stichprobenregressionskoeffizienten. Die signifikante Korrelation der Variablen $VOLMN$ und $VOL33$ mit der relativen Spanne SP verschwindet. Als *Zwischenergebnis* ist festzuhalten, dass die Smile-Kurve bei Veränderungen des ATM-Niveaus der impliziten Volatilitäten keine proportionale Streckung oder Stauchung erfährt, sondern sich eher bei gleichbleibender absoluter Spanne nach oben oder unten verschiebt. Zwischen der absoluten Spanne ($SP \cdot ATM$) und ATM ist keine signifikante Korrelation feststellbar. Dies erklärt auch die im Vergleich zu Tabelle 5.14 erheblich niedrigeren Bestimmtheitsmaße bei der Analyse der Determinanten der absoluten Spanne in der Studie von Hafner/Wallmeier (2000). Der dort gefundene signifikante Einfluss von $VVOL$ auf die absolute Spanne überträgt sich nicht auf die relative Spanne SP. Zwar liegen die geschätzten Koeffizienten in zwei Teilperioden und im Gesamtzeitraum deutlich im positiven Bereich, nur in den letzten zwei Jahren aber kann die Nullhypothese eines Regressionskoeffizientens von Null mit einer Sicherheitswahrscheinlichkeit von 95% abgelehnt werden. Im Gegensatz dazu ermittelt die Newey-West-Methode im Gesamtzeitraum eine signifikant positive Abhängigkeit zwischen $VVOL$ und ATM.

Die Ergebnisse bestätigen die Vermutung einer positiven Abhängigkeit zwischen der Spanne SP und dem prozentualen Anteil gehandelter OTM-Puts $POTMP$. Die Nullhypothese eines Regressionskoeffizienten von Null ist mit Ausnahme der dritten Teilperiode auf dem 1%-Signifikanzniveau abzulehnen. Die Bedeutung von Transaktionskosten und Liquiditätseffekten für die Preise von Indexoptionen haben schon früher Longstaff (1995) für den US-Markt und Pena et al. (1999) für den spanischen Finanzmarkt betont.

Die Vorzeichen der übrigen Stichprobenregressionskoeffizienten sind entweder uneinheitlich (s. die Variablen $KTMN$ und $KT33$) oder sie widersprechen den theoretischen Erwartungen. Letzteres trifft besonders auf die Korrelation zwischen den DAX-Renditen und den Volatilitätsveränderungen zu. Der Skew sollte sich verstärken, wenn die – überwiegend negativen – $CORR$-Werte noch weiter ins Negative abrutschen und umgekehrt. Die positiven und zum Teil signifikanten Stichprobenregressionskoeffizienten stehen dieser Vorstellung entgegen. Allerdings verflüchtigt sich der positive Zusammenhang, sobald das at-the-money Niveau ATM als zusätzliche erklärende Variable aufgenommen wird.

An den Ergebnissen der Regressionsanalyse mit der abhängigen Variable KX fällt der extrem negative geschätzte Koeffizient für die erklärende Variable $VOL33$ in Höhe von $-6,11$ auf (s. Tab. 5.14). Wenn sich die Volatilität erhöht und die impliziten Volatilitäten parallel dazu ansteigen, sinkt demnach die Differenz zwischen den Teilspannen $SP1$ und $SP2$: Die durchschnittliche Konvexität, gemessen anhand von KX, nimmt ab. Eine überzeugende ökonomische Erklärung dafür ist aber kaum zu geben, weil sich aus den theoretischen Überlegungen zur Optionsbewertung in einer Welt, in der wesentliche Annahmen von Black/Scholes verletzt sind, keine eindeutigen Anhaltspunkte für die Einflüsse ergeben, denen die Krümmung der Smile-Kurve unterliegen sollte.

5.2.6 Fristenstruktur der impliziten Volatilitäten am Geld

Die bisherige Analyse bezog sich auf Optionen mit einer konstanten Restlaufzeit von 45 Tagen. Ergänzend dazu soll in diesem und im folgenden Abschnitt untersucht werden, wie sich die impliziten Volatilitäten der DAX-Option bei unterschiedlichen Restlaufzeiten verhalten. Zunächst wird nur die Struktur der am Geld befindlichen Optionen betrachtet („term structure of volatility“).

Ein ansteigender oder fallender Kurvenverlauf könnte darauf zurückzuführen sein, dass Renditevolatilitäten zu einem langfristigen „Normalniveau“ tendieren („mean reversion“).[108] Durch diese Tendenz wird die Schwankung der Rendite über einen langen Anlagezeitraum gedämpft. Die Streuung der annualisierten Durchschnittsvolatilität nimmt mit zunehmender Periodendauer ab. Wenn die Volatilität in einem bestimmten Zeitpunkt oberhalb des langfristigen Mittelwerts liegt, ergibt sich ein abfallender Verlauf der Volatilitätsstrukturkurve. Im umgekehrten Fall resultiert in der Regel ein monotoner Anstieg der Kurve, allerdings kann sich bei schwach ausgeprägter Mittelwerttendenz auch ein U-förmiger Verlauf einstellen.[109] Betrachtet man die implizite ATM-Volatilität als Indikator für die durchschnittliche Volati-

[108] Vgl. Stein (1989), S. 1012, Tompkins (1994), S. 177, Heynen et al. (1994), Das/Sundaram (1999), S. 216.

[109] Das ergibt sich aus der Analyse eines Optionsmodells mit stochastischer Volatilität bei Das/Sundaram (1999), S. 213 u. 229 f.

lität während der Restlaufzeit,[110] kann demnach ein breites Spektrum von Zeitstrukturkurven der impliziten Volatilität auf das Phänomen der Mittelwerttendenz zurückgeführt werden. Im Gegensatz dazu implizieren Spungdiffusionsmodelle nach einer theoretischen Analyse von Das/Sundaram (1999) stets einen Anstieg der impliziten Volatilität von ATM-Optionen bei zunehmender Restlaufzeit.

Die Fristenstruktur der impliziten Volatilitäten könnte auch als Abbild der Erwartungen der Marktteilnehmer über zukünftige Volatilitätsveränderungen verstanden werden.[111] Wenn die Anleger zum Beispiel nach einer bevorstehenden Wahl mit einem Politikwechsel rechnen, durch den die Volatilität am Aktienmarkt zunimmt, so werden ceteris paribus die impliziten Volatilitäten für Fälligkeiten über den Wahltermin hinaus höher ausfallen als für kürzere Restlaufzeiten. Außerdem besteht die Möglichkeit, dass bestimmte preisbeeinflussende Marktunvollkommenheiten sich je nach Restlaufzeit unterschiedlich stark auswirken. Vor allem die geringe Liquidität langlaufender Optionen könnte sich systematisch in den Preisen und damit auch den impliziten Volatilitäten niederschlagen.

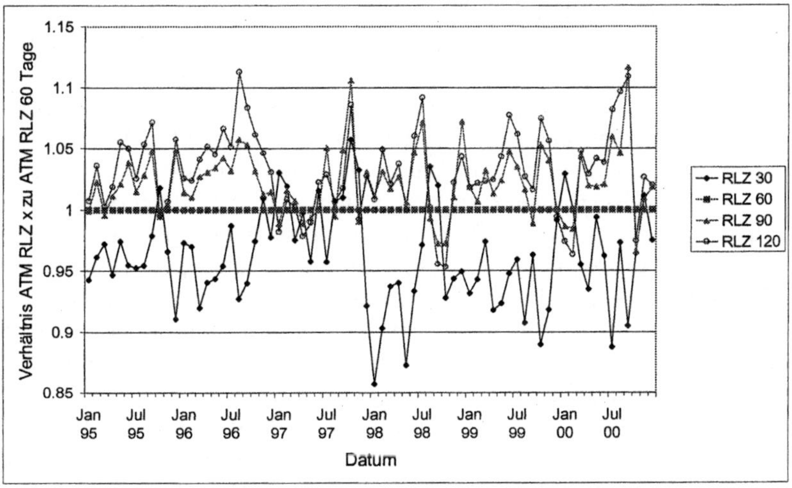

Abb. 5.12. Zeitstruktur der impliziten Volatilitäten am Geld

Um die Fristenstruktur für die DAX-Option zu erheben, wird das in Abschnitt 5.2.4 beschriebene Schätzverfahren auf alle verfügbaren Restlaufzeiten angewendet. Daraufhin werden die Basispreisstrukturen der impliziten Volatilitäten (IV-Kurven) für Restlaufzeiten von 30, 60, 90 und 120 Tagen

[110] Vgl. zur theoretischen Begründung Merton (1973) und später u. a. Heynen et al. (1994), S. 33.
[111] Vgl. z. B. Campa/Chang (1995), Xu/Taylor (1994), Tompkins (1994), S. 174-177.

durch Interpolation auf die gleiche Weise ermittelt, wie vorher schon die IV-Kurve für eine Restlaufzeit von 45 Tagen. Schließlich werden für jede der vier Restlaufzeiten aus den täglich ermittelten impliziten Volatilitäten monatliche Mittelwerte gebildet, um einen komprimierten Überblick zu geben. Abbildung 5.12 zeigt das resultierende Verlaufsmuster für die am Geld liegenden Optionen. Im Untersuchungszeitraum überwiegt sehr deutlich eine Restlaufzeitstruktur mit positiver Steigung.[112] In Anlehnung an entsprechende Zinskurven könnte man von einem regulären Verlauf sprechen. Die Mittelwerttendenz scheint keine dominante Rolle für die Struktur zu spielen, weil sonst häufiger ein inverser Verlauf zu erwarten gewesen wäre. Die Differenz zwischen den ATM-Volatilitäten für Fälligkeiten in vier Monaten und in einem Monat beträgt durchschnittlich etwa 7% der ATM-Volatilität für eine Restlaufzeit von 60 Tagen, also etwa 1,6 Prozentpunkte.

5.2.7 Fälligkeitsstruktur des Smile

Die Mehrzahl der Untersuchungen zur Fälligkeitsstruktur des Smile geht davon aus, dass sich die fallende Kurve der impliziten Volatilitäten mit längerer Optionslaufzeit abflacht. Das/Sundaram fassen diese Erkenntnis in der Aussage zusammen: "it appears indisputable that the implied volatility smile in most markets is deepest at short maturities and flattens out monotonically as maturity increases"[113]. Dabei wird allerdings eine andere Definition der Moneyness verwendet als in dieser Arbeit, da die impliziten Volatilitäten gegenüber dem Verhältnis aus dem Basispreis und dem Futurekurs abgetragen werden, ohne die Restlaufzeit zu berücksichtigen. Mit längerer Restlaufzeit nimmt aber die Streuung der Renditen zu, so dass bei späteren Fälligkeiten eine gegebene Bandbreite von Basispreisen einem geringeren Vielfachen der Volatilität entspricht.[114] Bezieht man diesen Effekt ein und stellt die impliziten Volatilitäten in Abhängigkeit von der veränderten, laufzeitangepassten Moneyness grafisch dar, ergibt sich nach Tompkins (2000) tendenziell ein *steilerer* Verlauf der IV-Kurve bei längeren Laufzeiten.

Ein ähnliches Bild zeigen die Abbildungen 5.13 und 5.14, in denen für die Jahre 1995 bis 2000 die durchschnittlichen Smile-Verläufe für Restlaufzeiten von 30 bis 180 Tagen gezeigt werden. Die durchschnittliche implizite Volatilität für eine vorgegebene Fälligkeit und eine bestimmte Moneyness wurde dabei in gleicher Weise berechnet wie die mittlere ATM-Volatilität im vorigen Abschnitt. Auf der Ordinate wird die prozentuale Abweichung von der impliziten ATM-Volatilität für die jeweilige Optionslaufzeit abgetragen, um die Struktur der Kurven zu verdeutlichen und von Niveauunterschieden zu abstrahieren. In den Jahren 1995 und 1996 ist bei hohen M-Werten für die

[112] Die Studie von Bolek (1999) kommt zu gegensätzlichen Ergebnissen (S. 130), beschränkt sich aber auf das zweite Halbjahr 1995.

[113] Das/Sundaram (1999), S. 216, siehe ähnlich Hull (2000), S. 440.

[114] Vgl. auch Das/Sundaram (1999), S. 216, Fn. 6.

kürzeste Fälligkeit ein Anstieg der impliziten Volatilitäten erkennbar, wodurch sich die Kurve von denjenigen für die längeren Laufzeiten entfernt. Davon abgesehen, weisen die Verläufe für die verschiedenen Fälligkeiten aber ein sehr ähnliches Erscheinungsbild auf. In der Tendenz nimmt, zumindest in den letzten vier Jahren, die Steilheit der Kurve mit längerer Optionslaufzeit leicht zu.

	$\widetilde{X} = 0,9$	$\widetilde{X} = 0,95$	$\widetilde{X} = 1$	$\widetilde{X} = 1,05$	$\widetilde{X} = 1,1$
RLZ 30		9,23	0,00	−6,21	
RLZ 60	15,95	7,63	0,00	−6,25	−10,43
RLZ 90	13,68	6,62	0,00	−5,79	−10,26
RLZ 120	12,34	5,99	0,00	−5,25	−9,40
RLZ 180	11,54	5,68	0,00	−5,15	−9,42

Tabelle 5.15. Laufzeitstruktur des Jahres 2000

Um die Ergebnisse besser mit anderen Studien vergleichen zu können, in denen anstelle der Moneyness M nach Gleichung (5.13) der relative Basispreis $\widetilde{X} = X/F$ als Maß für die „Geldwertigkeit“ einer Option verwendet wird, enthält Tabelle 5.15 beispielhaft für das Jahr 2000 die prozentualen Abweichungen der impliziten Volatilitäten vom ATM-Niveau für $\widetilde{X} = 0,9$; $0,95$; $1,05$; $1,1$.[115] Aus den Zahlen geht hervor, dass die IV-Kurve, dargestellt in Abhängigkeit von $\widetilde{X}$, mit größerer Optionsdauer langsam abflacht.

Nach Das/Sundaram (1999) lässt sich anhand der Fälligkeitsstruktur des Smile sehr genau prüfen, ob Modelle mit stochastischen Volatilitäten oder aber Sprungdiffusionsmodelle besser mit den empirischen Daten vereinbar sind. Die Berechnungen von Das/Sundaram (1999) zeigen bei realistischer Wahl der Parameter eines Sprungdiffusionsmodells ein erheblich schnelleres Abflachen des Smile, als aus Tabelle 5.15 erkennbar ist.[116] Stochastische Volatilitätsmodelle implizieren dagegen eine in etwa gleich bleibende oder nur leicht abfallende Steigung der IV-Kurve.[117] Demnach stehen die empirischen Resultate für die DAX-Option eher im Einklang mit den Voraussagen von stochastischen Volatilitäts- als mit Sprungdiffusionsmodellen. Trotzdem muss bezweifelt werden, dass stochastische Volatilitäten die beobachtete Struktur der impliziten Volatilitäten vollständig erklären können. Bei kurzen Restlaufzeiten von weniger als einem Monat dürften sich die stochastischen Veränderungen der Volatilität theoretisch nicht gravierend auswirken, so dass eine

115 Bei einer Restlaufzeit von 30 Tagen liegen die relativen Basispreise von 0,9 und 1,1 außerhalb des Bereichs der Moneyness M zwischen -0,285 und 0,285. Auf eine Extrapolation wurde verzichtet.

116 Vgl. Das/Sundaram (1999), S. 213, 227 f., und die Beispielrechnungen in Abschnitt 2.3.2.2, S. 57, dieser Arbeit.

117 Vgl. Das/Sundaram (1999), S. 213, und die Tabellen auf S. 229 bis 232. Siehe ähnlich auch Wiggins (1987), S. 366.

weniger ausgeprägte Schiefe zu erwarten wäre, als tatsächlich an verschiedenen Aktienmärkten beobachtet wird.[118]

5.2.8 Zusammenfassung

Die impliziten Volatilitäten der DAX-Option unterscheiden sich im Untersuchungszeitraum je nach Basispreis und Restlaufzeit so gravierend, dass von ökonomisch bedeutsamen Abweichungen von der Black/Scholes-Modellwelt auszugehen ist. Abschnitt 5.2 zielte zum einen darauf ab, ein genaues Abbild der Strukturen der impliziten Volatilitäten und ihrer zeitlichen Veränderungen in einem mehrjährigen Untersuchungszeitraum zu zeichnen. Zum anderen sollte darauf aufbauend untersucht werden, welche Erklärungshypothesen mit den beobachteten Optionspreisen am ehesten vereinbar sind.

Durch die Verwendung von Transaktionsdaten für die DAX-Option und den DAX-Future können der Optionspreis und der Basiskurs nahezu perfekt synchronisiert werden. Als wichtig erweist es sich, den Indexstand um steuerliche Wirkungen von Dividendenzahlungen zu bereinigen, weil sonst Verzerrungen auftreten, die sich in vermeintlichen Verstößen gegen die Put-Call-Parität widerspiegeln. Die notwendige Korrektur wird theoretisch hergeleitet und in ein implizites Schätzverfahren für den Korrekturterm überführt. Zur Modellierung der Basispreisstruktur wird ein Spline-Regressionsmodell vorgeschlagen, das fast durchgängig mehr als 95% der Variation der impliziten Volatilitäten erklärt. In der überwiegenden Mehrzahl aller Fälle sinken die impliziten Volatilitäten mit steigendem Basispreis. Erst bei sehr hohen Basispreisen ist meist ein leichter Anstieg der IV-Kurve erkennbar. Im Durchschnitt sinkt die Volatilität um knapp 4 Prozentpunkte, wenn sich der Basispreis um etwa 10% des aktuellen Futurekurses erhöht. Am Ende des Untersuchungszeitraums allerdings reduziert sich das Ausmaß der Volatilitätsunterschiede deutlich.

Die Veränderungen deskriptiver Kennzahlen der täglich neu geschätzten IV-Kurve lassen sich durch AR(1)-Prozesse modellieren. Die überwiegend hohen geschätzten Autokorrelationskoeffizienten größer 0,95 zeigen an, dass die impliziten Volatilitäten nach sprunghaften Niveau- oder Strukturveränderungen nur langsam zu ihrem langfristigen Mittelwert zurückkehren. Wovon solche Veränderungen ausgelöst werden, wird anhand von Regressionsanalysen mit erklärenden Variablen untersucht, die in Anlehnung an theoretische Überlegungen zur Erweiterung des Black/Scholes-Modells ausgewählt wurden. Auch wenn die Hypothese, dass kein Zusammenhang zwischen den unabhängigen und den abhängigen Variablen besteht, jeweils auf dem 1%-Signifikanzniveau abgelehnt wird, sind die empirischen Resultate in diesem Abschnitt eher uneinheitlich. Eine deutliche Bestätigung erfährt allein die Hypothese, dass die Differenz der impliziten Volatilitäten zwischen OTM-Puts und dem ATM-Niveau von der Höhe der Kundennachfrage nach Puts

[118] Vgl. Tompkins (2000), S. 21, 23.

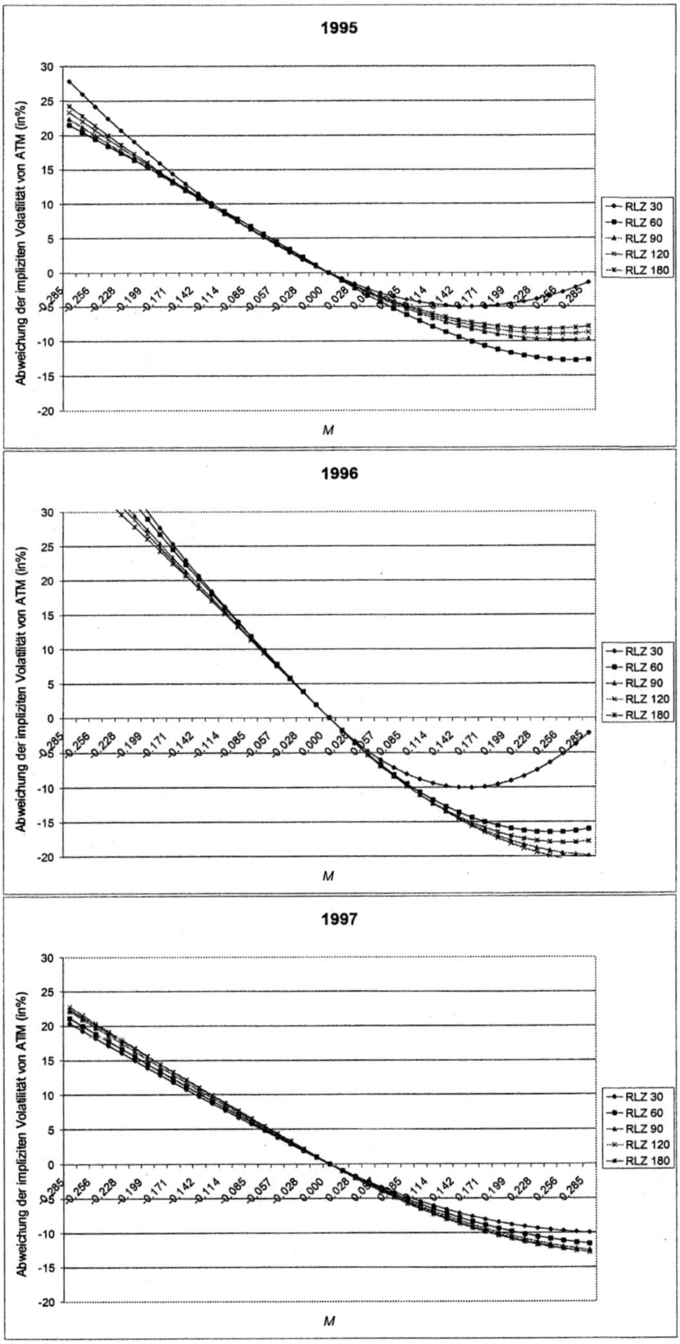

Abb. 5.13. Laufzeitstruktur (I)

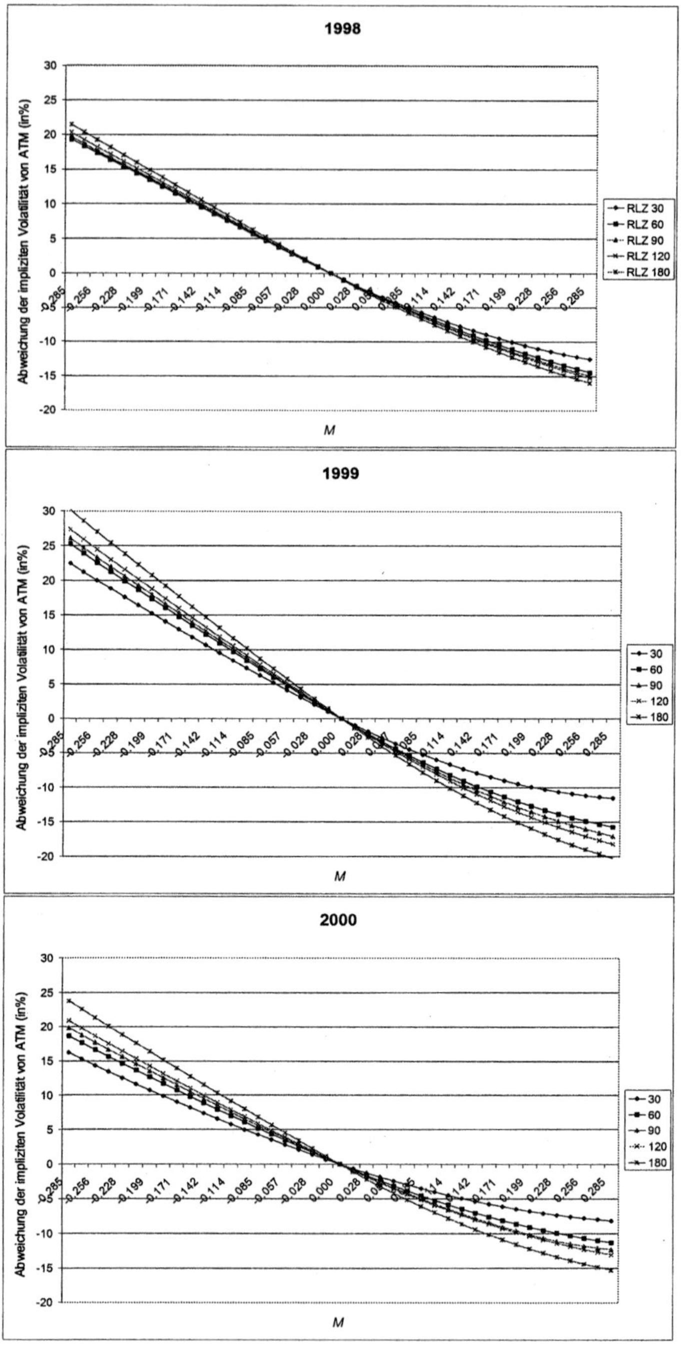

Abb. 5.14. Laufzeitstruktur (II)

abhängt, weil die Market Maker einseitig Verkaufspositionen aufbauen, deren Risiko sie nur durch dynamische Handelsstrategien neutralisieren können.

Die Restlaufzeitstruktur der impliziten Volatilitäten eignet sich in besonderer Weise, um zu entscheiden, ob die empirischen Daten mit Sprungdiffusionsmodellen oder Optionsmodellen mit stochastischer Volatilität kompatibel sind. Es zeigt sich, dass die Steigung der IV-Kurve bei Verlängerung der Optionslaufzeit weitaus weniger stark zurückgeht, als Sprungdiffusionsmodelle erwarten lassen. Klammert man sehr kurze Restlaufzeiten aus, erscheinen stochastische Volatilitätsmodelle eher als geeignet zur Erklärung der Preisbildung am DAX-Optionsmarkt. Eine neuere Variante dieser Modellrichtung wird in Form der impliziten Baumverfahren im folgenden Abschnitt genauer analysiert.

5.3 Test des Modells deterministisch veränderlicher Volatilitäten

5.3.1 Motivation

Die Analyse der impliziten Volatilitäten der DAX-Option in Abschnitt 5.2 hat Abweichungen zum Modell von Black und Scholes aufgedeckt, gab aber keinen klaren Aufschluss über die dafür verantwortlichen ökonomischen Zusammenhänge. Die Fälligkeitsstruktur des Smile legt die Vermutung nahe, dass Veränderungen der Volatilität eine entscheidende Rolle für die Bewertung der DAX-Option spielen. Im einfachsten Fall folgt die Volatilität keinem eigenständigen stochastischen Prozess, sondern verändert sich in deterministischer Weise mit dem (stochastischen) Aktienkurs. Dieses Modell wahrt die Vollständigkeit des Kapitalmarkts und kann als natürliche Erweiterung des Black/Scholes-Modells aufgefasst werden. Ein Indiz für die darin vorausgesetzte Anbindung der lokalen Volatilität an den Aktienkurs liefert die Korrelation zwischen den täglichen relativen Veränderungen des DAX und der impliziten ATM-Volatilität der DAX-Optionen mit einer Restlaufzeit von 45 Tagen. Dabei werden dic Veränderungsgrößen berechnet als $\ln(\mathrm{DAX}_t/\mathrm{DAX}_{t-1})$ bzw. $\ln(ATM_t/ATM_{t-1})$. Die in Tabelle 5.16 eingetragenen Korrelationskoeffizienten für die Jahre 1995 bis 2000 sind durchgängig signifikant negativ und erreichen mit -0,52 bis -0,79 ein Niveau, das im Hinblick auf die Optionsbewertung als ökonomisch relevant erscheint.[119]

1995	1996	1997	1998	1999	2000
-0,5630	-0,7502	-0,7011	-0,7905	-0,5702	-0,5211

Tabelle 5.16. Korrelationskoeffizienten für tägliche relative DAX-Veränderungen und entsprechende Veränderungen der impliziten ATM-Volatilität der DAX-Option

[119] Siehe auch bereits oben die grafische Darstellung in Abbildung 5.8.

Im Folgenden soll geprüft werden, ob das Modell deterministisch veränderlicher Volatilitäten besser als das Black/Scholes-Modell mit den beobachteten Marktpreisen der DAX-Option übereinstimmt. Nach den geleisteten Vorarbeiten kann mit großer Genauigkeit für jeden Handelstag eine Struktur impliziter Volatilitäten aufgestellt werden, aus der sich die zugehörigen Optionspreise leicht gewinnen lassen. Die Strukturen sind den früheren Ergebnissen zufolge von einer Optionsfälligkeit zur nächsten keinen erratischen Schwankungen ausgesetzt, so dass Interpolationen vertretbar erscheinen, um die Lücken zwischen den vorhandenen Restlaufzeiten zu füllen. Zur Schätzung der Parameter des zu testenden Modells bieten sich deshalb implizite Baumverfahren an, die bekannte Optionspreise für beliebige Basispreise und Fälligkeiten voraussetzen. Bevor der Untersuchungsaufbau näher beschrieben wird, sollen im folgenden Abschnitt die bisherigen empirischen Studien mit ähnlicher Zielrichtung zusammengefasst werden.

5.3.2 Bisherige empirische Untersuchungen

Die Datenbasis der Studie von Dumas et al. (1998) umfasst Preise der S&P 500 Indexoption, soweit sie im Zeitraum Juni 1988 bis Dezember 1993 in den letzten 30 Handelsminuten eines Tages zustande kamen und die Optionen eine Restlaufzeit zwischen sechs und 100 Tagen besaßen. Die Autoren geben vier alternative Modelle für die deterministische Entwicklung der Volatilität vor. Die Modellparameter werden wöchentlich an jedem Mittwoch neu geschätzt. Auf dieser Grundlage wird eine bedingte Prognose für jene Optionspreise abgegeben, die sich eine Woche später bei dem dann tatsächlich bestehenden Aktienkurs einstellen müssten. Diese Modellpreise werden schließlich mit den wahren Optionspreisen verglichen. Die Ergebnisse der Studie fallen zu Ungunsten des Modells deterministischer Volatilitäten aus. Die Autoren stellen fest: „The DVF (Deterministic Volatility Function, *Anm. des Verf.*) model performs poorly relative to an ad hoc procedure.“[120] „[H]edge ratios determined by the Black-Scholes model appear more reliable than those obtained from the DVF option valuation model“[121]. Jackwerth (1999) allerdings warnt vor einer zu weitgehenden Interpretation dieser Ergebnisse mit dem Hinweis: „At this point one should not ... dismiss implied binomial trees altogether; competing fully parametric models do not necessarily perform much better.“[122] Diese Vermutung wird gestützt durch eine Studie von Jackwerth/Rubinstein (1996), in der verschiedene Modelle für die bedingte Prognose von Optionspreisen über den Zeitraum von April 1986 bis Dezember 1995 miteinander verglichen werden. Der Prognosezeitraum beträgt zwei Wochen. Die betrachteten Optionen weisen mit 135 bis 215 Tagen erheblich längere Laufzeiten auf als in der Untersuchung von Dumas et al. (1998). Die impliziten Binomialbäume schneiden bei insgesamt unbefriedigender Prognosegüte weder spürbar

[120] Dumas et al. (1998), S. 2101.
[121] Dumas et al. (1998), S. 2104.
[122] Jackwerth (1999), S. 77.

besser noch schlechter ab als die Vergleichsmodelle. Jackwerth (1999) fasst daher zusammen: „In empirical tests, implied binomial trees perform as well (or as poorly) as both parametric models and naive trader rules.“[123]

Im Modell deterministischer Volatilitäten können Optionen durch eine dynamische Handelsstrategie mit dem zugrunde liegenden Basispapier und dem risikolosen Wertpapier exakt nachgebildet werden. Buraschi/Jackwerth (1999) entwickeln einen Test, mit dem sich diese Implikation direkt überprüfen lässt. Den Ergebnissen zufolge ist die Existenz einer solchen Duplikationsstrategie auf einem hohen Signifikanzniveau abzulehnen. Vielmehr werden die Preise der S&P 500 Option durch zusätzliche Risikofaktoren beeinflusst. Offen bleibt, ob es sich dabei um stochastische Volatilitäten oder Zinsen oder um Kurssprünge handelt.

In der Praxis werden die impliziten Preisprozesse vorzugsweise benutzt, um exotische Optionen in Übereinstimmung mit Standardoptionen zu bepreisen. Wie gut sich das Modell für diesen Zweck eignet, untersuchen Hull/Suo (2000). Wegen der unzureichenden Verfügbarkeit von Marktpreisen für gehandelte exotische Optionen nehmen die Autoren an, dass ein bestimmtes stochastisches Volatilitätsmodell den Aktienkursprozess zutreffend beschreibt und alle Preise europäischer Standardoptionen mit diesem Prozess kompatibel sind. Aus dem vorgegebenen Volatilitätsprozess können auch die Preise exotischer Optionen hergeleitet werden. Diesen per Definition korrekten Werten werden jene gegenübergestellt, die sich aus dem (in Wahrheit nicht zutreffenden) Modell deterministischer Volatilitäten ergeben. Geringe Abweichungen würden darauf hindeuten, dass auch in der Realität keine zu großen Fehler entstehen, wenn man das Modell unter Bedingungen einsetzt, die nicht exakt den Modellannahmen entsprechen. Für zusammengesetzte Optionen („compound options“) erhalten Hull/Suo (2000) geringe Bewertungsfehler. Weniger robust verhält sich das Modell hingegen bei der Bewertung von Barrier-Optionen. Die Vernachlässigung der eigenständigen stochastischen Komponente der Volatilität kann sich hier sehr nachteilig auswirken. Offen bleibt in der Arbeit von Hull/Suo (2000) allerdings, ob sich die Ergebnisse robust gegenüber dem als gültig unterstellten Volatilitätsmodell verhalten.

Die bisher einzige veröffentlichte Studie zur Berechnung impliziter Bäume auf der Basis von Preisen der DAX-Option stammt von Neumann (1999) und bezieht sich auf den Zeitraum vom 1.1.97 bis zum 31.12.97. Grundlage bilden an jedem Börsentag die Preise aus der Handelsminute mit den meisten Optionspreisnotierungen.[124] Die Binomialbäume werden mit dem Verfahren von Rubinstein (1994) aufgestellt.[125] Aus dem impliziten Baum werden daraufhin Modellpreise berechnet und den tatsächlichen Marktpreisen gegenübergestellt. Da die Bäume gerade so konstruiert wurden, dass sie eine

[123] Jackwerth (1999), S. 18.

[124] Vgl. Neumann (1999), S. 120.

[125] „[A]us Gründen der Praktikabilität" wird in der Untersuchung von Neumann das Modell von Rubinstein und nicht die Verallgemeinerung von Jackwerth (1997) angewendet; siehe Neumann (1999), S. 194.

möglichst gute Anpassung an die beobachteten Marktpreise gewährleisten, wird mit diesem Vorgehen geprüft, inwieweit das Ergebnis der Modellberechnung mit den ursprünglichen Eingabedaten übereinstimmt. Neumann (1999) stellt fest: „Das Rubinsteinmodell erzielt die mit Abstand geringste Abweichung der theoretischen von den beobachteten Optionspreisen."[126] „Verglichen mit dem Black/Scholes Modell, dem Binomialmodell und dem gemischten Log-Normalmodell besitzt das verallgemeinerte Binomialmodell im Untersuchungszeitraum die größte Erklärungskraft für die beobachteten Optionspreise."[127] Daraus folgert der Verfasser: „Die Risikomessung sollte also unbedingt auf Basis der nicht-parametrischen impliziten Verteilung durchgeführt werden."[128]

Die empirischen Auswertungen von Neumann (1999) zeigen allerdings nur, dass mit dem Rubinstein-Modell eine bessere Anpassung an die als Eingabedaten einfließenden Optionspreise erreicht wird als mit einfachen Vergleichsmodellen. Dies war nicht anders zu erwarten, weil die impliziten Baumverfahren im Vergleich zum Binomial- und Black/Scholes-Modell eine größere Flexibilität beinhalten, um eben diese Anpassung zu gewährleisten. Die Schwierigkeit der Interpretation der Ergebnisse liegt darin, dass selbst eine perfekte Anpassungsgüte nichts über die Gültigkeit des Modells deterministisch veränderlicher Volatilitäten aussagt. Eine solche Anpassung kann zum Beispiel grundsätzlich auch dann erreicht werden, wenn die Volatilität sich nicht deterministisch mit dem Aktienkurs sondern eigenständig stochastisch verändert. Dann sind zwar die aus dem impliziten Baum rückgerechneten Preise europäischer Standardoptionen korrekt, man käme aber zu falschen Ergebnissen, würde man den Baum zur Berechnung von Hedgekennziffern wie dem Optionsdelta oder zur Bewertung amerikanischer und exotischer Optionen einsetzen. Die entscheidende ökonomische Frage lautet daher: Ist eine hohe Güte der Anpassung an die Eingabedaten lediglich Ausfluss der konstruktionsbedingten Flexibilität des Modells, oder spiegelt der errechnete Binomialbaum tatsächlich die in der risikoneutralen Welt möglichen Kurspfade korrekt wider? Dieser Frage wird in der folgenden empirischen Untersuchung nachgegangen.

5.3.3 Bestimmung des impliziten Preisprozesses

5.3.3.1 Verfahrenswahl und Implementierung

Wie bereits in Abschnitt 3.2 ausgeführt wurde, ist es das gemeinsame Ziel aller impliziten Baumverfahren, denjenigen Kursprozess zu identifizieren, der unter den Annahmen des DVF-Modells durch ein Kontinuum von Optionspreisen mit beliebigen Basispreisen und Restlaufzeiten eindeutig bestimmt

[126] Neumann (1999), S. 150.
[127] Neumann (1999), S. 194.
[128] Neumann (1999), S. 194.

ist. Die Verfahren unterscheiden sich in den Details der Diskretisierung des kontinuierlichen Kursprozesses und der Art der Festlegung der fehlenden Informationen.[129] Die Methode von Rubinstein (1994) basiert auf einer rechenaufwändigen Optimierung, die der Menge der Eingabedaten enge Schranken setzt. Abschnitt 5.2 dieser Arbeit verdeutlicht aber, dass die Berücksichtigung aller Handelsabschlüsse eines Tages bessere Ergebnisse erbringt als die Einengung auf ein Zeitfenster von wenigen Stunden oder gar Minuten. Ausgedrückt als implizite Volatilitäten, lassen sich die Optionspreise in ihrer Basispreis- und Restlaufzeitstruktur mit großer Genauigkeit modellieren. Aus dem geschätzten Regressionsmodell können daraufhin geglättete, von spezifischen Einflüssen befreite Optionspreise in Abhängigkeit vom Basispreis abgelesen werden. Die Lücken zwischen zwei angrenzenden Fälligkeiten werden durch lineare Interpolation zwischen den impliziten Varianzen gleicher Moneyness geschlossen. Bei Laufzeiten unterhalb der kürzesten und oberhalb der längsten Fälligkeit wird die Konstanz der nächstgelegenen Basispreisstruktur unterstellt. Die geschätzten Regressionsgleichungen für die implizite Volatilität in Abhängigkeit von der Moneyness M werden nur in einem Intervall von $-0,5696 \leq M \leq 0,5696$ als gültig angesehen, weil außerhalb dieses Bereichs oft keine Datenpunkte vorliegen und ein unbegrenztes Wachstum der impliziten Volatilitäten, wie es das quadratische Regressionsmodell impliziert, mit Arbitragefreiheit nicht vereinbar ist. Außerhalb des angegebenen Intervalls werden die impliziten Volatilitäten als konstant in Höhe des jeweiligen Randwertes unterstellt.[130]

Nach dieser Vorentscheidung über die Festlegung der Eingabedaten stehen das implizite Binomialmodell von Derman/Kani (1994) und der Trinomialbaumverfahren von Derman/Kani/Chriss (1996) zur Auswahl. Die impliziten Trinomialbäume zeichnen sich gegenüber dem Binomialmodell durch eine größere numerische Stabilität aus. Es treten weniger oft negative Wahrscheinlichkeiten auf, die überschrieben werden müssen.[131] Darüber hinaus erreichen Trinomialbäume in der Regel eine schnellere Annäherung an den zeitkontinuierlichen Prozess.[132] Weniger Baumschritte und eine kürzere Rechenzeit reichen aus, um eine vorgegebene Genauigkeit einzuhalten. Daher wird hier das implizite Trinomialverfahren eingesetzt. Eventuell auftreten-

---

[129] Vgl. Coleman et al. (1998), S. 1.

[130] Kontrollrechnungen zeigen, dass diese Annahme die Ergebnisse nicht nennenswert beeinflusst. Sie bleiben in allen wesentlichen Merkmalen erhalten, wenn der Definitionsbereich des Regressionsmodells nicht eingeschränkt wird. Faktisch wird die Höhe der modellierbaren Volatilitäten auf jeden Fall durch die bei der Konstruktion des Baums zu berücksichtigenden Bedingungen begrenzt; vgl. die Ausführungen zum Überschreiben „negativer Wahrscheinlichkeiten" in Abschnitt 3.2.2.2, S. 77.

[131] Vgl. Skiadopoulos (1999), S. 10.

[132] Zu einer theoretischen Analyse des Konvergenzverhaltens verschiedener Baumverfahren vgl. Reimer (1997). Die Unterschiede der Verfahrensvarianten treten besonders deutlich bei der Bewertung von Barrier-Optionen hervor, siehe Steiner et al. (1999a).

de negative Wahrscheinlichkeiten werden nach der in Abschnitt 3.2.2.2 (S. 81) vorgestellten Regel so ersetzt, dass die lokale Volatilität möglichst nahe am gewünschten Wert liegt. Nach der Methode von Derman/Kani/Chriss (1996) wird zunächst die Struktur des Aktienkursbaums festgelegt, ehe die risikoneutralen Übergangswahrscheinlichkeiten aus den Preisen von Standardoptionen errechnet werden. Die für den anfänglichen Baumaufbau benötigte Volatilität wird an die implizite ATM-Volatilität gekoppelt. Damit verzweigt sich der Baum umso weiter nach außen, je höher das Niveau der impliziten Volatilitäten ausfällt, das stellvertretend für die durchschnittliche Höhe der lokalen Volatilitäten verwendet wird. Um eine große Bandbreite lokaler Volatilitäten abbilden zu können, empfiehlt es sich, relativ große Abstände zwischen benachbarten Aktienkursen einer Baumstufe einzuhalten.[133] In dieser Arbeit wird der Baum mit einer Volatilität in Höhe des 2,5 fachen der ATM-Volatilität konstruiert, so dass sich durchschnittlich ein Wert von $21,24\% \cdot 2,5 = 53,1\%$ ergibt.[134] Die Anzahl der Baumstufen wird auf 200 festgesetzt. Eine größere Baumtiefe ist für die hier verfolgten Zwecke nicht erforderlich, weil sich die aus dem Baum errechneten Preise europäischer Standardoptionen sowie das Optionsdelta und -gamma nur noch geringfügig verändern.[135]

5.3.3.2 In-sample-Anpassung an beobachtete Optionspreise

Als Grundvoraussetzung für die Anwendung der impliziten Trinomialbäume ist zu fordern, dass sie die Preise europäischer Standardoptionen mit hinreichender Genauigkeit nachbilden. Anders ausgedrückt, muss das Verfahren geeignet sein, einen Preisprozess zu finden, der mit den am Markt beobachteten Optionspreisen kompatibel ist. Erst wenn die Methode diese Mindestanforderung erfüllt, kann im zweiten Schritt sinnvollerweise getestet werden, ob der gefundene Prozess mit dem tatsächlichen (risikoneutralen) Prozess des Indexkurses übereinstimmt.

Die Anpassungsgüte wird im Folgenden anhand der Abweichungen zwischen den impliziten Preisen des errechneten Trinomialbaums und den entsprechenden, zur Kalibrierung des Baums verwendeten Optionspreisen beurteilt. Im Idealfall besteht zwischen diesen Werten eine genaue Kongruenz.[136] Zur besseren Interpretation der Differenzen werden sie in Prozentpunkten

---

133 Vgl. Derman/Kani/Chriss (1996).

134 Der Wert von 21,24% entspricht der durchschnittlichen ATM-Volatilität im Untersuchungszeitraum; vgl. Abschnitt 5.2.5.1, S. 183. Eine Begrenzung nach oben wurde bei 100% gezogen.

135 Die Bewertung exotischer Optionen erfordert unter Umständen eine größere Zahl von Zeitstufen; vgl. zum Beispiel die Analyse diskreter Barrier-Optionen bei Steiner et al. (1999b).

136 Es sei nochmals betont, dass die eingegebenen Optionspreise aus dem Regressionsmodell für die impliziten Volatilitäten gewonnen wurden. Die tatsächlich am Markt zustande gekommenen Transaktionspreise werden somit auf jeden Fall von den Modellpreisen des impliziten Verfahrens abweichen. Da die Transak-

M	$-0,2848$	$-0,1424$	0	$0,1424$	$0,2848$
			RLZ 45 Tage		
MAE	0,0296%	0,0362%	0,0145%	0,0572%	0,0902%
RMSE	0,0616%	0,0449%	0,0172%	0,0687%	0,1894%
MIN	−0,7151%	−0,0650%	−0,0366%	−0,1182%	−1,1268%
MAX	1,8040%	0,1478%	0,0469%	0,2291%	2,5235%
			RLZ 90 Tage		
MAE	0,0442%	0,0321%	0,0290%	0,0620%	0,1466%
RMSE	0,2133%	0,0426%	0,0344%	0,0743%	0,3958%
MIN	−4,6591%	−0,1812%	−0,3066%	−0,3488%	−3,1644%
MAX	4,2947%	0,3162%	0,0859%	0,1947%	5,6236%

Tabelle 5.17. Anpassungsgüte des impliziten Trinomialmodells

der impliziten Volatilität angegeben. Wenn beispielsweise ein ATM-Call eine implizite Volatilität von 20% aufweist, die Bewertung mit dem angepassten Trinomialbaum jedoch einen Callpreis mit einer impliziten Volatilität von 20,5% ergibt, so beträgt die Abweichung 0,5%. Aus Tabelle 5.17 geht hervor, wie groß die mittlere absolute Abweichung (MAE), die Wurzel aus der mittleren quadrierten Abweichung (RMSE) sowie die maximale und minimale Abweichung ausfallen. Es werden Optionen mit Restlaufzeiten von 45 und 90 Tagen betrachtet mit Werten für die Moneyness M in Höhe von $\pm 0,2848$, $\pm 0,1424$ und 0.[137]

Die Ergebnisse lassen für beide Restlaufzeiten im Durchschnitt eine hohe Anpassungsgüte erkennen. Die impliziten Volatilitäten im ATM-Bereich stimmen fast immer nahezu exakt mit den eingegebenen Werten überein. Nur an den Rändern kommen Abweichungen über 1% vor, und zwar gehäuft und in größerem Ausmaß bei der längeren Restlaufzeit von 90 Tagen. Dies hängt vermutlich damit zusammen, dass eine Moneyness M von -0,2848 bei einer Restlaufzeit von 45 Tagen einem Verhältnis aus Basispreis und Futurekurs von 0,9 entspricht, bei der doppelt so langen Restlaufzeit hingegen einem Verhältnis von 0,858. Außerdem unterliegen die geschätzten IV-Kurven bei längerer Restlaufzeit stärkeren Veränderungen von Tag zu Tag. Nicht an jeden der variierenden Kurvenverläufe gelingt eine gute Anpassung. In die Untersuchung zur Prognose von Optionspreisen werden nur Tage einbezogen, an denen die Abweichung für den errechneten Trinomialbaum an den vier betrachteten Stützstellen der Moneyness höchstens einen Prozentpunkt beträgt. Dieses Kriterium ist an 1487 der 1506 Tage des Untersuchungszeitraums (98, 7%) erfüllt.

tionspreise zufallsabhängigen Störeinflüssen unterliegen, ist es aber auch nicht erstrebenswert, diese mit dem Baum genau zu replizieren. Das Ergebnis wäre ein „Overfitting" der Daten, das durch die Entnahme der Optionspreise aus der geschätzten IV-Kurve gerade vermieden werden soll; siehe dazu ähnlich Dumas et al. (1998), S. 2067.

137 Bei einer Restlaufzeit von 45 Tagen entsprechen diese Moneyness-Werte einem Verhältnis von Basispreis und Futurekurs von 0, 9; 0, 95; 1; 1, 05; 1, 1.

5.3.3.3 Lokale Volatilität und Aktienkurs

Anhand der durchschnittlichen Basispreisstruktur für eine Optionslaufzeit von 45 Tagen sollen in diesem und den beiden folgenden Abschnitten typische Merkmale der impliziten Preisprozesse verdeutlicht werden.[138] Abbildung 5.15 zeigt die lokalen Volatilitäten auf den letzten 30 Baumstufen des angepassten Trinomialbaums für jeweils acht Knoten oberhalb und unterhalb der Baummitte. Die Position dieses Ausschnitts aus dem gesamten Baum wird in der linken Skizze schematisch durch das Rechteck markiert. Deutlich erkennbar ist die negative Korrelation zwischen dem Aktienkurs, der von der Position -8 bis +8 des Baumknotens ansteigt, zur lokalen Volatilität. Die Unterschiede der lokalen Volatilitäten fallen bereits bei relativ kleinen Aktienkursverschiebungen beträchtlich aus. Derman/Kani/Zou (1996) stellen diesbezüglich die Faustformel auf, dass sich die lokale Volatilität mit dem Indexniveau etwa doppelt so stark verändert wie die implizite Volatilität mit dem Basispreis der Option.[139]

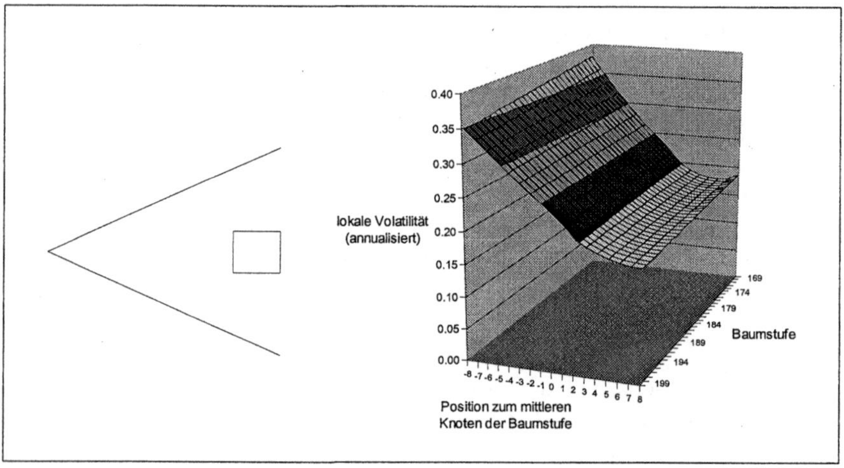

Abb. 5.15. Lokale Volatilitäten aus einem Teil des impliziten Trinomialbaums für den durchschnittlichen Smile

5.3.3.4 Implikationen für die zukünftige Entwicklung der Struktur der impliziten Volatilitäten

Nach der Kalibrierung des Trinomialbaums ist der von jedem Knoten ausgehende, weitere Kursprozess durch die lokalen Volatilitäten bestimmt. Diese

[138] Zu den Koeffizienten der durchschnittlichen Basispreisstruktur siehe Tabelle 5.10 auf S. 184.
[139] Vgl. Derman/Kani/Zou (1996), S. 29.

können verwendet werden, um zukünftige Optionspreise unter der Bedingung zu ermitteln, dass zu diesem Zeitpunkt ein bestimmter Baumknoten erreicht wird. Jeder Knoten repräsentiert demnach ein Gebirge von impliziten Volatilitäten in den Dimensionen Basispreis und Restlaufzeit („volatility surface"). Zu jedem errechneten Trinomialbaum gehört somit ein eindeutiger Entwicklungsprozess für die impliziten Volatilitäten.

Die implizite Volatilität einer Option wird unter sonst gleichen Bedingungen höher ausfallen, wenn gegenwärtig eine hohe lokale Volatilität gilt.[140] Da diese, wie der vorherige Abschnitt gezeigt hat, negativ mit dem Aktienkurs korreliert, ist zu erwarten, dass die IV-Kurve sich bei fallenden Kursen nach oben und umgekehrt bei steigenden Kursen nach unten verlagert. Dies verdeutlicht das Beispiel in Abbildung 5.16.[141] Die mittlere Kurve stellt die impliziten Volatilitäten dar, wie sie sich durchschnittlich für eine Restlaufzeit von 45 Tagen im Untersuchungszeitraum ergeben. Wenn der auf dieser Basis geschätzte Trinomialprozess zutrifft und der Index eine Woche später um 5% höher oder niedriger notiert, müssten die aktualisierten impliziten Volatilitäten dem unteren bzw. oberen Kurvenverlauf entsprechen. Auffällig ist die Annäherung der Kurven bei hohem Basispreis. Die implizite Volatilität eines OTM-Call und ITM-Put reagiert auf Kursveränderungen bei dieser Konstellation des Trinomialbaums also weniger stark als bei einem ITM-Call und OTM-Put. Der Grund ist in der Abflachung des Smile bei hohen Basispreisen zu suchen.

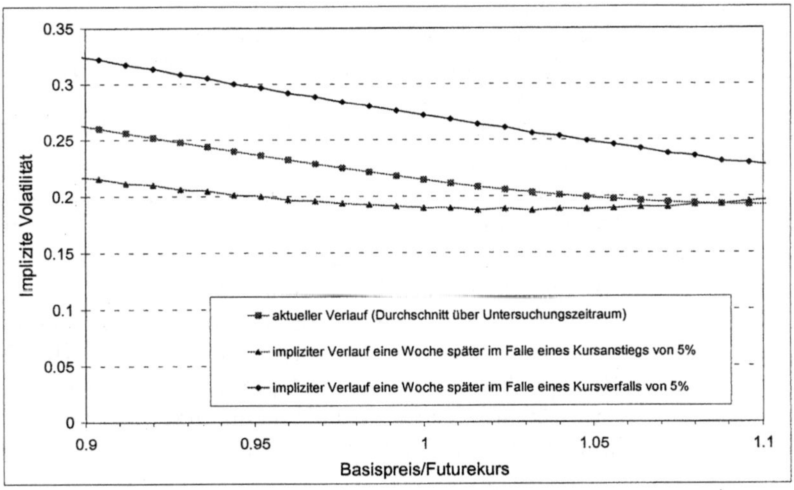

Abb. 5.16. Spätere IV-Kurven nach implizitem Trinomialbaum in Abhängigkeit vom dann erreichten Aktienkurs

[140] Vgl. genauer Derman/Kani/Zou (1996), S. 35.
[141] Vgl. ähnlich Derman/Kani/Zou (1996), S. 32.

5.3.3.5 Sensitivitätskennzahlen für die Modellpreise

Das implizite Trinomialmodell soll dem Anwender nicht zuletzt Informationen über das Risiko von Optionspositionen bereitstellen. Für das Hedging sind insbesondere die Sensitivitätskennzahlen Delta und Gamma von Bedeutung. Die ersten beiden Ableitungen des Optionspreises nach dem Aktienkurs werden bei der Anwendung von Baumverfahren typischerweise durch Differenzenbildung angenähert.[142] Für das Trinomialmodell erhält man mit $S_{m,n}$ und $C_{m,n}$ als Aktienkurs bzw. Optionspreis auf der Stufe m im Knoten n die Beziehungen:

$$\Delta_c = \frac{C_{1,2} - C_{1,0}}{S_{1,2} - S_{1,0}}$$

und:

$$\Gamma_c = \frac{\frac{C_{1,2} - C_{1,1}}{S_{1,2} - S_{1,1}} - \frac{C_{1,1} - C_{1,0}}{S_{1,1} - S_{1,0}}}{0,5 \cdot (S_{1,2} - S_{1,0})}.$$

Am Beispiel der durchschnittlichen IV-Kurve für die DAX-Option zeigen die Abbildungen 5.17 und 5.18 das Delta und Gamma für Calls mit unterschiedlichen Basispreisen. Außerdem sind Deltas und Gammas aus dem Black/Scholes-Modell eingezeichnet, die zum einen mit der konstanten ATM-Volatilität berechnet wurden und zum anderen mit der jeweiligen impliziten Volatilität aus der Smile-Funktion.[143] Im ersten Fall wird also das Delta aller Optionen, unabhängig von ihrem Basispreis, mit der gleichen Volatilität berechnet, im zweiten Fall wird die unterstellte Volatilität entsprechend der IV-Kurve an den Basispreis angepasst.

Die Delta-Grafik zeigt deutlich das niedrigere Niveau der Werte aus dem impliziten Trinomialbaum gegenüber den zwei Vergleichsparametern. Die Differenz beträgt bei einer Option am Geld etwa $(0,52 - 0,43) = 0,09$. Um das Risiko aus 100 verkauften Calls zu hedgen, müsste ein Anwender demnach, je nachdem welches Modell er einsetzt, 52 oder 43 Indexscheine erwerben. Dieser Unterschied ist als ökonomisch hochgradig relevant anzusehen.

In der Praxis werden Hedgekennziffern trotz der augenscheinlichen, theoretischen Inkonsistenz dieses Vorgehens oft berechnet, indem in die Formel für das Delta nach Black/Scholes ein Volatilitätsparameter in Höhe der jeweiligen impliziten Volatilität eingesetzt wird.[144] Abbildung 5.17 verdeutlicht, dass dadurch das wahre Delta erheblich verfehlt wird, wenn das DVF-Modell

---

[142] Vgl. z. B. Pelsser/Vorst (1994), S. 46, und Rubinstein (1992), S. 44.

[143] Mit einem anderen numerischen Verfahren, das auf der Lösung eines nichtlinearen Optimierungsproblems beruht, schätzen Coleman et al. (1998) die Funktion der lokalen Volatilitäten und erhalten für Daten der S&P 500 Option von Oktober 1995 ähnliche Verläufe für das Optionsdelta und -gamma in Abhängigkeit vom Basispreis; siehe Coleman et al. (1998), S. 13 f., und Abbildung 8 auf S. 19.

[144] Vgl. z. B. Coleman et al. (1998), S. 1.

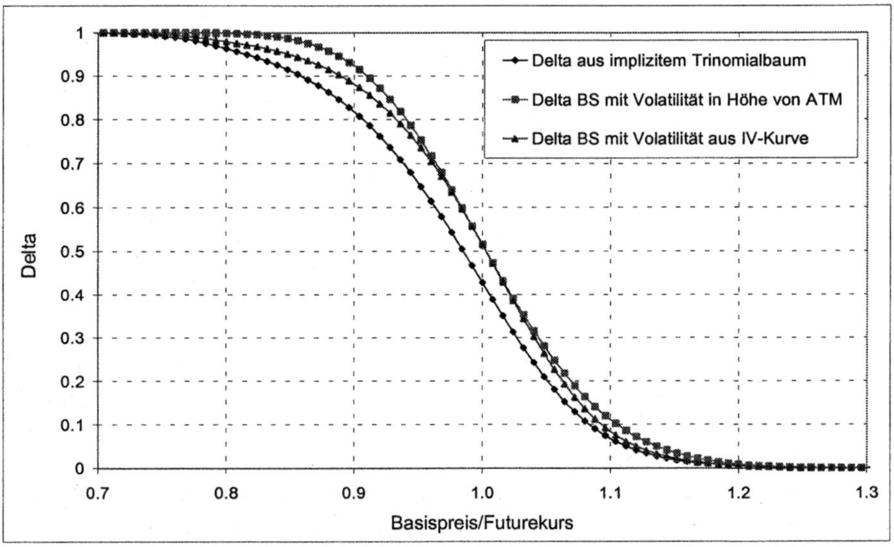

Abb. 5.17. Optionsdelta aus dem impliziten Trinomialmodell im Vergleich zu einer simplifizierenden Anwendung der Black/Scholes-Formel

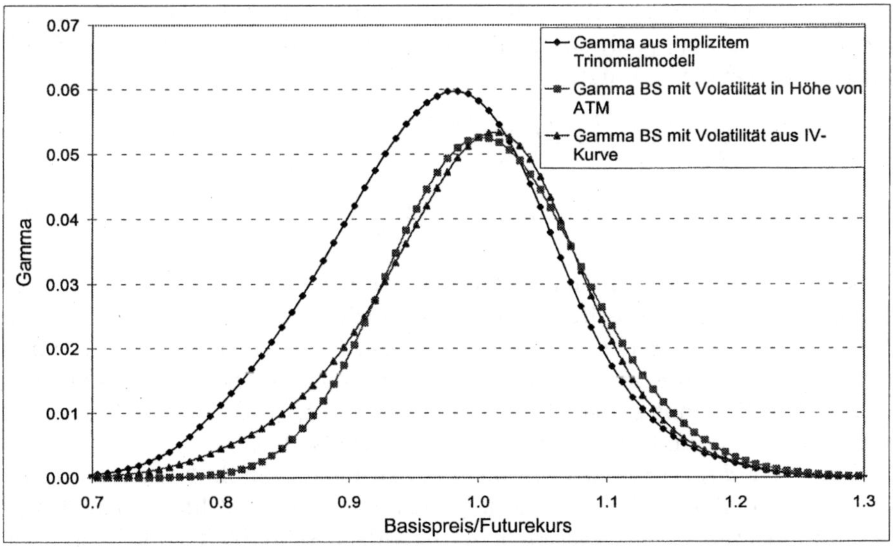

Abb. 5.18. Optionsgamma aus implizitem Trinomialmodell im Vergleich zu einer simplifizierenden Anwendung der Black/Scholes-Formel

des Trinomialbaums zutrifft. Der Fehler wäre noch größer, würde der Anwender das Delta immer mit der ATM-Volatilität berechnen. Im Umkehrschluss birgt das Hedging aber auch ein hohes Fehlerpotenzial, wenn das implizite Baumverfahren eingesetzt wird, obwohl es den Volatilitätsprozess nur unzureichend beschreibt.

Hinsichtlich des Gammas ergeben sich besonders gravierende Unterschiede zwischen den alternativen Berechnungsweisen bei niedrigen Basispreisen. Das aus dem Trinomialbaum berechnete Gamma übertrifft die nach Black/Scholes berechneten Vergleichswerte zum Teil um mehr als das Doppelte. Optionen mit, gemessen am aktuellen Indexstand, hohen Basispreisen weisen nach dem impliziten Verfahren ein niedrigeres Gamma auf. Auch dieser Sensitivitätsparameter streicht also die Bedeutung der Modellwahl für das Hedging heraus. Trifft der implizite Kursprozess zu, ist bei ITM-Calls und OTM-Puts mit einem erheblich höheren Anpassungsbedarf der Portfoliogewichte zu rechnen, als das Gamma nach Black/Scholes suggeriert.

In Erweiterung der bisherigen Beispielberechnungen lassen sich die Sensitivitätskennzahlen auch formal in Beziehung zueinander setzen. Im DVF-Modell repräsentiert jeder Baumknoten eine bedingte Struktur von Optionspreisen. Die implizite Volatilität stellt daher eine Funktion vom Aktienkurs, der Restlaufzeit und dem Basispreis dar. Da die Restlaufzeit und der Basispreis vom Aktienkurs unabhängig sind, kann bei der Ableitung des Optionspreises nach S der Einfachheit halber auf die Angabe dieser Variablen verzichtet und σ_{imp} allein als Funktion von S dargestellt werden. Das Optionsdelta berechnet sich nach:[145]

$$\begin{aligned} \frac{dC\left(S, \sigma_{imp}(S)\right)}{dS} &= \frac{\partial C(S, \sigma_{imp}(S))}{\partial S} + \frac{\partial C(S, \sigma_{imp}(S))}{\partial \sigma_{imp}} \cdot \frac{d\sigma_{imp}(S)}{dS} \\ &= \Delta_{BS} + \Lambda_{BS} \cdot \frac{d\sigma_{imp}(S)}{dS}, \end{aligned} \tag{5.21}$$

wobei Δ_{BS} und Λ_{BS} das nach Black/Scholes berechnete Delta bzw. Vega angeben, wenn die implizite für die tatsächliche Volatilität eingesetzt wird. Der zweite Summand der Formel spiegelt den Einfluss wider, den die durch eine Aktienkursbewegung ausgelöste Veränderung der impliziten Volatilität ausübt. Da diese mit steigendem Aktienkurs sinkt, ist der zweite Summand in (5.21) negativ und das Optionsdelta kleiner als Δ_{BS}.

Der Term $d\sigma_{imp}(S)/dS$ kann nicht exakt aus der Smile-Funktion abgelesen werden, weil diese die Veränderung der impliziten Volatilität in Abhängigkeit vom Basispreis *bei gegebenem Aktienkurs* beschreibt, hier hingegen die Konsequenz einer Veränderung des Aktienkurses bei gegebenem Basispreis betrachtet wird. Eine grobe Annäherung erlaubt die von Derman/Kani/Zou (1996) aufgestellte Daumenregel, der zufolge sich eine Änderung des Akti-

145 Vgl. z. B. Derman/Kani/Zou (1996), S. 36, Rosenberg (2000), S. 54.

enkurses ähnlich stark auf die implizite Volatilität auswirkt wie eine gleich große Veränderung des Basispreises.[146]

Bei der Herleitung des Gamma ist ebenfalls die Abhängigkeit der impliziten Volatilität vom Aktienkurs zu beachten. Formal ergibt sich:[147]

$$\begin{aligned}
\frac{d^2C\,(S,\sigma_{imp}(S))}{dS^2} &= \frac{\partial^2 C(S,\sigma_{imp}(S))}{\partial S^2} + \frac{\partial C(S,\sigma_{imp}(S))}{\partial \sigma_{imp}} \cdot \frac{d^2\sigma_{imp}(S)}{dS^2} \\
&+ \frac{\partial^2 C(S,\sigma_{imp}(S))}{\partial S \partial \sigma_{imp}} \cdot \frac{d\sigma_{imp}(S)}{dS} \\
&+ \frac{\partial^2 C(S,\sigma_{imp}(S))}{\partial \sigma_{imp} \partial S} \cdot \frac{d\sigma_{imp}(S)}{dS} \\
&+ \frac{\partial^2 C(S,\sigma_{imp}(S))}{\partial \sigma_{imp}^2} \left(\frac{d\sigma_{imp}(S)}{dS}\right)^2 \\
&= \Gamma_{BS} + \Lambda_{BS} \cdot \frac{d^2\sigma_{imp}(S)}{dS^2} + \frac{\partial \Delta_{BS}}{\partial \sigma_{imp}} \cdot \frac{d\sigma_{imp}(S)}{dS} \\
&+ \frac{\partial \Lambda_{BS}}{\partial S} \cdot \frac{d\sigma_{imp}(S)}{dS} + \frac{\partial \Lambda_{BS}}{\partial \sigma_{imp}} \left(\frac{d\sigma_{imp}(S)}{dS}\right)^2 \\
&= \Gamma_{BS} + \underbrace{\Lambda_{BS} \cdot \frac{d^2\sigma_{imp}(S)}{dS^2}}_{(a)} + \underbrace{2 \cdot \frac{\partial \Delta_{BS}}{\partial \sigma_{imp}} \cdot \frac{d\sigma_{imp}(S)}{dS}}_{(b)} \\
&+ \underbrace{\frac{\partial \Lambda_{BS}}{\partial \sigma_{imp}} \left(\frac{d\sigma_{imp}(S)}{dS}\right)^2}_{(c)}.
\end{aligned} \tag{5.22}$$

Der letzte Umformungsschritt berücksichtigt, dass die partielle Ableitung des Optionsdelta nach der Volatilität mit der partiellen Ableitung des Optionsvega nach dem Aktienkurs übereinstimmt, weil der Wert der gemischten Ableitung des Callpreises nach S und σ_{imp} unabhängig von der Reihenfolge der Ableitungsbildung ist.

Der Gesamteffekt der aktienkursbedingten Volatilitätsänderung auf das Optionsgamma im Vergleich zum Black/Scholes-Wert Γ_{BS} ist nach (5.22) weniger leicht abzuschätzen als vorher beim Optionsdelta. Deshalb sollen die Summanden (a), (b) und (c) an einem Beispiel, das sich an den Daten des durchschnittlichen Smile der DAX-Option orientiert, näher untersucht werden. Der Basispreis wird auf 100 festgesetzt, der risikolose Zinssatz auf 4% und die Restlaufzeit der Optionen auf 45 Kalendertage. Die ATM-Volatilität entspricht dem Mittelwert im Untersuchungszeitraum in Höhe von 0,2124. Aus Abbildung 5.16 in Abschnitt 5.3.3.4 ging hervor, dass eine Reduzierung des Indexstands von 100 auf 95 zu einem Anstieg der impliziten

[146] Vgl. Derman/Kani/Zou (1996), S. 31 und S. 35 f.
[147] Vgl. Rosenberg (2000), S. 54.

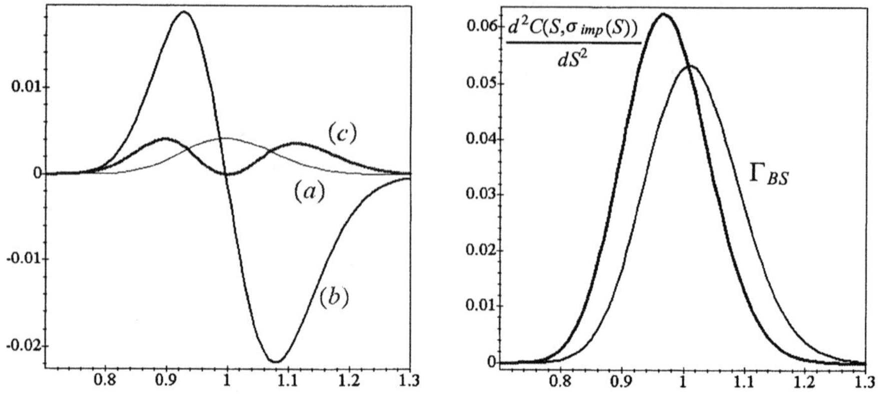

Abb. 5.19. Tatsächliches Gamma und Gamma bei konstanter Volatilität (rechte Grafik) sowie Komponenten der Differenz beider Gammas (linke Grafik)

Volatilität auf 0,28 führt, und ein Anstieg des Indexniveaus auf 105 die implizite Volatilität auf 0,19 absinken lässt. Daraus kann für die Ableitung $d\sigma_{imp}(S)/dS$ der Schätzwert $(0,19 - 0,28)/10 = -0,009$ gewonnen werden. Wiederholt man die Rechnung für Basispreis-Futurekurs-Verhältnisse von 0,95 und 1,05 auf der Grundlage der Daten der Abbildung 5.16 und errechnet daraus einen Schätzwert für die zweite partielle Ableitung, so erhält man: $d^2\sigma_{imp}(S)/dS^2 \approx (-0,007 - (-0,01))/10 = 0,0003$. Mit diesen Daten ergeben sich die in der linken Grafik von Abbildung 5.19 ersichtlichen Verläufe der Summanden (a) bis (c) für Optionen mit unterschiedlichen Basispreisen. Von den durchgängig positiven Komponenten (a) und (c) geht offenbar ein vergleichsweise geringer Einfluss aus. Hauptverantwortlich für die Differenz zwischen dem tatsächlichen Gamma und dem mit einer konstanten Volatilität berechneten Gamma nach Black/Scholes ist der Summand (b), also die Veränderung des Optionsdelta, die indirekt durch die veränderte implizite Volatilität hervorgerufen wird. Wie in Abschnitt 2.1.4.1 gezeigt wurde, ist der Term $\partial\Delta_{BS}/\partial\sigma_{imp}$ positiv bei ITM- und negativ bei OTM-Calls. Dabei stellt die Definition von Optionen im Geld (aus dem Geld) darauf ab, ob die risikoneutrale Wahrscheinlichkeit, dass die Option im Geld endet, größer (kleiner) als 0,5 ist. Insgesamt verschiebt sich dadurch das Optionsgamma im Vergleich zum Black/Scholes-Modell bei ITM-Calls nach oben, bei OTM-Calls weniger stark nach unten. Wie erwartet, weist die rechte Grafik von Abbildung 5.19 große Ähnlichkeit mit den Kurvenverläufen für das Gamma aus dem impliziten Trinomialmodell und dem Gamma nach Black/Scholes mit einer Volatilität in Höhe des ATM-Niveaus in Abbildung 5.18 auf.

Da die Volatilität im DVF-Modell nicht konstant ist, lässt sich eine Kennzahl für die Sensitivität des Optionspreises gegenüber Volatilitätsveränderungen nicht ohne weiteres angeben. Es besteht aber die Möglichkeit, die Sensitivität gegenüber einer Parallelverschiebung sämtlicher lokalen Volatilitäten zu berechnen, indem die Optionspreise nach der Verschiebung mit Hilfe des Trinomialmodells neu berechnet und mit den ursprünglichen Preisen verglichen werden.[148]

5.3.3.6 Auswirkung auf die Bewertung von Barrier-Optionen

Am Beispiel kontinuierlicher Down-and-Out-Optionen soll nachstehend die Relevanz der Volatilitätsveränderungen für die Bewertung exotischer Optionen aufgezeigt werden. Den Berechnungen liegt wiederum die durchschnittliche IV-Kurve von europäischen DAX-Optionen mit einer Laufzeit von 45 Tagen zugrunde. Um eine gute Annäherung an den kontinuierlichen Preisprozess zu erreichen, wird die Zahl der Baumstufen auf 400 verdoppelt. Allerdings ist bekannt, dass im Falle der Barrier-Optionen selbst bei mehreren Tausend Baumstufen noch erhebliche Bewertungsfehler auftreten können. Die Genauigkeit der Bewertung hängt entscheidend von der Position der Schranke im Baum ab. Bei kontinuierlicher Barrier-Überprüfung werden die besten Ergebnisse erzielt, wenn die Schranke exakt auf einer Knotenschicht des Binomial- oder Trinomialbaums liegt. Boyle/Lau (1988) und Reimer/Sandmann (1995) haben deshalb vorgeschlagen, die Baumtiefe nach diesem Kriterium auszuwählen. Alternativ dazu entwickeln Derman et al. (1995) ein Interpolationsverfahren, mit dem die Optionswerte an einzelnen Knoten des Baums an die Lage der Barrier angepasst werden, ohne die Struktur des Baums zu verändern.[149] Dadurch verbessert sich das Konvergenzverhalten beträchtlich. Hier wird die für das Binomialmodell konzipierte Methode von Derman et al. (1995) analog auf das Trinomialmodell angewendet. Die Einstellungen für die Beispieloption lauten: $S = 100$, $r = 4\%$, $T = 45/365$. Der Basispreis X wird zwischen 95 und 105 variiert, die Barrier alternativ auf 90, 95 oder 99 gesetzt.

Unter der Annahme einer geometrischen Brownschen Bewegung für den Kurs des Basispapiers kann der faire Wert eines Down-and-Out-Call analytisch bestimmt werden.[150] In Tabelle 5.18 sind diese Werte für eine Volatilität in Höhe der durchschnittlichen impliziten ATM-Volatilität von Standardoptionen (0,2124) abgetragen (Spalte „Anal."). Daneben enthält die Tabelle die aus dem impliziten Trinomialbaum errechneten Optionspreise (Spalte „Trin") sowie jene Volatilität, die in die analytische Berechnungsformel eingesetzt werden müsste, damit der jeweilige Preis aus dem Trinomialbaum als Ergebnis herauskommt. In manchen Fällen, die mit dem Symbol # gekennzeichnet

[148] Dieses Vorgehen schlagen Coleman et al. (1998), S. 11, vor.

[149] Vgl. zu einem ähnlichen Verfahren für diskrete Barrier-Optionen Steiner et al. (1999a).

[150] Vgl. z. B. Cox/Rubinstein (1985), S. 410.

X	Barrier 90			Barrier 95			Barrier 99		
	Anal.	Trin	impl. Vola	Anal.	Trin	impl. Vola	Anal.	Trin	impl. Vola
95	6.370	6.545	0.232	5.334	5.672	#	1.518	1.850	0.128
96	5.646	5.821	0.230	4.820	5.104	#	1.420	1.706	0.127
97	4.965	5.126	0.226	4.314	4.545	0.308	1.316	1.562	0.121
98	4.331	4.465	0.223	3.824	4.002	0.249	1.208	1.418	0.106
99	3.747	3.841	0.220	3.356	3.479	0.230	1.098	1.275	0.067
100	3.214	3.259	0.216	2.917	2.982	0.220	0.988	1.131	#
101	2.734	2.735	0.212	2.510	2.525	0.215	0.880	0.990	1.361
102	2.305	2.263	0.209	2.138	2.107	0.210	0.776	0.855	0.313
103	1.926	1.845	0.206	1.803	1.732	0.205	0.677	0.727	0.250
104	1.596	1.480	0.203	1.506	1.400	0.202	0.584	0.609	0.226
105	1.310	1.167	0.200	1.245	1.111	0.199	0.498	0.501	0.214

Tabelle 5.18. Bewertung von Down-and-out-Calls analytisch (Anal.) und mit Hilfe des impliziten Trinomialbaums (Trin)

sind, gibt es keine solche implizite Volatilität der Barrier-Optionen. Möglich ist dies, weil das Vega von Barrier-Optionen sowohl positive als auch negative Werte annehmen kann. Demzufolge ist die Preisformel nicht invertierbar.

Die zeitliche Variation der Volatilität im DVF-Modell übt offenbar einen nicht zu vernachlässigenden Einfluss auf die Optionspreise aus. Die impliziten Volatilitäten der Barrier-Optionen hängen nicht nur vom Basispreis sondern auch maßgeblich von der Höhe der Schranke ab. Eine „glatte" IV-Struktur wie bei Standardoptionen ist nicht erkennbar und somit auch keine Regel, nach der ein Anwender denjenigen Volatilitätsparameter schätzen könnte, der – eingesetzt in das analytische Bewertungsmodell – den Smile-konsistenten Barrier-Optionspreis reproduziert.[151] Die Bewertung von Barrier-Optionen setzt daher unter den hier betrachteten Bedingungen die Kenntnis des impliziten Preisprozesses voraus.

5.3.4 Prognose von Optionspreisen

5.3.4.1 Untersuchungsaufbau

Die grundsätzliche Untersuchungsmethodik der bedingten Prognose von Optionspreisen mit impliziten Trinomialbäumen orientiert sich in dieser Arbeit am Vorgehen von Dumas et al. (1998).[152] An jedem Tag t des Untersuchungszeitraums von Anfang 1995 bis Ende 2000 werden zunächst mit Hilfe der

[151] Vgl. Derman/Kani/Zou (1996), S. 33.

[152] Dort werden allerdings keine impliziten Baumverfahren eingesetzt, sondern der deterministische Volatilitätsprozess wird funktional vorgegeben; zur Begründung siehe Dumas et al. (1998), S. 2067.

aktuellen Basispreis- und Restlaufzeitstruktur der Preise der DAX-Option die Übergangswahrscheinlichkeiten des impliziten Trinomialbaums geschätzt. Voraussetzung für die weiteren Schritte ist, dass dabei nach dem in Abschnitt 5.3.3.2 genannten Kriterium eine ausreichende Anpassungsgüte mit Abweichungen von weniger als einem Prozentpunkt erreicht wird. Danach erfolgt ein Sprung zum gleichen Wochentag der darauf folgenden Woche (Tag $t+7$). Der dann gültige Indexstand repräsentiert im ursprünglichen Trinomialbaum einen bestimmten Knoten, von dem wiederum ein Teilbaum ausgeht. In Abbildung 5.20 wird unterstellt, dass der Aktienkurs zwischen t und $t+7$ auf den Ausgangspunkt des fett hervorgehobenen Teilbaums gesunken ist. Wenn der ursprüngliche Baum und der darin abgebildete Kursprozess zutraf, muss im Zeitpunkt $t+7$ auch der vom realisierten Knoten ausgehende Teilbaum den gültigen risikoneutralen Prozess wiedergeben. Folglich müssten die in $t+7$ tatsächlich beobachteten Marktpreise der DAX-Option den Modellpreisen aus dem fett eingezeichneten Ausschnitt des ursprünglichen Baums entsprechen. Diese Implikation des Modells soll im Folgenden getestet werden.

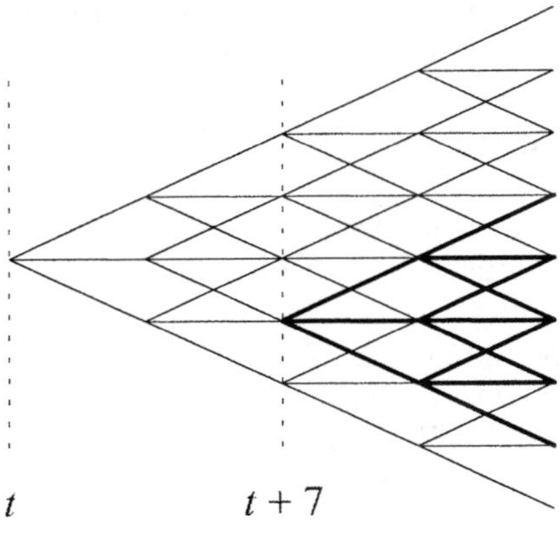

Abb. 5.20. Untersuchungsaufbau der Prognose mit impliziten Trinomialbäumen

Der Test macht sich zunutze, dass der am Tag t aufgestellte Trinomialbaum Informationen über die Optionspreise zu späteren Zeitpunkten enthält. Sobald der spätere Aktienkurs feststeht, sind nach den Modellprämissen der Preisprozess und damit auch die Optionspreise vollständig determiniert. Deshalb lässt sich aus dem relevanten Teilbaum der ursprünglichen Schätzung die neue, modellkonforme Basispreis- und Restlaufzeitstruktur der Optionspreise oder gleichwertig der impliziten Volatilitäten berechnen. Diese wird mit der tatsächlich in $t+7$ gültigen Struktur der impliziten Volatilitäten –

errechnet aus den an diesem Tag notierten Optionspreisen – verglichen. Das Zeitfenster wird dann um einen Tag verschoben, so dass in $t+1$ ein neuer Trinomialbaum berechnet und in $t+8$ dessen Implikation überprüft wird. So wiederholt sich der Vergleich bis zum Ende des Untersuchungszeitraums. Die Prognosefehler der einzelnen Tage werden schließlich zu komprimierten Fehlermaßen zusammengefasst. In der Regel fällt der in $t+7$ realisierte Aktienkurs nicht genau auf einen Knoten des Trinomialbaums. Die Optionspreise werden dann durch lineare Interpolation zwischen den angrenzenden Knoten approximiert.

Zu klären bleibt, welche Merkmale die Optionen aufweisen sollen, für die eine bedingte Preisprognose erstellt wird. Zunächst liegt es nahe, Optionen zu betrachten, die sich im Zeitpunkt t am Geld befinden. Auf sie entfällt das größte Handelsvolumen, so dass am ehesten ein Bedarf für Preisprognosen besteht. Außerdem verändert sich ihr Preis besonders stark mit dem Indexstand, was die Analyse der Preisbewegungen erleichtert. Allerdings hängt die Geldwertigkeit einer solchen Option im Zeitpunkt $t+7$ von der zwischenzeitlichen Kursentwicklung ab. Bei einem gesunkenen Kurs hätte sich der anfängliche ATM-Call aus dem Geld bewegt, im umgekehrten Fall wäre er in den ITM-Bereich gewandert. Der Prognosefehler wird in $t+7$ also einmal im linken Bereich der IV-Kurve, dann wieder im rechten Moneyness-Bereich abgegriffen. Aus diesem Grund wird zusätzlich die Prognosegüte für Optionen mit einer standardisierten Moneyness in $t+7$ untersucht. Die Moneyness M wird alternativ auf $-0,1424$ (ITM-Call), 0 (ATM-Option) und $0,1424$ (OTM-Call) gesetzt.

Die Voruntersuchungen haben eine besonders hohe Anpassungsgenauigkeit der impliziten Bäume bei einer Optionslaufzeit von 45 Kalendertagen ergeben. Diese Einstellung wird im Folgenden mit der Modifikation übernommen, dass die Laufzeit anfänglich 49 Tage und nach dem Prognosezeitraum noch 42 Tage beträgt. Damit wird das Verfahren in einer günstigen Ausgangskonstellation getestet. Bewährt es sich in diesem Fall nicht, ist auch bei anderen Laufzeiten kein gutes Abschneiden zu erwarten.

5.3.4.2 Vergleichsmodelle

Wenn das DVF-Modell zutrifft, dürfte es keine Abweichungen zwischen den bedingten Prognosen und den tatsächlich realisierten Optionspreisen geben, weil letztere direkt aus dem unterstellten Kursprozess des Basispapiers und dem Arbitragefreiheitspostulat folgen. Jede festgestellte Abweichung führt, wenn man die Existenz von Arbitragemöglichkeiten ausschließt, zur Ablehnung des Modells. Auch ein Modell aber, das nicht vollständig mit der Realität kompatibel ist, kann sich im praktischen Einsatz als nützlich erweisen, sofern es zumindest die wesentlichen Strukturmerkmale der realen Verhältnisse korrekt abbildet. So stellt Wilmott (1998), bezogen auf die moderne Finanzierungstheorie, fest: „Most of the sophisticated finance theory is based on incorrect assumptions. The real question is *how* wrong is the theory, and how useful is it regardless of its validity."[153] Die Eignung des DVF-Modells soll deshalb an Vergleichsverfahren gemessen werden, deren Auswahl sich nach Vorschlägen aus der Literatur, dem in der Praxis verbreiteten Vorgehen sowie den bisherigen Ergebnissen dieser Arbeit richtet. Im Einzelnen handelt es sich um die nachfolgend beschriebenen drei Ansätze.

Das *erste Vergleichsmodell (V1)* beruht auf der Annahme einer gleichbleibenden Volatilität der Rendite des Basispapiers in Höhe der impliziten Volatilität der jeweils betrachteten Option. Die implizite Volatilität wird als unveränderliches Charakteristikum einer Option aufgefasst, das unabhängig davon konstant bleibt, wie sich der Kurs des Basispapiers entwickelt. Das Optionsdelta gleicht damit dem Delta nach Black/Scholes, mit einem Parameter σ_{imp} in Höhe der impliziten Volatilität:

$$\Delta_{V1} = \frac{\partial C(S, \sigma_{imp}(S))}{\partial S} = \Delta_{BS}.$$

Es gilt also (5.21) mit der Besonderheit, dass $\partial\sigma_{imp}(S)/\partial S$ gleich Null ist. Die offensichtliche Schwäche dieses Ansatzes liegt in der in sich widersprüchlichen Verwendung verschiedener Werte für die Renditevolatilität des Basispapiers je nach Ausübungspreis der Option. Gleichwohl wird dieser unter dem Begriff „Sticky Strike"-Regel bekannte Ansatz als einfaches heuristisches Modell in der Praxis eingesetzt.[154] Die Bezeichnung spielt darauf an, dass jedem Basispreis eine bestimmte implizite Volatilität unwiderruflich zugeordnet wird.

Gebräuchlicher ist das *zweite Vergleichsmodell (V2)*, die „Sticky Moneyness"-Regel. Danach bleibt die Struktur der impliziten Volatilitäten als Funktion der Moneyness und der Restlaufzeit konstant.[155] Die implizite Volatilität einer einzelnen Option hingegen ändert sich fortlaufend, weil Indexbewegungen die Moneyness beeinflussen und sich die Restlaufzeit kontinuierlich verkürzt. Zur Prognose eines späteren Optionspreises unter der Bedingung eines bekannten Indexstands ist die implizite Volatilität aus der ursprünglichen Smile-Struktur an der Stelle der später gültigen Moneyness und Restlaufzeit abzugreifen. Dieser Ansatz dient auch in der Untersuchung von Dumas et al. (1998) als Benchmark für die Beurteilung des DVF-Modells und erreicht trotz seines ad hoc-Charakters eine bessere Prognosegüte.[156] Das Optionsdelta berechnet sich wiederum nach (5.21), wobei jetzt gilt:

---

[153] Wilmott (1998), S. 1.

[154] Vgl. Derman (1999), S. 9.

[155] Dieser Ansatz ist, wenn man den Restlaufzeiteffekt ausklammert, mit der „Sticky Delta-Regel" identisch; siehe dazu z. B. Brogden (2000), S. 1, und Derman (1999), S. 11.

[156] Vgl. Dumas et al. (1998), S. 2085 f. u. S. 2086 f.

$$\begin{aligned}\Delta_{V2} &= \frac{dC\left(S, \sigma_{imp}(M(S))\right)}{dS} \\ &= \frac{\partial C(S, \sigma_{imp}(M(S)))}{\partial S} + \frac{\partial C(S, \sigma_{imp}(M(S)))}{\partial \sigma_{imp}} \cdot \frac{d\sigma_{imp}(M(S))}{dM} \cdot \frac{dM(S)}{dS} \\ &= \Delta_{BS} + \Lambda_{BS} \cdot \frac{d\sigma_{imp}(M(S))}{dM} \cdot \frac{dM(S)}{dS},\end{aligned}$$

mit:

$$\frac{dM(S)}{dS} = -\frac{X}{S^2 e^{r(T-t)}\sqrt{T-t}} \tag{5.23}$$

wegen der Definition der Moneyness nach (5.13).[157] Im Normalfall einer abnehmenden impliziten Volatilität bei steigender Moneyness gilt: $\Delta_{V2} > \Delta_{BS}$.

Während die bisher vorgestellten Ansätze auf ad hoc-Annahmen über die Dynamik der impliziten Volatilitäten beruhen, orientiert sich das *letzte Vergleichsmodell (V3)* an den früheren empirischen Ergebnissen dieser Arbeit, vorwiegend aus Abschnitt 5.2.[158] Dort konnte für die Spannen $SP1$ und $SP2$ keine ausgeprägte, systematische Abhängigkeit vom Aktienkurs oder dem Niveau der ATM-Volatilität nachgewiesen werden. Um das Modell einfach zu halten, erscheint es daher akzeptabel, lediglich Parallelverschiebungen der gesamten IV-Kurve zuzulassen. Sie werden festgemacht am Prozess der impliziten ATM-Volatilität. Veränderungen des ATM-Niveaus kommen zum einen durch die Mittelwerttendenz der Volatilität zustande und werden zum anderen durch Aktienkursveränderungen ausgelöst. Der früher formulierte AR(1)-Prozess[159] wird um den Einfluss des Aktienkurses erweitert zu:

$$\sigma_{ATM,t} = a_0 + a_1\sigma_{ATM,t-1} + a_2 r_t + \varepsilon_t \quad \text{mit} \quad |a_1| < 1, \tag{5.24}$$

wobei $a_i, i = 0, 1, 2$ feste Koeffizienten darstellen, σ_{ATM} die implizite ATM-Volatilität angibt und ε ein zufallsabhängiger Störterm mit einem Erwartungswert von Null ist. Die Variable r_t steht für die Überrendite des DAX am Tag t im Vergleich zum unterstellten Renditeerwartungswert von 10% p.a.:

$$r_t = \ln\left(\frac{S_t}{S_{t-1}}\right) - \frac{1}{250}\ln(1 + 0,1).$$

Demnach wird ein Einfluss des Aktienkurses verneint, wenn die tatsächliche genau der erwarteten Rendite entspricht. Bei einer höheren Rendite wird die ATM-Volatilität unter sonst gleichen Bedingungen sinken ($a_2 < 0$). Der unbedingte Erwartungswert der ATM-Volatilität beträgt aufgrund des autoregressiven Entwicklungsprozesses:

---

[157] Siehe S. 177.

[158] Einen grundsätzlich ähnlichen Ansatz, bei dem die Dynamik des Smile an die ATM-Volatilität gekoppelt wird, formuliert Rosenberg (2000), S. 54.

[159] Vgl. Abschnitt 5.2.5.3, S. 187.

$$E(\sigma_{ATM}) = \lim_{n\to\infty} a_0(1 + a_1 + a_1^2 \ldots + a_1^n) = \frac{a_0}{1 - a_1}.$$

Der bedingte Erwartungswert der Volatilität im Zeitpunkt $t + n$ $(n \geq 1)$ auf der Basis der Informationsmenge des Zeitpunkts t errechnet sich nach:

$$\begin{aligned} E\left(\sigma_{ATM,t+n} \mid \sigma_{ATM,t}\right) &= a_0 \sum_{i=0}^{n-1} a_1^i + a_1^n \sigma_{ATM,t} \\ &= \frac{a_0}{1 - a_1} + a_1^n \left(\sigma_{ATM,t} - \frac{a_0}{1 - a_1}\right). \end{aligned}$$

Gehören außerdem die Renditen $r_{t+1}, \ldots, r_{t+n}$ zur Informationsbasis bei der Bildung des Erwartungswerts, so erhält man:

$$\begin{aligned} E(\sigma_{ATM,t+n} \mid \sigma_{ATM,t}, r_{t+1}, \ldots, r_{t+n}) &= \frac{a_0}{1 - a_1} + a_1^n \left(\sigma_{ATM,t} - \frac{a_0}{1 - a_1}\right) \\ &+ a_2 \left(r_{t+n} + a_1^{n-(n-1)} r_{t+(n-1)} + \ldots + a_1^{n-1} r_{t+1}\right). \end{aligned} \tag{5.25}$$

Nach (5.25) wird die bedingte Prognose für die ATM-Volatilität und damit das Niveau der IV-Kurve erstellt. Die dafür notwendigen Parameter a_0, a_1, a_2 werden auf der Basis von (5.24) mittels einer Regressionsanalyse mit täglichen Daten der letzten 250 Tage geschätzt. Die Koeffizienten werden täglich aktualisiert.

Die neue Berechnungsformel für das Optionsdelta lautet:

$$\begin{aligned} \Delta_{V3} = \frac{d\mathcal{C}\left(S, \sigma_{imp}(M(S), \sigma_{ATM}(S))\right)}{dS} &= \frac{\partial \mathcal{C}(S, \sigma_{imp}(M(S), \sigma_{ATM}(S)))}{\partial S} \\ &+ \frac{\partial \mathcal{C}(S, \sigma_{imp}(M(S), \sigma_{ATM}(S)))}{\partial \sigma_{imp}} \cdot \frac{\partial \sigma_{imp}(M(S), \sigma_{ATM}(S))}{\partial S} \\ &= \Delta_{BS} + \Lambda_{BS} \cdot \left[\frac{\partial \sigma_{imp}(M(S), \sigma_{ATM}(S))}{\partial M} \cdot \frac{dM(S)}{dS}\right. \\ &+ \left.\frac{\partial \sigma_{imp}(M(S), \sigma_{ATM}(S))}{\partial \sigma_{ATM}} \cdot \frac{d\sigma_{ATM}(S)}{dS}\right]. \end{aligned}$$

Dabei gilt wegen der unterstellten Parallelverschiebung aller impliziten Volatilitäten:

$$\frac{\partial \sigma_{imp}(M(S), \sigma_{ATM}(S))}{\partial \sigma_{ATM}} = 1$$

und wegen der angenommenen linearen Beziehung zwischen der Aktienrendite und der ATM-Volatilität:

$$\frac{d\sigma_{ATM}(S)}{dS} = a_2 \frac{dr}{dS} = a_2 \frac{d\ln(S)}{dS} = a_2 \frac{1}{S}.$$

Die Deltaberechnung vereinfacht sich daher zu:

$$\Delta_{V3} = \Delta_{BS} + \Lambda_{BS} \cdot \left[\frac{\partial \sigma_{imp}(M(S), \sigma_{ATM}(S))}{\partial M} \cdot \frac{dM(S)}{dS} + a_2 \frac{1}{S} \right] . \qquad (5.26)$$

Dabei gilt für $dM(S)/dS$ wiederum Gleichung (5.23). Der erste Summand des Klammerausdrucks in (5.26) ist bei fallender IV-Kurve größer Null, weil beide Faktoren negativ sind. Da der zweite Summand negativ ist ($a_2 < 0$), lässt sich das Vorzeichen des Klammerterms nicht allgemeingültig bestimmen. Die Größe Δ_{V3} kann somit über oder unter Δ_{BS} liegen, was auch in Abbildung 5.21 deutlich wird. Die niedrigsten Werte für die täglich aktualisierten Deltas einer Kaufoption mit 45 Tagen Restlaufzeit erzeugt fast ausnahmslos das implizite Baumverfahren. Die systematischen und gravierenden Unterschiede der Deltaverläufe werfen erneut die Frage auf, welches Verfahren die wahre Sensitivität der Optionspreise in Bezug auf den Indexkurs am genauesten trifft.

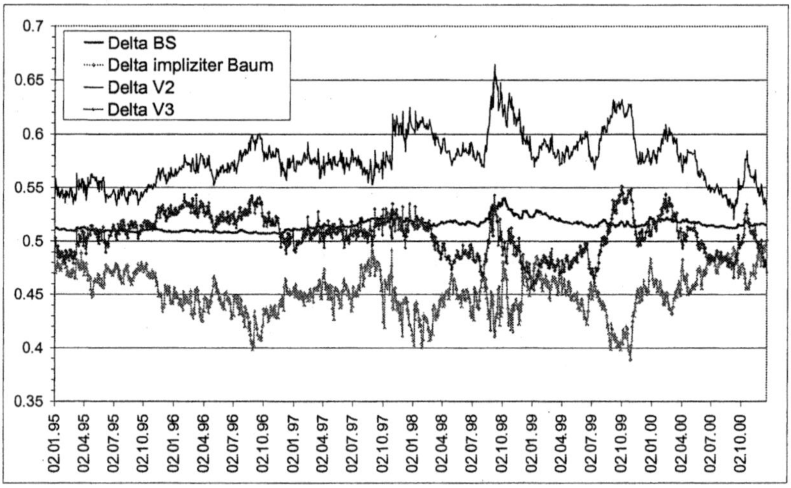

Abb. 5.21. Optionsdeltas im Verfahrensvergleich

5.3.4.3 Fehlermaße und Teststatistik

Gütemaße für die Qualität von Prognoseverfahren sollten generell so konzipiert werden, dass die Prognosefehler ein Gewicht entsprechend ihrer ökonomischen Bedeutung erhalten. Zielt die Prognose zum Beispiel auf Hedgekennziffern ab, könnten die Fehler mit dem Verlust gewichtet werden, den ein ungenaues Hedging verursacht. Hier jedoch steht kein spezieller Einsatzzweck im Vordergrund, aus dem sich eine geeignete Verlustfunktion ableiten ließe. Es werden daher mit dem mittleren absoluten Fehler (MAE) und dem mittleren quadrierten Fehler (MSE) gängige statistische Abweichungsmaße verwendet. Die Prognosen und damit auch die Gütemaße beziehen sich entweder auf Optionspreise oder auf implizite Volatilitäten.

Im Folgenden bezeichne $\widehat{y}_{i,t+k,t}$ die Prognose im Zeitpunkt t für den Zeitpunkt $t+k$ mit dem Verfahren i und y_t den realisierten Wert im Zeitpunkt t. Dann berechnet sich bei T Zeitpunkten, in denen Prognosen erstellt werden ($t = 1, \ldots, T$), der mittlere absolute Prognosefehler nach:

$$MAE_i = \frac{1}{T} \sum_{t=1}^{T} \left| \widehat{y}_{i,t+k,t} - y_{t+k} \right| .$$

Der mittlere quadrierte Prognosefehler beträgt:

$$MSE_i = \frac{1}{T} \sum_{t=1}^{T} \left(\widehat{y}_{i,t+k,t} - y_{t+k} \right)^2 .$$

Der MSE lässt sich wie folgt in drei Komponenten aufspalten, um Hinweise auf die Ursachen der vorgefundenen Prognosequalität zu erhalten:[160]

$$MSE_i = \left(\mu_{i,p} - \mu_r\right)^2 + \left(\sigma_{i,p} - \sigma_r\right)^2 + 2\left(1 - \rho_{i,pr}\right)\sigma_{i,p}\sigma_r, \qquad (5.27)$$

mit:

$$\mu_{i,p} = \frac{1}{T} \sum_{t=1}^{T} \widehat{y}_{i,t+k,t}, \quad \mu_r = \frac{1}{T} \sum_{t=1}^{T} y_{t+k},$$

$$\sigma_{i,p} = \sqrt{\frac{1}{T} \sum_{t=1}^{T} \left(\widehat{y}_{i,t+k,t} - \mu_{i,p} \right)^2}, \quad \sigma_r = \sqrt{\frac{1}{T} \sum_{t=1}^{T} \left(y_{t+k} - \mu_r \right)^2},$$

und:

$$\rho_{i,pr} = \frac{1}{\sigma_{i,p}\sigma_r} \frac{1}{T} \sum_{t=1}^{T} \left(\widehat{y}_{i,t+k,t} - \mu_{i,p} \right) \left(y_{t+k} - \mu_r \right) .$$

Die Quadratwurzel aus dem mittleren quadrierten Fehler wird mit $RMSE_i$ abgekürzt.

Da die impliziten Volatilitäten eine hohe Autokorrelation aufweisen, besteht die Möglichkeit, dass auch die Prognosefehler seriell korreliert sind. Dies ist zu berücksichtigen, wenn die Prognosegüte zweier Verfahren auf statistisch signifikante Unterschiede getestet werden soll. Diebold/Mariano (1995) haben einen geeigneten Test entwickelt, der im Folgenden auf das Gütekriterium MSE angewendet wird.[161]

[160] Vgl. Theil (1971a), S. 29-32.

[161] Vgl. auch Diebold/Lopez (1996), S. 249-252.

Mit $d_{i,j,t}$ sei die Differenz der quadrierten Fehler zweier Verfahren i und j für die im Zeitpunkt t abgegebenen Prognosen bezeichnet:

$$d_{i,j,t} = (\widehat{y}_{i,t+k,t} - y_{t+k})^2 - (\widehat{y}_{j,t+k,t} - y_{t+k})^2 .$$

Es sei angenommen, dass diese Differenz für feste Werte i und j in jedem Zeitpunkt t identisch verteilt ist, so dass gilt: $E(d_{i,j,t}) = E(d_{i,j})$. Die Nullhypothese des Tests lautet, dass die Verfahren i und j die gleiche Prognosegenauigkeit erreichen und somit $E(d_{i,j}) = 0$ ist. In großen Stichproben ist der Wert $\overline{d}_{i,j}$ mit:

$$\overline{d}_{i,j} = \frac{1}{T} \sum_{t=1}^{T} d_{i,j,t} = MSE_i - MSE_j$$

approximativ normalverteilt mit dem Erwartungswert $E(d_{i,j})$ und der Varianz f_d/T,[162] wobei:

$$f_d = \sum_{\tau=-\infty}^{\infty} f_d(\tau) \quad \text{mit } f_d(\tau) = E\left[(d_{i,j,t} - E(d_{i,j}))\,(d_{i,j,t-\tau} - E(d_{i,j}))\right].$$

Im Falle seriell unkorrelierter Fehlerdifferenzen ist $f_d(\tau) = 0$ für $\tau \neq 0$ und man erhält die Teststatistik des approximativen Zweistichproben-Gaußtests für die Differenz der Mittelwerte zweier Stichproben[163]. Unter Berücksichtigung der Autokorrelation kann die Nullhypothese auf der Basis der Prüfgröße:

$$B = \frac{\overline{d}_{i,j}}{\sqrt{\widehat{f}_d}} \sqrt{T}$$

getestet werden. Ein konsistenter Schätzwert für f_d wird unter Verwendung eines Lag-Fensters von vier Perioden[164] ermittelt nach:

$$\widehat{f}_d = \sum_{\tau=-4}^{4} \left(\frac{1}{T} \sum_{t=1+|\tau|}^{T} \left(d_{i,j,t} - \overline{d}_{i,j}\right) \left(d_{i,j,t-|\tau|} - \overline{d}_{i,j}\right) \right).$$

Zusätzlich zu den genannten Abweichungsmaßen wird bei der Darstellung der Ergebnisse auch der geschätzte Korrelationskoeffizient $KORR_i$ zwischen der DAX-Rendite im Zeitraum von t bis $t+k$ und dem Prognosefehler $(\widehat{y}_{i,t+k,t} - y_{t+k})$ angegeben. Er soll Aufschluss darüber geben, ob ein Verfahren bei ansteigenden oder fallenden Aktienkursen systematisch verzerrte Prognosen liefert. Eine positive Korrelation bedeutet – einen Fehlermittelwert nahe Null vorausgesetzt – dass bei hoher Aktienrendite der Optionspreis tendenziell überschätzt und bei niedriger Rendite unterschätzt wird.

[162] Vgl. Diebold/Mariano (1995), S. 254.

[163] Vgl. zu diesem Test Bamberg/Baur (2001), S. 185, 192 f.

[164] Dies entspricht dem Vorschlag von Diebold/Mariano (1995), S. 254.

Der Parameter k wird im Folgenden zunächst mit sieben Kalendertagen bzw. fünf Handelstagen gleichgesetzt, danach alternativ auch mit einem Kalendertag ($k = 1$).

5.3.4.4 Ergebnisse und Interpretation

Die Tabellen 5.19 bis 5.21 enthalten die Ergebnisse der Prognose impliziter Volatilitäten für den gesamten Untersuchungszeitraum und zwei gleich lange Teilperioden. Entsprechende Tabellen mit statistischen Maßen für die absoluten Preisabweichungen befinden sich im Anhang.[165] Neben den im vorherigen Abschnitt beschriebenen Kenngrößen sind in den Tabellen der Mittelwert des Prognosefehlers abgetragen[166], der Rang der Verfahren nach dem Kriterium eines niedrigen $RMSE$ sowie der maximale Absolutbetrag der Prognoseabweichung (MAX). Die Prüfgröße B bezieht sich immer auf die Differenz zwischen dem MSE eines Vergleichsverfahrens und dem MSE des impliziten Preisprozesses. Eine negative Teststatistik bedeutet, dass das jeweilige Vergleichsverfahren, gemessen am MSE, eine bessere Prognosegüte erreicht hat als die Methode des impliziten Trinomialbaums. Ein positiver Koeffizient zeigt umgekehrt ein besseres Abschneiden des Baumverfahrens an. Bei zweiseitiger Formulierung der Alternativhypothese sind B-Werte mit einem Absolutbetrag größer $1{,}960$ ($2{,}576$) auf dem 5% (1%)-Niveau statistisch signifikant gegen Null gesichert.

Die Fehlermittelwerte liegen in den meisten Fällen nahe Null. Nur das Verfahren V1 („Sticky Strike") scheint systematisch leicht nach unten verzerrte Prognosen zu erzeugen. Die Mittelwerte des impliziten Verfahrens variieren je nach Untersuchungszeitraum und Moneyness der Optionen vergleichsweise stark. Der mittlere absolute Fehler beträgt im Gesamtzeitraum bestenfalls etwa $1{,}25$ Prozentpunkte für die implizite Volatilität. In den Jahren von 1995 bis 1997 werden deutlich genauere Prognosen erzielt als in den darauf folgenden drei Jahren: Der MAE steigt von unter 1% auf über $1{,}5$% bei Einsatz des jeweils besten Verfahrens an. Dies war zu erwarten, weil das Volatilitätsniveau in der zweiten Teilperiode insgesamt höher liegt und größere Ausschläge aufweist als in der ersten Subperiode.[167] Die Analyse der Komponenten des MSE nach (5.27) ergibt, dass der Fehler aufgrund einer unvollständigen Korrelation zwischen Prognosen und Realisationen in aller Regel mehr als 95% des MSE ausmacht. Die ersten beiden Summanden in (5.27) fallen dagegen kaum ins Gewicht.

Die Rangfolge der Verfahren bleibt unabhängig vom betrachteten Zeitraum und den analysierten Optionen stabil. Den ersten Platz nimmt das Verfahren V3 ein, das aus dem autoregressiven Entwicklungsprozess der impliziten Volatilitäten unter Berücksichtigung der negativen Korrelation zum

[165] Siehe Anhang F, S. 259.
[166] Der Fehler ist definiert als Prognosewert abzüglich Realisation.
[167] Siehe Abbildung 5.8, S. 189.

Aktienkurs abgeleitet wurde. Dieses Modell unterscheidet sich von den anderen dadurch, dass es aufgrund von Voruntersuchungen über die Dynamik des Smile konzipiert wurde und damit keine reine Ex-ante-Untersuchung vornimmt. In die Schätzung der Modellparameter fließen aber, wie bei den übrigen Verfahren, nur Informationen ein, die zum Prognosezeitpunkt als bekannt vorausgesetzt werden können. Die Untersuchungsergebnisse bestätigen aus einem neuen Blickwinkel die Eignung des Verfahrens zur Modellierung zeitlicher Veränderungen der Optionspreise und der impliziten Volatilitäten. In den meisten Fällen wird eine statistisch signifikante Verbesserung gegenüber dem impliziten Trinomialbaum erzielt.

Vergleichbar gute Ergebnisse erreicht das Benchmarkverfahren V1. Es beruht zwar auf der theoretisch inkonsistenten Annahme, die Volatilität bleibe konstant auf dem Niveau der aktuellen impliziten Volatilität, dafür berücksichtigt es aber indirekt die negative Korrelation der Volatilität zum Aktienkurs. Nach einem Kursanstieg wird der jeweils betrachteten Option die gleiche implizite Volatilität zugewiesen wie vorher. Die dahinter stehende Hypothese lautet: Die implizite Volatilität, die vor dem Kursanstieg zutraf, wird nach dem Kursanstieg bei einer kleineren Moneyness erreicht. Das wiederum ist gleichbedeutend mit der Unterstellung, dass sich die Smile Kurve bei einem Kursanstieg nach unten verschiebt.

Eine Kurserhöhung zieht zwei Effekte nach sich: zum einen sinkt die Moneyness der Option, so dass wegen der typischen Basispreisstruktur die implizite Volatilität unter sonst gleichen Bedingungen zunimmt, zum anderen verschiebt sich in der Regel die IV-Kurve nach unten. Das Verfahren V1 nimmt keine genaue Abwägung beider Effekte vor, sondern geht vereinfacht davon aus, dass sie sich gegenseitig kompensieren. Abbildung 5.22 verdeutlicht diesen Zusammenhang, der umgekehrt auch bei einem Kursverfall gilt.

Das in der Praxis gebräuchlichste Verfahren V2, das eine konstante IV-Struktur unterstellt, liefert deutlich schlechtere Prognosen als das implizite Baumverfahren. In diesem Punkt weichen die Ergebnisse damit sehr markant von der Studie am US-Markt von Dumas et al. (1998) ab. Dort war selbst diese einfache Benchmark dem von den Autoren geschätzten impliziten Preisprozess überlegen, weshalb dieser nicht als akzeptable Beschreibung der Realität gelten konnte. Hier hingegen ist im bilateralen Vergleich die umgekehrte Rangfolge festzustellen. Wie die positive Korrelation $KORR$ zwischen den Prognosefehlern und den DAX-Renditen belegt, erbringt die „Sticky-Moneyness"-Regel zu hohe Prognosen bei steigenden DAX-Ständen und zu niedrige Prognosen bei fallenden Kursen. Der Grund liegt in der Vernachlässigung der aktienkursbedingten Verschiebung der Smile-Kurve. Bei steigenden Kursen wird einer Option wegen der gesunkenen Moneyness eine höhere implizite Volatilität zugewiesen, ohne zu berücksichtigen, dass gleichzeitig ein Absinken des allgemeinen Volatilitätsniveaus zu erwarten ist. Die vergleichsweise hohen Prognosefehler dieses Verfahrens unterstreichen die Notwendigkeit, diese Korrelation mit dem Aktienkurs zu beachten.

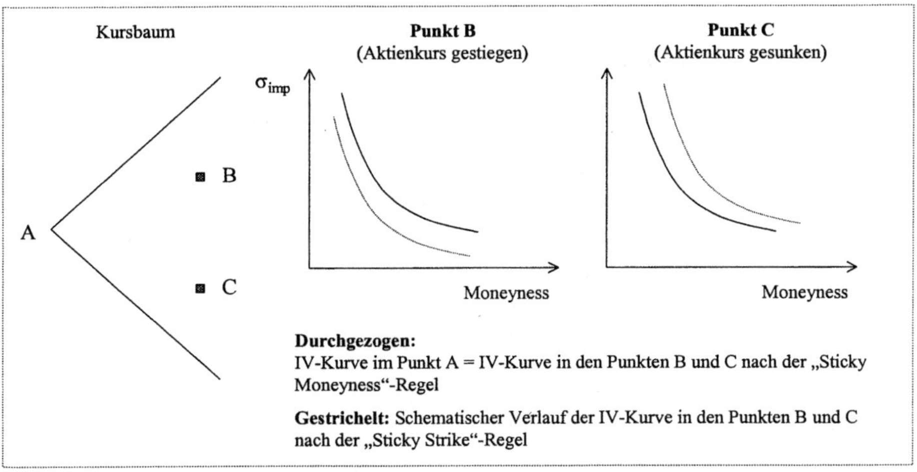

Abb. 5.22. Schematischer Verlauf der späteren IV-Kurven nach der „Sticky Strike“- und „Sticky Moneyness“-Regel

Der implizite Prozess des Trinomialbaums produziert in der anderen Richtung verzerrte Prognosen. Wie die negativen $KORR$-Werte belegen, *unterschätzt* das Verfahren die impliziten Volatilitäten nach einem *Kursanstieg* und *überschätzt* sie nach einem *Kursverfall.* Offenbar wird eine zu ausgeprägte Abhängigkeit des Volatilitätsniveaus vom Aktienkurs unterstellt. Die Volatilität nimmt zwar tendenziell ab, wenn die Kurse steigen, aber nicht so stark, wie es das DVF-Modell annimmt. Demnach resultiert ein verzerrter Preisprozess, wenn man versucht, den Smile-Effekt *allein* auf die Abhängigkeit der Volatilität vom Aktienkurs in Form einer deterministischen Funktion zurückzuführen. Es bewahrheitet sich damit die auf das DVF-Modell bezogene Einschätzung von Hull (2000): „Their main disadvantage is that we may be pushing a one-factor model too far.“[168]

Im Anhang finden sich ergänzend zur bisherigen Analyse die Ergebnisse einer auf den nächsten Handelstag anstelle der nächsten Woche bezogenen Prognose.[169] Erwartungsgemäß ist über den wesentlich kürzeren Zeitraum eine erheblich genauere Prognose erreichbar. Der mittlere absolute Fehler des besten Verfahrens sinkt auf etwa 0,55 Prozentpunkte der impliziten Volatilität. Die den Verfahrensvergleich betreffenden Ergebnisse stimmen aber nahezu vollständig mit den obigen Ausführungen für den wöchentlichen Prognosezeitraum überein.

---

168 Hull (2000), S. 486. Siehe auch die differenzierte Beurteilung des gleichen Autors in der Simulationsstudie Hull/Suo (2000).

169 Siehe Tabelle F.4 im Anhang, S. 262.

	Fehler-mittelwert	*MAE*	*RMSE*	Rang	Prüf-größe *B*	*MAX*	*KORR*
Optionen im Prognosezeitpunkt *t* am Geld							
impliziter Prozess	-0.12%	1.47%	2.12%	(3)	0.00	12.47%	-0.53
V1	-0.30%	1.26%	1.89%	(2)	-2.34	13.64%	0.13
V2	-0.03%	1.66%	2.47%	(4)	1.92	17.35%	0.64
V3	0.04%	1.24%	1.81%	(1)	-3.28	11.08%	-0.09
Calls (Puts) im Realisationszeitpunkt *t*+7 im Geld (aus dem Geld)							
impliziter Prozess	-0.10%	1.69%	2.35%	(3)	0.00	12.07%	-0.60
V1	-0.21%	1.26%	1.89%	(2)	-4.52	12.73%	0.02
V2	-0.02%	1.64%	2.47%	(4)	0.61	16.97%	0.62
V3	0.05%	1.27%	1.87%	(1)	-4.89	12.44%	-0.12
Optionen im Realisationszeitpunkt *t*+7 am Geld							
impliziter Prozess	0.16%	1.44%	2.10%	(3)	0.00	11.15%	-0.50
V1	-0.13%	1.24%	1.86%	(1)	-2.41	11.58%	0.12
V2	-0.02%	1.68%	2.51%	(4)	2.29	17.21%	0.63
V3	0.05%	1.26%	1.87%	(2)	-2.62	11.25%	-0.09
Calls (Puts) im Realisationszeitpunkt *t*+7 aus dem Geld (im Geld)							
impliziter Prozess	0.37%	1.33%	1.93%	(3)	0.00	9.78%	-0.28
V1	0.02%	1.32%	1.91%	(2)	-0.25	11.50%	0.31
V2	-0.02%	1.69%	2.52%	(4)	3.45	17.25%	0.63
V3	0.05%	1.26%	1.86%	(1)	-0.87	10.98%	-0.09

Tabelle 5.19. Prognoseergebnisse für implizite Volatilitäten über den gesamten Untersuchungszeitraum (1995-2000), Prognosezeitraum 7 Kalendertage

5.3.5 Zusammenfassende Beurteilung des Modells

Die teilweise stark hervorgehobenen Probleme der Implementierung der impliziten Baumverfahren[170] lassen sich im Falle der DAX-Optionen durch eine sachgerechte Ausrichtung des Verfahrens beheben. Börsentäglich kann ein impliziter Preisprozess bestimmt werden, der die beobachteten Optionspreise sehr genau reproduziert. Die Berechnung dauert auf einem herkömmlichen Personal Computer selbst bei 400 Baumstufen nur wenige Sekunden. Aufwändig ist allenfalls die Speicherung aller Übergangswahrscheinlichkeiten, die erforderlich ist, wenn mit dem impliziten Baum pfadabhängige exotische Optionen bewertet oder die Deltas von Standardoptionen für verschiedene Laufzeiten berechnet werden sollen.

Entscheidend für die Beurteilung des Modells ist die Frage, ob die Implementierung zu ökonomisch sinnvollen Ergebnissen führt. Die hieran bereits

[170] Vgl. insbesondere Rebonato (1999), S. 109-127.

	Fehler-mittelwert	*MAE*	*RMSE*	Rang	Prüf-größe *B*	*MAX*	*KORR*
Optionen im Prognosezeitpunkt *t* am Geld							
impliziter Prozess	-0.33%	1.10%	1.68%	(3)	0.00	10.24%	-0.38
V1	-0.36%	0.98%	1.62%	(2)	-0.46	13.64%	0.17
V2	-0.07%	1.18%	1.90%	(4)	0.82	17.35%	0.59
V3	-0.12%	0.90%	1.48%	(1)	-1.66	11.08%	0.10
Calls (Puts) im Realisationszeitpunkt *t*+7 im Geld (aus dem Geld)							
impliziter Prozess	-0.41%	1.33%	1.92%	(4)	0.00	10.31%	-0.48
V1	-0.30%	0.98%	1.62%	(2)	-2.48	12.73%	0.05
V2	-0.07%	1.14%	1.90%	(3)	-0.08	16.97%	0.56
V3	-0.12%	0.92%	1.53%	(1)	-3.14	12.44%	0.06
Optionen im Realisationszeitpunkt *t*+7 am Geld							
impliziter Prozess	-0.11%	1.04%	1.61%	(3)	0.00	9.87%	-0.31
V1	-0.22%	0.95%	1.58%	(2)	-0.20	11.58%	0.19
V2	-0.05%	1.20%	1.95%	(4)	1.27	17.21%	0.59
V3	-0.11%	0.93%	1.53%	(1)	-0.64	11.25%	0.11
Calls (Puts) im Realisationszeitpunkt *t*+7 aus dem Geld (im Geld)							
impliziter Prozess	0.13%	0.95%	1.48%	(1)	0.00	9.62%	0.04
V1	-0.02%	1.06%	1.64%	(3)	1.43	11.50%	0.42
V2	-0.04%	1.21%	1.94%	(4)	1.77	17.25%	0.60
V3	-0.10%	0.93%	1.52%	(2)	0.42	10.98%	0.11

Tabelle 5.20. Prognoseergebnisse für implizite Volatilitäten in der ersten Hälfte des Untersuchungszeitraums (1995-1997), Prognosezeitraum 7 Kalendertage

in der Literatur am US-Kapitalmarkt geäußerten Zweifel[171] werden durch die Ergebnisse dieser Arbeit bekräftigt. Zwar lässt sich die für das DVF-Modell grundlegende negative Korrelation zwischen Aktienrendite und Volatilität statistisch signifikant belegen, dieser Zusammenhang wird aber überstrapaziert, wenn mit ihm der komplette Smile-Effekt erklärt werden soll. Eine umfassendere Modellierung muss andere Faktoren wie Kurssprünge und Volatilitäten mit eigenständiger Stochastik hinzunehmen. Nur erschwert die damit verbundene Komplexität die zuverlässige Schätzung der Modellparameter und den praktischen Einsatz der Verfahren.

Auch wenn das DVF-Modell nur ein verzerrtes Abbild des wahren Preisprozesses liefert, erweist es sich trotzdem als überlegen gegenüber der verbreiteten heuristischen Regel, die Smile-Struktur als konstant anzusehen. Die Deltas des impliziten Trinomialbaums zeigen zumindest die Richtung korrekt an,

[171] Vgl. zusammenfassend Skiadopoulos (1999).

	Fehler-mittelwert	*MAE*	*RMSE*	Rang	Prüf-größe *B*	*MAX*	*KORR*
Optionen im Prognosezeitpunkt *t* am Geld							
impliziter Prozess	0.09%	1.84%	2.48%	(3)	0.00	12.47%	-0.59
V1	-0.24%	1.53%	2.12%	(2)	-2.58	9.89%	0.12
V2	0.00%	2.15%	2.94%	(4)	1.78	13.19%	0.66
V3	0.19%	1.58%	2.09%	(1)	-2.85	10.08%	-0.17
Calls (Puts) im Realisationszeitpunkt *t*+7 im Geld (aus dem Geld)							
impliziter Prozess	0.21%	2.05%	2.72%	(3)	0.00	12.07%	-0.65
V1	-0.11%	1.54%	2.13%	(1)	-3.87	9.91%	0.01
V2	0.03%	2.13%	2.93%	(4)	0.78	13.80%	0.65
V3	0.22%	1.62%	2.16%	(2)	-3.86	10.25%	-0.20
Optionen im Realisationszeitpunkt *t*+7 am Geld							
impliziter Prozess	0.43%	1.85%	2.49%	(3)	0.00	11.15%	-0.57
V1	-0.05%	1.53%	2.11%	(1)	-2.70	9.55%	0.10
V2	0.01%	2.17%	2.97%	(4)	1.92	13.71%	0.65
V3	0.21%	1.60%	2.15%	(2)	-2.70	10.53%	-0.18
Calls (Puts) im Realisationszeitpunkt *t*+7 aus dem Geld (im Geld)							
impliziter Prozess	0.60%	1.72%	2.30%	(3)	0.00	9.78%	-0.41
V1	0.06%	1.57%	2.15%	(2)	-1.14	8.65%	0.25
V2	0.00%	2.17%	2.98%	(4)	3.04	13.40%	0.64
V3	0.19%	1.59%	2.15%	(1)	-1.24	10.48%	-0.18

Tabelle 5.21. Prognoseergebnisse für implizite Volatilitäten in der zweiten Hälfte des Untersuchungszeitraums (1998-2000), Prognosezeitraum 7 Kalendertage

in der sich die wahre Sensitivität von jener nach Black/Scholes unterscheidet. Geht es primär um die Bestimmung von Optionsdeltas, empfiehlt es sich nach den empirischen Ergebnissen dieser Arbeit, die Dynamik der IV-Kurve selbst zu modellieren. Ein Ansatz dazu wurde in Anlehnung an Rosenberg (2000) formuliert und mit vergleichsweise guten Ergebnissen getestet. Indes löst dieser Ansatz nicht das Problem, exotische Optionen in Übereinstimmung mit den Preisen von Standardoptionen zu bewerten. Für diesen Zweck müsste weitergehend der Preisprozess benannt werden, der die Veränderungen der IV-Kurve hervorruft.

6. Zusammenfassung

Unter den Annahmen des Black/Scholes-Modells existiert ein eindeutiger arbitragefreier Wert für alle europäischen, nicht pfadabhängigen Optionen. Obwohl **Barrier-Optionen** pfadabhängig sind, lässt sich ihr Preis in Abhängigkeit vom aktuellen Aktienkurs und der Restlaufzeit angeben, sofern bekannt ist, ob bis zum Bewertungszeitpunkt ein Schrankenkontakt stattgefunden hat. Daher unterscheiden sie sich hinsichtlich ihrer Bewertung unter den Black/Scholes-Annahmen nicht prinzipiell von Standardoptionen. Wenn eine analytische Lösung nicht existiert, wie es zum Beispiel im Fall der Überprüfung der Schrankenbedingung in diskreten Zeitabständen der Fall ist, können grundsätzlich die gängigen **numerischen Bewertungsmethoden**, insbesondere Baumverfahren, eingesetzt werden. Je nach Lage der Barrier im Baum treten jedoch unter Umständen selbst bei mehreren Tausend Teilperioden noch beträchtliche Bewertungsfehler auf. Daher sind Modifikationen zur Verbesserung des Konvergenzverhaltens sinnvoll. Üblicherweise wird dabei der Baum so strukturiert, dass die Barrier die gewünschte Position einnimmt. Bei manchen Anwendungen, wie den *impliziten* Baumverfahren, muss aber die Struktur des Baums nach anderen Kriterien ausgerichtet werden. Beispielsweise sind hinreichend große Aktienkursabstände notwendig, um hohe lokale Volatilitäten modellieren zu können. Die in Abschnitt 2.2 beschriebene Modifikation hat den Vorteil, dass sie nicht den Baum an die vorgegebene Barrier, sondern den Bewertungsalgorithmus an die Lage der Barrier im Baum anpasst. Simulationsrechnungen von Steiner et al. (1999b) ergeben im Vergleich mit anderen Verfahren eine sehr günstige Beurteilung nach den Kriterien Geschwindigkeit, mittlere Genauigkeit sowie Fehlerhöhe in kritischen Bewertungssituationen.

Die Probleme der numerischen Bewertung von Barrier-Optionen kommen dadurch zustande, dass in der Nähe der Barrier eine kleine Kursbewegung eine immense Wirkung auf den Optionswert entfalten kann. Eine ähnliche Schwierigkeit stellt sich bei der Implementierung einer **dynamischen Duplikations- oder Hedgestrategie**, die unter den Black/Scholes-Annahmen auch für Barrier-Optionen existiert. Im Moment des Schrankenkontakts müssen gerade bei Barrier-Optionen mit einer Kursschranke im Geld größere Portfolioumschichtungen vorgenommen werden, die nur an einem hoch liquiden Markt möglich sind. Wenn Transaktionskosten anfallen oder ein anderer Kursprozess vorliegt, ist ohnehin keine perfekte Absicherung mit einer dynamischen Hedgestrategie erreichbar. Das Ausmaß des verbleibenden Risikos zeigt am Beispiel von Standardoptionen auf den DAX die historische Simulation in Abschnitt 5.1. Unter realen Bedingungen können daher Abweichungen der Marktpreise von den Werten des Black/Scholes-Modells auftreten, ohne Arbitragemöglichkeiten zu eröffnen.

Die Unterschiede der Marktbewertung zum Black/Scholes-Modell werden in aller Regel anhand des Verlaufs der impliziten Volatilitäten in Abhängigkeit von Basispreis und Fälligkeitstermin veranschaulicht (**Smile-Effekt**). Im Währungsbereich findet sich typischerweise eine bei hohen und niedrigen Basispreisen gleichermaßen ansteigende, symmetrische Funktion, während die impliziten Volatilitäten von Aktienindexoptionen meist mit steigendem Basispreis monoton sinken. Demnach werden Puts aus dem Geld und Calls im Geld höher bewertet als nach dem Standardmodell erwartet, wohingegen die Preise von im Geld befindlichen Puts und aus dem Geld liegenden Calls unerwartet niedrig ausfallen. In dieser Arbeit wird die Smile-Struktur für die DAX-Option an jedem Börsentag der Jahre 1995 bis 2000 auf der Grundlage der zeitgestempelten Handelsabschlüsse an der Eurex erhoben. Dazu ist der Indexstand um steuerliche Wirkungen von Dividendenzahlungen zu bereinigen, weil der Steuersatz der am Optionsmarkt maßgeblichen institutionellen Anleger nicht dem Steuersatz entspricht, den die Deutsche Börse unterstellt, um den Reinvestitionsbetrag zu ermitteln. Die Korrektur liefert eine Erklärung für die scheinbaren Verstöße gegen die Put-Call-Parität, die in früheren Studien gefunden wurden.

Das in dieser Arbeit verwendete Regressionsmodell erklärt durchschnittlich etwa 95% der Variation der impliziten Volatilitäten durch die Unterschiede im Verhältnis aus Basispreis und Futurekurs. Bei einem Verhältnis von $0,95$ ist durchschnittlich eine um knapp 4 Prozentpunkte höhere implizite Volatilität festzustellen als bei einem Basispreis-Futurekurs-Verhältnis von $1,05$. Die Dynamik des Smile lässt sich durch AR(1)-Prozesse modellieren. Aus den geschätzten Autokorrelationskoeffizienten von etwa $0,95$ ergibt sich, dass die impliziten Volatilitäten nach einem Schock nur langsam zu ihrem langfristigen Mittelwert zurückkehren.

Für die Existenz des Smile-Effekts können aus theoretischer Sicht vor allem Kurssprünge, Marktfriktionen – insbesondere Transaktionskosten – und stochastische Volatilitäten verantwortlich gemacht werden.

Ein Indiz für die Bedeutung von **Kurssprüngen** kann in der Beobachtung gesehen werden, dass sich die derzeit vorherrschende Form des Smile erst nach dem Börsencrash im Oktober 1987 herausgebildet hat. Vorher war bei Aktienindexoptionen in den USA eine nahezu symmetrische Struktur festzustellen. Wird ein kontinuierlicher Diffusionsprozess für den Aktienindex mit einer diskontinuierlichen Sprungkomponente kombiniert, lässt sich der schiefe Verlauf des Smile bei Annahme eines negativen Erwartungswerts der Sprunghöhe reproduzieren. Allerdings postuliert dieses Modell ein rasches Abflachen des Smile bei längerer Restlaufzeit der Optionen. Die Terminstruktur des Smile von DAX-Optionen steht hierzu in deutlichem Widerspruch, weshalb einer solchen Modellierung von Kurssprüngen nur ein sehr begrenzter Beitrag zur Erklärung der DAX-Optionspreise bescheinigt werden kann. Möglicherweise sind Ansätze erfolgversprechender, die nicht auf Kurssprünge per se, sondern explizit auf die Gefahr eines Börsencrash abstellen.[1]

Unter Berücksichtigung von **Transaktionskosten** existiert keine selbstfinanzierende, dynamische Handelsstrategie zur Duplikation des Zahlungsprofils von Optionen. Es lassen sich aber unter bestimmten Annahmen Wertgrenzen angeben. Verlässt der Optionspreis die zulässige Bandbreite, kommen Anpassungsreaktionen in Gang, weil das verbleibende Risiko des Hedgeportfolios entweder durch Diversifikation eliminiert werden kann oder einzelne Marktteilnehmer die erwartete Rendite als angemessenen Ausgleich für das übernommene Restrisiko empfinden. Die Volatilitätsanpassung im Modell von Leland (1985) belegt einen beachtlichen Einfluss von Transaktionskosten auf die Preisober- und -untergrenze von Optionen. Transaktionskosten tragen zur Erklärung des Smile-Effekts bei, wenn sich der Marktpreis bei niedrigen Basispreisen an die obere Preisgrenze annähert. Als möglicher Grund dafür wird auf die starke Nachfrage des Nichtbankensektors nach aus dem Geld befindlichen Verkaufsoptionen verwiesen. Das Risiko aus den Short-Positionen können die Optionshändler nur durch dynamisches Hedging weiter transferieren, weshalb sie die dabei entstehenden Transaktionskosten in ihren Angebotspreis einrechnen. Hinweise für die Gültigkeit dieser Argumentation hat die Analyse der Einflussgrößen der Dynamik des Smile erbracht. Die Steigung der Basispreisstruktur der impliziten Volatilitäten weist eine signifikante Korrelation mit dem Anteil des Handelsvolumens von out-of-the-money Puts am gesamten Handelsvolumen eines Tages auf.

Die zeitdiskreten Modelle zur Einbeziehung von Transaktionskosten in die Optionsbewertung erbringen keine weitergehenden Erkenntnisse. Die in diesem Modellrahmen mögliche Strategie der Superreplikation besitzt keine praktische Bedeutung, weil sie eine sehr niedrige Renditevolatilität bei einem zugleich sehr hohen Transaktionskostensatz voraussetzt. Boyle/Vorst (1992) berücksichtigen Transaktionskosten im Binomialmodell und übertragen damit das zeitkontinuierliche Modell von Leland in einen diskreten Modellrahmen. Beim Übergang zu einer infinitesimalen Länge der Teilperioden ergeben sich weiter außen liegende Preisgrenzen als im Leland-Modell, was die Frage nach der Relevanz der unterschiedlichen Ergebnisse aufwirft. In Abschnitt 4.2.3 wurde gezeigt, dass die von Boyle/Vorst (1992) verwendete Standardspezifikation des Binomialmodells einen anderen Erwartungswert der absoluten Kursveränderung in den Teilperioden impliziert als die geometrische Brownsche Bewegung. Der Absolutbetrag der Kursänderungen bestimmt die Portfolioumschichtungen und damit auch die Transaktionskosten.

---

[1] Überlegungen dazu finden sich im Kapitel 27 „Crash Modeling“ bei Wilmott (1998).

Wird das Parameterset des Binomialmodells so gewählt, dass die Erwartungswerte der absoluten Kursänderungen im kontinuierlichen und diskreten Modell übereinstimmen, gelangen beide Modelle zum gleichen Ergebnis. Unter der Standardannahme einer geometrischen Brownschen Bewegung für den Kurs des Basispapiers ist daher die Leland-Formel anzuwenden und nicht die von Boyle/Vorst (1992) hergeleitete Anpassungsformel.

Bei der Analyse **stochastischer Volatilitäten** konzentrierte sich diese Arbeit auf den Sonderfall einer Modellierung der **Volatilität als deterministische Funktion von Aktienkurs und Zeit**. Einen engen Zusammenhang zwischen Aktienkurs und Volatilität legt die Beobachtung einer statistisch und ökonomisch signifikant negativen Korrelation zwischen DAX- und VDAX-Renditen in allen sechs Jahren des Untersuchungszeitraums (1995-2000) nahe. Im DVF-Modell gilt für den Preis einer europäischen Option eine partielle Differenzialgleichung, die bei gegebenen Randbedingungen eine eindeutige Lösung besitzt. Diese muss mit numerischen Verfahren approximiert werden. Sind die Preise europäischer Optionen für beliebige Basispreise und Fälligkeiten bekannt, lässt sich aus dem DVF-Modell die zugehörige Volatilitätsfunktion gewinnen. Diese wiederum kann dann zur Ermittlung von Hedgekennzahlen für Standardoptionen oder zur Bewertung exotischer Optionen herangezogen werden. In der Bestimmung eines mit der Bewertung von Standardoptionen kompatiblen, impliziten Kursprozesses liegt die eigentliche Bedeutung des DVF-Modells.

Nach einem Vergleich der in der Literatur vorgeschlagenen numerischen Verfahren zur Berechnung des impliziten Kursprozesses wird in dieser Arbeit das **implizite Trinomialmodell** von Derman/Kani/Chriss (1996) ausgewählt. Ein Problem des Algorithmus besteht darin, dass er in der Praxis – zum Beispiel aufgrund von fehlerhaften Optionsdaten – negative Werte für Parameter erzeugen kann, die als Wahrscheinlichkeiten zu interpretieren sind. Diese Werte müssen überschreiben werden, auch wenn daraus eine imperfekte Anpassung an die Optionspreise resultiert. Ob das Problem als gravierend einzustufen ist, kann nach der Konstruktion des Baums anhand der Anpassungsgüte leicht kontrolliert werden. In dieser Arbeit wird im Unterschied zum Vorschlag von Derman/Kani/Chriss (1996) eine Überschreibungsregel verwendet, die sich danach richtet, ob die angestrebte lokale Varianz zu hoch oder zu niedrig ausfällt. Die Wahrscheinlichkeiten werden mit zulässigen Werten dergestalt überschrieben, dass fallweise entweder die maximale oder die minimale Varianz erreicht wird. Dadurch kann für die DAX-Option im Untersuchungszeitraum börsentäglich ein impliziter Kursprozess bestimmt werden, der die beobachteten Optionspreise mit großer Genauigkeit reproduziert.

Die empirische Überprüfung des DVF-Modells geht der Frage nach, ob der implizite Kursprozess die Struktur des tatsächlichen DAX-Verlaufs hinreichend genau widerspiegelt. Die Ergebnisse lassen Verzerrungen erkennen, die durch den Versuch entstehen, den gesamten Smile-Effekt *allein* auf die Abhängigkeit der Volatilität vom Aktienkurs zurückzuführen. Ein Einfaktormodell, auch wenn es durch die Variation der Volatilität flexibel ausgestaltet wird, vereinfacht die realen Zusammenhänge offenbar zu stark. Die so errechneten Optionsdeltas fallen zu niedrig aus. Allerdings schneidet das DVF-Modell trotz dieser Verzerrung besser ab als die in der Praxis verbreitete heuristische Regel, die Smile-Struktur als konstant zu betrachten. Die am US-Optionsmarkt festgestellte Überlegenheit der Praktikerregel bestätigt sich in Deutschland also nicht. Ihr entscheidender Nachteil ist, dass sie einen Zusammenhang zwischen Kurs- und Volatilitätsveränderungen negiert. Die besten Ergebnisse in der empirischen Auswertung erbrachte in dieser Arbeit ein zeitreihengestütztes Verfahren, das in Anlehnung an Rosenberg (2000) die implizite at-the-money Volatilität als AR(1)-Prozess mit einer Erweiterung um die Wirkung von Kursänderungen modelliert.

Es kann als gesichert gelten, dass die Optionsbewertung neben den im Black/Scholes-Modell erfassten Parametern weiteren Einflüssen unterliegt, zu denen sowohl Marktfriktionen als auch Kurssprünge und stochastische Veränderungen der Volatilität zählen. Diese Arbeit sollte dazu beitragen, das relative Gewicht der einzelnen Einflüsse theoretisch und am Beispiel der DAX-Option genauer zu beleuchten. Ein umfassendes Erklärungsmodell, das alle wichtigen Faktoren integriert, steht bisher noch aus. Mit Sicherheit würde es sich um ein komplexes Modell mit einer Vielzahl zu schätzender Parameter handeln.[2] Im praktischen Einsatz müsste es sich als robust und zuverlässig erweisen, ehe es einfachere, aber bewährte Modelle verdrängen könnte.

---

[2] Siehe ähnlich Das/Sundaram (1999), S. 214 f.

A. Grundlegende Definitionen der Wahrscheinlichkeitstheorie

Die möglichen Ergebnisse eines Zufallsexperiments werden in einer Menge Ω zusammengefasst, die als *Zustandsraum* bezeichnet wird. Die Elemente ω dieser Menge heißen *Elementarereignisse*. Ein System $\mathcal{F}$ von Teilmengen von Ω heißt eine *σ-Algebra*, wenn folgende drei Bedingungen erfüllt sind:

1. $\Omega \in \mathcal{F}$, das heißt $\mathcal{F}$ enthält den Zustandsraum selbst,
2. $A \in \mathcal{F} \Longrightarrow A^c := \Omega \setminus A \in \mathcal{F}$, das heißt $\mathcal{F}$ ist hinsichtlich der Komplementbildung abgeschlossen,
3. $A_1, A_2, A_3, \ldots \in \mathcal{F} \Longrightarrow A_1 \cup A_2 \cup A_3 \cup \ldots \in \mathcal{F}$, das heißt, wenn eine abzählbare Folge von Teilmengen von Ω zu $\mathcal{F}$ gehört, so auch die Vereinigungsmenge dieser Teilmengen.

Das Tupel $(\Omega, \mathcal{F})$ nennt man *Messraum*. Ein *Wahrscheinlichkeitsmaß* auf diesem Messraum ist eine Abbildung $\mathcal{P} : \mathcal{F} \to [0, 1]$, für die gilt:

1. $\mathcal{P}(A) \geq 0 \; \forall \; A \in \mathcal{F}$,
2. $\mathcal{P}(\Omega) = 1$.
3. Mit $I \subset \mathbb{N}$ als Indexmenge entspricht für jede Abfolge $\{A_n\}_{n \in I}$ von paarweise disjunkten Mengen aus $\mathcal{F}$ die Summe der Wahrscheinlichkeiten der Mengen A_n der Wahrscheinlichkeit ihrer Vereinigungsmenge (σ-Additivität):

$$\mathcal{P}\left(\bigcup_{n \in I} A_n\right) = \sum_{n \in I} \mathcal{P}(A_n).$$

Zwei Wahrscheinlichkeitsmaße $\mathcal{P}$ und $\mathcal{P}^*$ auf dem gleichen Messraum $(\Omega, \mathcal{F})$ sind *äquivalent*, falls für alle Mengen $A \in \mathcal{F}$ gilt: $\mathcal{P}(A) = 0 \Longleftrightarrow \mathcal{P}^*(A) = 0$. Das Tripel $(\Omega, \mathcal{F}, \mathcal{P})$ heißt *Wahrscheinlichkeitsraum*. Eine *Filtration* auf diesem Wahrscheinlichkeitsraum ist eine Familie von σ-Algebren $\{\mathcal{F}_t\}_{t \in [0,T]}$ mit den Eigenschaften:[1]

1. Für alle $0 \leq s < t \leq T$ gilt: $\mathcal{F}_s \subseteq \mathcal{F}_t \subseteq \mathcal{F}_T = \mathcal{F}$.

[1] Als *rechtsseitig-stetig* wird eine Filtration bezeichnet, falls für alle $0 \leq t < T$ gilt: $\mathcal{F}_t = \bigcap_{u > t} \mathcal{F}_u$, vgl. Irle (1998), S. 118. Dothan (1990), S. 160, nimmt diese Bedingung in die allgemeine Definition einer Filtration auf.

2. Alle Mengen aus $\mathcal{F}$, die mit der Wahrscheinlichkeit von Null eintreten (Nullmenge), sind in $\mathcal{F}_0$ enthalten.[2]

Auf einem Wahrscheinlichkeitsraum $(\Omega, \mathcal{F}, \mathcal{P})$ beschreibt die σ-Algebra $\mathcal{F}$ die Gesamtheit aller beobachtbaren Ereignisse.[3] Interpretiert man $t \in [0, T]$ als Zeitparameter, so gibt die Unter-σ-Algebra $\mathcal{F}_t$ alle bis zum Zeitpunkt t beobachtbaren Ereignisse an. Eine Filtration dient also zur Beschreibung des Informationsverlaufs an einem Finanzmarkt. Die obige Bedingung 1. für eine Filtration bedeutet in dieser Interpretation, dass im Zeitablauf keine Informationen verloren gehen. Die Informationsmenge bleibt gleich oder wächst.

Eine Funktion $X : \Omega \rightarrow \mathbb{R}$ heißt *messbar* auf der σ-Algebra $\mathcal{F}$, wenn für zwei beliebige reelle Zahlen a und b gilt: $\{\omega : a < X(\omega) < b\} \in \mathcal{F}$.[4] Eine $\mathcal{F}$-messbare Funktion $X : \Omega \rightarrow \mathbb{R}$ wird *Zufallsvariable* auf dem Wahrscheinlichkeitsraum $(\Omega, \mathcal{F}, \mathcal{P})$ genannt. Bezogen auf diese Zufallsvariable wird die kleinste σ-Algebra, auf der X messbar ist, als die durch X erzeugte σ-Algebra bezeichnet. Die $\mathcal{F}$-Messbarkeit einer Zufallsvariable bedeutet, dass aufgrund der beobachtbaren Ereignisse, die den Informationsstand widerspiegeln, bestimmt werden kann, welchen Wert die Zufallsvariable annimmt. Die Hinzunahme des obigen, die Nullmenge betreffenden Definitionsmerkmals 2. einer Filtration hat den Vorteil, dass aus der $\mathcal{F}$-Messbarkeit einer Zufallsvariable X auch die der Zufallsvariable Y folgt, sofern beide Variablen fast sicher übereinstimmen ($\mathcal{P}(\omega : X(\omega) = Y(\omega)) = 1$).[5]

Ein *stochastischer Prozess* $\{X_t\}_{t \in [0,T]}$ auf dem Wahrscheinlichkeitsraum $(\Omega, \mathcal{F}, \mathcal{P})$ ist eine Funktion $X : [0, T] \times \Omega \rightarrow \mathbb{R}$ dergestalt, dass für ein beliebiges festes $t \in [0, T]$ die Abbildung $X_t : \Omega \rightarrow \mathbb{R}$ eine Zufallsvariable darstellt. Demnach ist ein stochastischer Prozess eine Zusammenfassung von Zufallsvariablen, die alle auf demselben Wahrscheinlichkeitsraum $(\Omega, \mathcal{F}, \mathcal{P})$ definiert sind. Für ein festes ω nennt man die Abbildung $X(\omega) : [0, T] \rightarrow \mathbb{R}$ eine *Trajektorie* oder einen *Pfad* von X. Ein stochastischer Prozess $\{X_t\}_{t \in [0,T]}$ auf dem Wahrscheinlichkeitsraum $(\Omega, \mathcal{F}, \mathcal{P})$ mit der Filtration $\{\mathcal{F}_t\}_{t \in [0,T]}$ heißt *adaptierter Prozess* zu $\{\mathcal{F}_t\}_{t \in [0,T]}$, falls die Zufallsvariable X_t für jedes $t \in [0, T]$ $\mathcal{F}_t$-messbar ist. Die *natürliche Filtration* $\{\mathcal{F}_t^X\}_{t \in [0,T]}$ ist die Zusammenfassung der jeweils kleinsten σ-Algebra $\mathcal{F}_t^X$, die alle Ereignisse N mit $N \in \mathcal{F}$ und $\mathcal{P}(N) = 0$ enthält und auf der die Zufallsvariablen X_s für $s \in [0, t]$ messbar sind. $\mathcal{F}_t^X$ wird auch als die durch den stochastischen Prozess $\{X_s\}_{s \in [0,t]}$ bis zum Zeitpunkt t erzeugte σ-Algebra bezeichnet.

In der Finanzierungstheorie dienen stochastische Prozesse dazu, die Preisentwicklungen an Finanzmärkten zu modellieren. Auf dem Gebiet der Op-

---

[2] Vgl. Dothan (1990), S. 160. Diese Bedingung wird teilweise nicht als allgemeines Definitionsmerkmal einer Filtration aufgefasst, sondern als eine aus technischen Gründen sinnvolle Erweiterung einer Filtration, vgl. Korn/Korn (1999), S. 15, 17.

[3] Vgl. Irle (1998), S. 36.

[4] Vgl. Gihman/Skorohod (1974), S. 4.

[5] Vgl. Korn/Korn (1999), S. 16 f., Fouque et al. (2000), S. 2.

tionsbewertung hat sich für das der Option zugrunde liegende Basispapier eine Kursverlaufsannahme durchgesetzt, die auf der *Brownschen Bewegung* beruht. Eine Brownsche Bewegung wird auch als *Wiener Prozess* bezeichnet, weil beide Prozesse zwar unterschiedlich definiert werden, aber gemäß einem Satz von Lévy äquivalent sind.[6] Sei $\{\mathcal{F}_t\}_{t\in[0,T]}$ eine Filtration. Eine Brownsche Bewegung bezüglich dieser Filtration ist ein stochastischer Prozess $\{W_t\}_{t\in[0,T]}$ mit stetigen Pfaden[7] und den folgenden weiteren Eigenschaften:

1. $W_0 = 0$,
2. $W_t - W_s$ ist $N(0, t-s)$-verteilt für alle $0 \leq s < t$, das heißt die Zuwächse sind normalverteilt mit Erwartungswert 0 und Varianz $t - s$,
3. für beliebige $0 \leq s < t \leq u < v \leq T$ sind die Zuwächse $(W_t - W_s)$ und $(W_v - W_u)$ voneinander stochastisch unabhängig.

Der Zustandsraum Ω des Wahrscheinlichkeitsraums $(\Omega, \mathcal{F}, \mathcal{P})$, auf dem die Brownsche Bewegung definiert ist, umfasst sämtliche kontinuierlichen Pfade. Im Folgenden wird die Brownsche Bewegung stets auf die natürliche Filtration $\{\mathcal{F}_t\}_{t\in[0,T]} := \{\mathcal{F}_t^W\}_{t\in[0,T]}$ bezogen.

Da die so definierte Brownsche Bewegung eine Driftrate von Null und eine annualisierte Varianz von Eins besitzt, spricht man auch von einer *standardisierten* Brownschen Bewegung oder einem standardisierten Wiener Prozess.

[6] Vgl. z. B. Neftci (1996), S. 149.

[7] Ein Kurspfad verläuft stetig, wenn die absolute Wertveränderung in einem hinreichend kleinen Zeitintervall jede positive Schranke unterschreitet; vgl. Sandmann (1999), S. 240 f.

B. Kennzahlen für Standardoptionen

B.1 Definitionen

$$
\begin{aligned}
d_1 &= \frac{\ln(S_t/X) + (r + \frac{1}{2}\sigma^2)\tau}{\sigma\sqrt{\tau}}, \\
d_2 &= d_1 - \sigma\sqrt{\tau} \\
n(y) &= \frac{1}{\sqrt{2\pi}} e^{-y^2/2} \\
N(z) &= \int_{-\infty}^{z} n(y)dy \\
\tau &= T - t
\end{aligned}
$$

B.2 Optionspreise

$$
\begin{aligned}
C(S_t, \tau, X, r, \sigma) &= S_t N(d_1) - Xe^{-r\tau} N(d_2) \\
P(S_t, \tau, X, r, \sigma) &= Xe^{-r\tau} N(-d_2) - S_t N(-d_1)
\end{aligned}
$$

B.3 Sensitivitätskennzahlen

Auf den Index t beim Aktienkurs S wird im Folgenden verzichtet. Partielle Ableitungen der Call- und Putpreisfunktionen werden durch tiefgestellte Indizes kenntlich gemacht.

$C_S = N(d_1)$ (Delta Call)
$C_{SS} = \frac{n(d_1)}{S\sigma\sqrt{\tau}}$ (Gamma Call)
$C_\sigma = S\sqrt{\tau} n(d_1)$ (Vega Call)
$-C_\tau = -\frac{S\sigma}{2\sqrt{\tau}} n(d_1) - Xre^{-r\tau} N(d_2)$ (Theta Call)
$C_r = \tau X e^{-r\tau} N(d_2)$ (Rho Call)
$C_X = -e^{-r\tau} N(d_2)$ (Sensitivität Callpreis ggü. Basispreis)
$\eta^{Call} = C_S S/C = N(d_1)S/C$ (Aktienkurselastizität des Callpreises)

$P_S = N(d_1) - 1 = -N(-d_1)$ (Delta Put)
$P_{SS} = C_{SS}$ (Gamma Put)
$P_\sigma = C_\sigma$ (Vega Put)
$-P_\tau = -\frac{S\sigma}{2\sqrt{\tau}} n(d_1) + Xre^{-r\tau} N(-d_2)$ (Theta Put)
$P_r = \tau X e^{-r\tau} (N(d_2) - 1)$ (Rho Put)
$P_X = e^{-r\tau} (1 - N(d_2))$ (Sensitivität Putpreis ggü. Basispreis)
$\eta^{Put} = P_S S/P = -N(-d_1) S/P$ (Aktienkurselastizität des Putpreises)

$$\frac{\partial Delta}{\partial S_t} = C_{SS} = P_{SS}$$
$$\frac{\partial Delta}{\partial \sigma} = n(d_1) \left(\sqrt{T} - \frac{d_1}{\sigma} \right) = n(d_1) \left(-\frac{d_2}{\sigma} \right)$$
$$\frac{\partial Delta}{\partial \tau} = n(d_1) \left(\frac{r + 0{,}5\sigma^2}{\sigma\sqrt{\tau}} - \frac{d_1}{2\tau} \right)$$

$$\frac{\partial Gamma}{\partial S_t} = -\frac{n(d_1)}{S^2 \sigma^2 T} \left(d_1 + \sigma\sqrt{\tau} \right)$$
$$\frac{\partial Gamma}{\partial \sigma} = -\frac{n(d_1)}{S\sigma\sqrt{\tau}} \left(d_1 (\sqrt{\tau} - \frac{d_1}{\sigma}) - \frac{1}{\sigma} \right)$$
$$\frac{\partial Gamma}{\partial \tau} = -\frac{n(d_1)}{S\sigma\sqrt{\tau}} \left(d_1 \left(\frac{r + 0{,}5\sigma^2}{\sigma\sqrt{\tau}} - \frac{d_1}{2\tau} \right) + \frac{1}{2\tau} \right)$$

$$\frac{\partial Vega}{\partial S_t} = \frac{\partial Delta}{\partial \sigma}$$
$$\frac{\partial Vega}{\partial \sigma} = -S d_1 n(d_1) \left(\tau - \frac{d_1}{\sigma} \sqrt{\tau} \right)$$
$$\frac{\partial Vega}{\partial \tau} = -n(d_1) S \sqrt{\tau} \left(d_1 \left(\frac{r + 0{,}5\sigma^2}{\sigma\sqrt{\tau}} - \frac{d_1}{2\tau} \right) - \frac{1}{2\tau} \right)$$

$$\frac{\partial ElastizitätCall}{\partial S} = \frac{\partial \eta^{Call}}{\partial S} = C_{SS} \frac{S}{C} + \frac{C_S}{C} \left(1 - S \frac{C_S}{C} \right)$$
$$\frac{\partial ElastizitätCall}{\partial \sigma} = \frac{\partial \eta^{Call}}{\partial \sigma} = \frac{\partial Delta}{\partial \sigma} \frac{S}{C} - \frac{C_S S C_\sigma}{C^2}$$
$$\frac{\partial ElastizitätCall}{\partial \tau} = \frac{\partial \eta^{Call}}{\partial \tau} = \frac{\partial Delta}{\partial \tau} \frac{S}{C} - \frac{C_S S C_\tau}{C^2}$$

$$\frac{\partial ElastizitätPut}{\partial S} = \frac{\partial \eta^{Put}}{\partial S} = P_{SS} \frac{S}{P} + \frac{P_S}{P} \left(1 - S \frac{P_S}{P} \right)$$
$$\frac{\partial ElastizitätPut}{\partial \sigma} = \frac{\partial \eta^{Put}}{\partial \sigma} = \frac{\partial Delta}{\partial \sigma} \frac{S}{P} - \frac{P_S S P_\sigma}{P^2}$$
$$\frac{\partial ElastizitätPut}{\partial \tau} = \frac{\partial \eta^{Put}}{\partial \tau} = \frac{\partial Delta}{\partial \tau} \frac{S}{P} - \frac{P_S S P_\tau}{P^2}$$

C. Kennzahlen für Knock-Out-Optionen

C.1 Definitionen

$$
\begin{aligned}
n(y) &= \frac{1}{\sqrt{2\pi}} e^{-y^2/2} \\
N(z) &= \int_{-\infty}^{z} n(y) dy \\
\tau &= T - t \\
Y &: \text{konstanter Parameter; } Y = X \text{ oder } Y = H \\
h_{1,Y} &= \frac{\ln(S_t/Y) + (r + \frac{1}{2}\sigma^2)\tau}{\sigma\sqrt{\tau}}; \quad h_{2,Y} = h_{1,Y} - \sigma\sqrt{\tau} \\
z_{1,Y} &= \frac{\ln(\frac{H^2}{S_t Y}) + (r + \frac{1}{2}\sigma^2)\tau}{\sigma\sqrt{\tau}}; \quad z_{2,Y} = z_{1,Y} - \sigma\sqrt{\tau} \\
k_1 &= \frac{\ln(H/S_t) + (r + \frac{1}{2}\sigma^2)\tau}{\sigma\sqrt{\tau}}; \quad k_2 = k_1 - \sigma\sqrt{\tau} \\
\alpha &= 2\frac{r}{\sigma^2} - 1
\end{aligned}
$$

$$
\begin{aligned}
Cb_Y(S_t, \tau) &= S_t N(h_{1,Y}) - X e^{-r\tau} N(h_{2,Y}) \\
Pb_Y(S_t, \tau) &= X e^{-r\tau} N(-h_{2,Y}) - S_t N(-h_{1,Y}) \\
Cb^*_Y(S_t, \tau) &= \left(\frac{H}{S_t}\right)^{\left(\frac{2r}{\sigma^2} - 1\right)} \left[\frac{H^2}{S_t} N(z_{1,Y}) - X e^{-r\tau} N(z_{2,Y})\right] \\
Pb^*_Y(S_t, \tau) &= \left(\frac{H}{S_t}\right)^{\left(\frac{2r}{\sigma^2} - 1\right)} \left[X e^{-r\tau} N(-z_{2,Y}) - \frac{H^2}{S_t} N(-z_{1,Y})\right].
\end{aligned}
$$

C.2 Optionspreise

Als Argumente der Optionspreisfunktionen werden im Folgenden nur die veränderlichen Größen S_t und τ angegeben. Die Optionspreise hängen außerdem von den Parametern X, r, σ und der Kursschranke H ab. Die Argumente der Hilfsfunktionen C_Y, P_Y, C_Y^* und P_Y^* werden zur Vereinfachung der Notation weggelassen.

$$UaOC(S_t,\tau) = \begin{cases} Cb_X - Cb_X^* - (Cb_H - Cb_H^*) & \text{für } H > X \\ 0 & \text{für } H \le X \end{cases}$$

$$UaOP(S_t,\tau) = \begin{cases} Pb_H - Pb_H^* & \text{für } H < X \\ Pb_X - Pb_X^* & \text{für } H \ge X \end{cases}$$

$$DaOC(S_t,\tau) = \begin{cases} Cb_H - Cb_H^* & \text{für } H > X \\ Cb_X - Cb_X^* & \text{für } H \le X \end{cases}$$

$$DaOP(S_t,\tau) = \begin{cases} Pb_X - Pb_X^* - (Pb_H - Pb_H^*) & \text{für } H < X \\ 0 & \text{für } H \ge X \end{cases}$$

C.3 Sensitivitätskennzahlen für Knock-Out-Calls

Auf den Index t beim Aktienkurs S wird im Folgenden verzichtet. Es werden nur die partiellen Ableitungen der Hilfsfunktionen Cb_H, Cb_H^*, Cb_X und Cb_X^* angegeben, aus denen sich mit den Formeln für die Optionspreise die Sensitivitätskennzahlen für Knock-Out-Calls leicht berechnen lassen.

$$\frac{\partial Cb_H}{\partial S} = N(h_{1,H}) + \frac{n(h_{1,H})}{\sigma\sqrt{\tau}}(1 - \tfrac{X}{H})$$

$$\frac{\partial^2 Cb_H}{\partial S^2} = n(h_{1,H})\frac{1}{S\sigma\sqrt{\tau}}\left(1 - h_{1,H}(1 - \tfrac{X}{H})\frac{1}{\sigma\sqrt{\tau}}\right)$$

$$\frac{\partial Cb_H}{\partial \sigma} = S \cdot n(h_{1,H})\left(\sqrt{\tau} - \frac{h_{1,H}}{\sigma}(1 - \tfrac{X}{H})\right)$$

$$\begin{aligned}\frac{\partial Cb_H}{\partial \tau} = {} & S \cdot n(h_{1,H})\left[\frac{r+1/2\sigma^2}{\sigma\sqrt{\tau}}(1 - \tfrac{X}{H}) - \frac{1}{2}\frac{h_{1,H}}{\tau}(1 - \tfrac{X}{H}) + \frac{1}{2}\frac{\sigma}{\sqrt{\tau}}\frac{X}{H}\right] \\ & + rXe^{-r\tau}N(h_{2,H})\end{aligned}$$

$$\begin{aligned}\frac{\partial Cb_H^*}{\partial S} = {} & \frac{1}{S}\left(\frac{H}{S}\right)^\alpha \alpha \left(\frac{H^2}{S}N(k_1) - Xe^{-r\tau}N(k_2)\right) \\ & - \left(\frac{H}{S}\right)^\alpha \left(\frac{H^2}{S^2}N(k_1) + \frac{H}{S^2\sigma\sqrt{\tau}}n(k_1)(H - X)\right)\end{aligned}$$

$$\frac{\partial^2 Cb_H^*}{\partial S^2} = \left(\frac{H}{S}\right)^\alpha \frac{1}{S^2}\left[\begin{array}{l} \alpha(\alpha+1)\left(\frac{H^2}{S}N(k_1) - Xe^{-r\tau}N(k_2)\right) \\ +2\alpha\left(\frac{H^2}{S}N(k_1) + \frac{H}{S\sigma\sqrt{\tau}}n(k_1)(H - X)\right) \\ +\frac{H^2}{S}\left(2N(k_1) + \frac{n(k_1)}{\sigma\sqrt{\tau}}\right) \\ +\frac{H}{S\sigma\sqrt{\tau}}n(k_1)(H - X)\left(2 - \frac{k_1}{\sigma\sqrt{\tau}}\right) \end{array}\right]$$

$$\begin{aligned}\frac{\partial Cb_H^*}{\partial \sigma} = {} & -\frac{4}{\sigma^3}\left(\frac{H}{S}\right)^\alpha r\ln(\tfrac{H}{S})\left(\frac{H^2}{S}N(k_1) - Xe^{-r\tau}N(k_2)\right) \\ & + \left(\frac{H}{S}\right)^\alpha \frac{H}{S}n(k_1)\left(H\sqrt{\tau} - \frac{k_1}{\sigma}(H - X)\right)\end{aligned}$$

$$\frac{\partial Cb_H^*}{\partial \tau} = \left(\frac{H}{S}\right)^\alpha \left[\begin{array}{l} \frac{H}{S}n(k_1)\left(\frac{r+\frac{1}{2}\sigma^2}{\sigma\sqrt{\tau}} - \frac{1}{2}\frac{k_1}{\tau}\right)\left(H - X + \frac{1}{2}X\frac{\sigma}{\sqrt{\tau}}\right) \\ +Xre^{-r\tau}N(k_2) \end{array}\right]$$

$$\frac{\partial Cb_X}{\partial S} = N(h_{1,X}) \quad (= \text{Delta Standardcall})$$

$$\frac{\partial^2 Cb_X}{\partial S^2} = \frac{n(h_{1,X})}{S\sigma\sqrt{\tau}} \quad (= \text{Gamma Standardcall})$$

$$\frac{\partial Cb_X}{\partial \sigma} = S\sqrt{\tau}n(h_{1,X}) \quad (= \text{Vega Standardcall})$$

$$\frac{\partial Cb_X}{\partial \tau} = \frac{S\sigma}{2\sqrt{\tau}}n(d_1) + Xre^{-r\tau}N(d_2) \quad (= -\text{Theta Standardcall})$$

$$\frac{\partial Cb_X^*}{\partial S} = -\frac{1}{S}\left(\frac{H}{S}\right)^{\alpha}\alpha\left(\frac{H^2}{S}N(z_{1,X}) - Xe^{-r\tau}N(z_{2,X})\right) - \left(\frac{H}{S}\right)^{\alpha}\frac{H^2}{S^2}N(z_{1,X})$$

$$\frac{\partial^2 Cb_X^*}{\partial S^2} = \left(\frac{H}{S}\right)^{\alpha}\frac{1}{S^2}\alpha(\alpha+1)\left(\frac{H^2}{S}N(z_{1,X}) - Xe^{-r\tau}N(z_{2,X})\right) + \frac{H^2}{S^3}\left(\frac{H}{S}\right)^{\alpha}\left(2N(z_{1,X})(\alpha+1) + \frac{1}{\sigma\sqrt{\tau}}n(z_{1,X})\right)$$

$$\frac{\partial Cb_X^*}{\partial \sigma} = -\frac{4}{\sigma^3}\left(\frac{H}{S}\right)^{\alpha} r\ln\left(\frac{H}{S}\right)\left(\frac{H^2}{S}N(z_{1,X}) - Xe^{-r\tau}N(z_{2,X})\right) + \left(\frac{H}{S}\right)^{\alpha}\frac{H^2}{S}n(z_{1,X})\sqrt{\tau}$$

$$\frac{\partial Cb_X^*}{\partial \tau} = \left(\frac{H}{S}\right)^{\alpha}\left(Xre^{-r\tau}N(z_{2,X}) + \frac{H^2}{S}n(z_{1,X})\frac{1}{2}\frac{\sigma}{\sqrt{\tau}}\right)$$

D. Diskreter Volatilitätsprozess mit Mittelwerttendenz

Mit $Z_t = j$ folgt aus (3.34) und (3.35):

$$
\begin{aligned}
&E\left[\ln\sqrt{v(Z_{t+\Delta t})} - \ln\sqrt{v(j)} \mid \mathcal{F}_t\right] \\
&= \dot{p}_{j,j+1}\left(\ln\sqrt{v(j+1)} - \ln\sqrt{v(j)}\right) + \dot{p}_{jj}\cdot 0 \\
&+ \dot{p}_{j,j-1}\left(\ln\sqrt{v(j-1)} - \ln\sqrt{v(j)}\right) \\
&= \dot{p}_{j,j+1}\xi - \dot{p}_{j,j-1}\xi \\
&= \frac{1}{2}\kappa\Delta t\xi\left[(N-j)-(j-1)\right] \\
&= -\kappa\Delta t\xi\left(j - \frac{N-1}{2} - 1\right) \\
&= -\kappa\left(\ln\sqrt{v(j)} - \alpha\right)\Delta t.
\end{aligned}
$$

Außerdem gilt unter Berücksichtigung von $\xi = \gamma/\sqrt{\kappa(N-1)/2}$:

$$
\begin{aligned}
&E\left[\left(\ln\sqrt{v(Z_{t+\Delta t})} - \ln\sqrt{v(j)}\right)^2 \mid \mathcal{F}_t\right] \\
&= \dot{p}_{j,j+1}\left(\ln\sqrt{v(j+1)} - \ln\sqrt{v(j)}\right)^2 + \dot{p}_{jj}\cdot 0 \\
&+ \dot{p}_{j,j-1}\left(\ln\sqrt{v(j-1)} - \ln\sqrt{v(j)}\right)^2 \\
&= \frac{1}{2}\kappa\Delta t(N-j)\xi^2 + \frac{1}{2}\kappa\Delta t(j-1)(-\xi)^2 \\
&= \frac{1}{2}\kappa\Delta t\xi^2\left(N-j+j-1\right) = \frac{1}{2}\kappa\Delta t\frac{\gamma^2}{\kappa(N-1)/2}(N-1) = \gamma^2\Delta t.
\end{aligned}
$$

E. Modifiziertes Binomialmodell mit Transaktionskosten

Definitionen:

$$\begin{aligned} c &= \sqrt{2/\pi} \\ e_1 &= e^{r\Delta t} \\ e_2 &= e^{2r\Delta t + \sigma^2 \Delta t} \\ e_3 &= e^{3r\Delta t + \sigma^2 \Delta t} \end{aligned}$$

$$\begin{aligned} d_{1/2} = \frac{1}{2}\{ & 2\sigma c e_1 \Delta t - 2e_2\sqrt{\Delta t} + 2e_1\sqrt{\Delta t} \\ & \pm 2[\sigma^2 c^2 e_1^2 (\Delta t)^2 - \sigma c e_1 e_2 \,(\Delta t)^{3/2} + e_2^2 \Delta t - 3e_2 \Delta t e_1 - e_1^2 \Delta t \\ & - e_1 e_3 \Delta t + 2e_1^3 \Delta t + e_3 \Delta t + e_2 \Delta t - \sigma^2 c^2 e_2 \,(\Delta t)^2 + \sigma c e_3 \,(\Delta t)^{3/2}]^{1/2}\} \\ & / \left(-e_1\sqrt{\Delta t} + \sqrt{\Delta t} + c\sigma \Delta t\right) \end{aligned}$$

Modifizierte Parameterberechnung:

$$d = d_1 \text{ (1. Lösung) oder } d = d_2 \text{ (2. Lösung)}$$

$$p = \frac{e_1 - d}{u - d}$$

$$u = \frac{d - 2e_1 + e_1 d + c\sigma\sqrt{\Delta t} d}{2d - e_1 - 1 + c\sigma\sqrt{\Delta t}}$$

F. Ergebnisse der bedingten Prognose von Optionspreisen

	Fehler-mittelwert	*MAE*	*RMSE*	Rang	Prüf-größe *B*	*MAX*	*KORR*
Calls im Prognosezeitpunkt *t* am Geld							
impliziter Prozess	-0.014	0.187	0.263	(3)	0.00	1.347	-0.51
V1	-0.033	0.159	0.233	(2)	-2.99	1.102	0.10
V2	0.005	0.208	0.298	(4)	1.79	1.436	0.60
V3	0.008	0.159	0.226	(1)	-3.68	1.185	-0.10
Calls im Realisationszeitpunkt *t*+7 im Geld							
impliziter Prozess	-0.004	0.187	0.271	(3)	0.00	1.419	-0.59
V1	-0.021	0.142	0.223	(2)	-3.75	1.602	0.04
V2	-0.002	0.187	0.296	(4)	1.02	2.097	0.62
V3	0.005	0.143	0.220	(1)	-4.19	1.566	-0.11
Calls im Realisationszeitpunkt *t*+7 am Geld							
impliziter Prozess	0.022	0.200	0.290	(3)	0.00	1.542	-0.50
V1	-0.018	0.172	0.258	(2)	-2.41	1.600	0.12
V2	-0.003	0.233	0.348	(4)	2.29	2.379	0.63
V3	0.007	0.175	0.258	(1)	-2.62	1.555	-0.09
Calls im Realisationszeitpunkt *t*+7 aus dem Geld							
impliziter Prozess	0.044	0.150	0.233	(3)	0.00	1.219	-0.29
V1	0.003	0.146	0.228	(2)	-0.40	1.505	0.30
V2	-0.002	0.191	0.307	(4)	3.22	2.214	0.62
V3	0.004	0.141	0.222	(1)	-0.97	1.438	-0.09

Tabelle F.1. Prognoseergebnisse für Optionspreise über den gesamten Untersuchungszeitraum (1995-2000)

	Fehler-mittelwert	*MAE*	*RMSE*	Rang	Prüf-größe *B*	*MAX*	*KORR*
			Calls im Prognosezeitpunkt *t* am Geld				
impliziter Prozess	-0.039	0.140	0.209	(3)	0.00	1.299	-0.39
V1	-0.040	0.124	0.194	(2)	-1.34	1.102	0.10
V2	-0.002	0.147	0.221	(4)	0.53	1.286	0.53
V3	-0.011	0.115	0.181	(1)	-2.28	1.112	0.04
			Calls im Realisationszeitpunkt *t*+7 im Geld				
impliziter Prozess	-0.037	0.131	0.205	(3)	0.00	1.291	-0.43
V1	-0.030	0.100	0.183	(2)	-1.40	1.602	0.09
V2	-0.007	0.119	0.219	(4)	0.44	2.097	0.55
V3	-0.014	0.095	0.174	(1)	-2.06	1.566	0.08
			Calls im Realisationszeitpunkt *t*+7 am Geld				
impliziter Prozess	-0.015	0.143	0.222	(3)	0.00	1.366	-0.31
V1	-0.030	0.131	0.219	(2)	-0.20	1.600	0.19
V2	-0.007	0.166	0.269	(4)	1.27	2.379	0.59
V3	-0.015	0.129	0.212	(1)	-0.65	1.555	0.11
			Calls im Realisationszeitpunkt *t*+7 aus dem Geld				
impliziter Prozess	0.012	0.092	0.165	(1)	0.00	1.162	0.03
V1	-0.003	0.104	0.185	(3)	1.25	1.505	0.40
V2	-0.005	0.120	0.223	(4)	1.59	2.214	0.57
V3	-0.012	0.091	0.172	(2)	0.48	1.438	0.14

Tabelle F.2. Prognoseergebnisse für Optionspreise in der ersten Hälfte des Untersuchungszeitraums (1995-1997)

	Fehler-mittelwert	*MAE*	*RMSE*	Rang	Prüf-größe *B*	*MAX*	*KORR*
Calls im Prognosezeitpunkt *t* am Geld							
impliziter Prozess	0.010	0.234	0.307	(3)	0.00	1.347	-0.57
V1	-0.026	0.195	0.267	(2)	-2.72	1.098	0.10
V2	0.013	0.270	0.359	(4)	1.75	1.436	0.63
V3	0.027	0.202	0.264	(1)	-2.95	1.185	-0.16
Calls im Realisationszeitpunkt *t*+7 im Geld							
impliziter Prozess	0.030	0.242	0.325	(3)	0.00	1.419	-0.65
V1	-0.012	0.183	0.256	(1)	-3.60	1.179	0.02
V2	0.003	0.254	0.356	(4)	0.93	1.763	0.65
V3	0.023	0.191	0.258	(2)	-3.72	1.252	-0.19
Calls im Realisationszeitpunkt *t*+7 am Geld							
impliziter Prozess	0.059	0.256	0.345	(3)	0.00	1.542	-0.57
V1	-0.007	0.212	0.291	(1)	-2.71	1.321	0.10
V2	0.002	0.300	0.411	(4)	1.92	1.893	0.65
V3	0.029	0.221	0.297	(2)	-2.70	1.456	-0.18
Calls im Realisationszeitpunkt *t*+7 aus dem Geld							
impliziter Prozess	0.076	0.208	0.286	(3)	0.00	1.219	-0.42
V1	0.009	0.189	0.264	(2)	-1.16	1.068	0.25
V2	0.000	0.263	0.372	(4)	2.87	1.772	0.64
V3	0.020	0.190	0.263	(1)	-1.36	1.325	-0.18

Tabelle F.3. Prognoseergebnisse für Optionspreise in der zweiten Hälfte des Untersuchungszeitraums (1998-2000)

	Fehler-mittelwert	*MAE*	*RMSE*	Rang	Prüf-größe *B*	*MAX*	*KORR*
Optionen im Prognosezeitpunkt *t* am Geld							
impliziter Prozess	0.07%	0.64%	0.93%	(3)	0.00	5.79%	-0.48
V1	-0.06%	0.53%	0.83%	(2)	-2.62	8.48%	0.24
V2	-0.01%	0.75%	1.19%	(4)	2.88	11.06%	0.70
V3	0.01%	0.54%	0.82%	(1)	-3.81	6.72%	-0.01
Calls (Puts) im Realisationszeitpunkt (nächster Handelstag) im Geld (aus dem Geld)							
impliziter Prozess	0.05%	0.73%	1.03%	(3)	0.00	5.86%	-0.58
V1	-0.04%	0.53%	0.83%	(2)	-4.83	8.62%	0.15
V2	0.00%	0.72%	1.18%	(4)	1.65	11.50%	0.69
V3	0.02%	0.54%	0.83%	(1)	-6.14	7.16%	-0.05
Optionen im Realisationszeitpunkt am Geld							
impliziter Prozess	0.12%	0.64%	0.93%	(3)	0.00	5.75%	-0.48
V1	-0.03%	0.52%	0.82%	(1)	-2.86	8.33%	0.23
V2	0.00%	0.75%	1.20%	(4)	2.94	11.38%	0.70
V3	0.02%	0.54%	0.82%	(2)	-3.35	7.04%	-0.01
Calls (Puts) im Realisationszeitpunkt aus dem Geld (im Geld)							
impliziter Prozess	0.18%	0.57%	0.88%	(1)	0.00	8.40%	-0.21
V1	0.00%	0.58%	0.91%	(3)	0.82	8.90%	0.39
V2	0.00%	0.76%	1.24%	(4)	4.03	11.14%	0.68
V3	0.02%	0.55%	0.88%	(2)	-0.07	9.27%	-0.01

Tabelle F.4. Prognoseergebnisse für implizite Volatilitäten über den gesamten Untersuchungszeitraum (1995-2000); Prognosezeitraum 1 Handelstag

Symbolverzeichnis

$a(S,t)$	Driftrate der Rendite einer Option
a_m	Hilfsvariable für die modifizierte Berechnung des Werts einer diskreten Barrier-Option
a_i	Koeffizienten im GARCH-Modell bzw. im Modell für die Veränderungen der impliziten Volatilität
A	Ereignis
A_t	$= A(S_t, t)$, Schrankenvariable im Modell von Lott (1993)
ATM	implizite Volatilität einer Option am Geld
$b(S,t)$	Volatilität der Rendite einer Option
b_i	Koeffizienten im GARCH-Modell
B	Preis eines Zerobonds mit Nennwert 1 bzw. in Abschnitt 5.3 Prüfgröße des Tests von Diebold/Mariano (1995)
$B(\cdot)$	Verteilungsfunktion der Binomialverteilung
$\dot{c}$	Anfangskapital der Schrankenstrategie nach Lott (1993)
co	Konstante zur Definition einer Konvergenzordnung
C	Callpreis
$C_Y = \partial C / \partial Y$	partielle Ableitung der Callpreisfunktion nach der Variable Y
C_{YY}	zweite partielle Ableitung der Callpreisfunktion nach der Variable Y
$C_{m,n}$	Callpreis auf der Stufe m in Knoten n eines Trinomialbaums
$C_{t,n}(T)$	Marktpreis des DAX-Call mit Fälligkeitszeitpunkt T in Minute n am Tag t (bei gegebenem Basispreis X)
$C(S_t, t)$	Wert eines Call im Zeitpunkt t bei Aktienkurs S_t (für gegebenen Basispreis X und Fälligkeitstermin T)
$C(S_t, \tau, X, r, \sigma)$	Callpreis nach der Bewertungsformel des Black/Scholes-Modells (also entspricht σ der impliziten Volatilität)

$C'_t(X,T)$	Wert im Zeitpunkt t eines Call mit Basispreis X und Fälligkeitstermin T
$C'(X,T)$	$= C'_0(X,T)$, d.h. Wert in $t=0$ eines Call mit Basispreis X und Fälligkeitstermin T
$\mathcal{C}(S,\sigma)$	Callpreis nach der Bewertungsformel des Black/Scholes-Modells mit S als Aktienkurs und σ als implizite Volatilität; Kurzform für $C(S_t,\tau,X,r,\sigma)$ bei gegebenen t,τ,X,r
C^M	Callpreis nach dem Sprungdiffusionsmodell von Merton (1976b)
$Cb_Y(S_t,\tau)$	Hilfsfunktion zur Bewertung eines Knock-Out-Call für gegebenen, festen Wert Y
$Cb^*_Y(S_t,\tau)$	Hilfsfunktion zur Bewertung eines Knock-Out-Call für gegebenen, festen Wert Y
$CORR$	Stichprobenkorrelation zwischen Volatilitätsrenditen und DAX-Renditen
d	Faktor für Kursrückgang
d_1	Hilfsparameter zur Optionsbewertung im Black/Scholes-Modell (s. Abschnitt 2.1.5.1)
d_2	Hilfsparameter zur Optionsbewertung im Black/Scholes-Modell (s. Abschnitt 2.1.5.1)
$d_{i,j,t}$	Differenz der Prognosefehler der Verfahren i und j im Zeitpunkt t
D	Dummy-Variable
D_t	DAX-Stand im Zeitpunkt t
$D_{t,n}$	Stand des DAX in Minute n am Tag t
$\widetilde{D}_{t,n}$	um Differenzdividenden bereinigter DAX-Stand in Minute n am Tag t
$DAXRT$	stetige DAX-Rendite von Börseneröffnung bis -schluss
$DIV^{Bar}_{t,T}$	Summe der Bardividenden aller DAX-Gesellschaften zwischen t und T
$DIV^{Br}_{t,T}$	Summe der Bruttodividenden aller DAX-Gesellschaften zwischen t und T
e_M	Absolutbetrag des Fehlers der numerischen Bewertung einer Option
$E(\cdot)$	Erwartungsoperator
$E_Q(\cdot)$	Erwartungsoperator unter dem Wahrscheinlichkeitsmaß Q
f	Wert einer Option
$f(S_t,t)$	Wert einer Option bei einem Aktienkurs S_t im Zeitpunkt t

$f(S_t, t, H)$	Wert einer Barrier-Option mit Barrier H im Zeitpunkt t bei Aktienkurs S_t
f_t	Kurzform für $f(S_t, t)$
$f(S_t, \tau, X, r, \sigma)$	Optionswert nach der Bewertungsformel des Black/Scholes-Modells (also entspricht σ der impliziten Volatilität)
$f_{m,n}$	Wert einer Option im Zeitpunkt $m\Delta t$ bei Aktienkurs $S_{m,n}$ im Binomial- oder Trinomialbaum
$\hat{f}$	Wert einer Option unter Berücksichtigung von Transaktionskosten im Modell von Hoggard et al. (1994)
$\hat{f}(S_n, \tau_m)$	Optionswert unter Berücksichtigung von Transaktionskosten bei einem Aktienkurs von S_n und einer Restlaufzeit von $\tau_m = m\Delta\tau$
$\hat{f}_{m,n}$	Wert einer Option mit einer Restlaufzeit von $m\Delta\tau$ bei einem Aktienkurs von S_n nach der Finite-Differenzen-Methode
$\dot{f}(S_t, t)$	Optionswert im Modell von Lott (1993) zur Berücksichtigung von Transaktionskosten
$\dot{f}_t$	Kurzform für $\dot{f}(S_t, t)$
$F_{t,n}$	durchschnittlicher Kurs des DAX-Future in Minute n am Tag t
$F^*_{t,n}$	Fairer Wert des DAX-Future in Minute n am Tag t
$\mathcal{F}$	σ-Algebra, Gesamtheit aller beobachtbaren Ereignisse
$\mathcal{F}_t$	σ-Algebra, die alle bis zum Zeitpunkt t beobachtbaren Ereignisse enthält
g_t	Optionsdelta
$h(S_t) = h_t$	Auszahlung einer Option im Zeitpunkt t bei Aktienkurs S_t
H	Kursschranke (Barrier) bzw. Wert eines Hedgeportfolios
$\hat{H}$	Wert des Hedgeportfolios nach Hoggard et al. (1994)
$\Im_t$	Informationsmenge im Zeitpunkt t
j_e	Erwartungswert der relativen Kurssprunghöhe
J	Kurssprungfaktor
$JUMP$	Kurssprung vom Schluss- zum nächsten Eröffnungskurs
k	Transaktionskostensatz (jeweils für Aktienan- und -verkauf)
k'	zusammengefasster Transaktionskostenfaktor (S. 120)

k_A	Ausschüttungssatz der Körperschaftsteuer
k_E	Einbehaltungssatz der Körperschaftsteuer
$\mathbf{K}$	Menge realisierbarer Aktienkurse
K	Element der Menge $\mathbf{K}$ realisierbarer Aktienkurse
$KORR$	Korrelation zwischen Prognosefehler und Aktienrendite
Kp	Anzahl der Zeitpunkte, an denen die Barrier-Bedingung überprüft wird
$KTMN$	geschätzte Kurtosis der Renditen innerhalb eines Tages
$KT33$	Kurtosis der Tagesrenditen während der letzten 33 Handelstage
KX	Variable zur Messung der durchschnittlichen Konvexität
M	Anzahl von Intervallen der Länge Δt bis zur Optionsfälligkeit
$M = M_{t,n}(X,T)$	Moneyness in Minute n am Tag t einer Option mit Basispreis X und Fälligkeitstermin T (s. S. 177)
$\mathcal{M}$	Erwartungswert der logarithmisch normalverteilten Aktienrendite in einer Periode der Länge Δt unter der Annahme der Risikoneutralität
MAE_i	mittlerer absoluter Prognosefehler bei Anwendung des Prognoseverfahrens i
MSE_i	mittlerer quadrierter Prognosefehler bei Anwendung des Prognoseverfahrens i
$n(\cdot)$	Wahrscheinlichkeitsdichte der Standardnormalverteilung
$n^*(m)$	Nummer des Baumknotens, der der Barrier im Zeitpunkt $m\Delta t$ am nächsten liegt
N	Anzahl von Zuständen oder Zeitintervallen
N_{ann}	Anzahl von Renditebeobachtungen pro Jahr
$N(\cdot)$	Verteilungsfunktion der Standardnormalverteilung
$N(\mu, \sigma^2)$	Normalverteilung mit Erwartungswert μ und Varianz σ^2
NA	Anzahl am Markt vorhandener Aktien
$\dot{p}_{jk}$	Wahrscheinlichkeit für den Übergang vom Volatilitätszustand j zum Folgezustand k
$\mathcal{P}$	Wahrscheinlichkeitsmaß
P	Wert eines Put
$P_{t,n}(T)$	Marktpreis des DAX-Put mit Fälligkeitszeitpunkt T in Minute n am Tag t (bei gegebenem Basispreis X)

$P(S_t, \tau, X, r, \sigma)$	Putpreis nach der Bewertungsformel des Black/Scholes-Modells (also entspricht σ der impliziten Volatilität)
$P(S_t, t)$	Wert eines Put im Zeitpunkt t bei Aktienkurs S_t (für gegebenen Basispreis X und Fälligkeitstermin T)
$p(t, K, z)$	Wahrscheinlichkeit für Kursanstieg, wenn in t der Aktienkurs K und der Volatilitätszustand z gelten
p_l	Eintrittswahrscheinlichkeit für das Ereignis l
$\mathbf{p}$	Wahrscheinlichkeitsvektor
$p_{m,n}$	risikoneutrale Wahrscheinlichkeit für Kursanstieg im Knoten n auf der Stufe m des Trinomialbaums
$P_Y = \partial C / \partial Y$	partielle Ableitung der Putpreisfunktion nach der Variable Y
P_{YY}	zweite partielle Ableitung der Putpreisfunktion nach der Variable Y
$Pb_Y(S_t, \tau)$	Hilfsfunktion zur Bewertung eines Knock-Out-Put für gegebenen, festen Wert Y
$Pb_Y^*(S_t, \tau)$	Hilfsfunktion zur Bewertung eines Knock-Out-Put für gegebenen, festen Wert Y
$POTMP$	normiertes Handelsvolumen von aus dem Geld befindlichen DAX-Puts
Q	Poisson-Prozess
q_i	risikoneutrale Wahrscheinlichkeiten
$q_{m,n}$	risikoneutrale Wahrscheinlichkeit für Kursrückgang im Knoten n auf der Stufe m des Trinomialbaums
$q_{m,n}^{max}$	Maximum der zulässigen Werte von $q_{m,n}$
$q_t(S,T)$	implizite Zustandspreisdichte für den Aktienkurs im Zeitpunkt T auf der Basis der Informationsmenge des Zeitpunkts t
$\mathcal{Q}$	äquivalentes Martingalmaß
r	stetiger risikoloser Zinssatz
R	Rebate (Zahlung an den Inhaber einer Knock-Out-Option bei Erreichen der Barrier)
R_t	stetige Aktienrendite in der Periode t
R_t^V	stetige Volatilitätsrendite in der Periode t
$RMSE_i$	Quadratwurzel aus dem mittleren quadrierten Prognosefehler bei Anwendung des Prognoseverfahrens i
S	Aktienkurs
$\tilde{S}$	risikolos diskontierter Aktienkurs
$S_{m,n}$	Aktienkurs im Zeitpunkt $m\Delta t$ und Knoten n eines Binomial- oder Trinomialbaums

S_n	Aktienkurs auf der Stufe n des Gitters der Finite Differenzen-Methode ($= n\Delta S$)
$SKMN$	geschätzte Schiefe der Renditen innerhalb eines Tages
$SK33$	Schiefe der Tagesrenditen während der letzten 33 Handelstage
$SP, SP1, SP2$	Spannen; Differenzen impliziter Volatilitäten
t, T, t'	Zeitpunkte
T_O	Optionsfälligkeit
T_F	Futurefälligkeit
TK	Transaktionskosten
u	Faktor für Kurserhöhung
$U(\cdot)$	Nutzenfunktion
v	Parameter, der die Spreizung des Trinomialbaums bestimmt
$v(z)$	Basisannahme über die lokale Varianz in Abhängigkeit vom Volatilitätszustand z
$\mathcal{V}$	Varianz der logarithmisch normalverteilten Aktienrendite in einer Periode der Länge Δt unter der Annahme der Risikoneutralität
V_t	Marktwert eines Portfolios im Zeitpunkt t
$\dot{V}_t$	Portfoliowert in t bei Anwendung einer Schrankenstrategie
$\tilde{V}_T$	Endwert des Handelsportfolios bei Anwendung einer speziellen Schrankenstrategie von Lott (1985)
$VOLMN$	geschätzte Renditevolatilität innerhalb eines Tages
$VOL33$	Volatilität der Tagesrenditen während der letzten 33 Handelstage
$VVOL$	Standardabweichung der relativen Volatilitätsveränderungen
w	Gewichtungsfaktor
W_t	Wert eines (standardisierten) Wiener Prozesses im Zeitpunkt t
x_m	Hilfsvariable für die modifizierte Berechnung des Werts einer diskreten Barrier-Option
X	Basispreis einer Option (außer in Abschnitt 2.1.1, dort Zufallsvariable)
$\widetilde{X}$	Verhältnis aus Basispreis und Futurekurs
y	Faktor für die mittlere Kursveränderung im Trinomialmodell
y_t	Realisation einer zu prognostizierenden Variable im Zeitpunkt t
$\widehat{y}_{i,t+k,t}$	Prognose im Zeitpunkt t für den Zeitpunkt $t+k$ mit dem Verfahren i

z	Volatilitätszustand
Z_t	Volatilitätszustand im Zeitpunkt t

Griechische Symbole:

α	konstanter Parameter zur Definition der Funktion $v(\cdot)$
α_j	Erwartungswert des logarithmierten Kurssprungfaktors J
$\alpha_{x,y}$	Regressionskoeffizient, mit x als abhängige und y als unabhängige Variable
β_t	Betrag risikolos investierter Mittel im Zeitpunkt t
$\hat{\beta}_t$	Betrag risikolos investierter Mittel nach der Handelsstrategie von Hoggard et al. (1994)
β_t^u, β_t^d	risikoloser Anlagebetrag nach Umschichtung in t, wenn zuvor ein Aufwärts- bzw. Abwärtsschritt erfolgte
$\beta_0, ..., \beta_3$	Regressionskoeffizienten der Smile-Struktur
γ	Volatilität der Log-Volatilität
Γ_{BS}	Optionsgamma gemäß Black/Scholes-Formel (mit konstanter Volatilität in Höhe der aktuellen impliziten Volatilität)
Γ_c	Call-Gamma aus Trinomialmodell
δ	Standardabweichung des logarithmierten Kurssprungfaktors J
Δ	kleine Veränderung einer Variable (z. B. $\Delta t, \Delta\sigma$)
Δ_{BS}	Optionsdelta gemäß Black/Scholes-Formel (mit konstanter Volatilität in Höhe der aktuellen impliziten Volatilität)
Δ_c	Call-Delta aus Trinomialmodell
Δ_{Vi}	Optionsdelta gemäß Vergleichsmodell i
Δt^*	zeitlicher Abstand zwischen Neuemissionen von Optionsscheinen in simulierter Handelsstrategie
ε	standardnormalverteilte Zufallsvariable
ζ_t	Anzahl gehaltener Aktien nach der Schrankenstrategie von Lott (1993)
η_t	Betrag risikolos investierter Mittel in t gemäß Schrankenstrategie
ϑ	Risikoaversionsparameter im Modell von Lott (1993)
θ	Marktpreis des Risikos
κ	„Mean Reversion"-Parameter

λ	mittlere Anzahl von Kurssprüngen je Zeiteinheit bzw. Dispersionsparameter im Trinomialmodell
$\lambda_{m,n}$	Preis in $t_0 = 0$ eines Wertpapiers, das eine Zahlung von 1 leistet, wenn im Zeitpunkt $m\Delta t$ der Aktienkurs $S_{m,n}$ beträgt
Λ_{BS}	Optionsvega gemäß Black/Scholes-Formel (mit konstanter Volatilität in Höhe der aktuellen impliziten Volatilität)
μ	momentaner Erwartungswert der Aktienrendite
$\mu(S_t, t)$	Erwartungswert der Momentanrendite als Funktion von S_t und t
$\mu_{i,p}$	mittlerer Prognosewert nach Prognoseverfahren i
μ_r	mittlere Realisation der prognostizierten Variable
ξ	konstanter Parameter zur Definition der Funktion $v(\cdot)$
$\pi_t(K, T)$	Preis eines Wertpapiers, das bei $S_T = K$ in T den Betrag 1 auszahlt (Arrow-Debreu-Preis)
Π	Portfoliowert
ϖ	Risikoaversionsparameter
ρ	Konvergenzordnung
$\widehat{\rho}$	Autokorrelation der Residuen im letzten Schritt des Cochrane-Orcutt-Verfahrens
$\rho_{i,pr}$	Korrelation von Prognosen und Realisation bei Anwendung des Prognoseverfahrens i
σ	momentane Volatilität der Aktienrendite
$\sigma(S_t, t)$	deterministische Volatilitätsfunktion
$\sigma_{m,n}$	lokale Volatilität der diskreten Aktienrendite im Knoten (m, n) des Trinomialbaums
$\widehat{\sigma}$	Schätzwert für die Aktienrenditevolatilität
$\hat{\sigma}_{PO}$	implizite Volatilität der Preisobergrenze einzelner Calls und Puts im Leland-Modell
$\hat{\sigma}_{PU}$	implizite Volatilität der Preisuntergrenze einzelner Calls und Puts im Leland-Modell
$\dot{\sigma}$	modifizierte Volatilität im Modell von Lott (1993)
$\breve{\sigma}$	implizite Volatilität der Preisobergrenze einzelner Calls im Modell von Boyle/Vorst (1992)
σ_{ATM}	implizite at-the-money Volatilität
$\sigma_{ATM,t}$	implizite at-the-money Volatilität im Zeitpunkt t
σ_{imp}	implizite Volatilität
$\sigma_{imp,t}$	implizite Volatilität im Zeitpunkt t
$\sigma_{i,p}$	Standardabweichung der Prognosewerte nach Prognoseverfahren i

σ_r	Standardabweichung der Realisationen der prognostizierten Variable
σ_P	prognostizierte Renditevolatilität
$\tau = T - t$	Restlaufzeit einer Option
φ_t	Anzahl Aktien in einem Portfolio im Zeitpunkt t
$\hat{\varphi}_t$	Anzahl gehaltener Aktien nach der Handelsstrategie von Hoggard et al. (1994)
$\dot{\varphi}_t$	Anzahl gehaltener Aktien nach der Referenzstrategie im Modell von Lott (1993)
φ_t^u, φ_t^d	Zahl gehaltener Aktien nach Umschichtung in t, wenn zuvor ein Aufwärts- bzw. Abwärtsschritt erfolgte
$\psi(t, K)$	Anpassungsterm als Funktion der Zeit t und des Aktienkurses K
Ψ_t	insgesamt bis t aufgelaufener Gewinn oder Verlust aus Handelsstrategie
ω	Elementarereignis
Ω	Zustandsraum

Sonstige Symbole:

$\mathbb{N}$	Menge der natürlichen Zahlen
$\mathbb{R}$	Menge der reellen Zahlen
$\mathbb{Z}$	Menge der ganzen Zahlen
$O(\cdot)$	Landau-Operator für die Konvergenzordnung einer Funktion
$\Pr[\cdot]$	Wahrscheinlichkeit eines Ereignisses
$\sim$	verteilt nach
$\approx$	ungefähr gleich
$(x)^+$	Maximum von 0 und x

Abkürzungsverzeichnis

Abb.	Abbildung
abh.	abhängig
Abschn.	Abschnitt
ACF	Autocorrelation function
AD-Preis	Arrow-Debreu-Preis
AER	American Economic Review
Anm.	Anmerkung
ARCH	Autoregressive Conditional Heteroskedasticity
ATM	At-the-money
BJN	Britten-Jones/Neuberger (2000)
BS	Black/Scholes
CAPM	Capital Asset Pricing Model
CBOE	Chicago Board Options Exchange
c.p.	ceteris paribus
DaIC	Down-and-In Call
DaIP	Down-and-In Put
DaOC	Down-and-Out Call
DaOP	Down-and-Out Put
DAX	Deutscher Aktienindex
Diss.	Dissertation
DTB	Deutsche Terminbörse
DVF	Deterministische Volatilitätsfunktion
DUV	Deutscher Universitätsverlag
Eurex	European Stock Exchange
Euribor	Euro Interbank Offered Rate
expGew	exponentielle Gewichtung
FAJ	Financial Analysts Journal
GARCH	Generalized Autoregressive Conditional Heteroskedasticity
GMM	Generalized Method of Moments
ggü.	gegenüber
impl.	implizit
ITM	In-the-money
IV	implizite Volatilität
JB	Journal of Business

JBF	Journal of Banking and Finance
JD	Journal of Derivatives
JF	Journal of Finance
JFE	Journal of Financial Economics
JFQA	Journal of Financial and Quantitative Analysis
Kap.	Kapitel
Libor	London Interbank Offered Rate
MAE	Mean absolute error
MAX	Maximum
MIN	Minimum
MSE	Mean squared error
NBER	National Bureau of Economic Research
OTC	Over-the-counter
OTM	Out-of-the-money
PACF	Partial autocorrelation function
p.a.	per annum
PO	Preisobergrenze
PU	Preisuntergrenze
RLZ	Restlaufzeit
RMSE	Root mean squared error
S&P	Standard and Poors
Tab.	Tabelle
TK	Transaktionskosten
u.a.	unter anderem
UaIC	Up-and-In Call
UaIP	Up-and-In Put
UaOC	Up-and-Out Call
UaOP	Up-and-Out Put
vgl.	vergleiche
Verf.	Verfasser
WiSt	Wirtschaftswissenschaftliches Studium
WISU	Das Wirtschaftsstudium
ZBB	Zeitschrift für Bankrecht und Bankwirtschaft
ZfB	Zeitschrift für Betriebswirtschaft
ZfbF	Zeitschrift für betriebswirtschaftliche Forschung

Abbildungsverzeichnis

Tabellenverzeichnis

Literaturverzeichnis

Ait-Sahalia, Y./Lo, A. (2000), Nonparametric risk management and implied risk aversion, *Journal of Econometrics* **94**, S. 9–51.

Alexander, C. (1996), Volatility and correlation forecasting, *in:* C. Alexander (Hrsg.), *Risk Management and Analysis*, Chichester et al., Kapitel 8, S. 233–260.

Alexander, G./Francis, J. (1986), *Portfolio Analysis*, 3. Aufl., Englewood Cliffs.

Andersen, L./Andreasen, J. (1999), *Jump-Diffusion Processes: Volatility Smile Fitting and Numerical Methods for Pricing*, Working Paper General Re Financial Products, May.

Andersen, L./Brotherton-Ratcliffe, R. (1997/98), The equity option volatility smile: An implicit finite-difference approach, *Journal of Computational Finance* **1**(2), S. 5–37.

Andersen, T./Bollerslev, T./Diebold, F./Labys, P. (1999), *The Distribution of Exchange Rate Volatility*, Working Paper National Bureau of Economic Research.

Ané, T./Geman, H. (1999), Stochastic volatility and transaction time: An activity-based volatility estimator, *Journal of Risk* **2**(1), S. 57–69.

Avellaneda, M./Parás, A. (1994), Dynamic hedging portfolios for derivative securities in the presence of large transaction costs, *Applied Mathematical Finance* **1**, S. 165–193.

Ball, C./Torous, W. (1985), On jumps in common stock prices and their impact on call option pricing, *JF* **40**, S. 155–173.

Bamberg, G./Baur, F. (2001), *Statistik*, München/Wien.

Bamberg, G./Dorfleitner, G. (2000), Concentration on the nearby contract in financial futures markets: A stochastic model to explain the phenomenon, *Journal of Economics and Finance* **24**, S. 246–259.

Bamberg, G./Röder, K. (1994), Arbitrage institutioneller Anleger am DAX-Futures Markt unter Berücksichtigung von Körperschaftsteuern und Dividenden, *ZfB* **64**, S. 1533–1566.

Barle, S./Cakici, N. (1998), Growing a smiling tree, *in:* M. Broadie/P. Glasserman (Hrsg.), *Hedging with Trees*, RISK Books, S. 173–178.

Barles, G./Soner, H. (1998), Option pricing with transaction costs and a nonlinear Black-Scholes equation, *Finance and Stochastics* **2**, S. 369–397.

Bates, D. (1991), The crash of '87: Was it expected? The evidence from options markets, *JF* **46**, S. 1009–1044.

Bates, D. (1996a), Jumps and stochastic volatility: Exchange rate processes implicit in deutsche mark options, *Review of Financial Studies* **9**, S. 69–107.

Bates, D. (1996b), Testing option pricing models, *in:* G. Maddala/C. Rao (Hrsg.), *Handbook of Statistics 14: Statistical Methods in Finance*, Amsterdam et al., S. 567–611.

Beinert, M./Trautmann, S. (1995), *Verlaufsmuster der impliziten Aktienvolatilität*, Working Paper Universität Mainz.

Bensaid, B./Lesne, J.-P./Pagès, H. (1992), Derivative asset pricing with transaction costs, *Mathematical Finance* **2**(2), S. 63–86.

Bertsimas, D./Kogan, L./Lo, A. (1997), *Pricing and Heding Derivative Securities in Incomplete Markets*, NBER Working Paper 6250.

Black, F. (1975), Fact and fantasy in the use of options, *FAJ* **31**(4), S. 36–41, 61–72.

Black, F. (1976a), The pricing of commodity contracts, *JFE* **3**, S. 167–179.

Black, F. (1976b), Studies of stock price volatility changes, *in:* American Statistical Association (Hrsg.), *Proceedings of the Business and Economic Statistics Section*, Washington, S. 177–181.

Black, F./Scholes, M. (1972), The valuation of option contracts and a test of market efficiency, *JF* **27**, S. 399–418.

Black, F./Scholes, M. (1973), The pricing of options and corporate liabilities, *Journal of Political Economy* **81**, S. 637–654.

Bliss, R./Panigirtzoglou, N. (1999), *Testing the Stability of Implied Probability Density Functions*, Working Paper Federal Reserve Bank of Chicago, November.

Bolek, A. (1999), *Volatilitätsschwankungen und DAX-Optionen*, Wiesbaden.

Bollerslev, T. (1986), Generalized autoregressive conditional heteroskedasticity, *Journal of Econometrics* **31**, S. 307–327.

Bollerslev, T./Chou, R./Kroner, K. (1992), ARCH modeling in finance, *Journal of Econometrics* **52**, S. 5–59.

Bondarenko, O. (2000), *Recovering Risk-Neutral Densities: A New Nonparametric Approach*, Working Paper University of Illinois, September.

Bookstaber, R./McDonald, J. (1987), A general distribution for describing security price returns, *JB* **60**, S. 401–424.

Bouchaud, J.-P./Potters, M. (2000), *Theory of Financial Risks*, Cambridge.

Boyle, P. (1977), Options: A monte carlo approach, *JFE* **4**, S. 323–338.

Boyle, P. (1988), A lattice framework for option pricing with two state variables, *JFQA* **23**, S. 1–12.

Boyle, P./Emanuel, D. (1980), Discretely adjusted option hedges, *JFE* **8**, S. 259–282.

Boyle, P./Lau, S. (1988), A lattice framework for option pricing with two state variables, *JFQA* **23**, S. 1–12.

Boyle, P./Lau, S. (1994), Bumping up against the barrier with the binomial method, *JD* **1**, S. 6–14.

Boyle, P./Vorst, T. (1992), Option replication in discrete time with transaction costs, *JF* **47**, S. 271–293.

Breeden, D./Litzenberger, R. (1978), Prices of state-contingent claims implicit in option prices, *JB* **51**, S. 621–651.

Brennan, M. (1979), The pricing of contingent claims in discrete time models, *JF* **24**, S. 53–68.

Brennan, M./Schwartz, E. (1977), The valuation of american put options, *JF* **32**, S. 449–462.

Brenner, R. (1996), Volatility is not constant, *in:* I. Nelken (Hrsg.), *The Handbook of Exotic Options*, Homewood/Boston, S. 293–315.

Britten-Jones, M./Neuberger, A. (2000), Option prices, implied price processes, and stochastic volatility, *JF* **55**, S. 839–866.

Briys, E./Bellalah, M./Mai, H./Varenne, d. F. (1998), *Options, Futures and Exotic Derivatives*, Chichester.

Broadie, M./Detemple, J. (1996), American option valuation: New bounds, approximations, and a comparison of existing methods, *Review of Financial Studies* **9**, S. 1211–1250.

Broadie, M./Detemple, J. (1997), Recent advances in numerical methods for pricing derivative securities, *in:* L. Rogers/D. Talay (Hrsg.), *Numerical Methods in Finance*, Publications of the Newton Institute, S. 43–66.

Broadie, M./Glasserman, P./Kou, S. (1997), A continuity correction for discrete barrier options, *Mathematical Finance* **7**, S. 325–349.

Brogden, A. (2000), *A New Approach for the Pricing and Hedging of Equity Derivatives*, Working Paper Abbey National Financial Products.

Bronstein, I./Semendjajew, A./Musiol, G./Mühlig, H. (1997), *Taschenbuch der Mathematik*, 3. Aufl., Frankfurt.

Brown, G./Toft, K. (1999), Constructing binomial trees from multiple implied probability distributions, *JD* **7**(2), S. 83–100.

Brunner, B./Hafner, R. (2002), *Arbitrage-Free Estimation of the Risk-Neutral Density from the Implied Volatility Smile*, Working Paper Universität Augsburg, Juli.

Buchen, P. (2001), Image options and the road to barriers, *RISK* (September), S. 127–130.

Buchen, P./Kelly, M. (1996), The maximum entropy distribution of an asset inferred from option prices, *JFQA* **31**, S. 143–159.

Buraschi, A./Jackwerth, J. (1999), *The Price of a Smile: Hedging and Spanning in Option Markets*, Working Paper London Business School, October.

Campa, J./Chang, K./Reider, R. (1998), Implied exchange rate distributions: Evidence from OTC option markets, *Journal of International Money and Finance* **17**, S. 117–160.

Campa, J./Chang, P. (1995), Testing the expectations hypothesis on the term structure of volatilities in foreign exchange options, *JF* **50**, S. 529–547.

Campbell, J./Lo, A./MacKinlay, A. (1997), *The Econometrics of Financial Markets*, Princeton, New Jersey.

Campenhausen, C. Freiherr von (1996), *Optionsbewertung bei stochastischer Volatilität - Theorie und Empirie*, Diss. Bamberg.

Canina, L./Figlewski, S. (1993), The informational content of implied volatility, *Review of Financial Studies* **6**, S. 659–681.

Cheuk, T./Vorst, T. (1996), Complex barrier options, *JD* **4**, S. 8–22.

Chriss, N. (1997), *Black-Scholes and Beyond*, Chicago/London/Singapore.

Chriss, N./Tsiveriotis, K. (1993), Pricing with a difference, *in:* M. Broadie/P. Glasserman (Hrsg.), *Hedging with Trees*, RISK Books, S. 191–195.

Christensen, B./Prabhala, N. (1998), The relation beween implied and realized volatility, *JFE* **50**, S. 125–150.

Christie, A. (1982), The stochastic behavior of common stock variances, *JFE* **10**, S. 407–432.

Cochrane, J./Saá-Requejo, J. (1997), *Beyond Arbitrage: Good-Deal Asset Price Bounds in Incomplete Markets*, Working Paper Chicago, April.

Coleman, T./Li, Y./Verma, A. (1998), *Reconstructing the Unknown Local Volatility Function*, Working Paper Cornell Theory Center, September.

Constantinides, G. (1997), *Transaction Costs and the Volatility Implied by Option Prices*, Working Paper University of Chicago.

Constantinides, G./Zariphopoulou, T. (1999), Bounds on prices of contingent claims in an intertemporal economy with proportional transaction costs and general preferences, *Finance and Stochastics* **3**, S. 345–369.

Cont, R. (1997), *Beyond Implied Volatility*, Working Paper Ecole Polytechnique, July.

Corrado, C./Su, T. (1996), Skewness and kurtosis in S&P 500 index returns implied by option prices, *Journal of Financial Research* **19**(2), S. 175–192.

Coutant, S. (2000), *Time-Varying Implied Risk Aversion in Options Prices Using Hermite Polynomials*, Working Paper Banque de France, April.

Cox, J./Ross, S. (1976), The valuation of options for alternative stochastic processes, *JFE* **3**, S. 145–166.

Cox, J./Ross, S./Rubinstein, M. (1979), Option pricing: A simplified approach, *JFE* **7**, S. 229–263.

Cox, J./Rubinstein, M. (1985), *Options Markets*, Englewood Cliffs, New Jersey.

Cvitanic, J./Pham, H./Touzi, N. (1997), *A Closed-Form Solution to the Problem of Super-Replication under Transaction Costs*, Working Paper Columbia University.

Dankenbring, H./Missong, M. (1997), GARCH-Effekte auf dem deutschen Aktienmarkt, *ZfB* **67**, S. 311–331.

Dartsch, A. (1999), *Implizite Volatilitäten am Aktien- und Optionsmarkt*, Wiesbaden.

Das, S./Sundaram, R. (1999), Of smiles and smirks: A term structure perspective, *JFQA* **34**, S. 211–239.

Davis, M./Clark, J. (1994), A note on super-replicating strategies, *Philosophical Transactions A of the Royal Society London* **347**, S. 485–494.

Davis, M./Clark, J. (1995), A note on super-replicating strategies, *in:* S. Howison/F. Kelly/P. Wilmott (Hrsg.), *Mathematical Models in Finance*, London et al., S. 35–44.

Davis, M./Panas, V./Zariphopoulou, T. (1993), European option pricing with transaction costs, *SIAM Journal of Control and Optimization* **31**(2), S. 470–493.

Day, T./Lewis, C. (1992), Stock market volatility and the information content of stock index options, *Journal of Econometrics* **52**, S. 267–287.

Demsetz, H. (1968), The cost of transacting, *Quarterly Journal of Economics* **82**, S. 33–53.

Derman, E. (1999), *Regimes of Volatility*, Quantitative Strategies Research Notes Goldman Sachs, January.

Derman, E./Kani, I. (1994), Riding on a smile, *RISK* **7**(2), S. 32–39.

Derman, E./Kani, I. (1998), Stochastic implied trees: Arbitrage pricing with stochastic term and strike structure of volatility, *International Journal of Theoretical and Applied Finance* **1**, S. 7–22.

Derman, E./Kani, I./Chriss, N. (1996), Implied trinomial trees of the volatility smile, *JD* **3**(4), S. 7–22.

Derman, E./Kani, I./Ergener, D./Bardhan, I. (1995), Enhanced numerical methods for options with barriers, *FAJ* (Nov.-Dec.), S. 65–74.

Derman, E./Kani, I./Zou, J. (1996), The Local Volatility Surface: Unlocking the Information in Index Option Prices, *FAJ* (4), S. 25–36.

Derman, E./Zou, J. (2001), A fair value for the skew, *RISK* (January), S. 111–114.

Dewynne, J./Whalley, A./Wilmott, P. (1994), Path-dependent options and transaction costs, *Philosophical Transactions A of the Royal Society* **347**, S. 517–529.

Dewynne, J./Whalley, A./Wilmott, P. (1995a), Mathematical models and partial differential equations in finance, *in:* S. Zenios (Hrsg.), *Quantitative Methods, Super Computers and AI in Finance*, S. 95–124.

Dewynne, J./Whalley, A./Wilmott, P. (1995b), Path-dependent options and transaction costs, *in:* S. Howison/F. Kelly/P. Wilmott (Hrsg.), *Mathematical Models in Finance*, London, S. 67–79.

Diebold, F./Lopez, J. (1996), Forecast evaluation and combination, *in:* G. Maddala/C. Rao (Hrsg.), *Statistical Methods in Finance*, Handbook of Statistics Vol. 14, S. 241–268.

Diebold, F./Mariano, R. (1995), Comparing predictive accuracy, *Journal of Business and Economic Statistics* **13**, S. 253–263.

Dothan, M. (1990), *Prices in Financial Markets*, New York/Oxford.

Duffie, D. (1992), *Dynamic asset pricing theory*, Princeton, New Jersey.

Dumas, B./Fleming, J./Whaley, R. (1998), Implied volatility functions: Empirical tests, *JF* **53**, S. 2059–2106.

Dupire, B. (1994), Pricing with a smile, *RISK* **7**(1), S. 18–20.

Dupire, B. (1997), Pricing and hedging with smiles, *in:* M. Dempster/S. Pliska (Hrsg.), *Mathematics of Derivative Securities*, Cambridge University Press, S. 103–111.

Eberlein, E./Jacod, J. (1997), On the range of option prices, *Finance and Stochastics* **1**, S. 131–140.

Eberlein, E./Keller, U./Prause, K. (1998), New insights into smile, mispricing and value at risk: The hyperbolic model, *JB* **71**, S. 371–405.

Edirisinghe, C./Naik, V./Uppal, R. (1993), Optimal replication of options with transactions costs and trading restrictions, *JFQA* **28**, S. 117–138.

Enders, W. (1995), *Applied Econometric Time Series*, New York et al.

Engle, R. (1982), Autoregressive conditional heteroskedasticity with estimates of the variance of U.K. inflation, *Econometrica* **50**, S. 987–1008.

Fama, E. (1965), The behavior of stock market prices, *JB* **38**, S. 34–105.

Fengler, M./Härdle, W./Villa, C. (2000), *The Dynamics of Implied Volatilities: A Common Principal Component Approach*, Working Paper Humboldt Universität zu Berlin.

Figlewski, S. (1997), *Forecasting Volatility*, Vol. 6 of *Financial Markets, Institutions and Instruments*, New York University Salomon Center.

Figlewski, S. (1998), Derivatives risks, old and new, *in:* R. Litan/A. Santomero (Hrsg.), *Brookings-Wharton Papers on Financial Services*, Brookings Institution Press, Washington, D.C., S. 159–217.

Figlewski, S./Wang, X. (2000), *Is the 'Leverage Effect' a Leverage Effect?*, Working Paper Stern School of Business, New York.

Fisz, M. (1989), *Wahrscheinlichkeitsrechnung und Mathematische Statistik*, 11. Aufl., Berlin.

Föllmer, H./Leukert, P. (1999), Quantile hedging, *Finance and Stochastics* **3**(3), S. 251–273.

Föllmer, H./Leukert, P. (2000), Efficient hedging: Cost versus shortfall risk, *Finance and Stochastics* **4**(2), S. 117–146.

Föllmer, H./Sondermann, D. (1986), Hedging of non-redundant contingent claims, *in:* W. Hildenbrand/A. Mas-Colell (Hrsg.), *Contributions to Mathematical Economics*, Elsevier, S. 205–223.

Fouque, J.-P./Papanicolaou, G./Sircar, K. (2000), *Derivatives in Financial Markets with Stochastic Volatility*, Cambridge.

Gemmill, G. (1993), *Options Pricing: An International Perspective*, Berkshire.

Gemmill, G./Saflekos, A. (2000), How useful are implied distributions? Evidence from stock index options, *JD* **7**(Spring), S. 83–98.

General Accounting Office (1994), *Financial Derivatives: Actions Needed to Protect the Financial System*, GAO-GGD-94-133.

Gihman, I./Skorohod, A. (1974), *The Theory of Stochastic Processes*, Berlin/Heidelberg/New York.

Granger, C./Hyung, N./Jeon, Y. (1998), *Spurious regressions with stationary series*, Discussion Paper 98-25 University of California, San Diego.

Granger, C./Newbold, P. (1974), Spurious regressions in econometrics, *Journal of Econometrics* **2**, S. 111–120.

Green, T./Figlewski, S. (1999), Market risk and model risk for a financial institution writing options, *JF* **54**, S. 1465–1499.

Greene, W. (1997), *Econometric Analysis*, 3. Aufl., Englewood Cliffs.

Grossman, S./Zhou, Z. (1996), Equilibrium analysis of portfolio insurance, *JF* **51**, S. 1379–1403.

Group of Thirty (1993), *Derivatives: Practices and Principles*, Washington, D.C.

Hafner, R./Wallmeier, M. (2000), The dynamics of DAX implied volatilities, *Proceedings of the 13th Annual CBOT Research Symposium in Glasgow.*

Hafner, R./Wallmeier, M. (2001), The dynamics of Dax implied volatilities, *International Quarterly Journal of Finance* **1**, S. 1–27.

Hakansson, N. (1979), The fantastic world of finance: Progress and the free lunch, *JFQA* **14**, S. 717–734.

Hamilton, J. (1994), *Time Series Analysis*, Princeton, New Jersey.

Hansen, L. (1982), Large sample properties of generalized method of moments estimators, *Econometrica* **50**, S. 1029–1054.

Harris, L. (1990), *Liquidity, Trading Rules, and Electronic Trading Systems*, Salomon Brothers' Monograph Series in Finance and Economics, New York.

Harrison, J./Kreps, D. (1979), Martingales and arbitrage in multiperiod securities markets, *Journal of Economic Theory* **20**, S. 381–408.

Harrison, J./Pliska, S. (1981), Martingales and stochastic integrals in the theory of continuous trading, *Stochastic Processes and their Applications* **11**, S. 215–260.

Hartung, J. (1999), *Statistik*, 12. Aufl., München.

Harvey, A. (1990), *The Econometric Analysis of Time Series*, 2. Aufl., New York et al.

Haug, E. (1998), *The Complete Guide to Option Pricing Formulas*, New York et al.

Henrotte, P. (1993), *Transaction Costs and Duplication Strategies*, Working Paper Stanford University.

Hermann, R. (1999), *Nichtparametrische Optionsbewertung*, Frankfurt et al.

Hermann, R./Narr, A. (1997), *Neural Networks and the Valuation of Derivatives*, Working Paper Universität Karlsruhe, November.

Heston, S. (1993a), A closed-form solution for options with stochastic volatility with applications to bond and currency options, *Review of Financial Studies* **6**, S. 327–344.

Heston, S. (1993b), Invisible parameters in option prices, *JF* **48**, S. 933–947.

Heynen, R./Kemna, A./Vorst, T. (1994), Analysis of the term structure of implied volatilities, *JFQA* **29**, S. 31–56.

Ho, T./Lee, S. (1986), Term structure movements and pricing interest rate contingent claims, *JF* **41**, S. 1011–1029.

Hodges, S./Neuberger, A. (1989), Optimal replication of contingent claims under transactions costs, *Review of Futures Markets* **8**, S. 222–239.

Hoggard, T./Whalley, A./Wilmott, P. (1994), Hedging option portfolios in the presence of transaction costs, *Advances in Futures and Options Rewearch* **7**, S. 21–35.

Hull, J. (2000), *Options, Futures, and Other Derivatives*, 4. Aufl., London et al.

Hull, J./Suo, W. (2000), *A Test of the Use of the Implied Volatility Function Model to Price Exotic Options*, Working Paper University of Toronto.

Hull, J./White, A. (1987), The pricing of options on assets with stochastic volatilities, *JF* **42**, S. 281–300.

Hutchinson, J./Lo, A./Poggio, T. (1994), A nonparametric approach to pricing and hedging derivative securities via learning networks, *JF* **49**, S. 851–889.

Irle, A. (1998), *Finanzmathematik*, Stuttgart.

Jackwerth, J. (1997), Generalized binomial trees, *JD* **5**(2), S. 7–17.

Jackwerth, J. (1999), Option-implied risk-neutral distributions and implied binomial trees: A literature review, *JD* **6**(Winter), S. 66–82.

Jackwerth, J. (2000), Recovering risk aversion from option prices and realized returns, *Review of Financial Studies* **13**, S. 433–451.

Jackwerth, J./Rubinstein, M. (1996), Recovering probability distributions from option prices, *JF* **51**, S. 1611–1631.

Jamshidian, F. (1991), Forward induction and construction of yield curve diffusion models, *Journal of Fixed Income* **1**(June), S. 62–74.

Janßen, B./Rudolph, B. (1992), *Der Deutsche Aktienindex DAX*, Frankfurter Wertpapierbörse AG, Frankfurt.

Jarrow, R./Rudd, A. (1982), Approximate option valuation for arbitrary stochastic processes, *JFE* **10**, S. 347–369.

Jaynes, E. (1957), Information theory and statistical mechanics, *Physical Review* **106**, S. 620–630.

Jiang, G. (1999), Stochastic volatility and jump-diffusion: Implications on option pricing, *International Journal of Theoretical and Applied Finance* **2**, S. 409–440.

Jorion, P. (1988), On jump processes in the foreign exchange and stock markets, *Review of Financial Studies* **1**, S. 427–445.

Jorion, P. (1995), Predicting volatility in the foreign exchange market, *JF* **50**, S. 507–528.

Kabanov, Y./Safarian, M. (1995), *On Leland's Strategy of Option Pricing with Transactions Costs*, Working Paper Humboldt University Berlin.

Kamal, M. (1998), *When You Cannot Hedge Continuously*, Goldman Sachs Equity Derivatives Research.

Kat, H./Verdonk, L. (1995), Tree surgery, *RISK* **8**, S. 53–56.

Keber, C. (1999), Genetisch ermittelte Approximationen zur Bestimmung der impliziten Volatilität, *OR Spektrum* **21**, S. 205–238.

Kloeden, P./Platen, E. (1999), *Numerical Solution of Stochastic Differential Equations*, Berlin/Heidelberg/New York.

Kmenta, J. (1997), *Elements of Econometrics*, 2. Aufl., Michigan.

Korn, R./Korn, E. (1999), *Optionsbewertung und Portfolio-Optimierung*, Braunschweig/Wiesbaden.

Kullback, S./Leibler, R. (1951), On information and sufficiency, *Annals of Mathematical Statistics* **22**, S. 79–86.

Lagnado, R./Osher, S. (1997), Reconciling differences, *RISK* **10**(4), S. 79–83.

Lamoureux, C./Lastrapes, W. (1993), Forecasting stock return variance: Toward an understanding of stochastic implied volatilities, *Review of Financial Studies* **6**, S. 293–326.

Ledoit, O./Santa-Clara, P. (1998), *Relative Pricing of Options with Stochastic Volatility*, Working Paper, UCLA.

Leisen, D. (1996), *Pricing the American Put Option: A Detailed Convergence Analysis for Binomial Models*, Technical Report B-366, SFB 303, Universität Bonn.

Leisen, D./Reimer, M. (1996), Binomial models for option valuation: Examining and improving convergence, *Applied Mathematical Finance* **3**, S. 319–346.

Leland, H. (1985), Option pricing and replication with transactions costs, *JF* **40**, S. 1283–1301.

Levental, S./Skorohod, A. (1997), On the possibility of hedging options in the presence of transaction costs, *The Annals of Applied Probability* **7**, S. 410–443.

Lin, C.-H. et al. (1999), *Pricing and Hedging Barrier Options*, Project Report Stanford University and Chase Manhattan Bank.

Longstaff, F. (1995), Option pricing and the martingale restriction, *Review of Financial Studies* **8**, S. 1091–1124.

Longstaff, F./Schwartz, E. (2001), Valuing american options by simulation: A simple least-squares approach, *Review of Financial Studies* **14**, S. 113–147.

Lott, K. (1993), *Ein Verfahren zur Replikation von Optionen unter Transaktionskosten in stetiger Zeit*, Diss. München.

Lüdecke, T. (1996), *Struktur und Qualität von Finanzmärkten*, Wiesbaden.

Lyuu, Y. (1998), Very fast algorithms for barrier option pricing and the ballot problem, *Journal of Derivatives* **5**, S. 68–79.

MacBeth, J./Merville, L. (1979), An empirical examination of the Black-Scholes call option pricing model, *JF* **34**, S. 1173–1186.

Madan, D./Milne, F. (1994), Contingent claims valued and hedged by pricing and inves-ting in a basis, *Mathematical Finance* **4**, S. 233–245.

Malz, A. (1997), Estimating the probability distribution of the future exchange rate from option prices, *JD* **5**(2), S. 18–36.

Mandelbrot, B. (1963), The variation of certain speculative prices, *JB* **36**, S. 394–419.

Martellini, L./Priaulet, P. (2001), *Optimal Dynamic Hedging in the Presence of Trans-action Costs: An Empirical Investigation*, Working Paper University of Sothern California, March.

Matsumoto, M./Nishimura, T. (1998), Mersenne twister: A 623-dimensionally equidistributed uniform pseudo-random number generator, *ACM Transactions on Modeling and Computer Simulation* **8**(1), S. 3–30.

Mayhew, S. (1995), Implied volatility, *Financial Analysts Journal* (4), S. 8–20.

McMillan, L. (1996), *McMillan on Options*, New York et al.

Melick, W./Thomas, C. (1997), Recovering an asset's implied PDF from option prices: An application to crude oil during the gulf crisis, *JFQA* **32**, S. 91–115.

Mercurio, F./Vorst, T. (1997), Options pricing and hedging in discrete time with transaction costs, *in:* M. Dempster/S. Pliska (Hrsg.), *Mathematics of Derivative Securities*, Cambridge University Press, S. 190–215.

Merton, R. (1973), Theory of rational option pricing, *Bell Journal of Economics and Management Science* **4**(Spring), S. 141–183.

Merton, R. (1976a), The impact on option pricing of specification error in the underlying stock price returns, *JF* **31**, S. 333–350.

Merton, R. (1976b), Option pricing when underlying stock returns are discontinuous, *JFE* **3**, S. 125–144.

Mohamed, B. (1994), Simulations of transaction costs and optimal rehedging, *Applied Mathematical Finance* **1**, S. 49–62.

Müller, S. (1985), *Arbitrage Pricing of Contingent Claims*, Berlin et al.

Musiela, M./Rutkowski, M. (1997), *Martingale Methods in Financial Modelling*, Berlin et al.

Nagot, I./Trommsdorff, R. (1999), The tree of knowledge, *RISK* (August), S. 99–102.

Natenberg, S. (1994), *Option Volatility and Pricing*, Chicago, Cambridge.

Navas, J. (2000), *On Jump-Diffusion Processes for Asset Returns*, Instituto de Empresa, Madrid.

Navatte, P./Villa, C. (2000), The information content of implied volatility, skewness and kurtosis: Empirical evidence from long-term CAC 40 options, *European Financial Management* **6**, S. 41–56.

Neftci, S. (1996), *An Introduction to the Mathematics of Financial Derivatives*, San Diego et al.

Nelken, I. (2000), *Pricing, Hedging, and Trading Exotic Options*, New York et al.

Nelson, D. (1990), Conditional heteroskedasticity in asset returns: A new approach, *Econometrica* **59**, S. 347–370.

Neuberger, A. (1994), The log contract, *Journal of Portfolio Management* (Winter), S. 74–80.

Neuhaus, H. (1995), *Der Informationsgehalt von Derivaten für die Geldpolitik: Implizite Volatilitäten und Wahrscheinlichkeiten*, Diskussionspapier 3/95 der volkswirtschaftlichen Forschungsgruppe der Deutschen Bundesbank.

Neumann, M. (1999), *Optionsbewertung und Risikomessung mit impliziten Binomialbäumen*, Wiesbaden.

Neumann, M./Schlag, C. (1995), *Martingale Restrictions and Implied Distributions for German Stock Index Option Prices*, Diskussionspapier Nr. 196 Universität Karlsruhe.

Newey, W./West, K. (1987), A simple positive semi-definite, heteroscedasticity and autocorrelation consistent covariance matrix, *Econometrica* **55**, S. 703–708.

Omberg, E. (1988), Efficient discrete time jump process models in option pricing, *JFQA* **23**, S. 161–174.

Peizer, D./Pratt, J. (1968), A normal approximation for binomial, f, beta, and other common, related tail probabilities, *The Journal of the American Statistical Association* **63**, S. 1416–1483.

Pelsser, A./Vorst, T. (1994), The binomial model and the greeks, *JD* (Spring), S. 45–49.

Pena, I./Rubio, G./Serna, G. (1999), Why do we smile? On the determinants of the implied volatility function, *Journal of Banking and Finance* **23**, S. 1151–1179.

Perridon, L./Steiner, M. (1999), *Finanzwirtschaft der Unternehmung*, 10. Aufl., München.

Pham, H. (2000), On quadratic hedging in continuous time, *Mathematical Methods of Operations Research* **51**, S. 315–339.

Rebonato, R. (1999), *Volatility and Correlation*, Chichester et al.

Reimer, M. (1997), *Examining Binomial Option Price Approximations*, Diss. Bonn.

Reimer, M./Sandmann, K. (1993), *Down-and-Out Call*, Discussion Paper B-239, Universität Bonn.

Reimer, M./Sandmann, K. (1995), *A Discrete Time Approach for European and American Barrier Options*, Working Paper Universität Bonn.

Reisman, H. (2001), Black and Scholes pricing and markets with transaction costs: An example, *Finance and Stochastics* **5**, S. 549–555.

Reiß, A. (1998), *Bewertung von Optionen unter Transaktionskosten*, Heidelberg.

Reiß, A. (1999), Option replication with large transactions costs, *OR Spektrum* **21**(1-2), S. 49–70.

Rich, D. (1994), The mathematical foundations of barrier option-pricing theory, *in:* D. Chance/R. Trippi (Hrsg.), *Advances in Futures and Options Research*, Vol. 7, Greenwich/London, S. 267–311.

Ripper, K./Günzel, A. (1997), Volatilitäts-Smile von DAX-Optionen, *Finanzmarkt und Portfolio Management* **11**, S. 470–479.

Ritchken, P. (1995), On pricing barrier options, *JD* **2**, S. 19–28.

Rogers, L./Stapleton, E. (1998), Fast accurate binomial pricing, *Finance and Stochastics* **2**, S. 3–17.

Rosenberg, J. (2000), Implied volatility functions: A reprise, *JD* **7**(Spring), S. 51–64.

Rubinstein, M. (1976), The valuation of uncertain income streams and the pricing of options, *Bell Journal of Economics and Management Science* **7**, S. 407–425.

Rubinstein, M. (1985), Nonparametric tests of alternative option pricing models using all reported trades and quotes on the 30 most active CBOE option classes from August 23, 1976 through August 31, 1978, *JF* **40**, S. 455–480.

Rubinstein, M. (1992), Guiding force, *From Black-Scholes to Black Holes*, Risk Magazine, S. 39–48.

Rubinstein, M. (1994), Implied binomial trees, *JF* **69**, S. 771–818.

Rubinstein, M./Jackwerth, J. (1997), *Recovering Probabilities and Risk Aversion from Options Prices and Realized Returns*, Working Paper Berkeley, London, September.

Rubinstein, M./Reiner, E. (1991), Breaking down the barriers, *RISK* **4**, S. 28–35.

Rudoph, B. (1995), Derivative Finanzinstrumente - Entwicklung, Risikomanagement und bankaufsichtsrechtliche Regelungen, *in:* B. Rudolph (Hrsg.), *Derivative Finanzinstrumente*, Stuttgart, S. 3–41.

Sachs, L. (1972), *Statistische Auswertungsmethoden*, 3. Aufl., Berlin/Heidelberg/New York.

Sandmann, K. (1999), *Einführung in die Stochastik der Finanzmärkte*, Heidelberg.

Schäl, M. (1994), On quadratic cost criteria for option hedging, *Mathematics of Operations Research* **19**(1), S. 121–131.

Schlittgen, R. (1990), *Einführung in die Statistik*, München et al.

Schmidt, H. (1988), *Wertpapierbörsen*, München.

Schöbel, R. (1995), *Kapitalmarkt und zeitkontinuierliche Bewertung*, Heidelberg.

Schönbucher, P. (1999), A market model for stochastic implied volatility, *Philosophical Transactions of the Royal Society, Series A* **357**(1758), S. 2071–2092.

Schwartz, E. (1977), The valuation of warrants: Implementing a new approach, *JFE* **4**, S. 79–93.

Schwarz, W./Zimmer, H. (2001), Optionen, exotische, *in:* W. Gerke/M. Steiner (Hrsg.), *Handwörterbuch des Bank- und Finanzwesens*, 3. Aufl., Stuttgart, S. 1583–1596.

Schweizer, M. (1995), Variance-optimal hedging in discrete time, *Mathematics of Operations Research* **20**(1), S. 1–32.

Shannon, C. (1948), A mathematical theory of communication, *The Bell System Technical Journal* **27**, S. 379–423.

Shimko, D. (1993), Bounds of probability, *RISK* **6**(4), S. 34–37.

Sick, G. (1995), Real options, *in:* R. Jarrow/V. Maksimovic/W. Ziemba (Hrsg.), *Finance*, North Holland, Kapitel 21, S. 631–691.

Skiadopoulos, G. (1999), *Volatility Smile Consistent Option Models: A Survey*, Working Paper University of Warwick, November.

Skiadopoulos, G./Hodges, S. (2000), *Simulating the Evolution of the Implied Distribution*, Working Paper University of Warwick.

Skiadopoulos, G./Hodges, S./Clewlow, L. (1999), The dynamics of the S&P 500 implied volatility surface, *Review of Derivatives Research* **3**, S. 263–282.

Smithson, C. (1998), Comments and discussion to Figlewski: Derivatives risks, old and new, *in:* R. Litan/A. Santomero (Hrsg.), *Brookings-Wharton Papers on Financial Services*, Brookings Institution Press, Washington, D.C., S. 218–230.

Soner, H./Shreve, S./Cvitaníc, J. (1995), There is no nontivial hedging portfolio for option pricing with transaction costs, *The Annals of Applied Probability* **5**, S. 327–355.

Stein, E./Stein, J. (1991), Stock price distributions with stochastic volatility: An analytical approach, *Review of Financial Studies* **4**, S. 727–752.

Stein, J. (1989), Overreactions in the options market, *JF* **44**, S. 1011–1023.

Steiner, M./Bruns, C. (2000), *Wertpapiermanagement*, 7. Aufl., Stuttgart.

Steiner, M./Wallmeier, M./Hafner, R. (1999a), Baumverfahren zur Bewertung diskreter Knock-Out-Optionen, *OR Spektrum* **21**, S. 147–181.

Steiner, M./Wallmeier, M./Hafner, R. (1999b), Pricing near the barrier: The case of discrete knock-out options, *Journal of Computational Finance* **3**, S. 69–90.

Stulz, R. (1998), Comments and discussion to Figlewski: Derivatives risks, old and new, *in:* R. Litan/A. Santomero (Hrsg.), *Brookings-Wharton Papers on Financial Services*, Brookings Institution Press, Washington, D.C., S. 230–238.

Stutzer, M. (1996), A simple nonparametric approach to derivative security valuation, *JF* **51**, S. 1633–1652.

Taleb, N. (1997), *Dynamic Hedging*, New York et al.

Taylor, S. (1994), Modeling stochastic volatility: A review and comparative study, *Mathematical Finance* **4**, S. 183–204.

Taylor, S./Xu, X. (1994), The magnitude of implied volatility smiles: Theory and empirical evidence for exchange rates, *Review of Futures Markets* **13**, S. 355–380.

Theil, H. (1971a), *Applied Economic Forecasting*, Amsterdam.

Theil, H. (1971b), *Principles of Econometrics*, New York.

Thomas, B. (1996), Exotic options II, *in:* C. Alexander (Hrsg.), *Risk Management and Analysis*, Chichester et al., Kapitel 4, S. 111–146.

Tian, Y. (1997), Pricing options with discontinuous barriers, *Journal of Financial Engineering* **6**, S. 193–216.

Tilley, J. (1993), Valuing american options in a path simulation model, *Transactions of the Society of Actuaries* **45**, S. 499–520.

Toft, K. (1996), On the mean-variance tradeoff in option replication with transactions costs, *JFQA* **31**(2), S. 233–263.

Tompkins, R. (1994), *Options Explained*, 2. Aufl., London.

Tompkins, R. (1997), Static versus dynamic hedging of exotic options: An evaluation of hedge performace via simulation, *Electronic Journal of Financial Risk* (2).

Tompkins, R. (1999), *Implied Volatility Surfaces: Uncovering Regularities for Options on Financial Futures*, Working Paper Vienna University of Technology.

Tompkins, R. (2000), *Stock Index Futures Markets: Stochastic Volatility Models and Smiles*, Working Paper Vienna University of Technology.

Trautmann, S. (1989), Aktienoptionspreise an der Frankfurter Optionsbörse im Lichte der Optionsbewertungstheorie, *Finanzmarkt und Portfolio Management* **3**(3), S. 210–225.

Trautmann, S. (2001), Optionsbewertungsmodelle, *in:* W. Gerke/M. Steiner (Hrsg.), *Handwörterbuch des Bank- und Finanzwesens*, Stuttgart, S. 1596–1608.

Tsokos, C. (1972), *Probability Distributions: An Introduction to Probability Theory with Applications*, Belmont.

Whaley, R. (1982), Valuation of american call options on dividend-paying stocks: Empirical tests, *JFE* **10**, S. 29–58.

Whalley, A./Wilmott, P. (1996), Key results in discrete hedging and transaction costs, *in:* Konishi/Dattatreya (Hrsg.), *Frontiers in Derivatives*, Homewood/Boston, S. 183–195.

Whalley, A./Wilmott, P. (1997), An asymptotic analysis of an optimal hedging model for option pricing with transaction costs, *Mathematical Finance* **7**, S. 307–324.

Whalley, E./Wilmott, P. (1993), A comparison of hedging strategies, *in:* A. Fasano (Hrsg.), *European Conference on Mathematics in Industry*, Stuttgart, S. 427–434.

Whalley, E./Wilmott, P. (1994), Hedge with an edge, *RISK* **7**(10), S. 82–85.

Wiggins, J. (1987), Option values under stochastic volatility, *JFE* **19**, S. 351–372.

Wilmott, P. (1994), Discrete charms, *RISK* **7**(3), S. 48–51.

Wilmott, P. (1998), *Derivatives: The Theory and Practice of Financial Engineering*, New York et al.

Wilmott, P./Dewynne, J./Howison, S. (1993), *Option Pricing: Mathematical Models and Computation*, Oxford Financial Press.

Wilmott, P./Howison, S./Dewynne, J. (1995), *The Mathematics of Financial Derivatives*, Cambridge.

Wittkemper, H.-G. (1994), *Neuronale Netze als Hilfsmittel zur Rendite- und Risikoschätzung von Aktien*, Köln.

Xu, X./Taylor, S. (1994), The term structure of volatility implied by foreign exchange options, *JFQA* **29**, S. 57–74.

Zhang, P. (1997), *Exotic Options: A Guide to Second Generation Options*, Singapore.

Zou, J./Derman, E. (1999), *Strike-Adjusted Spread*, Goldman Sachs Quantitative Strategies Research Notes, July.

GPSR Compliance

The European Union's (EU) General Product Safety Regulation (GPSR) is a set of rules that requires consumer products to be safe and our obligations to ensure this.

If you have any concerns about our products, you can contact us on ProductSafety@springernature.com

In case Publisher is established outside the EU, the EU authorized representative is:

Springer Nature Customer Service Center GmbH
Europaplatz 3
69115 Heidelberg, Germany

Batch number: 10815974

Printed by Printforce, the Netherlands